INSEKTENKUNDE
Grundlagen

Herstellung und Verlag:
BoD - Books on Demand, Norderstedt
ISBN 978-3-7412-8985-9

Detlef Schmidt

Jahrgang 1955
In Berlin geboren
Biologielaborant, Hobbyfotograf und
Hobbyentomologe

Wichtiger Hinweis für den Benutzer

Der Autor hat alle Sorgfalt walten lassen, um vollständige und akkurate Informationen in diesem Buch zu veröffentlichen. Der Autor übernimmt weder Garantie noch die juristische Verantwortung oder irgendeine Haftung für die Nutzung dieser Informationen, für deren Wirtschaftlichkeit oder fehlerhafte Funktion für einen bestimmten Zweck. Der Autor übernimmt keine Gewähr dafür, dass die beschriebenen Verfahren, Programme usw. frei von Schutzrechten Dritter sind. Der Autor hat sich bemüht, sämtliche Rechteinhaber von Abbildungen und Texten zu ermitteln und im Bildnachweis und bei der Textquelle aufzuführen. Sollte dem Autor gegenüber dennoch der Nachweis der Rechtsinhaberschaft geführt werden, wird das branchenübliche Honorar gezahlt.

Der Verfasser

Oktober 2016

INSEKTENKUNDE
Grundlagen

Inhalt   **S**eite

	Vorwort	5
1.0	Körperbau der Insekten	6
1.1	Atmung	11
1.2	Blutkreislauf	14
1.3	Nervensystem	14
1.4	Insektenkopf	16
1.5	Mundwerkzeuge	22
1.5.1	Oberkiefer	23
1.5.2	Unterkiefer	31
1.5.3	Lippen	33
1.5.4	Kauend-beißende Mundwerkzeuge	34
1.5.5	Saugende Mundwerkzeuge	43
1.5.6	Stechend-saugende Mundwerkzeuge	49
1.5.7	Leckend-saugende Mundwerkzeuge	79
1.6	Insektenauge	88
1.7	Fühler und Antennen	97
1.8	Brustabschnitte	110
1.8.1	Vorderbrust	112
1.8.2	Mittelbrust	113
1.8.3	Hinterbrust	113
1.9	Hinterleib	115
1.9.1	Insektenflügel	119
1.9.2	Insektenbein	137
1.9.3	Besonderheiten beim Körperbau	162
1.9.4	Organe der Insekten	202
2.0	Entwicklung der Insekten vom Ei bis zum fertigen Tier	236
2.1	Eiablage	246
2.2	Larve	252
2.3	Puppe	277
2.4	Brutfürsorge, Brutpflege, Brutparasitismus	306
2.5	Imago	315
3.0	Einordnung der Insekten in das zoologische System	320
3.1	Ordnung	334
3.2	Familie	337
3.3	Gattung	344
3.4	Art	349
4.0	Bildnachweis	375
5.0	Textquellen	390

INSEKTENKUNDE
Grundlagen

Vorwort

Die Insektenkunde (*Entomologie*) ist der Zweig der Zoologie, der sich mit den Insekten (*Insecta*), der artenreichsten Gruppe von Lebewesen, befasst.

Eine Ausbildung als Entomologe gibt es heute leider nicht mehr und im Studium der Biologie, Zoologie und Forstwissenschaft wird die Entomologie, wenn überhaupt, nur nebensächlich behandelt. Einzig und allein in der Forensik wird die Entomologie als Forensische Entomologie gelehrt. Die Entomologie stellt aber für zahlreiche andere Teildisziplinen der Biologie bedeutsame Informationen zur Verfügung. Das betrifft vor allem die Teildisziplinen Ökologie, Systematik, Taxonomie, Genetik, Physiologie, Phylogenie etc. Daher werden nicht nur der hohen Artenvielfalt wegen Entomologen in fast allen Disziplinen eingesetzt. Dieses Buch eignet sich sehr gut als Ergänzung zum naturwissenschaftlichen Studium und als Begleitbuch für Pädagogen im Schulunterrichtsfach Biologie.

Insekten sind die Überlebenskünstler schlechthin, sie sind mit weit über einer Million bekannter Arten die artenreichste Gruppe der Tiere. Es wird aber mit einem Vielfachen tatsächlich existierender Arten gerechnet, wobei vor allem in den tropischen Regenwäldern noch Tausende unentdeckter Arten vermutet werden.

Der Großteil der Insekten ist von geringer Größe. Trotzdem verfügen sie über erstaunliche Fähigkeiten. Die meisten Insekten können fliegen, einige schwimmen und andere gehen die Wände hoch oder laufen an der Decke entlang ohne abzustürzen. Sie zerkauen mit ihren starken Mundwerkzeugen steinharte Nahrung, bohren sich mit ihren Rüssel in Holz, graben Erdhöhlen und Behausungen aus pergamentartigem Baumaterial, oder wie die Termiten steinharte Burgen. Insekten sind aufgrund ihrer Sinnesorgane in der Lage Düfte in geringe Spuren zu orten, messen Entfernungen und erfassen mit Hilfe der Facettenaugen polarisiertes Licht. Die Anpassungsfähigkeit an die Umwelt hat diese Tiergruppe Millionen von Jahren überleben lassen.

Natürlich darf nicht vergessen werden, dass zahlreiche Insekten Überträger von Krankheiten sind und große Schäden bei Nutzpflanzen anrichten.

In Europa leben vielfach nur kleinere Insekten, während in anderen Ländern doch sehr große Exemplare von Insekten vorkommen. Einige Insektenarten leben in der kalten Arktis und andere Insekten leben in der Hitze der Wüste. Auf der gesamten Welt ist diese Tierart vertreten und viele Arten sind noch nicht entdeckt worden oder schon wieder verschwunden, obwohl sie der Mensch noch nie gesehen hat.

Das Sammeln von Insekten als Hobby sollte aufgrund des starken Rückgangs vieler Arten, die noch vor wenigen Jahren zahlreich vorhanden waren, wenn überhaupt nur sehr sorgfältig erfolgen. Auf jeden Fall ist die Bundesartenschutzverordnung (**BArtSchV, Rote Liste**) zu beachten. Diese Verordnung stellt Tier- und Pflanzenarten unter besonderen oder strengen Schutz.

„Insekten sind unsere wichtigsten Partner bei der Schaffung von Leben auf der Erde, denn oft übernehmen sie die Federführung bei der Gestaltung terrestrischer Ökosysteme. Etwa ein Drittel unserer Nahrung geht direkt auf die Bestäubung durch Insekten zurück. Allein in den USA entspricht diese Bestäubungstätigkeit jährlich einem Wert von mehr als neun Milliarden Dollar. Ohne Insekten gäbe es keine Orangen in Florida, keinen Käse in Wisconsin, keine Pfirsiche in Georgia und keine Kartoffeln in Idaho."

– May R. Berenbaum 2004 -

INSEKTENKUNDE
Grundlagen

1.0 Körperbau der Insekten

Eines haben alle Insekten gemeinsam, die meist deutlich sichtbare Gliederung des Körpers in Kopf, Brust und Hinterleib, der feste Chitinpanzer und das Vorhandensein von drei Beinpaaren. Jeder Abschnitt bildet eine Funktionseinheit. Der Kopf mit den Mundwerkzeugen nimmt die Nahrung auf und trägt die meisten Sinnesorgane. Die aus drei Gliedern bestehende Brust dient der Fortbewegung und der Hinterleib enthält die Verdauungs- und Geschlechtsorgane.

Kopf — Brust — Hinterleib

Bild Nr. 1
Körperbau Käfer (*Coleoptera*) **seitliche Ansicht**

Das tragende Element des Insektenkörpers ist der äußere Panzer, der die Weichteile umhüllt. Der Chitinpanzer ist durch mehrere Einschnitte gegliedert, die Segmente. Die Gliederung des Körpers in Segmente dient zur besseren Beweglichkeit, ähnlich wie bei einer Ritterrüstung. Aufgrund dieser Segmente wurden die Insekten früher als Kerbtiere oder Kerfe bezeichnet. Einzelne Teile des Insektenkörpers können auf Grund des Lebensraums oder der Nahrungsaufnahme unterschiedlich ausgeprägt sein.

INSEKTENKUNDE
Grundlagen

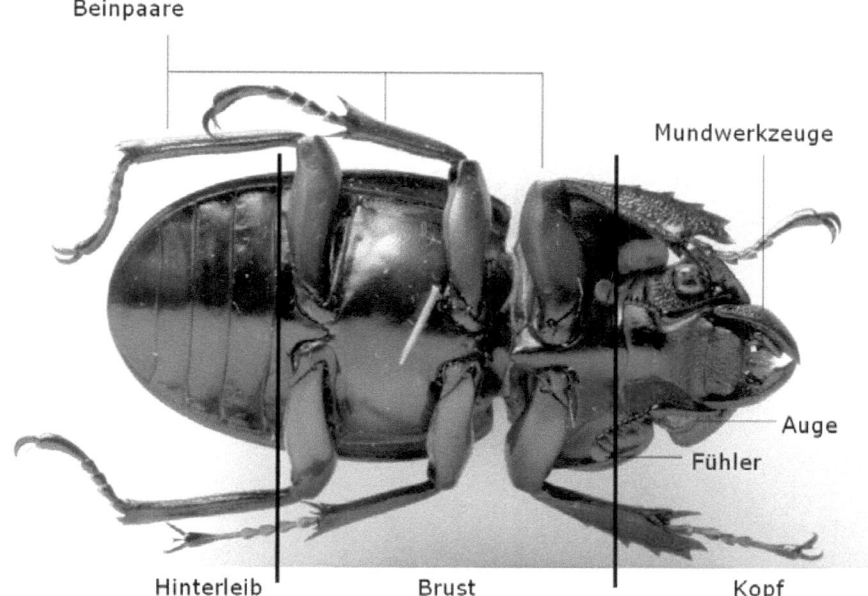

Bild Nr. 2 Körperbau der Käfer(*Coleoptera*) **Unterseite**

Da die Segmente des Hinterleibs aus steifen Platten bestehen, sind sie mit einer weichen Membran verbunden und somit relativ gut beweglich. Die röhrenförmigen Glieder der Beine sind über Scharniergelenke verbunden und werden an den Übergangsstellen mit weichen Häuten verschlossen. Der starre Panzer besteht aus dünnen Lagen von Chitin und verschiedenen Eiweißen und ist der älteste Verbundwerkstoff der Welt. Durch die enorme Flexibilität des Verbundwerkstoffs war es für die Insekten relativ einfach Körper, Mundwerkzeuge und Beine den örtlichen Lebensbedingungen anzupassen.

INSEKTENKUNDE
Grundlagen

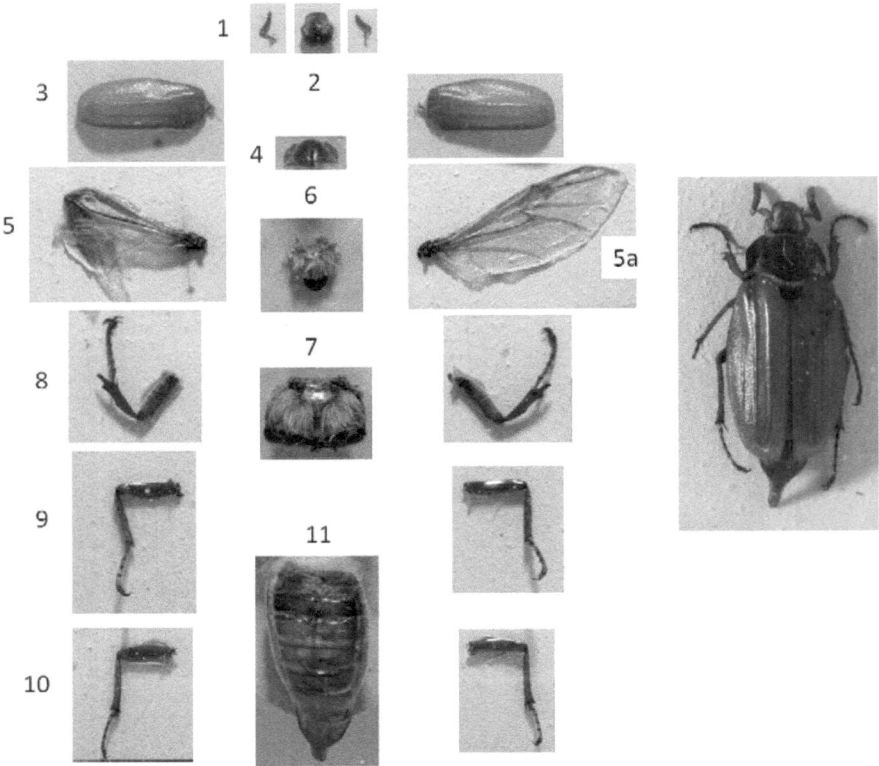

Bild Nr. 3 Körperbau des Feldmaikäfers (*Melolontha melolontha*, Linnaeus 1758)

**1 Fühler, 2 Kopf, 3 Deckflügel, 4 Halsschild, 5 Flügel gefaltet,
5a Flügel ausgefaltet 6 Schildchen, 7 Brust, 8 erstes Beinpaar,
9 zweites Beinpaar, 10 drittes Beinpaar, 11 Hinterleib**

Die Maikäfer (*Melolontha*) sind eine Gattung von Käfern innerhalb der Familie der Blatthornkäfer (*Scarabaeidae*). Der Name Blatthornkäfer wird von den fächerartigen Fühlern, die typisch für diese Käfergattung ist, abgeleitet. In Mitteleuropa ist der Feldmaikäfer am häufigsten zu finden. Im nördlichen und östlichen Europa sowie in einigen Regionen Deutschlands kommt der Waldmaikäfer (*Melolontha hippocastani*) auf sandigen Böden vor. Eine dritte, dem Feldmaikäfer sehr ähnliche Art, ist *Melolontha pectoralis*. Er ist sehr selten geworden und nur noch vereinzelt in Mitteleuropa anzutreffen.

Nachfolgende Bilder zeigen mikroskopische Totalpräparate von kleineren Insekten.

Bild Nr. 4

Fallkäfer (*Cryptocephalus sp.*)
Ansicht von unten
Präparat von D. Schmidt 2007

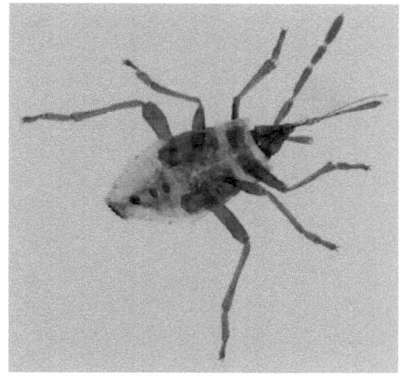

Bild Nr. 5

Gemeine Feuerwanze
(*Pyrrhocoris apterus*)
Ansicht von oben
Präparat von D. Schmidt 2007

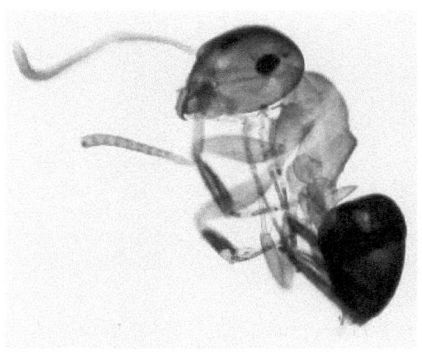

Bild Nr. 6

Ameise (*Formicidae*)
Präparat von D. Schmidt 2007

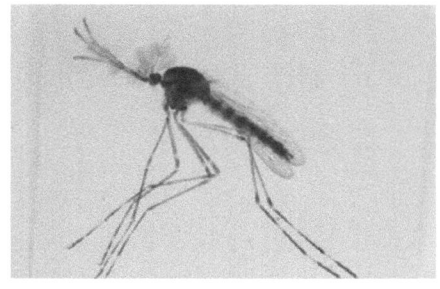

Bild Nr. 7

Ringelmücke Culiseta (*Culiseta*) annulata
oder gr. Hausmücke
Präparat von D. Schmidt 2012

INSEKTENKUNDE
Grundlagen

Bild Nr. 8
Körperbau Käfer (*Coleoptera*) **Ansicht von oben**

Diese Flexibilität im schnellen Umbau des Körpers hat auch dazu beigetragen, dass die Insekten die älteste Tiergruppe sind. Die Insekten konnten sich an neue Nahrungsquellen anpassen, indem sie vielfältige Arten von Mundwerkzeugen hervorbrachten. Mundwerkzeuge zum Beißen, Kauen, Lecken, Stechen und Saugen. War die Nahrungsquelle nicht ergiebig genug, so konnte durch die Entwicklung der Flügel ein schneller Ortswechsel vorgenommen werden.

Die Anpassung der Körperfarbe diente dazu sich der Umgebung farblich anzugleichen oder Fressfeinde abzuschrecken. Durch das zusammenklappen der Flügel waren die Insekten in der Lage sich in Spalten und Ritzen zu verstecken.

Sie entwickelten spezielle Klettverschlüsse, die aus winzigen, ineinander verschränkten, spatelförmigen Stäbchen bestehen. Diese Haftverschlüsse stabilisieren bei Libellen den Kopf am Rumpf, wenn die Räuber mit Kraft in ein Opfer beißen, oder halten bei den Käfern die Flügeldecken eng am Körper, um sie gegen Austrocknung zu schützen.

Der Chitinpanzer bildet verschiedene Oberflächenstrukturen aus, zu den Warzen, Dornen, Haare, Borsten und Höcker gehören. Durch Einlagerung von Farbstoffen oder aufgrund spezieller lichtbrechender Oberflächen können die Außenschicht des Insekts oder einzelne Körperteile gefärbt sein.

Mehr Informationen über die Besonderheiten beim Körperbau der Insekten gibt es im gleichnamigen Kapitel dieses Buches.

INSEKTENKUNDE
Grundlagen

1.1 Die Atmung

Da die Chitinhülle luftundurchlässig ist, nehmen die Insekten den Sauerstoff über Tracheen auf. Tracheen sind kleine stark verzweigte Röhren, die vom Panzer ausgehen und bis tief in den Körper reichen. Sie sind charakteristisch für die Insekten. Die an der Körperfläche liegenden Öffnungen werden als Stigmen bezeichnet. Tracheen übernehmen nicht nur den Gasaustausch. Da die Tracheen an den Insektenorganen fixiert sind und deren Position im Körper bestimmt, übernehmen die Tracheen die gleiche Funktion die das Skelettsystem bei den Wirbeltieren ausübt. Um die Luftaufnahme in das Gewebe der Organe zu erleichtern sind die Tracheen nur sehr dünn ausgebildet und werden durch ring- oder spiralfederartige Verdickungen stabilisiert. Vom Hauptast der Trachee zweigen feine Äste ab und die dünnsten Verzweigungen, Tracheolen genannt, bilden ein feines Geflecht an den inneren Organen und Muskeln und versorgen jede Körperzelle mit Sauerstoff. Reguliert wird die Tracheenatmung über Druckveränderungen der Hämolymphe (Blutähnliche Flüssigkeit), die die Öffnungsweite der Tracheen beinflusst. Somit beruht die Tracheenatmung nicht nur auf Diffusionsvorgängen. Das wurde durch moderne Untersuchungsverfahren nachgewiesen. Bei einer Laufkäferart wurde nachgewiesen, dass eine Atembewegung durch Kompression und Entspannung der Tracheenwände mit einer Frequenz von 0,5 Hz erfolgt. Dabei wurden jeweils 33% bis 50% der Luft ausgetauscht. Bei einigen Insekten findet eine sogenannte Autoventilation statt, die durch Bewegungen beim Laufen und Fliegen entsteht. Die schon benannten Stigmen, die an der Körperoberfläche liegenden Öffnungen, tragen teilweise auch komplizierte Reusensysteme, um ein Eindringen von Fremdkörpern zu verhindern, oder um das System zu verschließen.

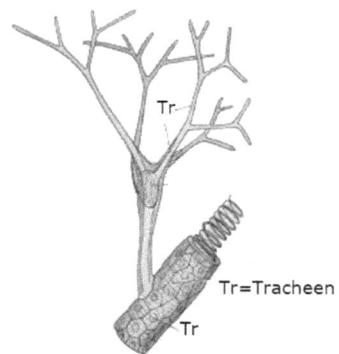

Bild Nr. 9 Tracheensystem
(*nach Weber und Eidmann*)

Bild Nr. 10
Tk=Tracheenkiemen einer Libellenlarve (*Agrion sp.*)

Die im oberen Bild sichtbare Spirale verhindert ein Kollabieren und auch Aufblähen der Trachee.
Im Wasser lebende Insekten (Gelbrandkäfer u.ä.) besitzen Tracheen zur Luftatmung an den Stigmen am Hinterleib, die zur Aufnahme von Atemluft an der Wasseroberfläche genutzt werden.

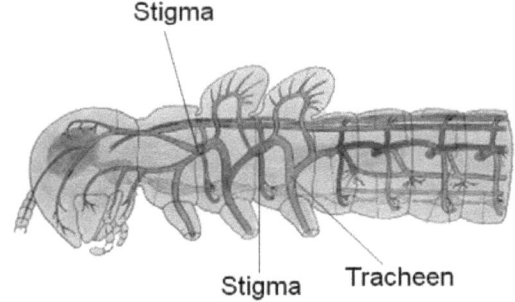

Bild Nr. 11 Darstellung des Tracheensystems

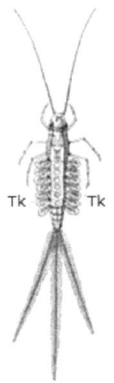

Bild Nr. 12
Tk=Tracheenkiemen einer Eintagsfliegenlarve

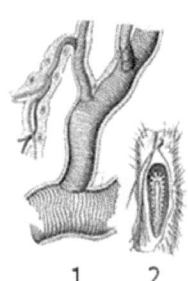

Bild Nr. 13
1. Tracheenstück einer Raupe
2. Stigma der Stubenfliege

Die im Wasser lebenden Larven von Libellen, Eintagsfliegen und Steinfliegen bilden Kiemen aus, bei denen der Sauerstoff über bewegliche Kiemensysteme direkt aus dem Wasser aufgenommen wird. Diese Kiemen sind mit Tracheen durchzogen (Tracheenkiemen). Bei den Großlibellen findet sich eine Enddarmatmung. Die Wände des Enddarms sind mit kleinen Tracheenkiemen besetzt. Durch regelmäßiges Pulsieren des Enddarms wird frisches Wasser mit Sauerstoff zugeführt. Bei Wasserkäferlarven sitzen an den Seiten des Hinterleibs zipfelförmige Fortsätze, bei der Gattung *Berosus* lange, fadenförmige Tracheenkiemen. Meist steigt das erste Larvenstadium zur Oberfläche empor, um Luft zu tanken. Viele Wasserkäferlarven haben am Hinterleib (am achten Segment) ein Paar offene Stigmen, die sich in einen kleinen, luftgefüllten Vorraum (Atrium) öffnen. Sie sitzen meist als Lauerjäger im Pflanzengewirr im Bereich der Wasseroberfläche, so dass sie über das Atrium Luft atmen können, atmen ansonsten aber auch untergetaucht über die Haut.

INSEKTENKUNDE
Grundlagen

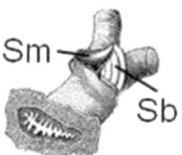

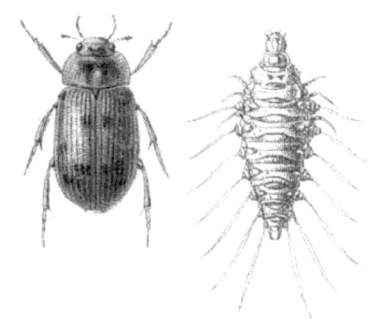

Bild Nr. 14
Stigma mit Tracheenstamm
Sm=Schließmuskel Sb=Schließband

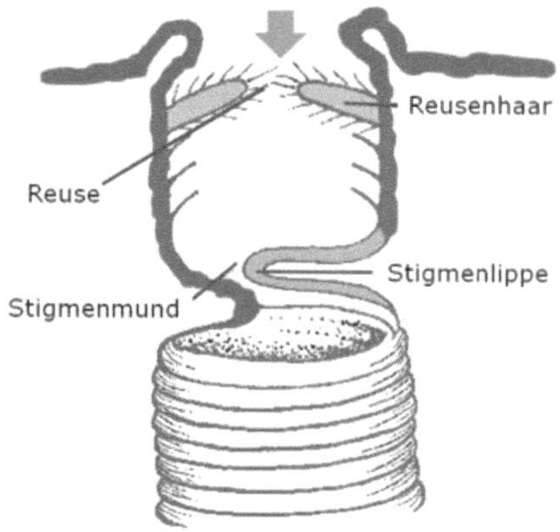

Bild Nr. 15
Stigma

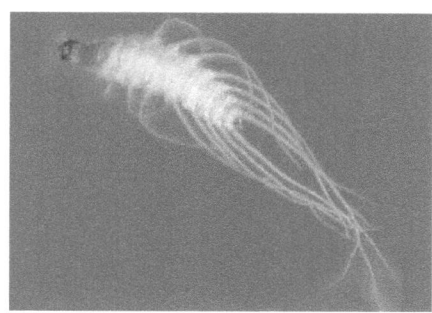

Bild Nr. 16
Wasserkäferlarve
(*Berosus sp.*)

Bild Nr. 17
Wasserkäfer
(*Berosus spinosus*)

Da der Körper über das Tracheensystem direkt mit Sauerstoff versorgt wird, benötigen die Insekten keine roten Blutkörperchen

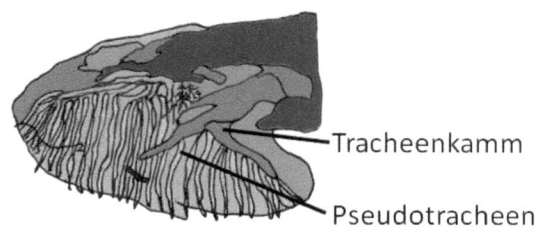

Bild Nr. 18
Schematische Darstellung eines Fliegenrüssels

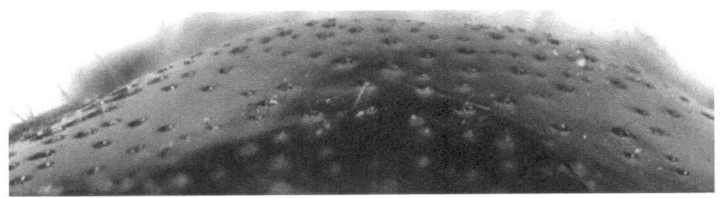

Bild Nr. 19 Stigmen Gemeiner Rosenkäfer (*Cetonia aurata*)

1.2 Blutkreislauf

Das Blut der Insekten ist meist farblos, hellgelblich oder grünlich. Diese Flüssigkeit wird als Hämolymphe bezeichnet. Sie muss nur Nährstoffe und andere Substanzen zwischen den Organen und Zellen hin und her transportieren. Das Kreislaufsystem der Insekten ist daher sehr einfach und wird auch als offener Blutkreislauf bezeichnet.

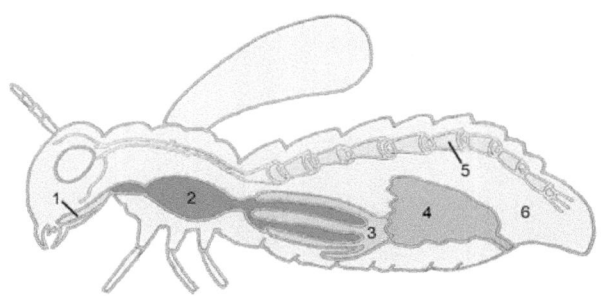

**Bild Nr. 20
Schematische Darstellung des Blutkreislaufs bei Insekten
1, 2, 3, 4 Insektenorgane, 5= schlauchförmiges Herz, 6= Hämolymphe**

Das Herz ist ein einfaches schlauchförmiges Organ und pumpt die Körperflüssigkeit meist vom Hinterleib bis in den Kopf und lässt diese dann von dort in das Körperinnere fließen. Durch Lücken im Gewebe fließt die Flüssigkeit dann wieder in den Hinterleib zurück, wo sie wieder vom Herz angesaugt wird.

1.3 Nervensystem

Das Nervensystem ist einfach aufgebaut und wird als Strickleiternervensystem bezeichnet. Ursprünglich befanden sich zwei Nervenknoten in jedem Körpersegment, die untereinander und von Segment zu Segment verbunden waren. Die einzelnen Nervenknoten eines jeden Segments arbeiten zum Teil autonom und steuern die Körperteile, die zu diesem Segment gehören selbständig.

Darstellung von Bau und Lage des Zentralnervensystems bei Insekten

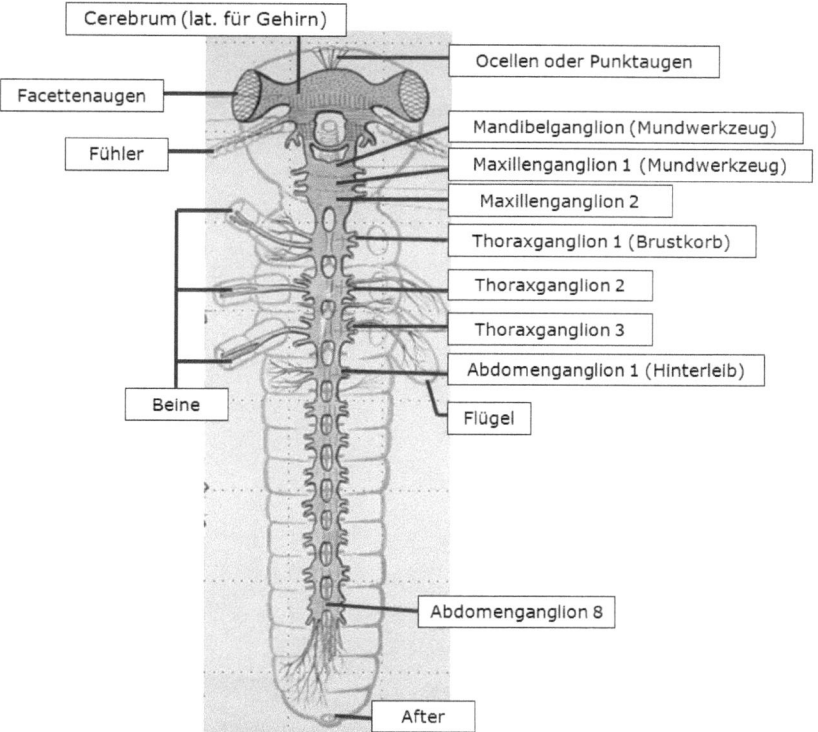

Bild Nr. 21
Darstellung vom Bau und der Lage des Zentralnervensystems bei Insekten

Quelle: Wandtafel, Humboldt-Universität zu Berlin, Mathematisch-Naturwissenschaftliche Fakultät I, Institut für Biologie, Vergleichende Zoologie.

Bei den Gliederfüßern, zu denen gehören die Insekten und die Spinnentiere, besteht das Zentralnervensystem aus differenzierten, größeren Ganglien, die sich im Laufe der Evolution zum Gehirn entwickelten.

Anmerkung: Ein **Ganglion** (Plural **Ganglien**) ist eine Anhäufung von Nervenzellkörpern im peripheren Nervensystem. Ganglien werden auch als Nervenknoten bezeichnet, da sie bei der Präparation als knotige Verdickungen auffallen.

1.4 Insektenkopf

Der Insektenkopf bildet sich aus sechs miteinander verschmolzenen Segmenten und trägt die Augen, die Gliederantennen sowie einen typischen Apparat von Mundwerkzeugen. Diese bestehen aus unpaarer Oberlippe, paarigen Oberkiefer und Unterkiefer, sowie der Unterlippe. Neben den Facettenaugen existieren noch drei Punktaugen die auf dem Schädeldach sitzen. Das zweite Segment trägt die Antennen (Fühler) und am vierten und sechsten Segment befinden sich die Mundwerkzeuge.

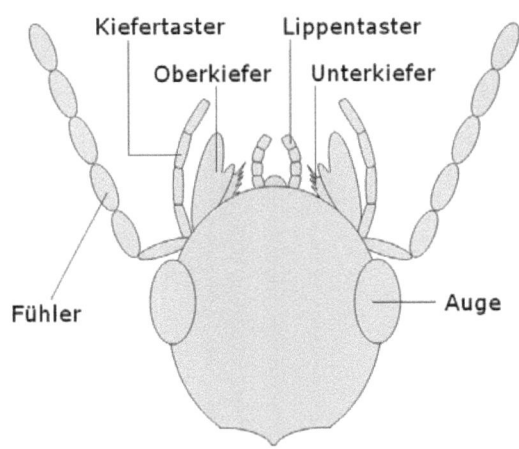

Bild Nr. 22
Schematische Darstellung des Insektenkopfs

Bild Nr. 23
Kopf vom Rüsselkäfer

Die **Rüsselkäfer** (*Curculionidae*) stellen mit über 600 schwer unterscheidbaren heimischen Arten, nach den Kurzflüglern, die zweitgrößte heimische Käferfamilie dar. In den Tropen sind sie noch stärker vertreten und weltweit mit 40.000 bis 60.000 Arten. Etwa 1200 Arten wurden in Mitteleuropa beschrieben. Weltweit gehört etwa jeder 5. bekannte Käfer und jedes 30. Tier in diese Gruppe. Damit sind die Rüsselkäfer wahrscheinlich die artenreichste Familie aller Lebewesen. Einige Arten dieser Familie richten zum Teil sehr großen Schaden an Bäumen, Kräutern und Gartenpflanzen an.

Der Getreiderüssler, der schon im antiken Ägypten auftrat, ist einer der bekanntesten Käfer dieser Familie. Neuerdings werden einige Arten mit Erfolg zur biologischen

INSEKTENKUNDE
Grundlagen

Unkrautbekämpfung eingesetzt. Die bei weiten meisten Arten führen jedoch ein verborgenes Leben, sind wenige Millimeter lang und nur bei gezielter Beobachtung zu entdecken.

Bild Nr. 24
Rüsselkäfer auf einem Brennnesselblatt

Bild Nr. 25
Kopf eines Rüsselkäfers
(*Curculionidae*)

Die Käfer und Larven ernähren sich zum größten Teil von Pflanzen. Den Namen bekamen die Käfer durch die Verlängerung des Kopfes zum „Rüssel". An dessen Spitze befinden sich die kauend-beißenden Freßwerkzeuge. Bei einigen Arten ist der Rüssel länger als der Körper. Andere Rüsselkäferarten besitzen kurze Rüssel oder fast fehlende Rüssel. Dies hat offensichtlich mit der Nahrungsaufnahme zu tun. Die Fühler befinden sich meistens seitlich am Rüssel. Die Larven einiger Arten fressen Wurzeln an und die Larven anderer Arten minieren in Blättern. Somit haben die unterschiedlichen Arten auch unterschiedliche Speisepläne.

INSEKTENKUNDE
Grundlagen

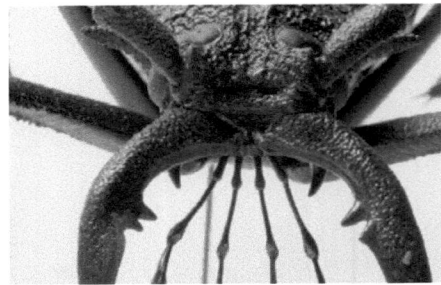

Bild Nr. 26
Kopf eines Bockkäfers
(*Psalidognathus friendi*)

Die **Bockkäfer** (*Cerambycidae*) fallen durch die besonders langen, gegliederten Fühler auf, die oft länger sind als ihre häufig langen schlanken Körper. Die Fühler sind meistens gebogen, werden in der Regel nach hinten getragen und erinnern so an die Hörner eines Steinbocks. Dies hat zu dem Namen der Käferfamilie geführt. Einige der Bockkäferarten gehören zu den auffälligsten und schönsten der mitteleuropäischen Käfer.
Weltweit sind etwa 26.000 Arten dieser Tiergruppe bekannt, davon etwa 200 in Mitteleuropa. Auch der größte bekannte Käfer, der Riesenbockkäfer (*Titanus giganteus*) aus Brasilien, mit einer Körperlänge von bis zu 17 Zentimetern (ohne Fühler) gehört in diese Gruppe. In Mitteleuropa ist mit etwa sechs Zentimetern Körperlänge der Mulmbock (*Ergates faber*) die größte Art.

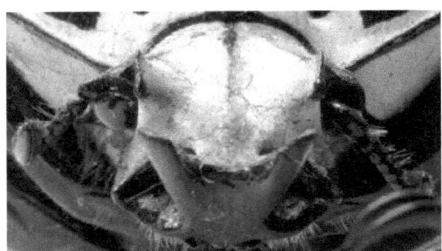

Bild Nr. 27
Kopf des Goliathkäfers
(*Goliathus goliathus*)

Die **Goliathkäfer** (*Goliathus*) stellen eine Gattung von Käfern aus der Familie der Rosenkäfer (*Cetoniidae*) dar. Goliathkäfer können bis zu zehn Zentimeter Länge erreichen. Die Färbung des Chitin-Panzers variiert je nach Art. *Goliathus orientalis* ist weiß mit schwarzem Gitternetzmuster auf den Flügeldecken und einigen schwarzen Flecken und Streifen auf dem Thorax.
Goliathus goliathus hat dunkel rotbraune Flügeldecken. Der Thorax ist schwarz mit einigen dünnen weißen Längsstreifen. Der Kopf ist mit einem kleinen Fortsatz verlängert, auf dem sich bei Männchen ein gegabeltes Horn befindet. Die Fühler sind sehr kurz und verdicken sich am Ende zu einer Keule. Die Käfer sind in West- und Zentralafrika beheimatet, wo sie Regenwälder und Baumsavannen bewohnen. Die nachtaktiven Tiere sitzen meist an den Stämmen und Ästen verschiedener Bäume, von deren Säften sie sich ernähren.
Mit einem Gewicht von bis zu 110 Gramm ist der Goliathkäfer das schwerste Insekt überhaupt. Die Larven sind mit bis zu fünfzehn Zentimetern Länge sehr große Verwandte der uns bekannten Engerlinge. Sie leben in und von Totholz. Diese großen Engerlinge werden in Zentralafrika von der Bevölkerung als Eiweißlieferant in der Nahrung sehr geschätzt. Nach der Verpuppung schlüpfen binnen vier Wochen die Käfer und leben dann noch ungefähr drei Monate.

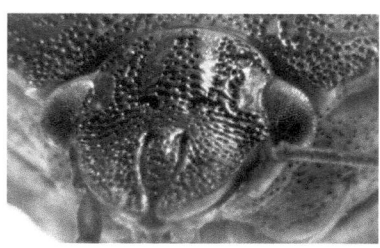

Bild Nr. 28
Kopf einer Baumwanze
(*Pentatomidae*)

Bild Nr. 29
Kopf des Kolbenwasserkäfers
(*Dytiscus marginalis*)

Bild Nr. 30
Kopf des Sandlaufkäfers
(*Cicindela campestis*)

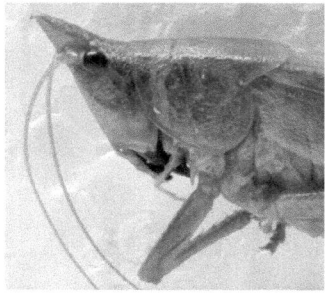

Bild Nr. 31
Kopf einer Langfühlerschrecke
(*Ensifera sp.*)

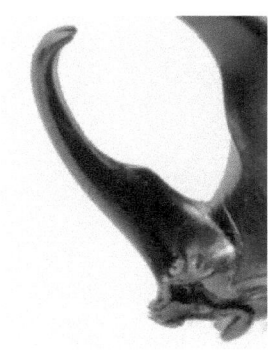

Bild Nr. 32
Kopf vom Nashornkäfer
(*Oryctes nasicornis*)

Bild Nr. 33
Kopf vom Nashornkäfer
(*Oryctes nasicornis*)

INSEKTENKUNDE
Grundlagen

Bild Nr. 34
Kopf der Westlichen Honigbiene
(*Apis mellifera*)

Bild Nr. 35
Kopf des Hirschkäfers
(*Odontolabis alces*)

Bild Nr. 36
Kopf der Stubenfliege
(*Musca domestica*)

Bild Nr. 37
Kopf einer Schwebfliege
(*Syrphidae*)

Bild Nr. 38
Kopf des Kohlweisslings
(*Pieris rapae*)

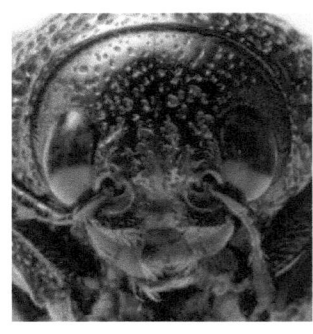

Bild Nr. 39
Kopf des Prachtkäfers
(*Sternocera sternicornis*)

INSEKTENKUNDE
Grundlagen

Bild Nr. 40
Kopf der Goldfliege
(*Lucilia sericata*)

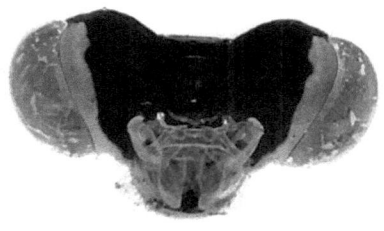

Bild Nr. 41
Kopf einer Libelle (*Odonata*)
Präparat von D. Schmidt 2007

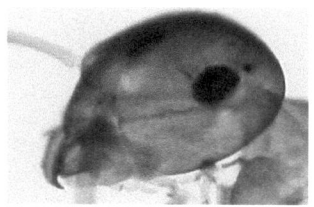

Bild Nr. 42
Kopf einer Ameise (*Formicidae*)
Präparat von D. Schmidt 2007

Bild Nr. 43
Kopf einer Wespe (*Vespinae*)
Präparat von D. Schmidt 2007

Bild Nr. 44
Kopf einer Gottesanbeterin
(*Mantis sp.*)

Bild Nr. 45
Kopf eines Ohrwurms
(*Dermaptera*)

1.5 Mundwerkzeuge

Die Mundwerkzeuge von Insekten zählen anatomisch zur Gruppe der Gliedmaßen. Sie setzen sich im Wesentlichen aus drei Teilen zusammen. Dem Oberkiefer, dem Unterkiefer mit Unterkiefertastern und der Unterlippe mit den Unterlippentastern. Früher wurden die Mundwerkzeuge von Wanzen, Zikaden und Blattläusen auch als Schnabel bezeichnet. Daher stammt auch die Bezeichnung Schnabelkerfe für diese Gruppe der Insekten. Da sich die Insekten sehr unterschiedlich ernähren (Räuber, Pflanzenfresser, Aasfresser, Parasiten) sind ihre Mundwerkzeuge im Detail sehr spezialisiert ausgebildet und an die unterschiedliche Nahrungsaufnahme optimal angepasst. Es existieren kauend-beißende Mundwerkzeuge, wie bei Käfern, Heuschrecken und Schaben.

Fliegen und Bienen besitzen leckend-saugende Mundwerkzeuge. Saugende Mundwerkzeuge findet man bei Schmetterlingen, während Mücken, Blattläuse und Wanzen mit stechend saugenden Mundwerkzeugen ausgestattet sind.

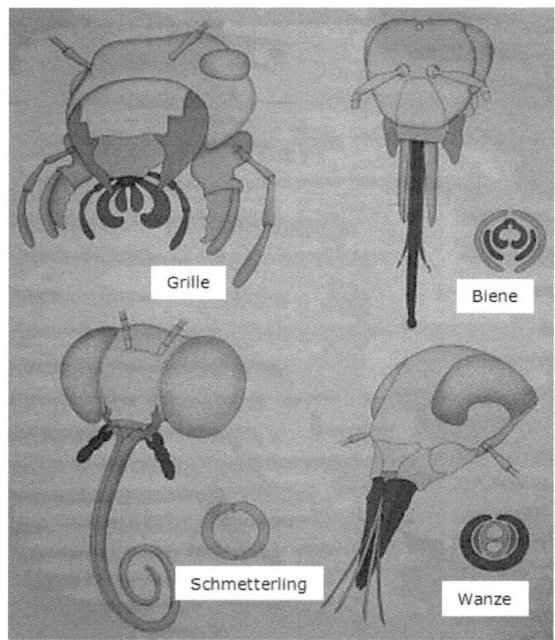

Bild Nr. 46
Abbildung von Mundwerkzeugen auf einer alten Wandtafel

1.5.1 Oberkiefer

Der Oberkiefer ist paarig und durch die Umgestaltung eines Beinpaares am Kopf entstanden. Die Kieferpaare dienen zum Zerbeißen und Zerkauen der Nahrung oder als Greifwerkzeug und bewegen sich meist von rechts nach links. Sie wandeln im Laufe der Entwicklung zum fertigen Insekt meist ihre Form und Funktion. Am Kopf befindet sich auch die Mundöffnung, durch die Nahrung aufgenommen wird.

In der Wissenschaft wird der Oberkiefer als *Mandibel* bezeichnet.

Bild Nr. 47
Oberkiefer des Puppenräubers
(*Calosoma sycophanta*)

Dieser Bockkäfer lebt in den Ländern Kolumbien, Peru, Französisch Guyana und Paraguay. Er ist zwischen 65 mm und 85 mm groß und hat entsprechend seiner Körpergröße sehr ausgeprägte Oberkiefer zum Zerbeißen und Zerkauen der Nahrung.

Bild Nr. 48

Mundwerkzeuge eines Bockkäfers
(*Callipogon armillatus*)

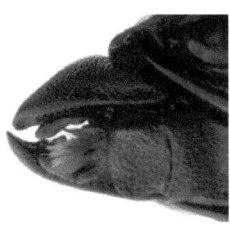

Bild Nr. 49

Hier sind deutlich der Oberkiefer und der Lippenpinsel zu sehen

Bild Nr. 50

Diese Oberkiefer sind zu mächtigen Zangen ausgebildet

INSEKTENKUNDE
Grundlagen

Bild Nr. 51
Die kräftigen Oberkieferzangen des Hirschkäfers (*Odontolabis alces*)

Bild Nr. 52
Mundwerkzeuge der Küchenschabe
(*Blatta orientalis*)

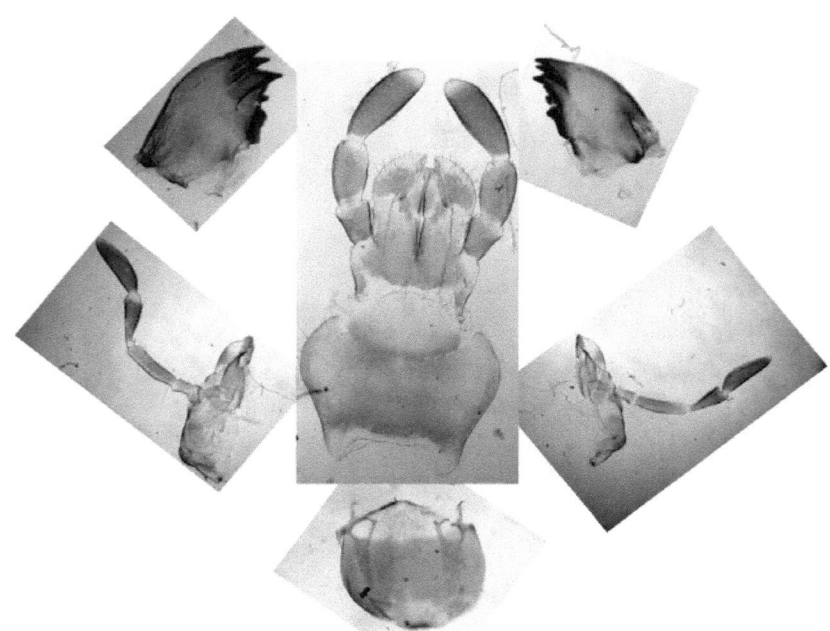

Bild Nr. 53
Mundwerkzeuge der Küchenschabe (*Blatta orientalis*)
(*Präparat von Ch. Hess, 1950-1951*)

INSEKTENKUNDE
Grundlagen

Bild Nr. 54
Ein Käfer aus der Familie der Bockkäfer
(*Cerambycidae*)

Bild Nr. 55

1. Einlenkung des Oberkiefers in die Gelenkhöhle der Kopfkapsel

2. Zangen des Oberkiefers

Zum Beißen und zum Zerkleinern der Nahrung gibt es auch bei den Insekten eine Kaumuskulatur. Das kann man sich bei der Winzigkeit dieser Tiere kaum vorstellen. Im **Bild Nr. 58** sind diese Muskeln dargestellt (rot gefärbte Flächen).

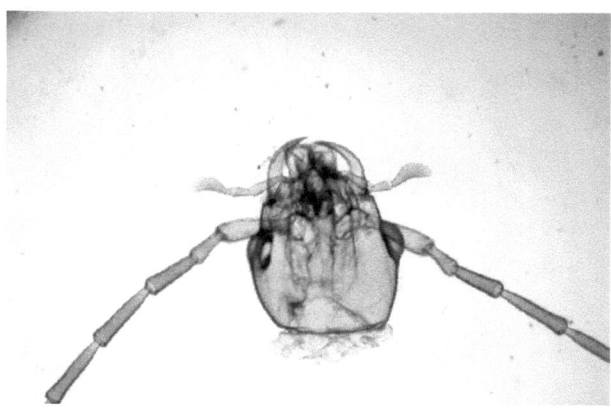

Bild Nr. 56
Kopf mit Mundwerkzeuge des Roten Weichkäfers
(*Rhagonycha fulva*)
(*Präparat von Ch. Hess, 1950-1951*)

INSEKTENKUNDE
Grundlagen

Bild Nr. 57
Roter Weichkäfer (*Rhagonycha fulva*)

Bild Nr. 58
Mundwerkzeuge einer
Langfühlerschrecke (*Ensifer*)
mit Mandibeln

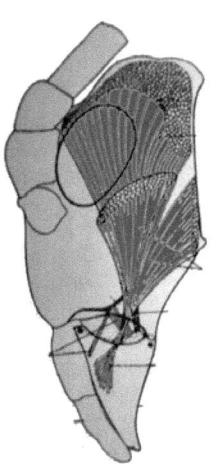

Bild Nr. 59
Kopf eines Heupferds (*Tettigonia*) **mit**
Mandibeln [Nach **Börner** 1914]

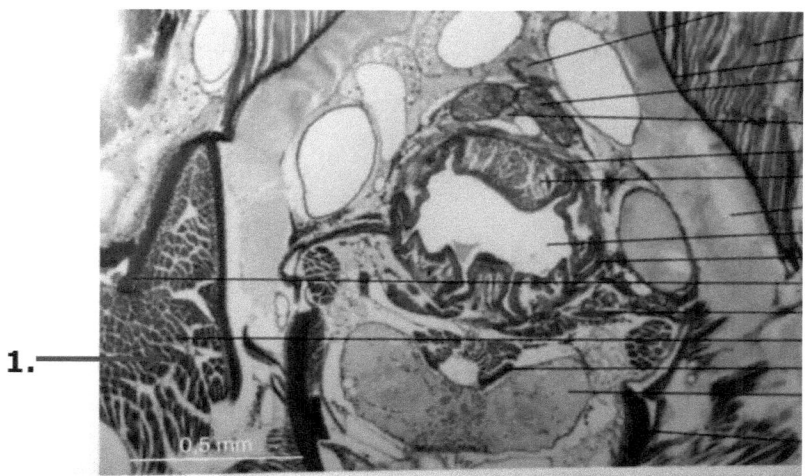

Bild Nr. 60
Küchenschabe (*Blatta orientalis*) **Kopfquerschnitt, Ausschnitt**

Im oberen Bild sind die Muskelzellen gut zu erkennen (**1.**). Leisten der Kopfkapsel und Endoskelettverstrebungen geben Festigkeit und sind Muskelansatzstellen. Zwei paarige hohe Einstülpungen der Haut beim Oberkiefergelenk verschmelzen miteinander zur Skelettstruktur (*Tentorium*). Aufgabe des Tentoriums ist die innere Versteifung der hohlen Kopfkapsel gegen mechanische Beanspruchungen, wie sie z.B. aus der Arbeit der Mundwerkzeuge entstehen können. Da die Skelettstruktur aus einer Einstülpung der Kopfkapsel nach innen entsteht, ist seine Ansatzstelle außen meist in Form einer kleinen Einsenkung sichtbar, die Tentoriumsgrube genannt wird. Durch die vier Äste ergeben sich zwei vordere und zwei hintere Tentoriumsgruben. Diese liegen in der Regel innerhalb von Kopfnähten. Ihre Lage ist bei verschiedenen Insektenordnungen unterschiedlich.

Als Endoskelett (auch *Innenskelett* genannt) bezeichnet man in der Biologie eine mechanische Stützstruktur (Skelett) im Inneren des Körpers eines Organismus. Ein Endoskelett besteht aus festen Elementen, die über Muskeln gegeneinander bewegt werden können.

Im Grundtyp ist ein Oberkiefer auf der Außenseite dick und nach innen gekrümmt. Nach innen verschmälert er sich zu einer Schneide und nach vorn zu einer Spitze, wie man anhand der Bilder gut sehen kann. Die Schneide kann glatt oder fein gezähnt sein. Die beiden Oberkiefer können wie eine Beißzange aufeinandertreffen (Seitenschneider) oder wie bei einer Schere mit den Schneiden übereinander gleiten. Die Größe und die Art der Oberkiefer sind der jeweiligen Nahrung angepasst, die das Insekt zum Leben benötigt.

Nachfolgend noch ein paar sehr schöne Zeichnungen aus
Fauna Germanica von **Edmund Reitter** (1908).

Bild Nr. 61
Wald-Sandlaufkäfer oder auch Heide-Sandlaufkäfer
(*Cicindela sylvatica*)

Bild Nr. 62
Käfer und Larve vom Gelbrandkäfer oder Gemeine Gelbrand
(*Dytiscus marginalis*)

 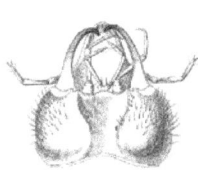 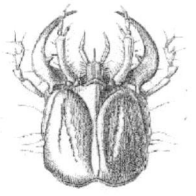

Bild Nr. 63
Zwergschwimmer
(*Hygrotus parallelogrammus*)

Bild Nr. 64
Schwärzlicher Grabkäfer
(*Pterostichus nigrita*)

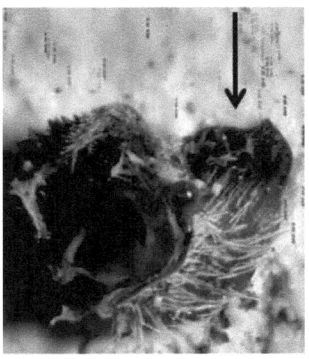 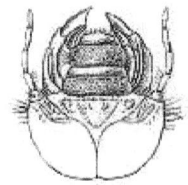

Bild Nr. 65
Oberkiefer des Feldmaikäfers mit Gelenkkopf (*Melolontha melolontha*)

Bild Nr. 66
Kopf des Feldmaikäfers
(*Melolontha melolontha*)

Bild Nr. 67
Oberkiefer eines Käfers aus Ebogo (*Cameroon*)
(*Cantharocnemis plicipennis*)

Bild Nr. 68
Die Europäische oder Gemeine Maulwurfsgrille
(*Gryllotalpa gryllotalpa*)

INSEKTENKUNDE
Grundlagen

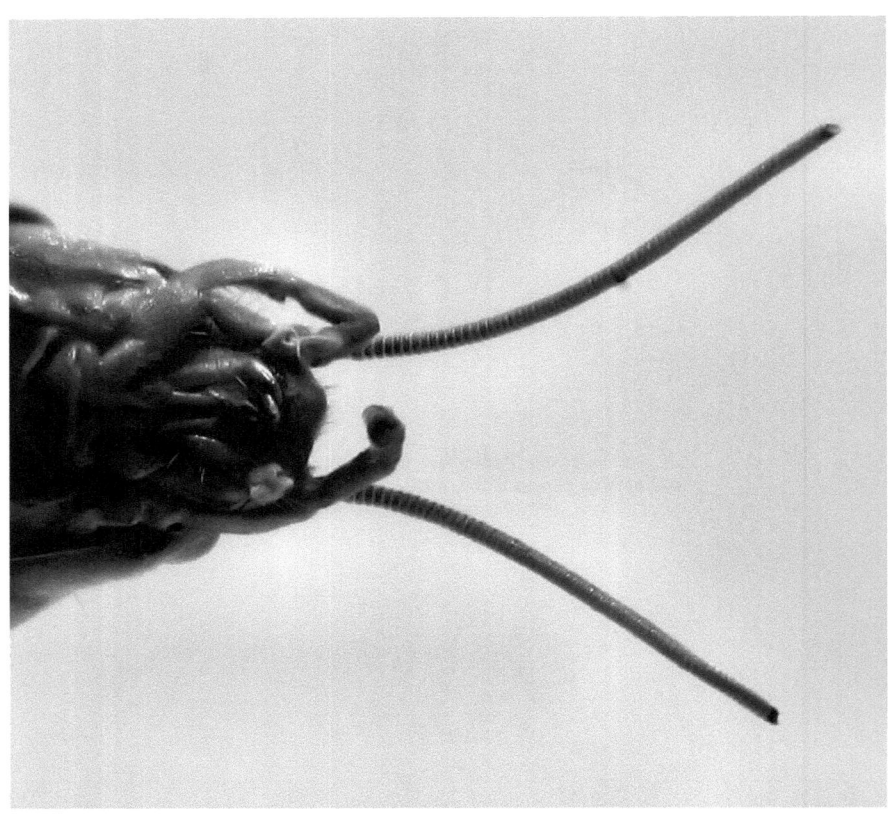

Bild Nr. 69
Mundwerkzeuge der Europäischen oder Gemeinen Maulwurfsgrille
(*Gryllotalpa gryllotalpa*)

1.5.2 Unterkiefer

Der Unterkiefer, wissenschaftlich als **Maxille** bezeichnet gehört zu den Kopfextremitäten und ist ebenfalls an der Nahrungsaufnahme beteiligt. Die Aufgabe der Unterkiefer ist das Kauen und der Weitertransport der Nahrung. Sie bilden bei den Insekten die dritte und vierte Kopfextremität nach den Fühlern und den Oberkiefern.
Die Unterkiefer liegen zwischen Oberkiefer und Unterlippe. Jeder Unterkiefer hat nur eine Einlenkung mit der Kopfkapsel und verfügt über eine höhere Beweglichkeit als die Oberkiefer. Das sich die Unterkiefer im Laufe der Entwicklung aus Beinen gebildet haben, läßt sich durch die mehrgliedrigkeit und den Anhängen sehr gut nachvollziehen.

Der unterste Teil, meist einem Dreickeck nicht unähnlich, wird als Angelglied (*Cardo*) bezeichnet.

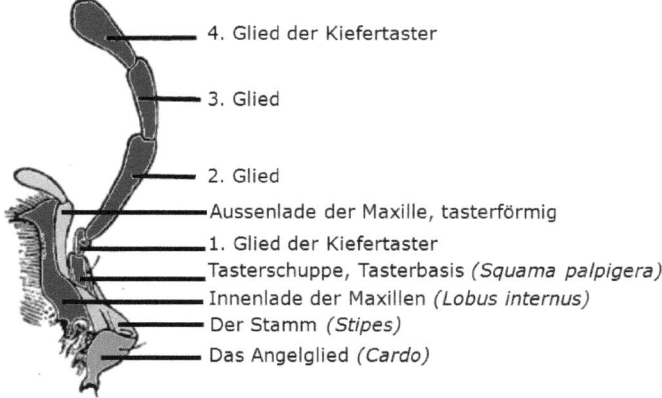

- 4. Glied der Kiefertaster
- 3. Glied
- 2. Glied
- Aussenlade der Maxille, tasterförmig
- 1. Glied der Kiefertaster
- Tasterschuppe, Tasterbasis *(Squama palpigera)*
- Innenlade der Maxillen *(Lobus internus)*
- Der Stamm *(Stipes)*
- Das Angelglied *(Cardo)*

Bild Nr. 70
Maxille, Unterkiefer des Großer Puppenräuber (*Calosoma sycophanta*)
[Nach Ganglbauer]

Dann folgt meist ein schmaler Lappen oder lappenähnliches Stück nach innen, welches der Stamm (*Stipes*) genannt wird und die Basis der Unterkiefertaster und der Innenlade der Unterkiefertaster (*Lobus internus*) bildet. Nach aussen folgt das meist mächtigste Stück, die Aussenlade der Unterkiefer, die bei vielen Formen nach aussen beborstet oder behaart ist, manchmal auch bedornt erscheint. Die am Stamm innen ansitzenden Unterkiefertaster sind aus mehreren länglichen, beweglichen meist aus 4 Glieder zusammengesetzt, wovon das Wurzelstück als tastertragendes Stück der Unterkiefer (*Squama palpigera*) bezeichnet wird, das Endglied aber in beiden oder in einem Geschlecht (männlich) besonders durch eine breitere Verdickung ausgezeichnet erscheinen kann. Bei dem größten Teil der **Adephaga** (*zweitgrößte Unterordnung der Käfer*) ist die Aussenlade der Unterkiefer am inneren Teil des Stammes als zweigliedriges Organ angefügt, welches durch die Form den Lippentaster ähnlich wird und zwar so, dass hier 3 Tasterpaare unterschieden werden können. Bei der großen Abteilung der **Polyphaga** ist die Aussenlade ganz anders geformt und niemals tasterförmig entwickelt.

(Die **Polyphaga** sind eine Unterordnung der Käfer. Sie umfassen mit mehr als 320.000 Arten in 151 Familien den überwiegenden Teil aller Käfer und sind damit nicht nur ihre vielfältigste Unterordnung sondern auch die mit den am stärksten abgeleiteten Gruppen.)

Die Kiefertaster und die Aussenlade tragen Sinnesorgane zum Auffinden und geschmacklicher Beurteilung der Nahrung, während die innere Lade hauptsächlich zum Kauen benutzt wird. Sie ist deswegen auf der Innenseite häufig stark strukturiert.

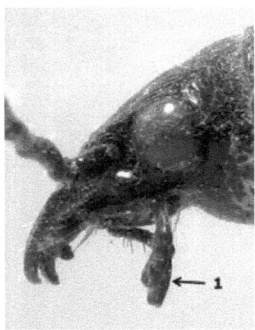

Bild Nr. 71
Kopf des Großen Puppenräubers
(*Calosoma sycophanta*)

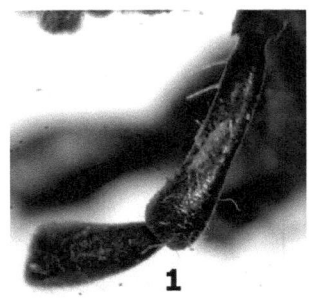

Bild Nr. 72
Mikroskopische Vergrößerung
der Lippentaster 3. und 2. Glied

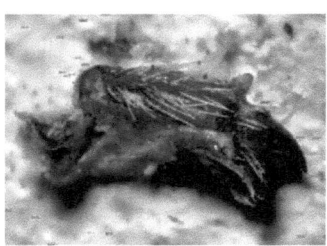

Bild Nr. 73
Unterkiefer des Feldmaikäfers
(*Melolontha melolontha*)

Bild Nr. 74
Kiefertaster des Feldmaikäfers
(*Melolontha melolontha*)

1.5.3 Lippen

Die zweiten Unterkiefer sind bei den Insekten immer zu einer einheitlichen Unterlippe, wissenschaftlich als (*Labium*) bezeichnet, verwachsen. Die Oberlippe, wissenschaftlich (*Labrum*), schirmt die Mundwerkzeuge ab, sie lassen sich in ihrer Entwicklung aber nicht von den Extremitäten ableiten.

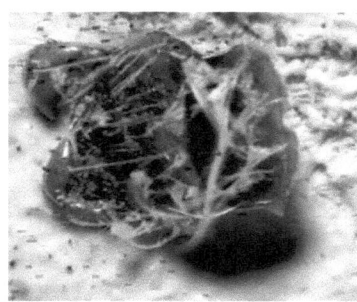

Bild Nr. 75
Unterlippe des Feldmaikäfers
(*Melolontha melolontha*)

Bild Nr. 76
Oberlippe des Feldmaikäfers
(*Melolontha melolontha*)

Weiter am Hinterteil des Kopfes befindet sich das Kinn (*Mentum*). Dessen Gestalt verschiedenartig sein kann. Das Kinn kann durch Ausbuchtungen gezähnt sein und es kann auch von einem Mittelzahn und Seitenzahn des Kinns gesprochen werden. Vor dem Kinn liegt in der Mitte die Unterlippe (*Labium*). Die Mundpartie besteht aus einem basalen Mittelstück, der Zunge (*Ligula*), daneben ist das tastertragende Basalstück der Unterlippe (*Squama palpigera*), worauf die Lippentaster (*Palpi labiales*) als 2-3 gliedriges Organ folgen. Es ist in der Gliederung den Unterkiefertastern ähnlich, aber gewöhnlich viel kürzer. An der Zunge befindet sich häufig auf beiden Seiten ein zipfliges Gebilde. Es sind die Nebenzungen (*Paraglossen*). Das Kinn, am hinteren Teil der Kinnunterseite, welches auch oft als Kinnplatte bezeichnet wird, ist häufig stark erweiter und bedeckt oft zum Teil, manchmal sogar vollständig die Mundteile. Am hintersten Teil des Kehlausschnitts, gegen die Abschnürung des Halses gelegen, befinden sich zwei Längsnähte (*Suturae gulares*), welche bei den Rüsselkäfern auf eine einzelne, in der Mitte gelegene Naht reduziert sind und ein sehr gutes Merkmal für diese große Insektenabteilung abgeben.

Bei stechend-saugenden Insekten bildet die Unterlippe als der zweite verwachsene Unterkiefer die Grundlage für das Saugrohr. Bei der Stubenfliege ist die Unterlippe zum Saugrüssel umgebildet.

Durch die ausführliche Beschreibung der Mundwerkzeuge will ich wiederum die Faszination, die von dieser Tierart ausgeht, hervorheben.

INSEKTENKUNDE
Grundlagen

1.5.4 Kauend-beißenden Mundwerkzeuge

Kauende oder auch als kauend-beißende bezeichnete Mundwerkzeuge findet man bei **Käfern**, **Heuschrecken** und **Schaben**. Die Kiefer sind häufig mit kleinen Zähnchen bestückt, die die Nahrung zerkleinern und zerkauen. Räuberische Arten benutzen ihre Mundwerkzeuge auch zum Beutefang oder als Greifwerkzeug zum Transport von Objekten. Raupen haben ebenfalls kauende Mundwerkzeuge, mit denen sie große Schäden an Pflanzen verursachen.

Bei **Ameisen** findet man verschiedene Kieferformen. Die meisten Arten besitzen Kiefer zum Beißen. Andere Arten, wie die Blattschneideameisen, haben aus dem Kiefer ein Schneidewerkzeug entwickelt, mit dem sie im Verhältnis zu ihrer Körpergröße riesige Blattstücke abschneiden und abtransportieren. Rote Waldameisen umzingeln ihre Beute, verschießen dann Ameisensäure auf ihr Opfer, beißen sich mit ihren Kiefern fest und schleppen die Beute ins Nest.

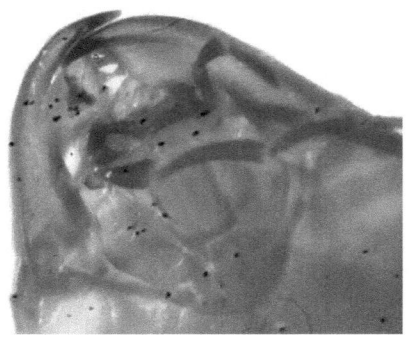

Bild Nr. 77
Kiefer einer Ameise (*Formicidae*) **von der Unterseite**
Präparat von D. Schmidt 2012

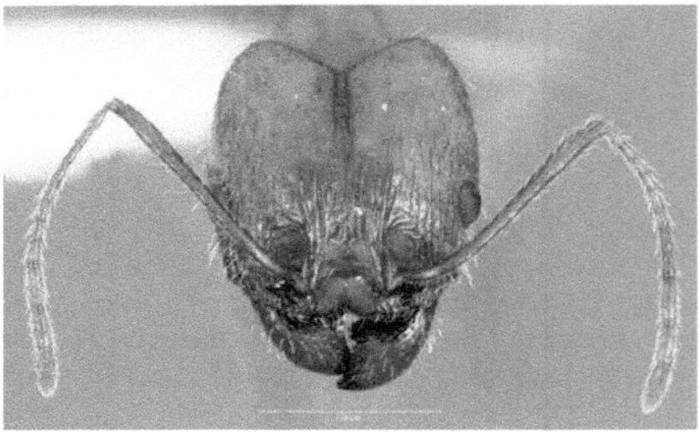

Bild Nr. 78
Kiefer einer Ameise
(*Pheidole desertorum*)

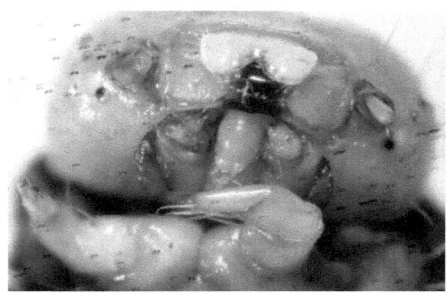
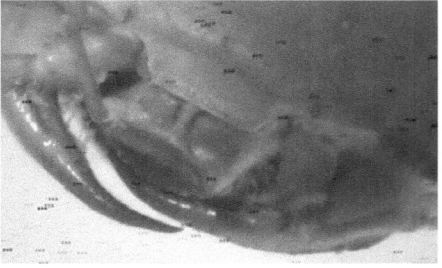

Bild Nr. 79
Kiefer einer Raupe von der Unterseite

Bild Nr. 80
Kiefer einer Wasserkäferlarve von der Unterseite

INSEKTENKUNDE
Grundlagen

Bild Nr. 81
Wasserkäferlarve komplett

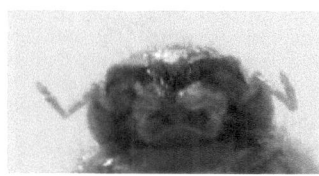

Bild Nr. 82
Mundwerkzeuge des Engerlings von vorn

Bild Nr. 83
Engerling komplett

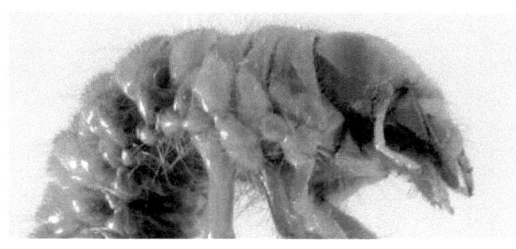

Bild Nr. 84
Mundwerkzeuge des Engerlings von der Seite

Im Januar 2008 las ich folgenden Artikel in der Presse:
Gefährlicher Käfer frisst Palmen von innen auf

Ein äußerst gefährlicher Schädling bedroht die Palmen an Europas Mittelmeerküsten. Nach Spanien und Italien breitet sich der rote Palmenrüsselkäfer (*Rhynchophorus ferrugineus*) inzwischen auch mit unglaublicher Geschwindigkeit entlang der Côte d'Azur aus. Er ist zerstörerischer und schwerer zu bekämpfen als alle seine Vorgänger. Hat der Palmenrüsselkäfer eine Palme befallen, ist alles zu spät. In Frankreich wurde der „Palmenkiller" im September 2006 das erste Mal auf der Mittelmeerinsel Korsika gesichtet. Schon einen Monat später waren die zwei bis fünf Zentimeter langen Krabbler auf dem Festland im Département Var um die Hafenstadt Toulon. „Die gesamte Küste des Var ist verseucht", sagt Céline Vidal von der regionalen Pflanzenschutzbehörde (SRPV). Inzwischen tauchte der rot-orange Käfer auch in zwei weiteren Départements auf.
Experten befürchten, dass der Käfer mit seinen gefräßigen Larven längst schon viel weiter ist. „Der Angriff des Palmenrüsslers läuft über Monate oder sogar Jahre im Verborgenen ab, weil er die Palmen von innen auffrisst", sagt der Wissenschaftler Didier Rochat. „Wenn es außen Anzeichen für einen Befall gibt, ist es zu spät. Der Baum ist nicht mehr zu retten."
Der ursprünglich aus tropischen Gebieten Asiens stammende Käfer hat sich in den 80er und 90er Jahren zunächst im Nahen Osten breitgemacht und dann in Afrika. Von dort aus ging es nach Spanien und Italien. Dabei könnte der Käfer auch durch die Einfuhr von Palmen nach Europa gekommen sein, die beim Kauf von außen vollkommen gesund erschienen, aber längst befallen waren. Im Mai 2007 verhängte die EU deshalb sehr strenge Auflagen für Palmenimporte.

„Wir sind pessimistisch. 2008 wird sich das Insekt explosionsartig verbreiten", prophezeit Pflanzenschützerin Vidal. Dies sei auch wegen der hohen Fortpflanzungsrate des Käfers zu erwarten, der sich das ganze Jahr über vermehren könne. Die Beobachtungen in Italien oder Spanien lassen laut Vidal Schlimmes befürchten: „In Palermo, in Neapel steht wie in Valencia oder Malaga keine einzige Palme mehr. Die befallenen Zonen haben eine radikale Veränderung ihrer Pflanzenwelt erfahren."

Bild Nr. 85
Das ist der „Bösewicht", der rote Palmenrüsselkäfer
(*Rhynchophorus ferrugineus*)

Bild Nr. 86
Der Käfer in der Seitenansicht

INSEKTENKUNDE
Grundlagen

Bild Nr. 87
Der Käfer von unten

Bild Nr. 88
Der Käfer in der Vorderansicht

Im **Bild Nr. 88** ist der Rüssel, der genau zwischen den Augen heraus ragt, deutlich zu erkennen. Seitlich auf dem Rüssel sitzen die Fühler mit den Sinnesorganen für Geruch und Geschmack.

Alle Entwicklungsstadien der Art sind an Palmen gebunden. Das Weibchen legt die Eier einzeln oder in kleinen Gelegen in Spalten oder selbst ausgefressene Hohlräume an verschiedene Teile der Palme ab. Pro Weibchen werden etwa 300 Eier abgelegt. Nach 2 bis 5 Tagen schlüpft die Larve. Die Larven fressen sich von der Eiablagestelle durch das

Gewebe, bis der Wachstumskegel (an der Stammspitze, im Bereich des Blattansatzes) erreicht ist. Die Käfer sind beinahe ganzjährig anzutreffen. Der Befall ist in den frühen Stadien quasi nicht äußerlich erkennbar, sobald Symptome erkennbar sind, ist der Baum meist bereits rettungslos verloren. Die Käfer fressen in der Regel an einem Baum, bis der Wachstumskegel vollkommen aufgebraucht und zerstört ist. Der Baum stirbt dann ab, weil die jungen Blätter absterben und keine neuen Blätter mehr ausgebildet werden können.

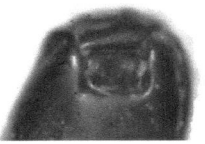

Bild Nr. 89
Mundwerkzeuge des roten Palmenrüsselkäfers
(*Rhynchophorus ferrugineus*)

Bild Nr. 90
Mundwerkzeuge des roten Palmenrüsselkäfers stark vergrößert
(*Rhynchophorus ferrugineus*)

Die kauend-beißenden Mundwerkzeuge des roten Palmenrüsslers befinden sich vorn im Rüssel wie auf den **Bilder Nr. 89** und **90** gut zu erkennen ist.

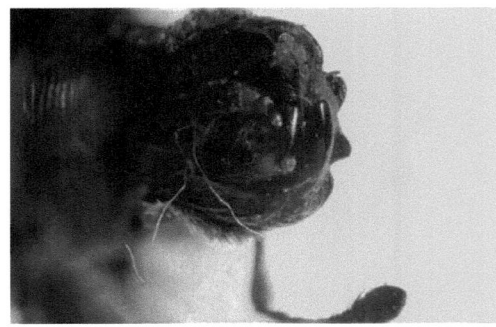

Bild Nr. 91
Dickmaulrüssler

Bild Nr. 92
Mundwerkzeuge eines Dickmaulrüsslers aus Madagaskar

Grundsätzlich sind bei allen Rüsselkäfern die kauend-beißenden Mundwerkzeuge vorne im Rüssel zu finden.

INSEKTENKUNDE
Grundlagen

**Bild Nr. 93
Rüsselkäfer**
(*Curculionidae*)

**Bild Nr. 94
Rüsselkäfer** (*Curculionidae*)

INSEKTENKUNDE
Grundlagen

Bild Nr. 95
Rüsselkäfer (*Curculionidae, Eupholus sp.*)

Bild Nr. 96
Rüsselkäfer (*Curculionidae*)

Auf den nachfolgenden Bildern, die ich im Naturkundemuseum in Berlin aufgenommen habe, sieht man einige Käferexemplare mit gewaltigen Oberkiefern. Wobei diese Oberkiefer, auch Geweih genannt, nicht zum Nahrungserwerb dienen, sondern zum Kämpfen zwischen den Männchen zum Ausheben des Gegners eingesetzt werden.

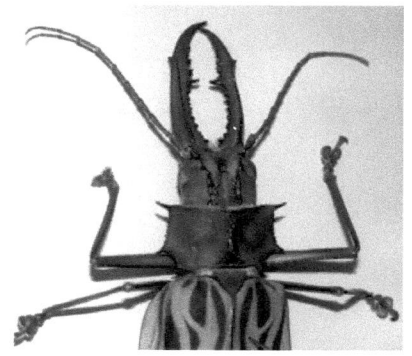

Bild Nr. 97

Bild Nr. 98

Bild Nr. 99

Bild Nr. 100

Bild Nr. 101

Bild Nr. 102

Zum Abschluss des Kapitels kauend-beißende Mundwerkzeuge habe ich noch ein schönes Ameisenmodell im Naturkundemuseum Berlin fotografiert.

Bild Nr. 103
Rote Gartenameise (*Myrmica rubra*) **mit Ahornblattlaus** (*Dreanphum platanoides*)

Die Modelle des Präparators Alfred Keller (1902-1955, Berlin) gelten noch heute als Meisterwerke der Modellpräparation.
Als wissenschaftlicher Modellbauer war Alfred Keller von 1930 an bis zu seinem Tod 1955 für das Naturkundemuseum tätig. Er schuf in dieser Zeit eine Vielzahl einmaliger biologischer Modelle. Seine Arbeiten stellen noch heute einen international gültigen Maßstab dar.

Keller schuf zunächst Plastilin-Modelle, von denen er Gipskopien anfertigte, die er akribisch überarbeitete. Für das Endmodell mussten sie später in Pappmaché gedoubelt werden. Aus den ersten Kunststoffen (Zelluloid und Galalith) wurden Flügel und Borsten hergestellt und am Modell montiert. Mit partieller Blattvergoldung und Kolorierung wurden die aufwändigen Arbeiten vollendet. Diese präzisen Arbeiten waren sehr zeitintensiv. So dauerte die Herstellung eines maßstabgetreuen Fliegenmodelles fast ein Jahr.

Bild Nr. 104
Alfred Keller 1930 hier am Modell eines Menschenflohs, Maßstab 100:1

INSEKTENKUNDE
Grundlagen

1.5.5 Saugenden Mundwerkzeuge

Saugende Mundwerkzeuge findet man bei den **Schmetterlingen** (*Falter*) und bei den **Schwärmern**, eine Familie der Schmetterlinge. Bei den Schmetterlingen wird zwischen Tag- und Nachtfaltern unterschieden. Alle oder ein Teil der Nachtfalter werden auch umgangssprachlich als Motten bezeichnet. Der Saugrüssel ist bei allen Arten der Nachtfalter entweder stark zurückgebildet, oder fehlt komplett, die Kiefertaster (*Maxillarpalpen*) sind ebenso fehlend. Die Lippentaster (*Labialpalpen*) sind unterschiedlich gut ausgebildet.

Die Lippentaster besitzen Sinneszellen zur Geruchs- und Geschmackswahrnehmung. Die saugenden Mundwerkzeuge der Schmetterlinge werden als Saugrüssel bezeichnet und dienen den meisten Schmetterlingen zur Nahrungsaufnahme. Diese Nahrung besteht bei nahezu allen Schmetterlingsarten aus Blütennektar, Pflanzensäften und anderen nährstoffreichen Flüssigkeiten.

Bild Nr. 105
Pappelkarmin
(*Catocala elocata*)

Bild Nr. 106
Zusammengerollter Saugrüssel
des Pappelkarmins

Bild Nr. 107
Tagpfauenauge (*Inachis io*)
auf einer Distelblüte

INSEKTENKUNDE
Grundlagen

Der Saugrüssel von Schmetterlingen besteht aus zwei Halbröhrchen. Schlüpft der Schmetterling aus der Puppe, so sind die beiden Halbröhrchen noch nicht miteinander verbunden. Während der Entfaltung der Flügel bewegt sich der Schmetterling in seiner charakteristischen Weise, um Blutflüssigkeit (*Hämolymphe*) in seine Flügel zu pressen. Während dieses Vorgangs wird der Saugrüssel vielfach aus- und eingerollt, wobei zuerst die beiden Teile der Halbröhrchen in eine parallele Position gebracht werden. Beide Teile werden dann durch eine Flüssigkeit aneinander geheftet. Danach verhaken sich die Strukturen auf deren Oberfläche durch antiparallele Verschiebungen miteinander. Dies haben Untersuchungen des Zoologischen Instituts der Universität Wien ergeben. Der Zusammenbau des Rüssels ist irreversibel.

Schwärmer besitzen sehr lange Rüssel und sind meist auf bestimmte Blüten spezialisiert. In den Subtropen Mittel- und Südamerika leben Schwärmer die eine Saugrüssellänge von bis zu 28 Zentimeter aufweisen.

Bild Nr. 108
Schmetterling auf Costa Rica Nektar saugend

Bild Nr. 109
Bei diesem Schmetterling aus Costa Rica ist der Saugrüssel deutlich zu erkennen

Bild Nr. 110
Schmetterling auf Costa Rica

INSEKTENKUNDE
Grundlagen

Bild Nr. 111
Falter auf Costa Rica

Saugende Mundwerkzeuge liegen immer dann vor, wenn an ihrem Aufbau eine röhrenartige geschlossene Saugpumpe beteiligt ist. Wenn eine solche Saugpumpe fehlt und die Mundteile aber trotzdem auf die Aufnahme flüssiger Nahrung eingestellt sind, können sie als schlürfend bezeichnet werden. Einen Übergang zu den leckend-saugenden Mundwerkzeugen bilden solche, wie sie bei der Familie der **Faltenwespen** (*Vespidae*) zu finden sind, wo sich **Praementum**, **Laciniae** und **Epipharynx** rohrartig zusammenlegen können. Mit viel stärkeren Umgestaltungen ist ein Saugrohr bei den **Apoidea** entstanden, wo auch die Evolution aus kauenden Mundwerkzeugen verfolgt werden kann.

Die **Faltenwespen** (*Vespidae*) sind eine Familie der Stechimmen (*Aculeata*) in der Ordnung der Hautflügler (*Hymenoptera*). Sie umfassen weltweit etwa 4000 Arten, von denen etwa 100 auch in Mitteleuropa leben.

Das **Praementum** (*Kinn*) ist der abschließende Teil des basalen, zusammengewachsenen Abschnitts der Unterlippe (*Labium*) der Insekten. Die **Laciniae** ist die innere Kaulade der Maxille der Insekten und der **Epipharynx** ist eigentlich die Innenseite des Labrums also der "Oberlippe" der Insekten.

Die Überfamilie **Apoidea** gehört zu den Stechimmen innerhalb der Ordnung der Hautflügler. Diese Überfamilie umfasst die Bienen und die Grabwespen.

INSEKTENKUNDE
Grundlagen

Bild Nr. 112
Bananenfalter *(Caligo sp.)* **auf Costa Rica**

Bild Nr. 113
Bananenfalter *(Caligo sp.)* **auf Costa Rica**

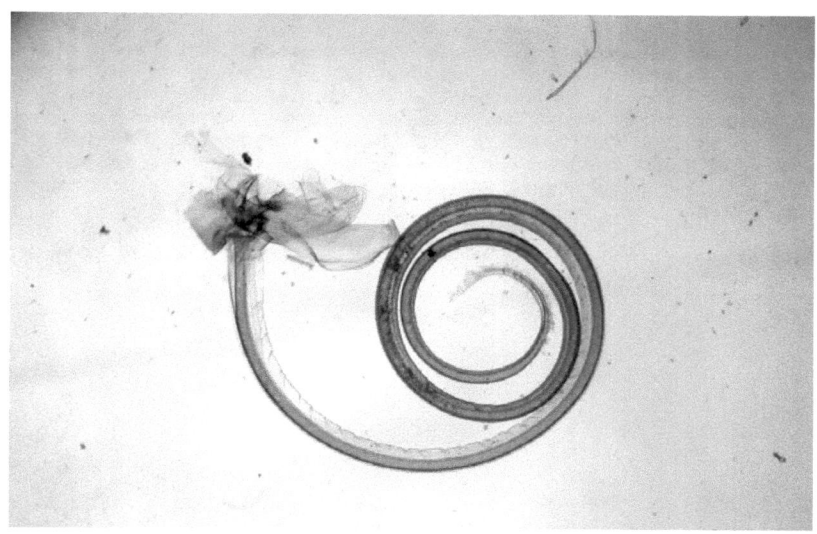

Bild Nr. 114
Schmetterlingsrüssel mit Sinneszellen an der Rüsselspitze
(*Präparat von Ch. Hess 1950-1951*)

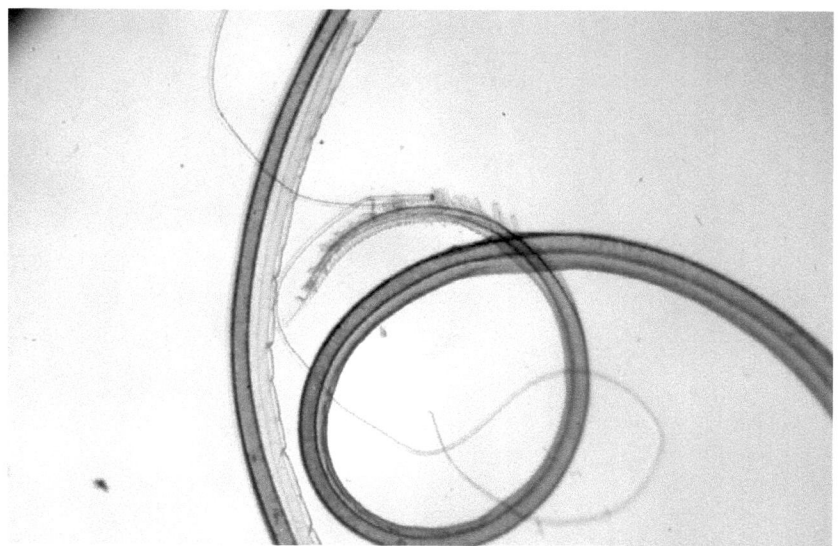

Bild Nr. 115
Hier sind deutlich die Sinneszellen an der Rüsselspitze zu erkennen
(*Präparat von Ch. Hess 1950-1951*)

Andere Insekten mit (leckend) saugenden Mundwerkzeugen sind **Bienen**, **Hummeln**, **Fliegen** und **Schnaken**. Die Mundwerkzeuge der erwachsenen Tiere sind (leckend) saugend, wie bei vielen Fliegenarten und den meisten Zweiflüglern. Der (leckend) saugende Rüssel einiger Fliegen besteht aus den kissenartig vergrößerten Lippentastern, die eine geschlossene Rinne bilden, durch die Flüssigkeiten aufgesaugt werden. Ich habe hier das Attribut leckend bewußt in Klammern gesetzt, da hier das leckend eher als „kosten" bzw. „probieren" definiert werden sollte. Das Insekt muss ja ersteinmal die Nahrung prüfen.

Die leckend saugenden Mundwerkzeuge werden im **Kapitel 1.5.7** genauer beschrieben.

Hummel (*Bombus*)

1.5.6 Stechend-saugenden Mundwerkzeuge

Bild Nr. 116

Alle zu den Wanzen gehörenden Insektengruppen besitzen stechend-saugende Mundwerkzeuge, die durch einen Saugrüssel gekennzeichnet sind und direkt am Kopfbereich ansetzen.

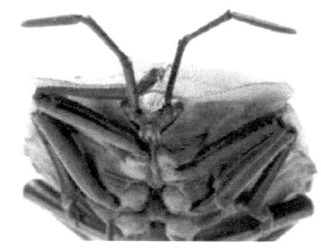

Bild Nr. 117

An der Kopfunterseite befinden sich die Wangenplatten, in welcher der Ansatz der Mundwerkzeuge, die einen Rüssel bilden, liegt. Die Mundwerkzeuge bestehen aus einer drei- oder viergliedrigen Röhre, die auf der Oberseite über eine schmale Rinne verfügt. Diese wird am Ansatz außen von der Oberlippe abgedeckt. Beiderseits befinden sich Stechborsten, welche an ihrer Spitze scharfe Zähnchen besitzen und mit deren Hilfe winzige Löcher in Pflanzen oder Beutetiere gebohrt werden. Siehe dazu auch **Bild 120**.

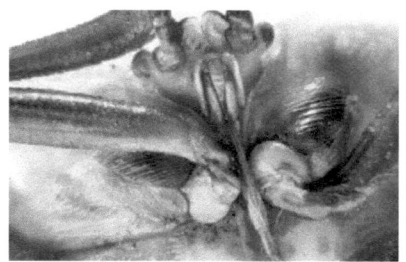

Bild Nr. 118
Lederwanze (*Coreus marginatus*)

Bild Nr. 119
Saugrüssel der Streifenwanze
(*Graphosoma lineatum*)

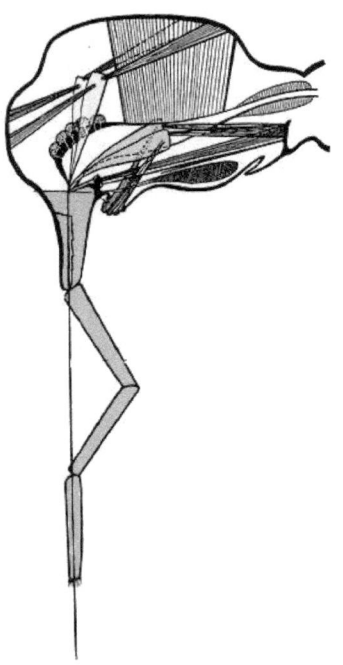

**Bild Nr. 120
Schematische Darstellung der
Mundwerkzeuge der Wanzen**
(*Heteroptera*) **siehe auch Bild 122**

Ähnlich wie bei einem Bohrgestänge wird der Saugrüssel durch das „Gestänge" zum „Bohrloch" geführt, um dann den Pflanzensaft zu saugen.

**Bild Nr. 121
Paarung der Streifenwanze**
(*Graphosoma lineatum*

Bild Nr. 122
Mundwerkzeuge der rotbeinigen Baumwanze
(*Pentatoma rufipes*)

Bild Nr. 123
Auf Borneo lebende Baumwanze
(*Pycanum rubens*)

Die Wanzen sind weltweit mit etwa 40.000 Arten vertreten. In Europa leben zirka 1000 Arten. Sie verfügen über eine sehr große Formenvielfalt und sind hinsichtlich ihrer Lebensweise und Lebensräume sehr vielgestaltig. Es gibt Pflanzensäuger und auch räuberische Arten, die beispielsweise wie die Bettwanze auch Blut saugen. Der Lebensraum der Wanzen sind Wiesen und Wälder. Manchmal findet man sie auch in Wohnungen. Die hier abgebildete **gemeine Feuerwanze** (*Pyrrhocoris apterus*) sieht man häufig im Garten auf Malven- und Hibiscusgewächsen sitzen.

Bild Nr. 124
Die gemeine Feuerwanze
(*Pyrrhocoris apterus*)

Bild Nr. 125   **Bild Nr. 126**
Rotbeinige Baumwanze
(*Pentatoma rufipes*)

Bild Nr. 127
Nymphe der Rotbeinigen Baumwanze
(*Pentatoma rufipes*)

Als **Nymphen** werden Jungtiere verschiedener Gliederfüßer (*wissenschaftlich Arthropoda*) bezeichnet, die, anders als Larven, äußerlich dem erwachsenen Stadium bereits sehr ähneln. Nymphen findet man beispielsweise bei hemimetabolen Insekten, wo sie sich von den ausgewachsenen Tieren (*Imagines*) unter anderem durch unvollständig entwickelte Flügel und / oder Genitalien unterscheiden. Die folgenden Gruppen lassen sich als hemimetabol bezeichnen: u.a. Fangschrecken (*Mantodea*), Gespenstschrecken (*Phasmatodea*), Kurzfühlerschrecken (*Caelifera*) und Langfühlerschrecken (*Ensifera*).

Der Unterschied zwischen Hemimetabolen Insekten und den Holometabolen Insekten wird in einem anderen Kapitel dieses Buches näher beschrieben.

Bild Nr. 128
Nymphe der gemeinen Feuerwanze
(*Pyrrhocoris apterus*)

Bild Nr. 129
Nymphe der Spitzbauchwanze
(*Troilus luridus*)

Bild Nr. 130
Schildkäfer (*Cassidinae*)
auf Costa Rica

Die Schildkäfer sind eine Unterfamilie der Blattkäfer (*Chrysomelidae*)

INSEKTENKUNDE
Grundlagen

Bild Nr. 131 zeigt u.a.

Abb. Oben **Ritterwanze** (*Lygaeus equestris*),
Abb. Mitte links **Streifenwanze** (*Graphosoma lineatum*),
Abb. Mitte rechts **Gemeine Feuerwanze** (*Pyrrhocoris apterus*),
Abb. Unten Mitte **Kohlwanze** (*Eurydema oleraceum*),
Abb. Unten links **Grüne Stinkwanze** (*Palomena viridissima*),
Abb. Unten rechts **Beerenwanze** (*Dolycoris baccarum*),
Abbildungen vergrößert und in natürlicher Größe

Bild Nr. 132
Beerenwanze (*Dolycoris baccarum*)

Bild Nr. 133
Tropische Wanzenart
Hier ein Größenvergleich

INSEKTENKUNDE
Grundlagen

Bild Nr. 134
Links eine Wanzenart aus Thailand und rechts eine europäische Art

Bei der rechten Wanze handelt es sich um die grüne Stinkwanze (*Palomena prasina*). Diese Wanze wird zwischen 12-14 mm groß und überwintert im Herbstlaub. Für eine bessere Tarnung färbt sich die Wanze dafür in braun um. Im Frühjahr wird dann die Farbe wieder auf grün gewechselt.

Wie schon erwähnt gibt es neben den Wanzen die sich von Pflanzensaft ernähren auch räuberische Arten die sich von Blut ernähren. Dazu gehört u.a. die Bettwanze.

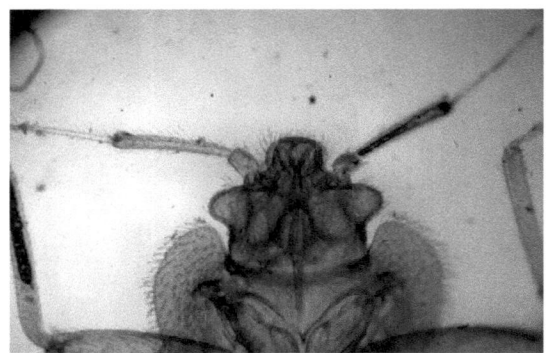

Bild Nr. 135
Kopf derBettwanze (*Cimex lectularius*)
(Präparat W. Frey, 1932)

Dazu schrieb **Dr. Kurt Floericke** in seinem Büchlein **Plagegeister** von 1917 folgenden Anmerkungen: *„Unermeßlich schöne Wochen voll erhebender Jäger- und Forscherfreuden hatte ich in den prachtvollen Urwaldungen und in den schroffen Felsenwirrnissen des bulgarischen Hochbalkans verlebt, aber wir atmeten damals doch auf, als nach langem, anstrengenden Marsche durch die heiße bulgarische Ebene dann endlich die Hügelstadt Philippopel (heute **Plowdiw** zweitgrößte Stadt Bulgariens) vor unserem Auge aufstieg.*
Hier wollten wir uns einige Tage Ruhe gönnen, hier die langentbehrten Genüsse der

INSEKTENKUNDE
Grundlagen

Zivilisation wieder einmal recht gründlich auskosten. Das erste Gasthaus der malerischen Stadt nahm uns freundlich auf, obwohl wir in unseren abgerissenen Jagdkleidern nicht gerade besonders vertrauenwürdig aussahen. Es gab ein nach unseren damaligen Begriffen köstliches Abendessen am gedeckten Tisch mit richtigen Porzellantellern, und ein tüchtiger Trunk deutschen Bieres beschloß den festlichen Tag. Dann aber harrten unser, die wir wochenlang auf harter Erde im Schlafsack oder unter dem Zelte genächtigt hatten, endlich wieder einmal richtige Betten, und wir freuten uns auf dieses mollige Lager! Während unsere Leute in einfacheren Räumen untergebracht waren, bezogen Freund R. und ich das beste Zimmer des Hauses, und wir hatten unsere Freude an den schönen Stickereien und Teppichen, mit denen die sonst kahlen Wände bekleidet waren und die dem Raum ein so wohnliches und heimeliges Ansehen verliehen. Wir ahnten ja nicht, welche Qualen unser unter diesen Teppichen harrten! Mit wohligem Behagen streckten wir schließlich die müden Glieder in den schönen Betten und überließen uns dem Schlummer. Aber nicht lange. Ich wachte auf; am ganzen Körper empfand ich ein gräßlich brennendes Gefühl, begann mich unwillkürlich zu kratzen, und als ich dann ein Insekt mit den Fingern erwischte und gleich darauf einen abscheulichen Geruch wahrnam, da stiegt´s mit schauervoller Gewißheit in mir empor: Wanzen! Dem Reisegefährten ging es nicht anders. Auch er saß schimpfend aufrecht in seinem schönen Lager, das er mit soviel Wohlbehagen aufgesucht hatte. Was soll ich, diese wenig angenehme Erinnerung, weiter ausmalen? Das Ende war, dass wir arg zerstochen das schöne Gastzimmer verließen, auf das flache Dach des Hauses stiegen und uns hier wieder in unsere treuen, vorher schnöde verachteten Schlafsäcke einhüllten, gewiß, in diesem schlafen zu können, ohne von greulichen Wanzen und anderem Ungeziefer gräßlich geplagt zu werden."

Soweit Dr. Kurt Floericke.

Die zu den Plattwanzen (*Cimicidae*), gehörenden Bettwanzen sind eine Familie der Wanzen. Die Larven und die erwachsenen Tiere halten sich in der Regel nur zur Nahrungsaufnahme am Wirt auf. Die Tiere sind in der Regel nachtaktiv. Tagsüber leben sie in Gruppen in trockenen, spaltenförmigen dunklen Verstecken. Sie werden durch einen Geruchsstoff, ein Aggregations-Pheromon, gegenseitig angelockt und zusammengehalten. Die Störung eines Tieres, zum Beispiel durch anschalten des Zimmerlichts, bewirkt die Abgabe eines Duftsekretes aus den für Wanzen charakteristischen Duftdrüsen. Das Sekret hat neben einer Abwehr- auch eine Alarmfunktion und bewirkt die mehr oder weniger schnelle Flucht der anderen Tiere.

Die verschiedenen Arten der Familie der Plattwanzen leben meist in den Wochenstuben von Fledermäusen in Dachstühlen von Häusern und Baumhöhlen. Ferner sind sie in hölzernen Taubenschlägen von Haustauben zu finden oder in den Nestern von Schwalben.

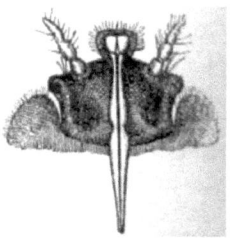

**Bild Nr. 136
Kopf und Rüssel der Bettwanze**
(*Cimex lectularius*)
von unten gesehen

In den Industrieländern ist die Häufigkeit der Bettwanze (*Cimex lectularius*) im Vergleich zu den vergangenen Jahrhunderten deutlich zurückgegangen. Dennoch ist die Art hier keineswegs ausgestorben. Sie tritt immer wieder punktuell auf, vor allem in Wohnungen in der Nähe von Brutplätzen verwilderter Haustauben. Da die Wanzen tagsüber in Verstecken leben, werden sie aber kaum vom Menschen wahrgenommen.

Die parasitologisch-medizinische Bedeutung der Bettwanze ist sehr gering. Die Stiche der Bettwanze und anderer Plattwanzen sind anfangs schmerzlos, können aber unter Umständen zu unangenehm juckenden Quaddeln und selten zu allergischen Reaktionen führen.

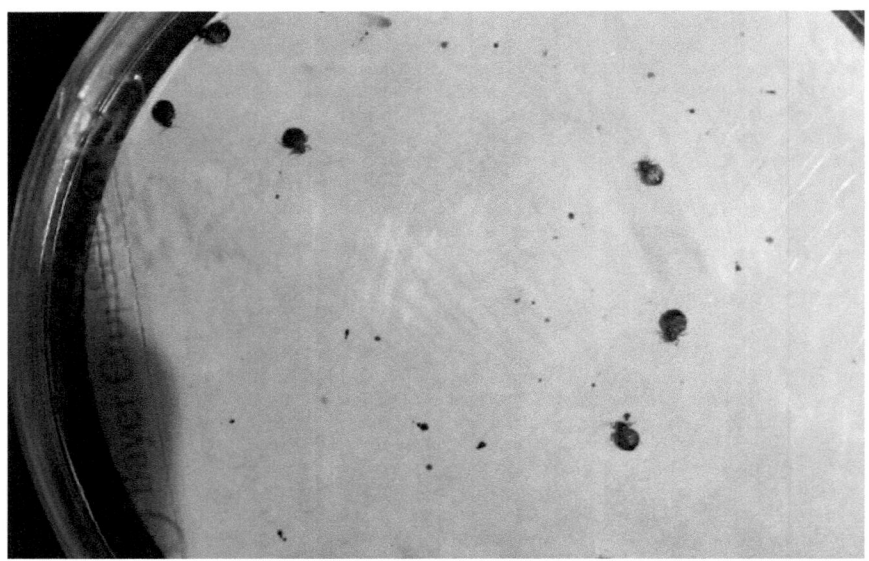

Bild Nr. 137
Bettwanze „gefangen" in einer Petrischale
(*Cimex lectularius*)

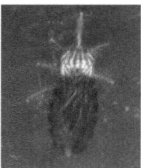 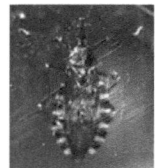

Bild Nr. 138   **Bild Nr. 139**
Rhodnius prolixus   *Triatoma infestans*

Rhodnius prolixus und Triatoma infestans gehören zu den südamerikanischen Raubwanzen. Einfachste Behausungen zusammen mit Haustieren bieten ideale Bedingungen. Die Wanzen stechen bevorzugt in Augenlied und Lippen und heißen deshalb „kissing bugs".

INSEKTENKUNDE
Grundlagen

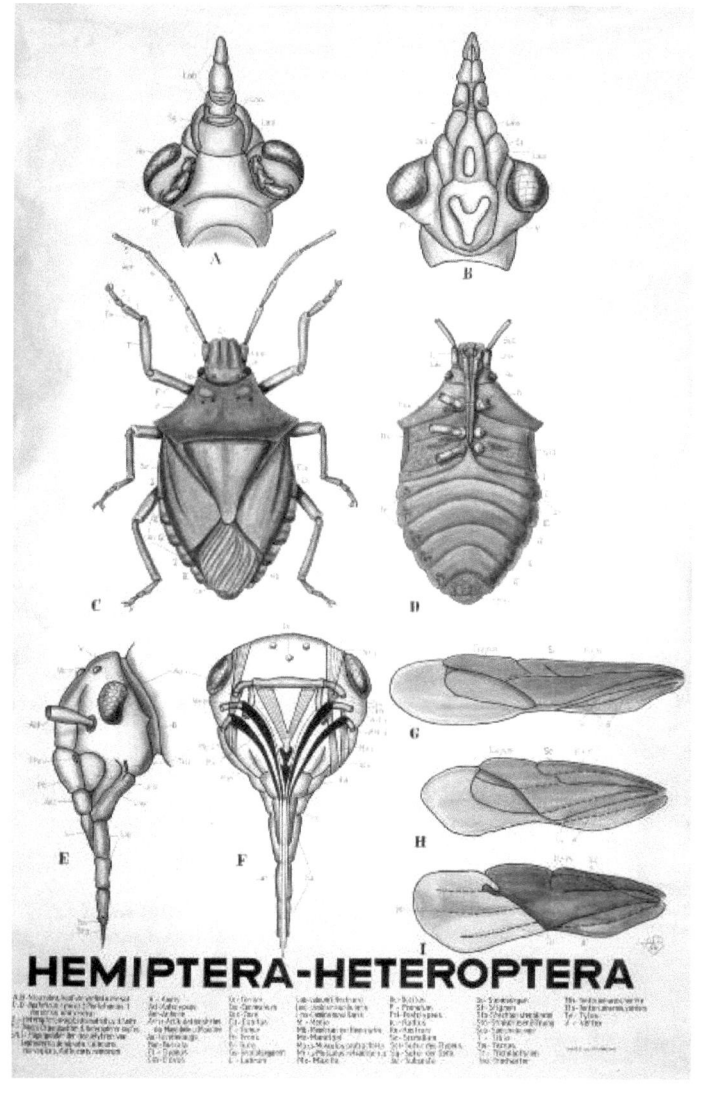

Bild Nr. 140
Diese Wandtafel zeigt den Aufbau von Wanzen

Andere Vertreter des Wanzengeschlechtes haben sich vollkommen dem Wasserleben angepasst. Die bekannteste Art ist der **Rückenschwimmer** (*Notonecta glauca*). Rückenschwimmer (*Familie Notonectidae*) sind eine Familie von im Wasser lebenden Insekten in der Unterordnung der Wanzen (*Heteroptera*). Weltweit sind etwa 350 Arten bekannt.

Bild Nr. 141
Rückenschwimmer (*Notonecta glauca*)

Das besondere Kennzeichen dieser Tiere ist, das sie stets mit der Bauchseite nach oben schwimmen und zwar unterhalb der Wasseroberfläche. Diese auffällige Schwimmposition resultiert aus dem am Hinterleib mitgeführten Luftvorrat. Der Kopf trägt auffallend große Augen. Die Augen sind als sogenannte Doppelaugen ausgebildet, wie auch bei einigen Wasserkäfern. Somit können die Tiere beim Schwimmen sowohl über Wasser, als auch unter Wasser sehen. Die Flügel sind sehr kräftig und vollständig ausgebildet. Um neue Wasserstellen zu erkunden, kriechen die Rückenschwimmer an Land und wenn die Flügel getrocknet sind fliegen sie fort. Haben die Tiere eine neue Wasserstelle ausgemacht, stürzen sie sich mit geschlossenen Flügeln wie ein Kamikazeflieger ins Wasser hinein. Neue Wasserstellen werden nur mit Hilfe der Augen gefunden, wobei sie auf besonders helle Oberflächen reagieren. Rückenschwimmer bewegen sich mit ihren kräftigen Ruderbeinen knapp unter der Wasseroberfläche stoßweise fort. Der Saugrüssel ist kurz und stark ausgebildet.

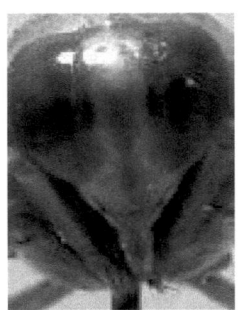

Bild Nr. 142
Rückenschwimmer (*Notonecta glauca*)

Auf diesem Bild ist der kurze, kräftige Saugrüssel sehr gut zu erkennen.

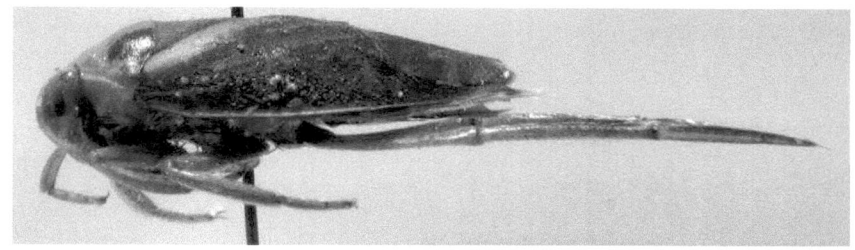

Bild Nr. 143
Rückenschwimmer (*Notonecta glauca*)

Bild Nr. 144
Rückenschwimmer (*Notonecta glauca*)

Bild Nr. 145
Rückenschwimmer (*Notonecta glauca*)

INSEKTENKUNDE
Grundlagen

Zu den Insekten, die sich mit Hilfe von stechend-saugenden Mundwerkzeugen von Pflanzensäften ernähren, gehören auch die Zikaden. Die **Zikaden** (*Auchenorrhyncha*) zählen als solche zu den Gleichflüglern (*Homoptera*). Die Zikaden umfassen die Unterordnungen der Rundkopfzikaden (*Cicadomorpha*) und der Spitzkopfzikaden (*Fulgoromorpha*). Weltweit sind etwa 40.000 Arten beschrieben. Im unteren Bild sind als Beispiel drei verschieden Zikaden abgebildet.

Alle Zikaden verfügen über einen Saugrüssel zur Nahrungsaufnahme. Die Unterlippe (*Labium*) der Tiere ist als Gleitschiene für die aus den Oberkiefer und Unterkiefer bestehenden Stechdornen ausgebildet. Innerhalb der Lacinien (einem Teil der Maxillen) verläuft ein Kanal, durch den gesaugt werden kann, sowie ein Speichelkanal, durch den Speichel in die Fraßstelle geleitet wird. Teile der Mundhöhle sind bei allen Schnabelkerfen zu einer Saugpumpe umgestaltet.

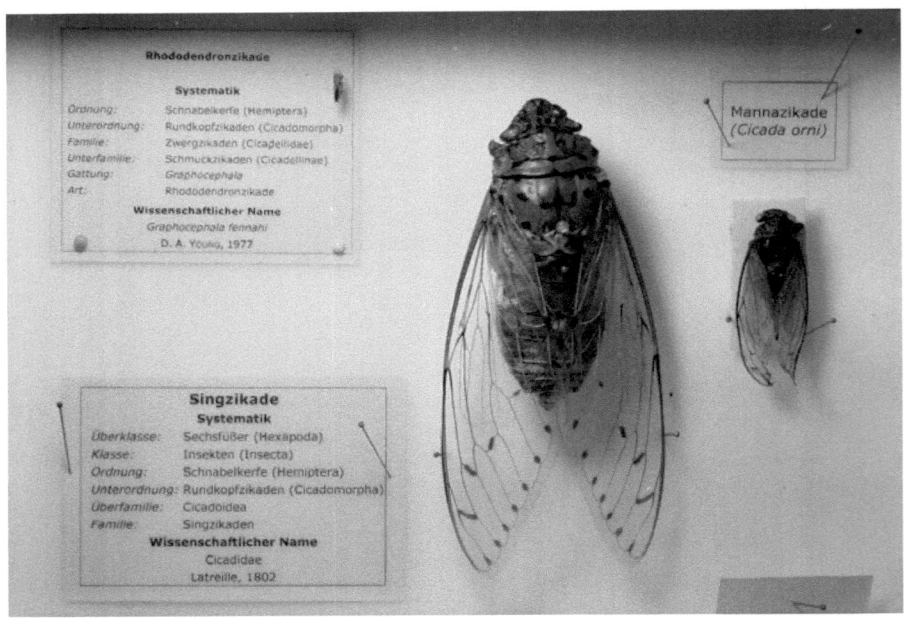

Bild Nr. 146
Zikaden im Schaukasten zum Größenvergleich
Oben links **Rhododendronzikade** (*Graphocephala fennahi*)
Mitte **Singzikade** und rechts **Mannazikade** (*Cicada orni*)

INSEKTENKUNDE
Grundlagen

Bild Nr. 147
Singzikade (*Cicadidae*)

An der Unterkante des Gesichts entspringt der Saugrüssel (*Rostrum*). Wie auf dem Bild links gut zu erkennen ist. In Ruhestellung wird der Rüssel an den Körper geklappt und liegt dann zwischen den Hüften (*Coxa*) der Zikade. Mit Hilfe ihres Rüssels stechen die erwachsenen Tiere die Leitungsbahnen verschiedener Gehölze und krautiger Pflanzen an und saugen den an Nährsalzen und Wasser reichen Pflanzensaft.

Die meisten Zikaden sind weniger als ein Zentimeter lang und können meist weit springen und gut fliegen. Die Singzikaden, die Buckelzikaden und die Laternenträger sind in der mitteleuropäischen Fauna mit jeweils wenigen Arten vertreten. Die Schaumzikaden und vor allem die Klein- oder Zwergzikaden sind sehr artenreich. Größere Zikadenarten findet man im asiatischen und afrikanischen Raum.

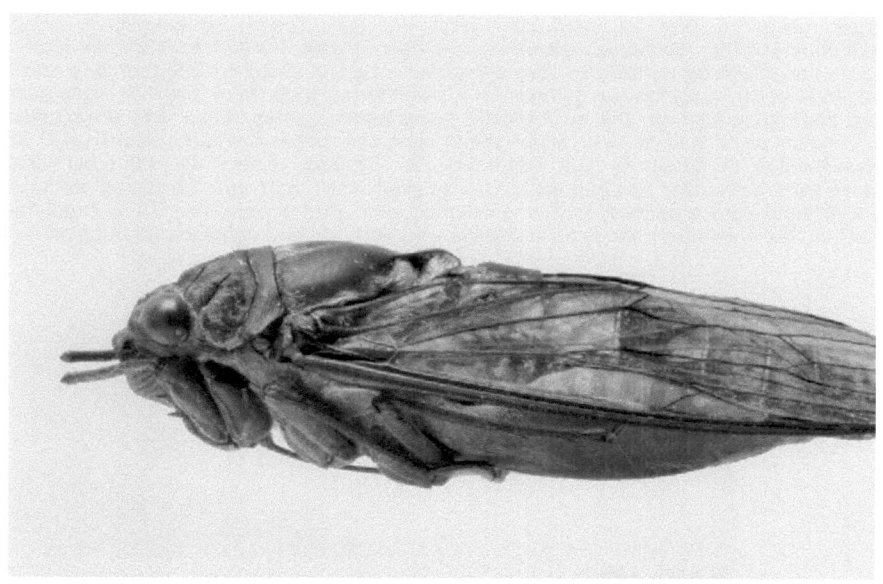

Bild Nr. 148
Singzikade (*Cicadidae*) **mit einer Körperlänge von ca. 12 cm**

INSEKTENKUNDE
Grundlagen

Zikaden sind durch eine dachförmige Flügelhaltung gekennzeichnet. Die meisten Zikaden sind trotz einer sehr auffälligen Färbung gute Tarnungsspezialisten. In ihren Lebensräumen haben sie sich ihrer Umgebung sehr gut angepasst. Dadurch werden sie von Fressfeinden kaum erkannt. Zikaden verfügen durch zu Sprungbeinen umgewandelte Hinterbeine über ein sehr gutes Sprungvermögen und werden dadurch leicht mit Heuschrecken verwechselt. Die Schaumzikade ist dabei der Hochsprungmeister. Bei einer Körperlänge von etwa 5 mm springt das Tierchen aus dem Stand heraus 70 cm hoch.

Zikaden sind auf flüssige Nahrung angewiesen und saugen an den Leitungsbahnen der Pflanzen mit zuckerreichen Saft. Wobei die meisten Zikadenarten auf ganz bestimmte Nährpflanzen beschränkt sind. Überschüssiger Zucker wird ausgeschieden und von anderen Insekten wie zum Beispiel den Ameisen aufgenommen. Zikaden vollziehen eine unvollständige Verwandlung. Ein Puppenstadium ist nicht vorhanden. Es geht also vom Ei über die Larve direkt zum erwachsenen Insekt. Wobei es meist fünf Larvenstadien gibt. Die Entwicklungszeit reicht je nach Art von einer Woche bis zu 17 Jahren. Alle Zikardenarten können Schallwellen zur Kommunikation erzeugen. Die meisten Schallwellen liegen aber in so hohen Frequenzen vor, die der Mensch nicht wahrnehmen kann. Nur die Laute der Singzikaden sind vom Menschen zu hören. Um diese Laute zu erzeugen besitzen Zikaden ein eigenes Organ, das als Trommelorgan bezeichnet wird. Dieses Organ sitzt am Hinterleib und wird durch einen Deckel verdeckt. Das Organ besteht aus Muskeln und Platten. Durch die Muskulatur werden die Platten in Schwingungen versetzt. Ein unter den Singmuskeln liegender Luftsack sorgt für die richtige Resonanz. Die damit erzeugten Gesänge dienen zum Anlocken von Weibchen und festlegen von Reviergrenzen.

Wer im Frühjahr mit offenen Augen über die Wiesen geht, sieht hier und da an Pflanzenstängeln kleine Schaumgebilde, die aussehen als hätte ein Spaziergänger in die Wiese gespuckt. Dies ist nicht aber nicht der Fall. Dieses Schaumgebilde ist der Aufenthaltsort der Schaumzikadenlarve. Genauer gesagt handelt es sich hier um die Larve der Wiesenschaumzikade. Das erwachsene Tier ist zwischen 0,5-1cm lang und im Allgemeinen grün oder braun gefärbt. Im November legen die Tiere ihre Eier in die Ritzen von Pflanzenstängel ab. Die im Frühjahr schlüpfenden Larven sehen dem erwachsenen Tier schon recht ähnlich. Die Larven selbst erzeugen diesen Schaum, indem sie in ihre eiweißhaltige Kotflüssigkeit Luft einblasen. Der Schaum schützt die darin befindliche Larve vor Fressfeinden und hält die Luftfeuchtigkeit und Temperatur auf Werte, die für die Entwicklung zum erwachsenen Tier notwendig sind. Die erwachsenen Tiere findet man von Juni bis November. Das Schaumgebilde wird auch als Kuckucksspeichel bezeichnet.

Bild Nr. 149
Wiesenschaumzikade
Philaenus spumarius
(Präparat von D. Schmidt 2007)

Bild Nr. 149a
Wiesenschaumzikade
mit Schaumgebilde

INSEKTENKUNDE
Grundlagen

Zu den Insekten mit stechend-saugenden Mundwerkzeugen gehören auch die Bremsen und die Tsetsefliegen. Die in Afrika vorkommende Stechfliege ernährt sich von menschlichen und tierischen Blut und überträgt dabei die Schlafkrankheit beim Menschen und die Naganaseuche bei Tieren.

Bremsen sind eine Familie aus der Unterordnung der Fliegen. Sie gehören ebenfalls zu den blutsaugenden Insekten und stechen nicht nur Menschen, sondern auch andere Kalt- und Warmblüter. In Zentraleuropa sind diese Tiere besonders im April und August sowie an schwülen Tagen aktiv. Die Bisse sind recht schmerzhaft. Ich selbst habe diese Tiere in Bayern an einem kalten Bach in dem ich badete erlebt.
Da sich in der Nähe eine Kuhweide befand, konnte ich mich vor Bissen kaum retten. Auch hier sind wieder die Weibchen die Blutsauger, während sich die Männchen von Nektar ernähren. Die Bisswunden sind relativ groß und die Weibchen saugen bis zu 0,2 ml Blut. Werden Pferde von den Bremsen gestochen, kann es passieren, dass diese Pferde durchgehen.

Bei den Arten in Afrika können durch die Stiche auch Milzbrand und verschiedene andere schwere Krankheiten übertragen werden.

Die nächste Gruppe der Insekten mit stechend-saugenden Mundwerkzeugen sind die Läuse. Von denen die Blattläuse die bekanntesten sind.

Blattläuse (*Aphidina*) müssen durch eine hohe Vermehrungsrate das Überleben ihrer Art sichern, denn sie sind schutzlos allen möglichen Räubern wie Vögel, Marienkäfer und deren Larven, sowie Florfliegenlarven ausgesetzt. Außerdem sind die Blattläuse empfindlich gegen kühles Wetter. Eine Marienkäferlarve vertilgt während des Larvenstadiums allein schon ca. 3000 Pflanzenläuse. Die angegebene Zahl der von Florfliegenlarven gefressenen Blattläuse variiert zwischen 150 innerhalb ihrer gesamten Entwicklung und 100 pro Tag.

Bild Nr. 150

Bild Nr. 151

In Mitteleuropa gibt es ungefähr 830 Blattlausarten. Die meisten von ihnen sind schwarz oder grün und nur wenige Millimeter groß. Sie ernähren sich von Saft, den sie aus den Blättern oder Stängeln der Pflanzen saugen. Auch die Blattläuse gehören aufgrund ihrer Mundwerkzeuge zu den stechend-saugenden Insekten. Der Honigtau den sie ausscheiden ist süß und sehr klebrig. Dieser Honigtau ist bei Ameisen und anderen Tieren sehr begehrt.

INSEKTENKUNDE
Grundlagen

Die meisten Arten pflanzen sich über mehrere Generationen mittels Jungfernzeugung (*Parthenogenese*) fort, um dann eine geflügelte, sich geschlechtlich fortpflanzende Generation zu bilden. Dies geschieht bei wirtswechselnden Arten vor der Besiedelung der neuen Wirtspflanze, oder bei einem zu schnellem Wachstum einer Blattlauskolonie und der damit verbundenen Überbevölkerung an einem Ort. Damit fördert diese Vermehrungsform zugleich auch die Verbreitung der Blattlaus, denn die geflügelten Individuen sind in der Lage weite Strecken zu neuen Wirtspflanzen durch aufsteigende Luftströmungen zu überwinden.

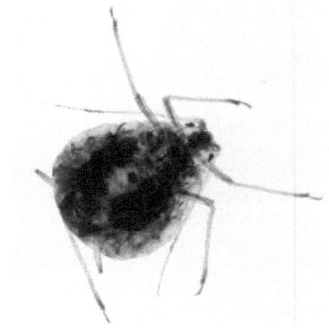

Bild Nr. 152 Blattlaus
(*Präparat von D. Schmidt 2007*)

Blattläuse schädigen viele Pflanzen, nicht nur dadurch, dass sie den Pflanzen den Saft entziehen, sondern auch durch Übertragung von Krankheitserregern, wie zum Beispiel die Steinobst-Vergilbungskrankheit. Diese Krankheit wird durch sehr kleine Bakterien im Leitgewebe von Pflanzen verursacht. Das Leitgewebe ist für den Nährstofftransport von den Blättern zu den Wurzeln verantwortlich. Die Symptome sind durch Einrollen der vergilbten Blätter zu erkennen. Da diese Bakterien unbeweglich sind, benötigen sie zur Ausbreitung einen Überträger. Das sind die Pflanzenläuse.

Bild Nr. 153

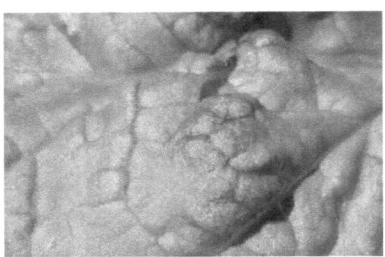

Bild Nr. 154
Die Johannisbeerblasenlaus verursacht blasenartige Aufwölbungen an den Blätter

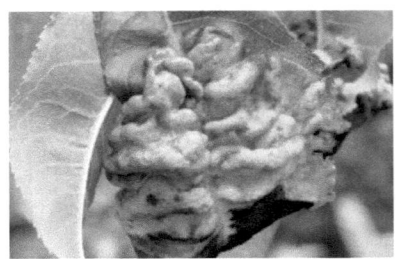

Bild Nr. 155
Lausschadbild an den Blättern des Pfirsichbaums

Eine ganz besondere Art von Läusen sind die Lackschildläuse. Die weiblichen Lackschildläuse sondern ein Sekret, den Lac ab. Es ist das einzige natürliche Harz tierischen Ursprungs mit kommerzieller Bedeutung.
Die Lackschildläuse leben in riesigen Kolonien in den Ländern Indien, Burma und Südchina auf Bäumen und Sträuchern. Besonders gerne auf Pappelfeigen. Sie sondern ihr hauptsächlich dem Schutz der Brut dienendes Sekret in dicken Schichten um die Zweige der Wirtspflanzen ab. Von diesen Wirtspflanzen wird zweimal jährlich durch Abkratzen

oder Abschneiden der Zweige der so genannte Stocklack geerntet. Durch unterschiedliche Verfahren werden daraus das eigentliche Schelllackharz in vielen unterschiedlichen Qualitäten, das Schelllackwachs und der gelbliche bis rötliche Schelllackfarbstoff gewonnen. Früher wurde Schelllack noch in großen Mengen hergestellt. Die Jahresproduktion betrug etwa 50.000 Tonnen. Um ein Kilogramm Schelllack zu ernten, werden 300.000 weibliche Lackschildläuse benötigt. Die heutige Anwendung von Schelllack findet sich vorwiegen in der Lack-, Nahrungsmittel- und Pharmaindustrie.

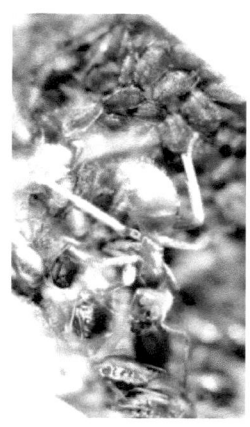
Bild Nr. 156

Bild Nr. 157

Die Ameisen halten sich oft zur Gewinnung von Honigtau ganze Blattlausherden und pflegen und beschützen diese (siehe **Bild Nr. 153, Bild Nr. 156, Bild 157** und **Bild 158**). Durch so genanntes betrillern (beklopfen) des Hinterleibs der Blattläuse mit den Fühlern, werden diese zum absondern des Honigtaus angeregt. Dies wird auch im Volksmund als melken bezeichnet. Ameisen unterstützen Blattläuse sogar bei deren Verbreitung. Sie gehen eine Symbiose, eine Lebensgemeinschaft zum gegenseitigen Nutzen ein.

INSEKTENKUNDE
Grundlagen

Bild Nr. 158

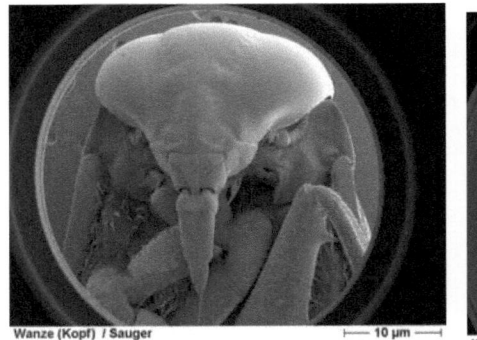
Wanze (Kopf) / Sauger ⊢— 10 µm —⊣

unter Pollen: tote Laus ⊢— 80 µm —⊣

Bild Nr. 159
REM Foto des Saugrüssels einer Wanze

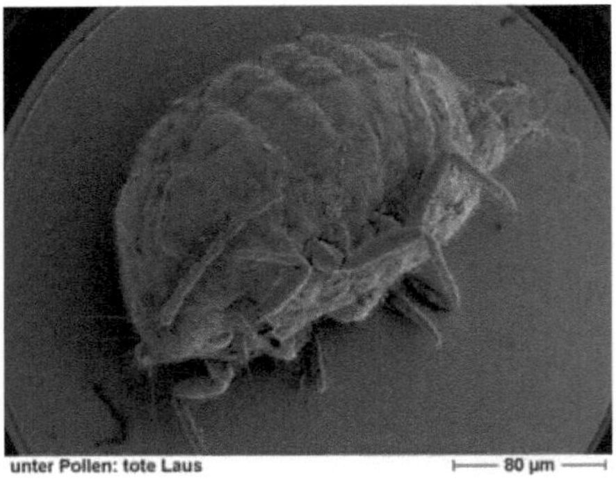

Bild Nr. 159a
REM Foto einer Laus

Außer den **Pflanzenläusen** gibt es noch die **Tierläuse**. Während die den Menschen befallenden **Filzläuse** eher selten geworden sind, gibt es aber einen Vertreter der Läuse, der noch heute beim Menschen häufig vorkommt, die **Kopflaus**.

Die **Tierläuse** (*Phthiraptera*), auch bekannt als **Lauskerfe** oder **Läuslinge**, sind eine als Parasit lebende Insekten-Ordnung innerhalb der Neuflügler (*Neoptera*). Etwa 650 bis 1000 der 3500 Arten sind in Mitteleuropa verbreitet, sie werden in der Regel 1 bis 6 mm groß. In der Regel haben die Tiere stechend-saugende Mundwerkzeuge, vor allem bei den **Kieferläusen** (*Mallophaga*) sind sie jedoch auch beißend. Die einzelnen Segmente der Brust sind verwachsen und tragen keine Flügel, die relativ kurzen Beine sind mit Klammermechanismen bestückt, damit sich die Tiere am Wirt festhalten können. Alle Tierläuse leben als Außenparasiten (*Ektoparasiten*) auf anderen Organismen. Sie dringen

INSEKTENKUNDE
Grundlagen

nur mit den stechend-saugende Mundwerkzeugen in ihren Wirtsorganismus ein und ernähren sich von Hautsubstanzen oder nehmen Blut oder Gewebsflüssigkeit auf. Beispiele für Ektoparasiten sind blutsaugende Gliederfüßer (*Arthropoden*) wie etwa Stechmücken, Läuse oder Zecken. Ektoparasiten sind häufig auch Krankheitsüberträger von Erkrankungen wie Malaria oder Lyme-Borreliose.

Dabei sind die meisten Arten spezifisch auf einem Wirt zu finden, häufig bevölkern auch mehrere Arten denselben Wirt. Ohne diesen Wirt sind sie nur wenige Tage lebensfähig. Die Übertragung von Wirt zu Wirt erfolgt bei direktem Körperkontakt oder über das Nest, bei der Kleiderlaus auch über Kleidung.

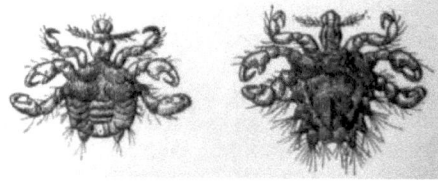

Die **Filz-** oder **Schamlaus** (*Pthirus pubis*) ist eine am Menschen parasitierende Tierlausart. Sie ist mit bloßem Auge noch erkennbar und wird durch sexuellen Kontakt oder auch durch Kleidungsstücke, Bett- und Handtücher übertragen. Einmal vom Körper entfernt, können Filzläuse nur bis zu 24 Stunden überleben.

Bild Nr. 160
Filzlaus (*Pthirus pubis*)
Männchen links, Weibchen rechts

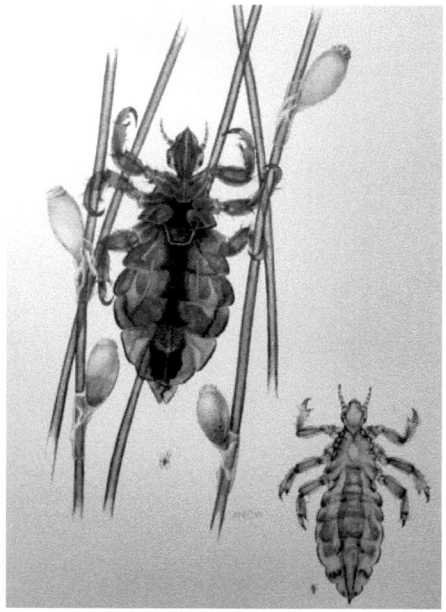

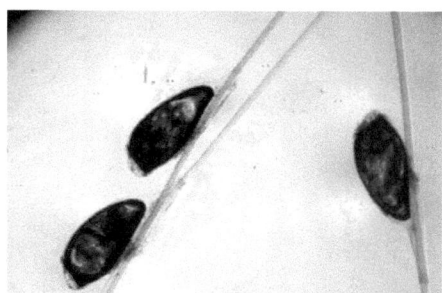

Bild Nr. 162
Nissen der Kopflaus am Haar
(*Präparat W. Frey 1932*)

Bild Nr. 161
Kopflaus
(*Pediculus humanus capitis*)

Eine weitere Art von unangenehmen Gästen sind die Flöhe. Die **Flöhe** (*Siphonaptera*) bilden eine Ordnung in der Klasse der Insekten. Von den etwa 2400 Arten der Flöhe sind etwa 70 Arten in Mitteleuropa nachgewiesen. Die Tiere zählen zu den Parasiten. Sie erreichen eine Länge von 1,5 bis 4,5 Millimetern. Die größte Art ist der Maulwurfsfloh

(*Hystrichopsylla talpae*), der auf dem Europäischen Maulwurf (*Talpa europaea*) parasitiert. Die Mundwerkzeuge sind zu einem kombinierten Stech- und Saugrüssel umfunktioniert.

Der **Menschenfloh** (*Pulex irritans*) kann in seltenen Fällen durch seinen Stich/Biss die Pest auf mechanischem Wege übertragen. Speziell der Rattenfloh (*Xenopsylla cheopis*), der Pestfloh, ist durch seinen Stich/Biss schon lange als biologischer Überträger der Pest bekannt. Hunde- und Katzenflöhe bleiben in der Regel auf deren üblichen Wirten, doch beim engeren Zusammenleben gehen diese auch gerne auf den Menschen über.

Von tropischen Floharten können die Erreger von Pest, Tularämie und Fleckfieber in erster Linie von Ratten- und flohähnliche Mäuseflöhe (*Leptinus testaceus*) übertragen werden. Eine direkte Übertragung von Mensch zu Mensch ist bei diesen Flöhen nicht möglich.

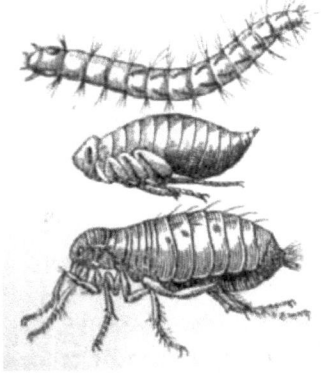

Bild Nr. 163 zeigt oben die Larve, in der Mitte die Puppe und unten das erwachsene Tier des Menschenflohs (*Pulex irritans*).

Bild Nr. 163
Menschenfloh
(*Pulex irritans*)

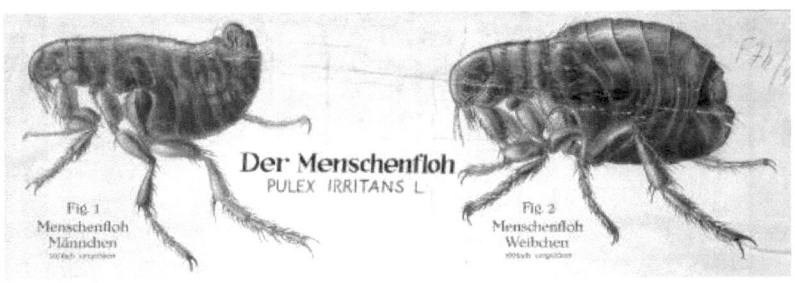

Bild Nr. 163a
Abbildung vom Menschenfloh
(*Wandtafel Sammlung HU-Berlin*)

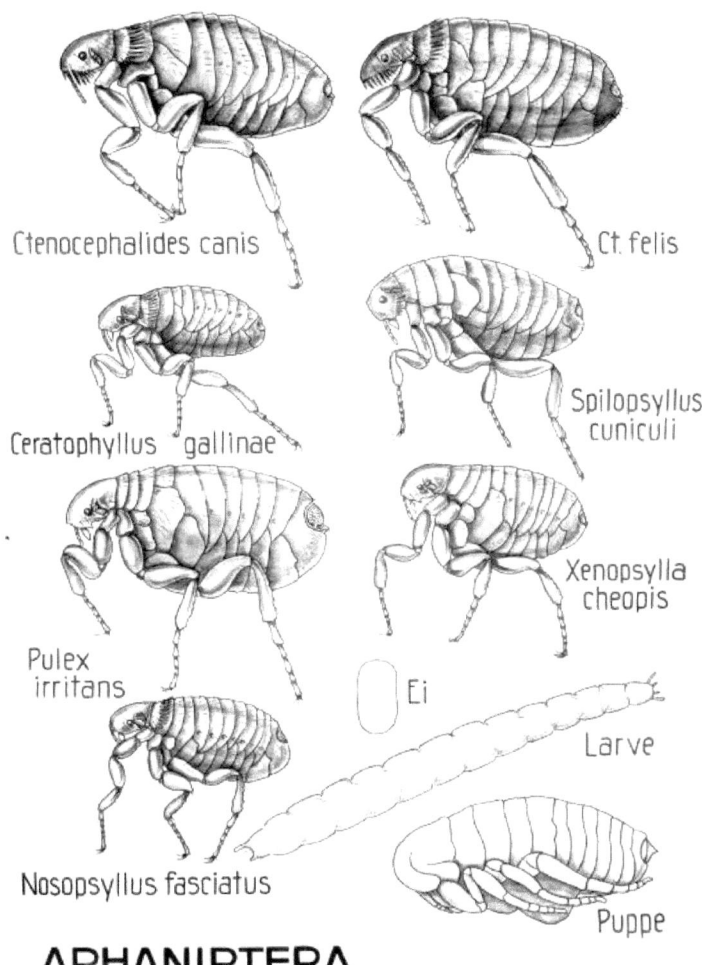

Bild Nr. 164
Wandtafel über Floharten (*Wandtafel Sammlung HU-Berlin*)

Siphonaptera (LATREILLE, 1825) ist der wissenschaftliche Name der Flöhe.

Folgende Flöhe sind auf der Wandtafel dargestellt: **Hundefloh** (*Ctenocephalides canis*, CURTIS, 1826), **Katzenfloh** (*Ctenocephalides felis*, BOUCHE, 1835), **Hühnerfloh**- oder **Vogelfloh** (*Ceratophyllus gallinae*, SCHRANK, 1803), **Kaninchenfloh** (*Spilopsyllus cuniculi*, DALE, 1878), **Menschenfloh** (*Pulex irritans*, LINNAEUS, 1758), **Rattenfloh** (*Xenopsylla cheopis*, ROTHSCHILD, 1903), **Nördlicher Rattenfloh** (*Nosopsyllus fasciatus* = *Ceratopsyllus fasciatus*, Bosc, 1800).

Eine weitere Art der Plagegeister, wie Dr. Kurt Floericke sie bezeichnen würde, sind die

Steckmücken.

Wer kennt das nicht? Man liegt im Sommer im Bett und kann wegen der Wärme nicht richtig schlafen. Es ist ruhig im Zimmer und plötzlich ist ein für die Ohren betäubendes summen zu hören. So wird es ja meist empfonden, das Summen einer **Stechmücke**.

Die Stechmücken gehören zu den Insekten mit stechend-saugenden Mundwerkzeugen und es gibt sie schon seit etwa 170 Millionen Jahren. Die Familie der Stechmücken umfasst etwa 35 Gattungen, die sich auf ungefähr 2.700 Arten aufteilen. Davon leben in Europa etwa 104 Arten. Bei den meisten weiblichen Stechmücken bilden die Teile der Mundwerkzeuge einen langen Rüssel, um die Haut von Säugetieren zu durchdringen und deren Blut zu saugen, dass für die Entwicklung der Eier benötigt wird.

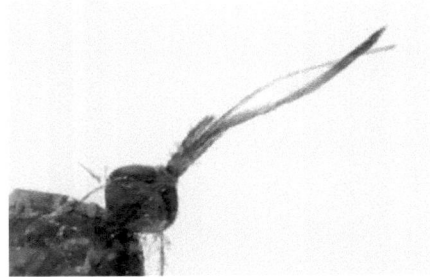

Bild Nr. 165
Mundwerkzeuge der Stechmücke
(*Culex pipens*)
(*Präparat von D. Schmidt 2007*)

Die Männchen unterscheiden sich von den Weibchen, da sich ihre Mundwerkzeuge nicht zum Saugen von Blut eignen. Angelockt durch Körperdüfte und ausgeatmetes Kohlendioxid findet das Mückenweibchen die Nahrungsquelle Mensch und sticht zu. Meist merken wir den Stich erst, wenn es zu spät ist. Das Mückenweibchen bezahlt durch einen Klatsch unserer Hand meist mit ihrem Leben und wir müssen durch diese verspätete Reaktion eine Weile mit einer juckenden Beule auskommen. Denn das Mückenweibchen spritzt beim Stechen erst einen gerinnungshemmenden Stoff mit dem Speichel in unsere Haut, damit das Blut was sie saugen will flüssig bleibt und nicht durch Gerinnung ihren Rüssel für immer verstopft.

Dieser gerinnungshemmende Stoff ist für die Beule und den Juckreiz verantwortlich und besteht aus Eiweißmolekülen. Unser Körper reagiert auf diese Eiweißmoleküle mit der Ausschüttung von Histamin, einem Gewebshormon. Histamin wirkt gefäßerweiternd und lässt Flüssigkeit in die Haut austreten, das erzeugt die Schwellung. Das sind die gleichen Auswirkungen, als wenn unsere Haut mit einer Brennnessel in Berührung kommt.

INSEKTENKUNDE
Grundlagen

Bild Nr. 166
Mundwerkzeuge der Stechmücke (*Culex pipens*)
(*Präparat von Detlef Schmidt 2008, ca. 40fach vergrößert*)

Mit dem Speichel können beim Stechen auch Krankheitserreger wie Viren, Bakterien oder Parasiten übertragen werden. Die bekannteste Krankheit die durch Stechmücken übertragen wird, ist die Malaria. Da die Mücke nicht selbst an den Erregern erkrankt, sondern nur von Lebewesen zu Lebewesen überträgt, wird sie auch als Zwischenwirt bezeichnet. Die Erreger der Malaria, die Plasmodien leben aber nur in einem gleichmäßig warm feuchten Klima. Hier in Deutschland ist das Klima zu wechselhaft, so dass diese Erreger nicht leben können. Das könnte sich durch den Klimawandel aber eines Tages ändern. Andere Krankheiten die durch Stechmücken übertragen werden ist die durch Parasiten hervorgerufene Wurmkrankheit Filariose. Durch Stechmücken übertragene Viren verursachen Fiebererkrankungen wie Gelbfieber, Denguefieber, West-Nil-Fieber, Rift-Valley-Fieber und andere Erkrankungen.

Durch übertragende Bakterien wird Tularämie eine pestähnliche Erkrankung bei Nagetiere ausgelöst. Hierbei gibt es auch Risikogebiete zu beachten. So können beispielsweise Stechmücken in Skandinavien und Karelien die Sinbis-Viren übertragen, die Fieber, Hautausschläge und hartnäckige Gelenkschmerzen hervorrufen können. Die entsprechend hervorgerufene Krankheit heißt je nach Untertyp des Virus in Norwegen und Schweden Ockelbo-Krankheit, in Finnland Pogosta-Krankheit und im russischen Teil Kareliens Karelisches Fieber.

INSEKTENKUNDE
Grundlagen

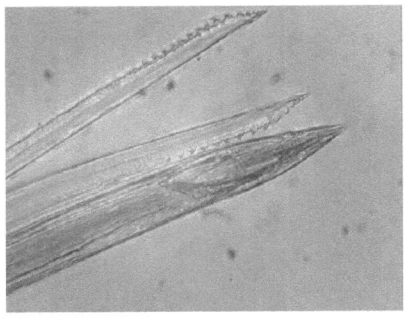

Bild Nr. 167
Mundwerkzeuge der Stechmücke
(*Culex pipens*)
(*Präparat von Detlef Schmidt 2008 ca. 100fach vergrößert*)

Nun zurück zur Entwicklung der Stechmücke. Die Entwicklung vom Ei bis zum ausgewachsenen Insekt findet in Teichen, Tümpel und wassergefüllten Behältern zum Beispiel in Regentonnen statt. Die Eier werden vom Mückenweibchen auf der Wasseroberfläche als Paket abgelegt. Da die Form der Pakete wie ein kleines Floss aussehen, werden sie als Mückenschiffchen bezeichnet. Die Mückenschiffchen bestehen jeweils aus 200 bis 300 Eiern. Da es viele Fressfeinde gibt, die sich von den Larven ernähren, ist die Menge der abgelegten Eier so groß.

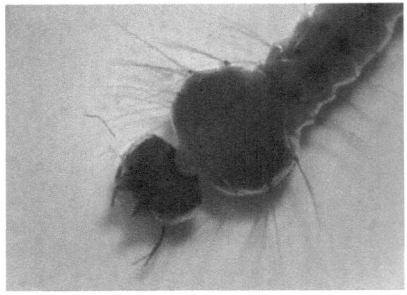

Bild Nr. 168
Larve der Stechmücke
(*Culex pipens*)
(*Präparat von Detlef Schmidt 2012*)

Bild Nr. 169
Mückenlarven im Gartenteich

INSEKTENKUNDE
Grundlagen

Das Leben einer Stechmücke gliedert sich wie bei den meisten Insekten in vier Abschnitte: Ei, Larve, Puppe und das erwachsene Insekt. Die Dauer der Entwicklung ist art- und temperaturabhängig und dauert bei der Stechmücke ungefähr 14 Tage. Wobei die Außentemperatur etwa 20 Grad betragen muss. Ist es kälter, dauert die Entwicklung länger. Die meisten Larven ernähren sich von Mikroorganismen und atmen mit einem Rüssel der sich am hinteren Ende des Körpers befindet. Berührt man die Wasseroberfläche entschwindet die Mückenlarve mit zuckenden Bewegungen auf den Grund des Teiches. Beruhigt sich die Wasseroberfläche wieder, lässt sich die Mückenlarve nach oben schweben, um durch den Rüssel wieder Sauerstoff auf zu nehmen.

Bild Nr. 170
Atemposition einer Mückenlarve

Die Mückenpuppe ist fast so aktiv wie die Mückenlarve, atmet aber mittels kleiner Ausbuchtungen die sich am Brustteil des Körpers befinden. Nach dem Schlüpfen aus ihrer Puppenhülle ist die Mücke, soweit es sich um ein Weibchen handelt, zur Stechattacke auf uns Menschen bereit.

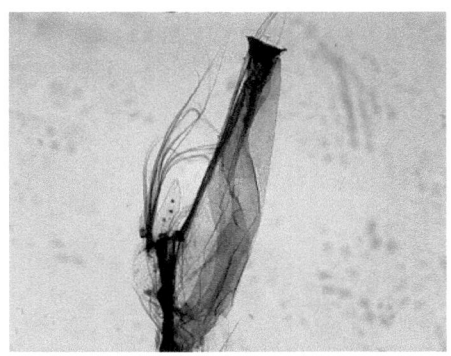 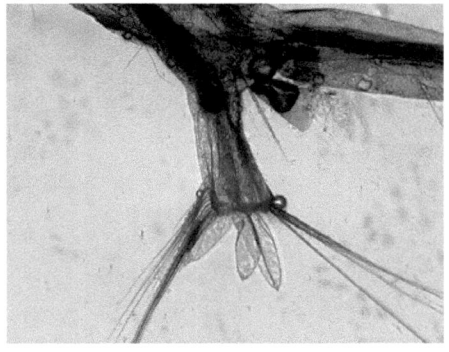

Bild Nr. 171
Atemrohr der Mückenlarve
(*Präparat von Detlef Schmidt 2012*)

Bild Nr. 172
Atemrohr der Mückenlarve
(*Präparat von Detlef Schmidt 2012*)

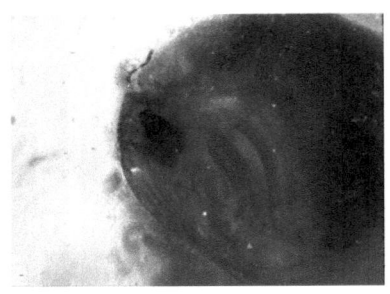
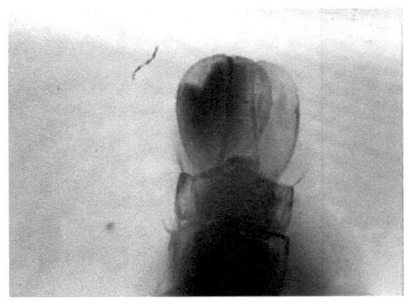

Bild Nr. 173
Kopf der Mückenpuppe
(Präparat von Detlef Schmidt 2012)

Bild Nr. 174
Hinterleib der Mückenpuppe
(Präparat von Detlef Schmidt 2012)

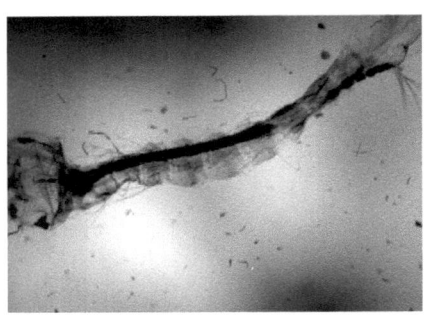
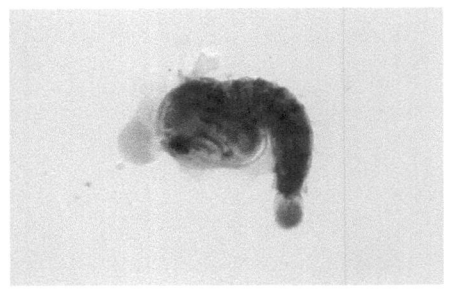

Bild Nr. 175
Mückenlarve
(Präparat von Detlef Schmidt 2012)

Bild Nr. 176
Mückenpuppe
(Präparat von Detlef Schmidt 2012)

Bild Nr. 177
Kopf eines Mückenmännchens
(Präparat von Detlef Schmidt 2012)

Bild Nr. 178
Kopf eines Männchens der Stechmücke
(Culex pipiens)

Bild Nr. 179
Kopf eines Mückenmännchens
(*Ochlerotatus geniculatus*)

Bild Nr. 180
Ringelmücke oder Große Hausmücke
(*Culiseta annulata*)
(*Präparat von Detlef Schmidt 2012*)

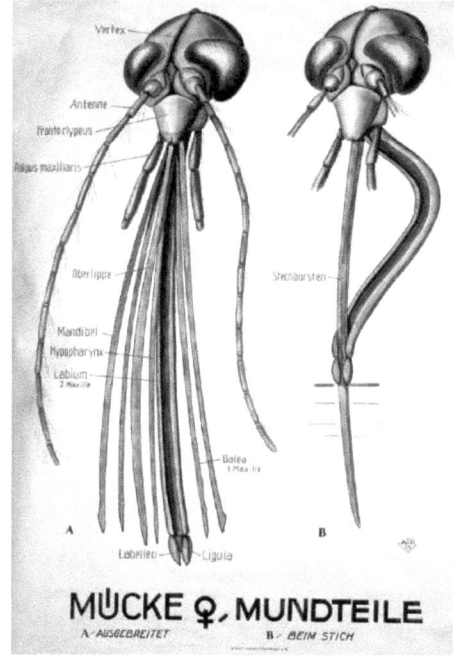

Bild Nr. 181
**Darstellung der Mundwerkzeuge des Mückenweibchens
Links ausgebreitet und rechts beim Stich**

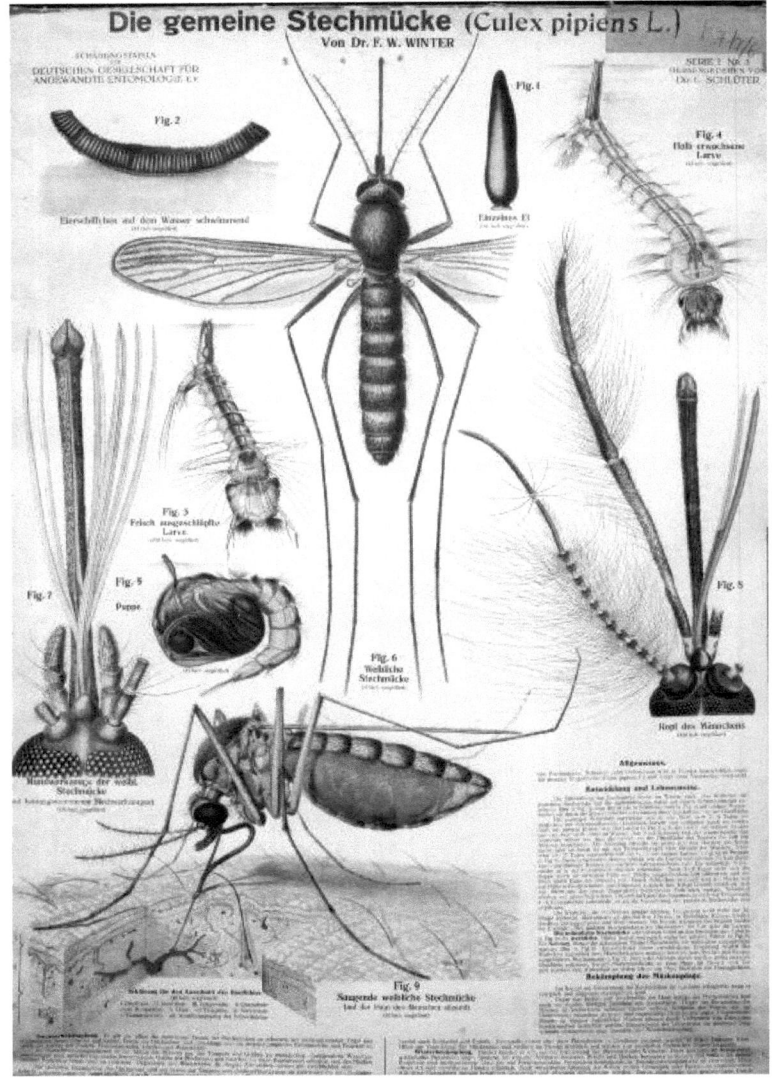

Bild Nr. 182
Wandtafel mit Darstellung aller Entwicklungsstadien der gemeinen Stechmücke
(*Culex pipiens*)

Mit den Bildern der letzten Seiten verabschiede ich mich vom Kapitel stechend-saugende Mundwerkzeuge. Es gäbe noch viel Interessantes über Insekten mit diesen Mundwerkzeugen zu berichten, aber ich denke, dass dies als Übersicht ausreicht.

1.5.7 Leckend-saugenden Mundwerkzeuge

Die Insekten mit leckend-saugenden Mundwerkzeugen ernähren sich von flüssiger oder von durch den Speichel verflüssigter Nahrung. Bei den leckend-saugenden Mundgliedmaßen der Biene bilden Teile der Unterlippe die lange, röhrenförmige Zunge. Diese endet in einer löffelartigen Verbreiterung (*Löffelchen*). Die Außenladen des Unterkiefers und die Lippentaster bilden um die Zunge ein Saugrohr.

Bild Nr. 183
Mundwerkzeuge der Biene

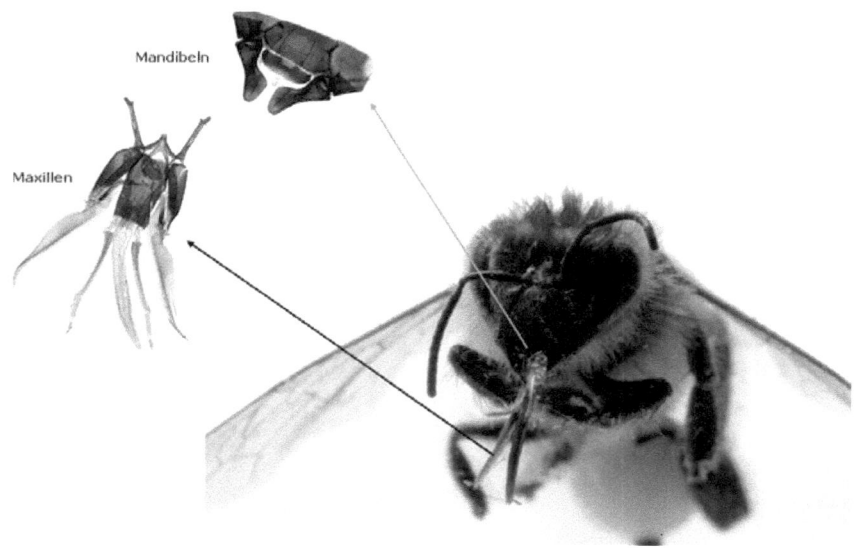

Bild Nr. 184
Mikroskopische Aufnahme Mundwerkzeuge der Biene
(*Präparat von Ch. Hess 1950*)

Mit diesen kräftigen Kiefern können die Bienen Holz zernagen, Pollenbeutel aufbeißen, Kittharz verarbeiten, oder Gegner abwehren.

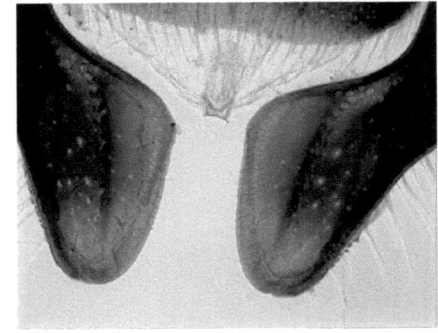

**Bild Nr. 185
Mikroskopische Aufnahme
Oberkiefer der Biene**
(*Präparat von Ch. Hess 1950 ca. 40fach*)

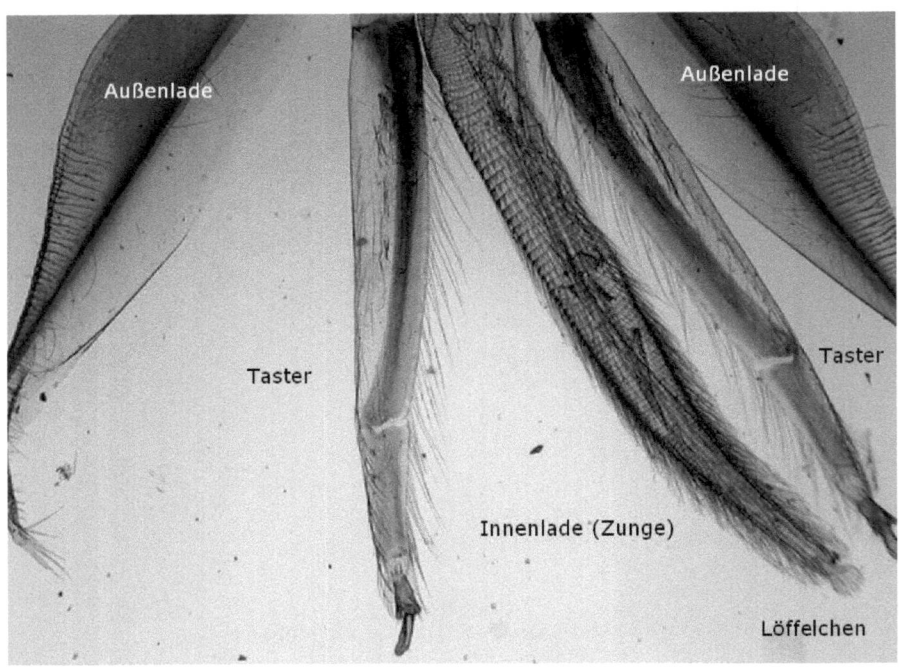

**Bild Nr. 186
Mikroskopische Aufnahme Unterkiefer der Biene**
(*Präparat von Ch. Hess 1950 ca. 40fach*)

INSEKTENKUNDE
Grundlagen

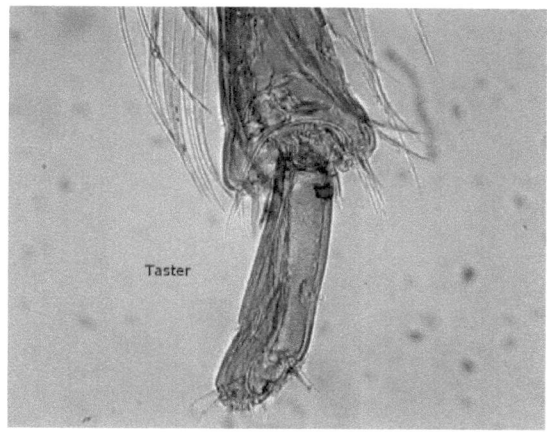

Bild Nr. 187
Hier sieht man das stark vergrößerte Ende des Tasters
(*Präparat von Ch. Hess 1950 ca. 400fach*)

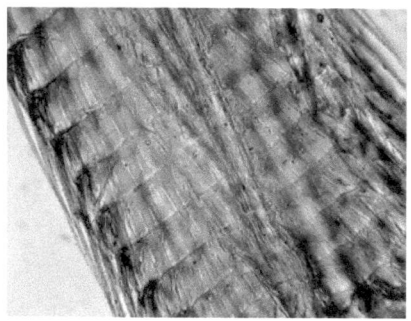

Bild Nr. 188
Vergrößerung der Innenlade (*Zunge*)
(*Präparat von Ch. Hess 1950 ca. 400fach*)

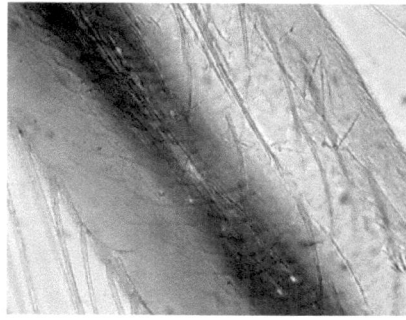

Bild Nr. 189
Vergrößerung des rechten Tasters des Unterkiefers (*Maxille*)
(*Präparat von Ch. Hess 1950 ca. 400fach*)

Mit den unteren Mundwerkzeugen Maxillen genannt, kann die Biene sowohl Flüssigkeiten aufnehmen als auch feste Stoffe bearbeiten. Durch den langen ausgestreckten rüsselartigen Mundteil wird flüssige Nahrung aufgesaugt. Inmitten dieser Mundteile, des rohrähnlichen Rüssels, befindet sich die dicht behaarte Zunge. Wie schon erwähnt hat das Zungenende die Form eines Löffelchens, mit dem die Biene auch geringe Flüssigkeitsmengen auftupfen kann. Erst bei der Nahrungsaufnahme wird der Rüssel ausgestreckt.

Der „Leckrüssel" einiger Fliegen besteht dagegen aus den kissenartig vergrößerten Lippentastern, die eine geschlossene Rinne bilden, durch die Flüssigkeit aufgesaugt wird.

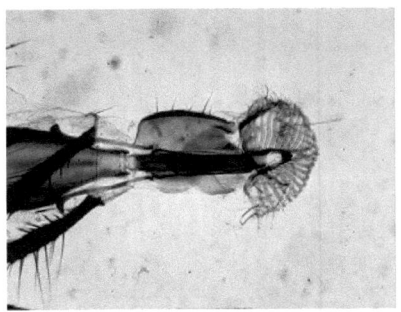

Bild Nr. 190
Mundwerkzeuge der Fliege mit Lippentastern und Saugrohr
(Präparat von Ch. Hess 1950)

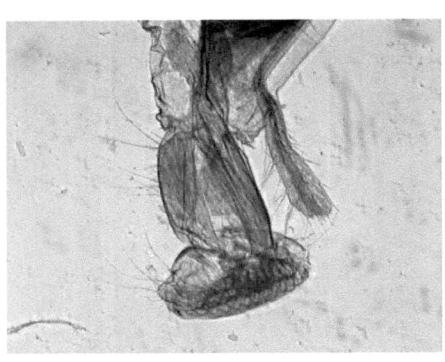 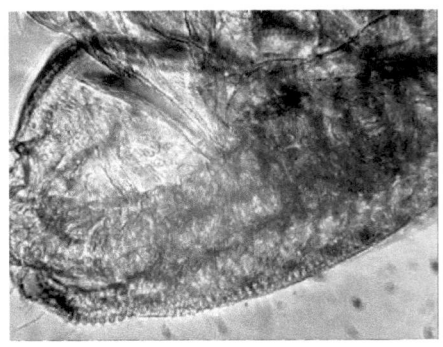

Bild Nr. 191
Leck- und Saugrüssel der Fliege
(Präparat von Ch. Hess 1950 ca. 40fach vergrößert)

Bild Nr. 192
Leck- und Saugrüssel der Fliege
(Präparat von Ch. Hess 1950 ca. 100fach vergrößert)

Fliegen müssen feste Nahrung auflösen, bzw. so aufweichen, dass diese Nahrung mit dem Rüssel aufgenommen werden kann. Diese Flüssigkeit wird überall dort gesammelt, wo sie vorhanden ist. Da es der Fliege gleichgültig ist, wo sich dieser Ort befindet sitzt sie auch auf Kothaufen oder Kadaver und in armen Länder, wo die Krankenversorgung nicht so gut ist wie hier in Europa, auch auf offene Wunden von Mensch und Tier, um Flüssigkeit zu speichern.

Wenn eine Fliege auf unserem Kaffeetisch sitzt und einen Zuckerkrümel erspäht, wird durch den Saugrüssel ein Tröpfchen Flüssigkeit auf den Zuckerkrümel gesetzt. Dieser Zuckerkrümel löst sich auf und wird dann als Zuckerwasser wieder von der Fliege mit dem Rüssel aufgesaugt. Wirklich sehr praktisch.

INSEKTENKUNDE
Grundlagen

Bild Nr. 193
Hier ist deutlich der abgesonderte Flüssigkeitstropfen zu sehen

Auf Pferde- und Kuhweiden sitzen die Fliegen nicht nur auf den Kuhfladen oder Pferdeäpfeln, auch die Tränenflüssigkeit im Auge der Pferde und Kühe werden zur Flüssigkeitsaufnahme genutzt. In sehr trockenen Ländern wie zum Beispiel Afrika, findet auch die Tränenflüssigkeit der Menschen als Flüssigkeitsquelle für die Fliegen Verwendung.

Jeder kann sich wohl denken, dass durch den häufigen oftmals sehr unhygienischen Ortswechsel der Fliegen auch viele Bakterien und Pilzsporen übertragen werden. Diese Bakterien führen dann zu Entzündungen an den entsprechenden Körperstellen und durch die Pilzsporen verschimmeln die Lebensmittel.

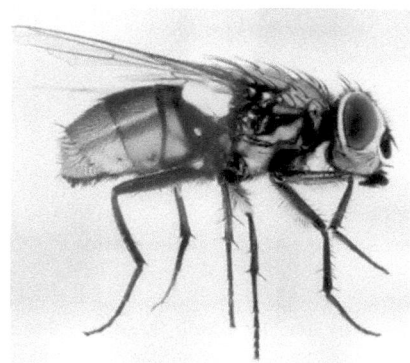

Bild Nr. 194 zeigt eine **Goldfliege** (*Lucilia sericata*). Die Goldfliege zählt zu den Schmeissfliegen und kommt in Asien und Europa vor.

INSEKTENKUNDE
Grundlagen

Bild Nr. 195
Fliege (*Brachycera*) **auf der Futterquelle**

Bild Nr. 196
Stubenfliege (*Musca domestica*) **beim Wasser fassen**

Bild Nr. 197
Schwebefliege (*Syrphidae*) **im steilen Anflug auf die Futterquelle**

Die **Schwebfliegen** (*Syrphidae*), auch **Stehfliegen** oder **Schwirrfliegen** genannt, stellen eine Familie der Ordnung Zweiflügler (*Diptera*) dar. Innerhalb dieser werden sie den Fliegen (*Brachycera*) zugeordnet. Sie kommen in etwa 6000 Arten vor, davon 1800 in der **Paläarktis**. Das auffälligste und namensgebende Merkmal ist ihre Fähigkeit, mit hoher Konstanz, auch bei bewegter Luft, fliegend auf einer Stelle zu verharren.

INSEKTENKUNDE
Grundlagen

Erklärung: Die paläarktische Region, auch **Paläarktis** genannt, bezeichnet in der Biogeographie die „alten" Landmassen Europas, Nordafrikas bis zum Südrand der Sahara und Asiens (südlich bis zum Himalaja, also z. B. ohne den Indischen Subkontinent und die Arabische Halbinsel) sowie die vor diesen Gebieten liegenden Inseln. Die paläarktische Region entstand im Paläogen (dem älteren Abschnitt der Tertiärzeit), als sich in dem Gebiet neue Pflanzenformationen und neue Formen der Tiere entwickelten.

Bild Nr. 198
Schwebefliege (*Syrphidae*) **bei der Nahrungsaufnahme**

Bild Nr. 199
Goldfliege (*Lucilia sericata*) **auf der Futterquelle**

INSEKTENKUNDE
Grundlagen

Bild Nr. 200
Hummel (*Bombus*) **auf Kirschblüten**

Ausser der Nahrungsaufnahme wird gleichzeitig die wichtige Bestäubung der Blüten mit erledigt. Hummeln gehören neben Honigbienen und Fliegen zu den wichtigsten Bestäuberinsekten.

Bild Nr. 201
Nach der Arbeit geht es ab nach Hause

1.6 Insektenauge

Die Augen der Insekten bestehen aus zahlreichen Einzelaugen die zusammengesetzt das fein facettierte Hauptauge bildet, den so genannten Facetten oder Komplexaugen. Diese Facettenaugen liefern ein grob gerastertes Bild. Jedes Einzelauge ist mit einem eigenen Nervenende verbunden. Die Einzelaugen lassen nur Licht bis zum Nervenende hindurch, dass parallel zu ihrer Achse fällt. Eine Linse nimmt also nur einen kleinen Ausschnitt der Umgebung wahr. Im Gehirn werden die einzelnen Ausschnitte der Facetten zu einem grobkörnigen Bild zusammengesetzt. Insekten können viel weniger Bildpunkte auflösen als wir Menschen.

 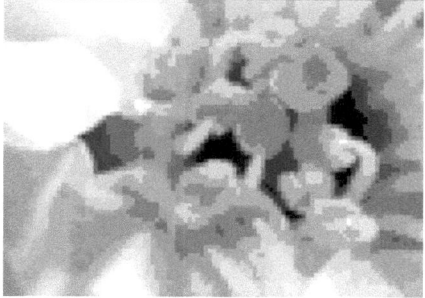

Bild Nr. 202
So sehen wir Menschen...

Bild Nr. 203
....und so ungefähr sehen die Insekten

Je mehr Facetten ein Auge besitzt, umso schärfer kann ein Insekt damit sehen. Das Auge kann nicht bewegt werden und die Linsen können sich nicht fokussieren (scharf stellen). Die bei Insekten meist seitlich am Kopf liegenden Augen bieten eine ausgezeichnete Rundumsicht. Die Insekten sind dadurch in der Lage, das neben ihnen, vor ihnen und über ihnen liegende Gebiet im Auge zu behalten, ohne dafür den Kopf in irgendeine Richtung bewegen zu müssen. Facettenaugen ermöglichen ein hohes zeitliches Auflösevermögen, wodurch schnell bewegende Objekte hervorragend wahrgenommen werden können. Für die zeitliche Auflösung des Bewegungssehens wurde eine Messgröße definiert. Die so genannte Flimmerverschmelzungsfrequenz (FVF). Die Flimmerverschmelzungsfrequenz (FVF), auch *Flimmerfusionsfrequenz*, ist „die Frequenz, bei der eine Folge von Lichtblitzen als ein kontinuierliches Licht wahrgenommen wird." Das hört sich erst einmal sehr kompliziert an, ist aber in Wahrheit gar nicht so.
Für den Ablauf der chemischen Prozesse in der Netzhaut des Auges, die bei der Lichtreizung ausgelöst werden und zur Erregung führen, ist eine Mindestzeit erforderlich. Ist das Zeitintervall zwischen zwei Reizen kürzer als diese Mindestzeit, so können die Reize nicht getrennt wahrgenommen werden. Bei unvollständiger Verschmelzung der einzelnen Lichtblitze treten Flimmereffekte auf.
Die Grenzfrequenz, bei der periodisch wiederkehrende Reize gerade als ein Reiz empfunden werden, heißt "Flimmerverschmelzungsfrequenz" und liegt zwischen 10 bis 70 Hertz. Beim Menschen liegt sie bei niedriger Lichtintensität bei 22-25 Hertz. Bei höheren Lichtintensitäten wird photopisches Sehen möglich und die Zapfen auf der Netzhaut werden zusätzlich angeregt. Photopisches Sehen oder Tagsehen bezeichnet das Sehen des Menschen bei ausreichender Helligkeit, wobei Farben wahrgenommen werden. Im Gegensatz dazu steht das skotopische Sehen bei geringer Helligkeit (Nachtsehen, keine Farbwahrnehmung) und dem Übergangsbereich, dem mesopischen Bereich (Dämmerungssehen).
Die Flimmerfusionsfrequenz des Menschen steigt dann mit der Lichtintensität und abhängig von der Flächenverteilung der Lichtintensität auf bis zu 80 Hertz an. Beim völlig

anders gebauten Facettenauge der Fliege wurde dagegen eine Flimmerfusionsfrequenz von 240 Hertz gemessen. Die Flimmerverschmelzungsfrequenz hängt von der Anatomie des Sehapparates ab, zum Beispiel vom Feinbau der Photorezeptorzellen des Auges und der anschließenden neuronalen Verarbeitung. Bei Stäbchen-Photorezeptoren, die auf höchste Lichtempfindlichkeit optimiert sind, vergeht eine relative lange Verzögerungszeit (ca. 50 ms) zwischen Lichtstimulation und Reaktion.
Bei Zapfen-Photorezeptoren beträgt die Reaktionszeit nur ca. 10 ms und bei Wespen wurde eine Reaktionszeit von 2 ms gemessen. Aufgrund der schnelleren Reaktion auf Licht ihrer Photorezeptoren können Facettenaugen höhere Bewegungsgeschwindigkeiten auflösen.

Bild Nr. 204
Hauptaugen und Punktaugen (*Ocellen*)
bei einer Wanze

Insekten können auch Farben sehen und unterscheiden, dass haben Experimente an Bienen gezeigt. Bienen können kein Rot wahrnehmen und verwechseln es mit Schwarz. Dafür sehen sie ultraviolettes Licht, was wiederum der Mensch nicht sehen kann. Das sichtbare Farbspektrum beträgt bei Honigbienen ca. 300 bis 650 nm. Das ist der Bereich von UV-Licht bis zur Farbe Dunkelorange. Die Deutsche Wespe dagegen sieht nur im Bereich UV bis Grün, was einer Wellenlänge von 300-450 nm entspricht. Hornissen sind ebenfalls rotblind. Das menschliche Auge sieht das Farbspektrum im Bereich von ca. 380 bis 760 nm, also alle Farben. Unter 380 nm liegt der UV-Bereich und über 760 nm der Infrarotbereich. An der Stirn des Insektenkopfs befinden sich oft zwei oder drei kleine Punktaugen.

Diese Punktaugen werden als Ocellen oder Stirnaugen bezeichnet und unterstützen die Funktion der Komplexaugen als Sensor für die Lichtstärke, nach denen sich die Komplexaugen anpassen können. Für Hautflügler wurde eine Licht-Kompassorientierung nachgewiesen, die durch die Punktaugen stattfindet. Bei flugunfähigen Insekten fehlen die Punktaugen häufig. Nachtaktive Insekten haben dagegen lichtempfindlichere Punktaugen. Die Punktaugen sind mit je einem Gleichgewichtsorgan verbunden, das sich im inneren der Kopfkapsel befindet. Die Punktaugen sind vermutlich ein Teil der Inneren Uhr und sind für die Steuerung des Tagesrhythmus mit verantwortlich. Sie zeigen den Bienen und Wespen, wann es Zeit wird den Stock zu verlassen und wann es Zeit wird in diesen wieder sicher zurückzukehren.

Bild Nr. 205
Die Ocellen bei der Deutschen Wespe
(*Vespa germanica*)

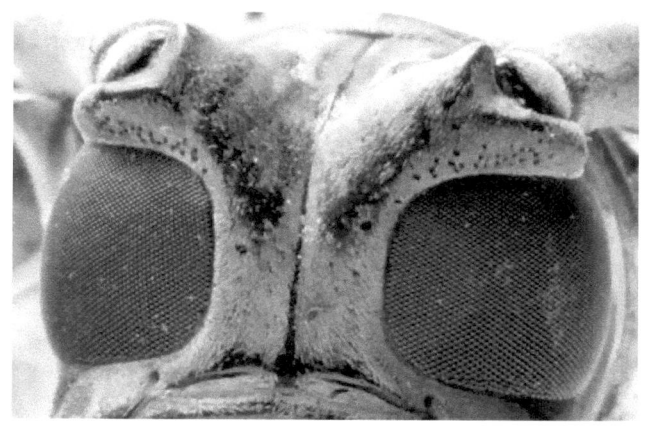

Bild Nr. 206
Hier sind die vielen Einzelaugen (*Ommatiden*) deutlich zu erkennen

Bild Nr. 207
Das Auge ist gut gegen Stöße gesichert

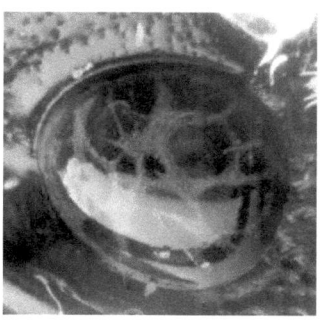

Bild Nr. 208
Auge marmoriert

INSEKTENKUNDE
Grundlagen

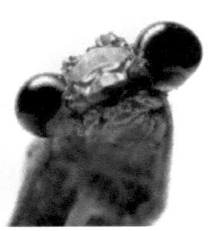
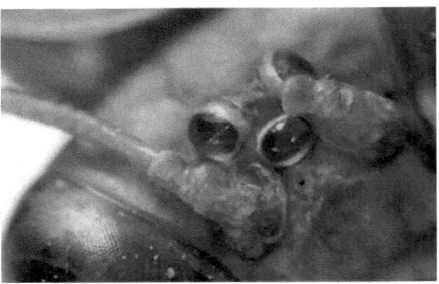

Bild Nr. 209
Im Verhältnis zum kleinen Körper bzw. Kopf hat diese Gottesanbeterin riesige Augen

Bild Nr. 210
Die Punktaugen (*Ocellen*) steuern den Tagesrhythmus der Insekten

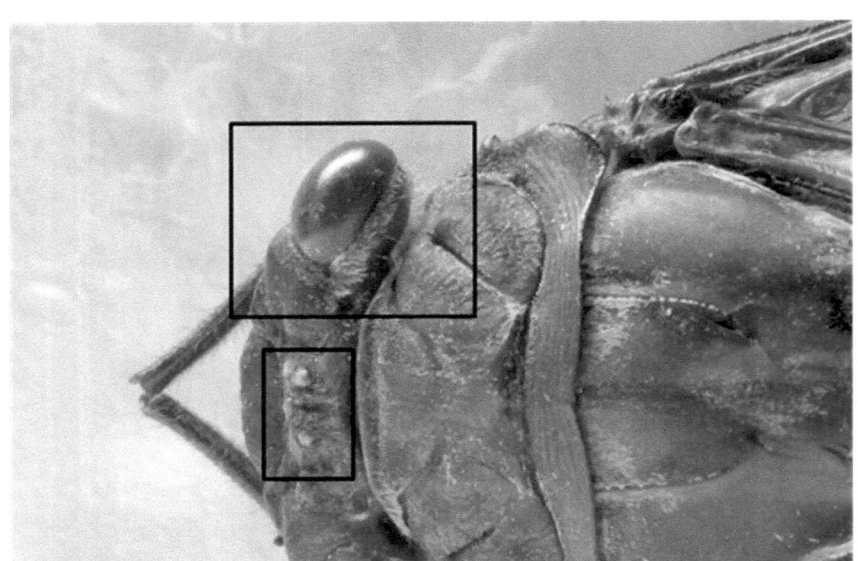

Bild Nr. 211
Auge und drei Punktaugen (*Ocellen*) einer Zikade

INSEKTENKUNDE
Grundlagen

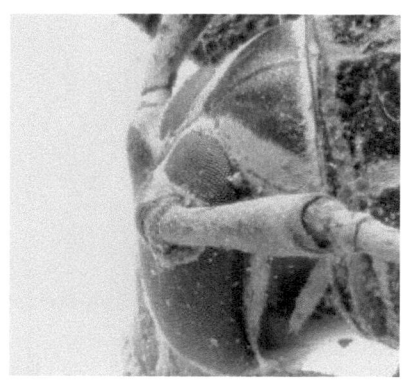

Bild Nr. 212
Bei diesem Käfer sitzen mitten im Auge die Fühler

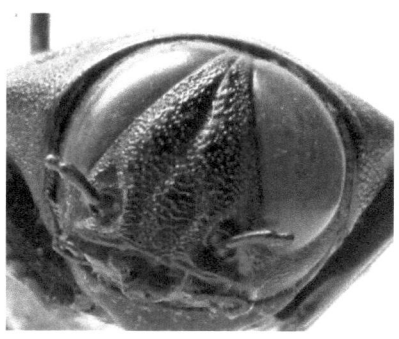

Bild Nr. 213
Kleine Fühler, große Augen

Bild Nr. 214
Komplexaugen der Hummel

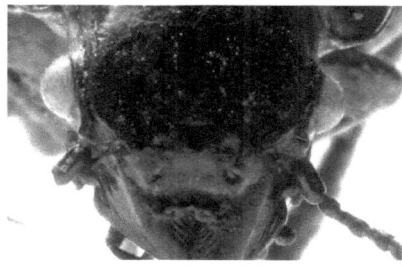

Bild Nr. 215
Wie zwei Weitwinkelobjektive sorgen diese beiden Augen für den richtigen Rundblick

INSEKTENKUNDE
Grundlagen

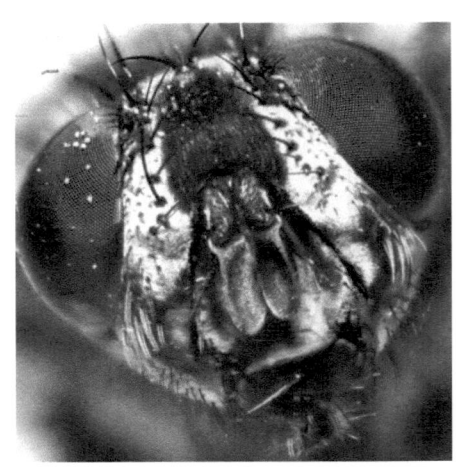

Bild Nr. 216
Die Augen einer Fliege

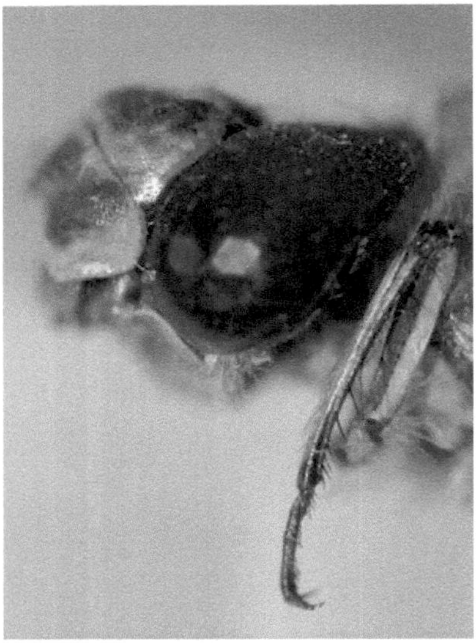

Bild Nr. 217
Das Auge einer Libelle

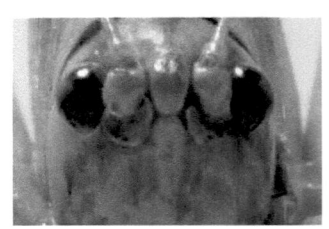

Bild Nr. 218
Die Augen einer Grille

INSEKTENKUNDE
Grundlagen

Bild Nr. 219
Im Verhältnis zum großen Körper besitzt der Goliathkäfer relativ kleine Augen

Bild Nr. 220
„Unterwasseraufnahme" vom Gelbrandkäfer (*Dytiscus marginalis*)

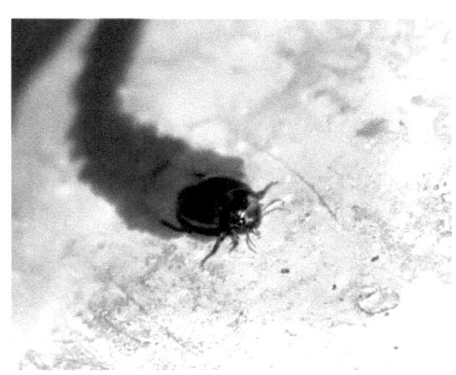

Bild Nr. 221
Taumelkäfer (*Gyrinidae*)

**Bild Nr. 222
Doppelaugen des Taumelkäfers**
(*Gyrinidae*)

Die Komplexaugen der Taumelkäfer sind durch die Fühler vollkommen in eine obere und eine untere Hälfte getrennt, mit denen sie über und unter dem Wasser sehen können. Als Anpassung an das Leben in der Übergangszone Wasser – Luft und der damit verbundenen unterschiedlichen Brechzahl, der unterschiedlichen Lichtintensität und unterschiedlichen Wellenlänge sind jeweils zwei Augen entstanden, die durch ihren speziellen anatomischen Feinbau optimal dem entsprechenden Medium angepasst und scharf voneinander getrennt sind

**Bild Nr. 223
Augen der Stielaugenfliege** (*Cyrtodiopsis*)

Schau mir in die Augen „Kleines". Die Stielaugenfliege (*Cyrtodiopsis*) trägt ihre Komplexaugen auf seitlichen Fortsätzen des Kopfes. Je weiter der Augenabstand der Männchen, umso größer ihr Erfolg bei den Weibchen.

Die **Stielaugenfliegen** (*Diopsidae*) sind eine Familie der Zweiflügler (*Diptera*). Sie werden zu den Fliegen (*Brachycera*) gezählt. Weltweit sind ca. 160 Arten bekannt, die in den tropischen Regionen Afrikas, Südamerikas und Indien leben. Nur eine Art, *Sphyracephala brevicornis*, ist in der gemäßigten Zone Nordamerikas anzutreffen.

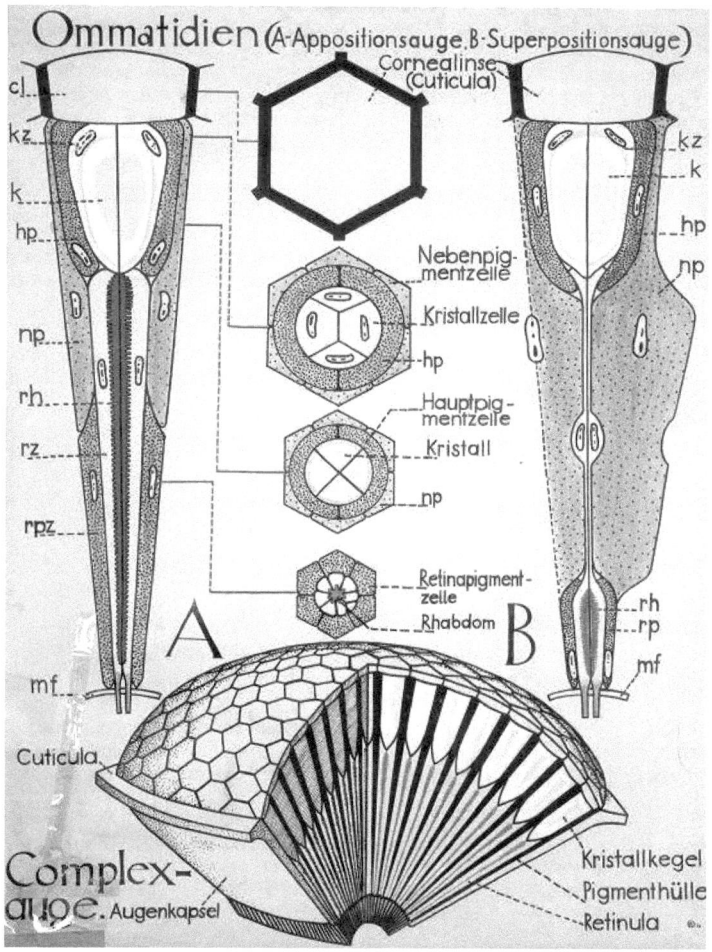

Bild Nr. 224
Wandtafel Einzelaugen (*Ommatidien*)

Ommatidien (von spätgriech. *ommatidion* = „Äugelchen") sind die Einzelaugen, aus denen die Facettenaugen der Insekten zusammengesetzt sind. Je nach Art besteht ein Facettenauge aus nur einzelnen bis vielen Tausend Ommatidien, bei den Libellen zum Beispiel aus bis zu 28.000 Einzelaugen.

1.7 Fühler und Antennen

Wenn man seine Scheu den Insekten gegenüber etwas überwindet, sollte man in freier Wildbahn die Fühler eines auf dem Boden krabbelnden Käfers einmal betrachten. Bei

INSEKTENKUNDE
Grundlagen

näherem Hinschauen kann man erkennen, wie sich die Fühler des Käfers genauso flink bewegen, wie die Finger eines Pianisten auf den Klaviertasten. Jeder Fühler für sich tänzelt in eine andere Richtung, während der Käfer weiter krabbelt. Die Fühler besitzen für die Insekten sehr wichtige Funktionen. Sie dienen als Tastsinn zum Erkunden der näheren Umgebung und als Geruchssinn. Es sind die Sinnesorgane der Insekten. Die Fühler werden auch als Antennen bezeichnet. Sie bestehen häufig aus vielen Einzelsegmenten und sind von unterschiedlicher Länge. Manchmal sind die Fühler länger, als der eigentliche Insektenkörper. Zur Verfeinerung des Riechvermögens sind die Endglieder der Fühler deutlich in der Oberfläche vergrößert. Diese Vergrößerungen sind blattförmige oder kammartige Erweiterungen. Auf diesen Vergrößerungen befinden sich feine Härchen die dem Insektengehirn wichtige Informationen liefern. Wo befindet sich die nächste Futterquelle? Und bei den männlichen Insekten besonders wichtig, wo finde ich das nächste Weibchen? Dabei ist natürlich wichtig, dass in unserem Beispiel der Käfer auch das Weibchen der eigenen Art findet und nicht ein Marienkäfermännchen versucht ein Nashornkäferweibchen zu begatten. Dafür, dass es nicht zu solchen Verwechselungen kommt, sorgen die Weibchen durch das Aussenden von Duftstoffen oder Lockstoffen, die bei jeder Insektenart verschieden sind.

Bild Nr. 225   **Bild Nr. 226**
Fühler mit Sinnesorganen vom Maikäfer
(Präparate von Ch. Hess 1950)

Fühler können in sehr unterschiedlichen Ausprägungen vorkommen. Borstenförmige Fühler findet man bei Schaben, während Laufkäfer fadenförmige Fühler besitzen. Blattkäfer besitzen perlschnurartige Fühler und bei Schnellkäfer sind die Fühler gesägt.

Die Fühler der männlichen Mücken sind gefiedert und die Fühler der Borkenkäfer sind keulenförmig. So genannte gekniete Fühler findet man bei Rüsselkäfer. Die Fühler von Blatthornkäfer sind lamellenförmig ausgeprägt und die der Zikaden sind pfriemförmig. Auf der nächsten Seite sind einige Fühlerformen dargestellt.

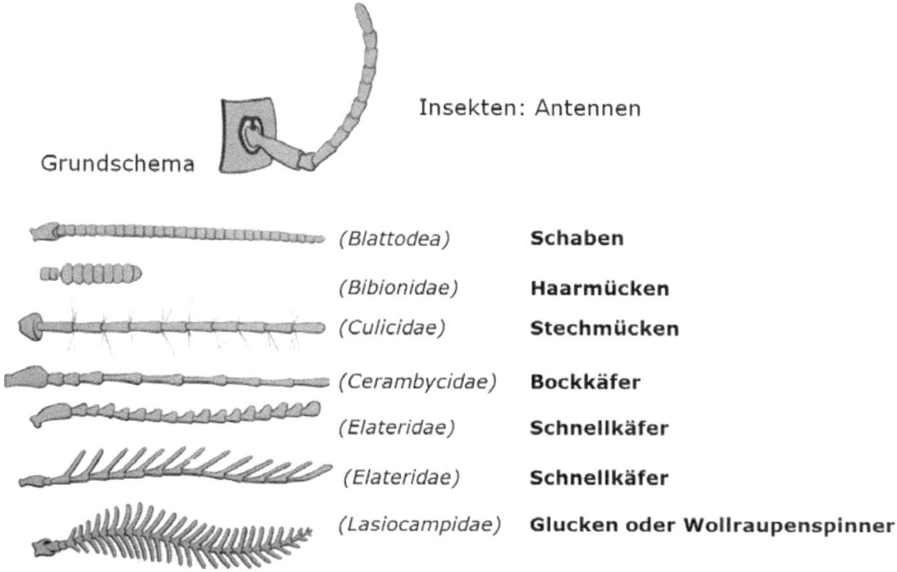

INSEKTENKUNDE
Grundlagen

Insekten: Antennen

Grundschema

	(Blattodea)	**Schaben**
	(Bibionidae)	**Haarmücken**
	(Culicidae)	**Stechmücken**
	(Cerambycidae)	**Bockkäfer**
	(Elateridae)	**Schnellkäfer**
	(Elateridae)	**Schnellkäfer**
	(Lasiocampidae)	**Glucken oder Wollraupenspinner**

Bild Nr. 227
Verschiedene Insektenfühler (*Antennen*)

Jeder Fühler besitzt einen Schaft, der gelenkig am Kopf ansetzt und mit einer eigenen Muskulatur ausgestattet ist. Die einzelnen Glieder der Fühler sind dünnwandige Chitin-Hüllen. In ihrem Inneren verläuft eine große Zahl von Nervenzellen, um die durch die Tasthaare und Sinneszellen aufgenommenen Reize an das Gehirn weiter zu leiten. Die Anzahl und Form der Antennenglieder sind wichtige Bestimmungsmerkmale.

  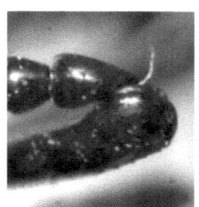 

Bild Nr. 228
Fühler vom Palmrüssler(*Rhynchophorus ferrugineus*) : **Schaft und Gelenk**

INSEKTENKUNDE
Grundlagen

Bild Nr. 229
Fühlergelenk einer Hummel
(*Bombus*)

Bild Nr. 230
Fühler des Palmrüsslers
(*Rhynchophorus ferrugineus*)

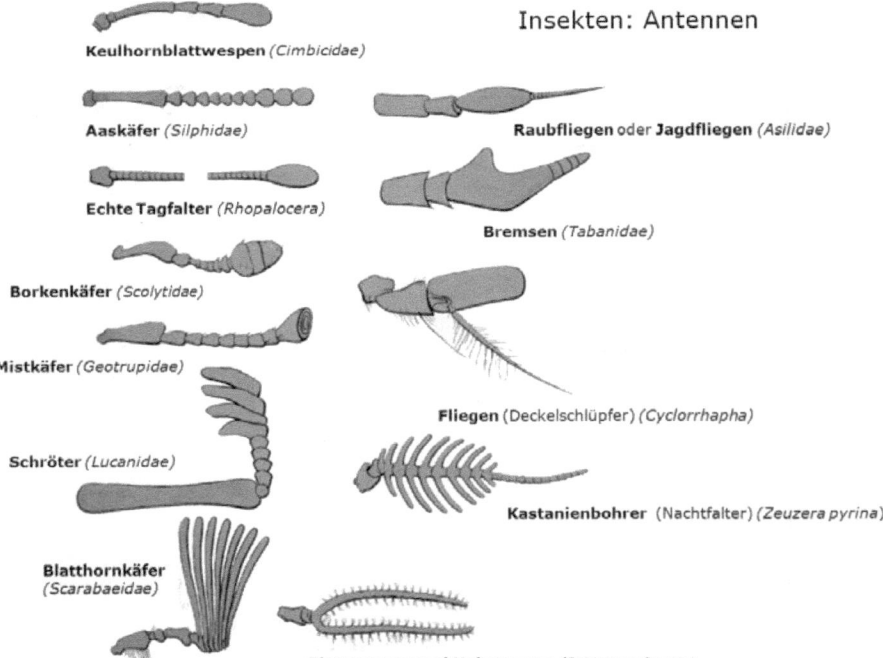

Insekten: Antennen

Keulhornblattwespen (*Cimbicidae*)
Aaskäfer (*Silphidae*)
Echte Tagfalter (*Rhopalocera*)
Borkenkäfer (*Scolytidae*)
Mistkäfer (*Geotrupidae*)
Schröter (*Lucanidae*)
Blatthornkäfer (*Scarabaeidae*)
Raubfliegen oder Jagdfliegen (*Asilidae*)
Bremsen (*Tabanidae*)
Fliegen (Deckelschlüpfer) (*Cyclorrhapha*)
Kastanienbohrer (Nachtfalter) (*Zeuzera pyrina*)
Blattwespen und Holzwespen (*Schizocera furcata*)

Bild Nr. 231
Verschiedene Insektenfühler (*Antennen*)

INSEKTENKUNDE
Grundlagen

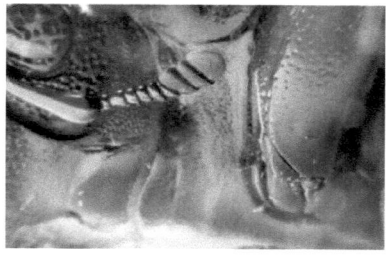

Bild Nr. 232
Keulenartiger Fühler

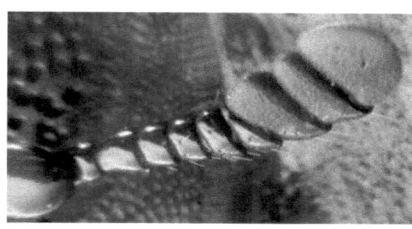

Bild Nr. 233
Die Härchen sind deutlich sichtbar

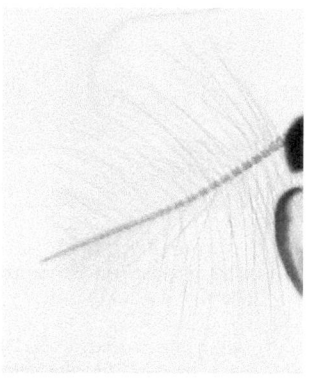

Bild Nr. 234
Antenne der männlichen Mücke
(*Präparat von D. Schmidt 2007*)

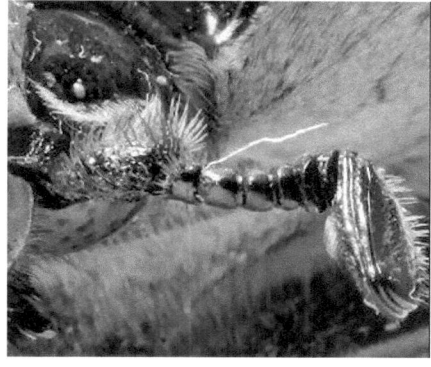

Bild Nr. 235
Fühler des Goliathkäfers
(*Goliathus goliathus*)

Die Verständigung zwischen den Insekten geschieht nicht nur durch akustische (*auditiv*) und optische Signale (*visuell*), sondern auch durch chemische Signale. Über die Sinneshaare der Fühler können ausgesandte Düfte wahrgenommen und vom Gehirn ausgewertet werden. Diese Art von Kommunikation wird als Duftgeflüster bezeichnet. Es gibt drei verschiedene Arten von Duftgeflüster. Da ist zum einen die Kommunikation zwischen den Insekten einer Art. Die zwei anderen Arten sind der Austausch von Düften zwischen Insekten unterschiedlicher Arten und dem Austausch von Düften zwischen Insekten und Pflanzen.

Sexualduftstoffe werden bei der Partnersuche ausgesendet. Diese von den weiblichen Insekten ausgesendeten Düfte werden heute für Duftfallen in der Schädlingsbekämpfung genutzt. Die chemisch bekannten Duftstoffe werden künstlich hergestellt und in Behältnissen verbracht. Diese Behältnisse werden dann in der Natur aufgestellt und locken die Männchen an. Diese sind dann gefangen und können keine weiblichen Insekten befruchten. Ansammlungen von Insekten werden ebenfalls durch ausgesendete Duftstoffe hervorgerufen. Wenn ein Insekt eine Futterquelle gefunden hat, werden durch aussenden der Duftstoffe die anderen Artgenossen zur Futterquelle gelockt. Bei Ameisen werden aus verschiedenen Drüsen kleinste Mengen von Spurdüften abgesondert.

Diese Art von Wegbeschreibung auch Dufttunnel genannt, zeigt den anderen Ameisen den Weg zur Nahrungsquelle oder zu einem neuen Nest. Die Düfte werden von einigen

Insekten auch als chemisches Tarnkleid benutzt. Damit gelingt es artfremden Insekten die eigene Brut in fremde Insektennester zu legen. Das Weibchen des Bläulings, einer Schmetterlingsart, legt die Eier nur an Pflanzen ab, wo Spurdüfte von Ameisen vorhanden sind. Die ausschlüpfenden Schmetterlingslarven finden so den Weg in das Ameisennest. Dort tarnen sie sich mit den Duftstoffen der Ameisenbrut und leben dort zum Teil räuberisch und fressen die Ameisenbrut, oder verlassen nachts das Ameisennest um an ihren Wirtspflanzen zu fressen. Tagsüber verstecken sich die Schmetterlingslarven dann wieder im Ameisennest. Es gibt viele interessante Beispiele dieser chemischen Tarnung, die nur ein Ziel hat, nämlich die eigenen Larven in fremde Nester zu legen, damit die Nahrung für den Nachwuchs gesichert ist. Einige Insektenlarven sitzen auf Blüten und warten auf das richtige Beförderungsmittel, dass sie zur Nahrungsquelle mit nimmt. Setzt sich das entsprechende Insekt auf die Blüte, so begeben sich die Larven von der Blüte auf den Insektenkörper und lassen sich per Luftfracht zum Zielort bringen.

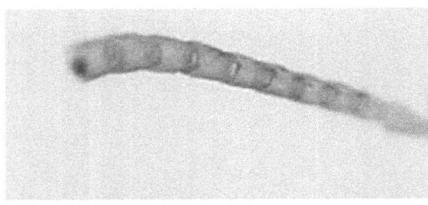

Bild Nr. 236
Fühler einer Ameise
(*Präparat von D. Schmidt 2007*)

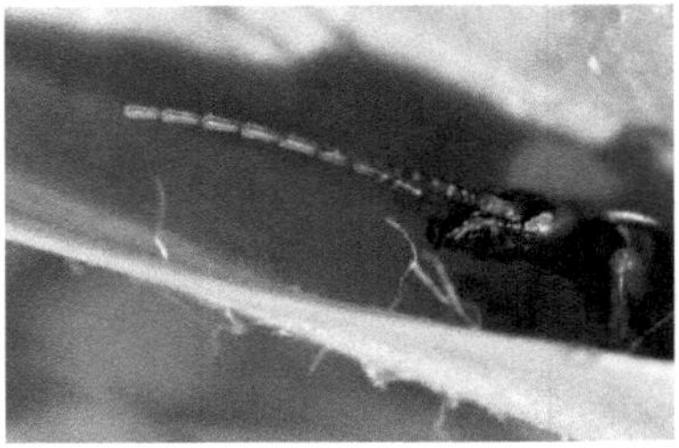

Bild Nr. 237
Fühler des gemeinen Ohrwurms
(*Forficula auricularia*)

Alarm und Verteidigungsduftstoffe werden ausgesendet, wenn die Insekten der Meinung sind das sie selbst oder ihre Brut bedroht wird. Dann kann es für uns Menschen sehr gefährlich werden. Denn in kurzer Zeit sind zum Beispiel bei Wespen oder Bienennestern sehr viele stechbereite Insekten da, um die Verteidigung aufzunehmen. Jeder der einen Garten besitzt, oder gerne in der Natur wandert sollte auf Parfüms verzichten. Denn viele dieser künstlichen Duftstoffe haben große Ähnlichkeit mit den natürlichen Duftstoffen der Insekten und können für uns Menschen unangenehme Folgen haben.

Manche Nachtfalter, auch Motten genannt, können sogar noch ein einzelnes in der Luft enthaltenes Geruchsmolekül wahrnehmen. Sie besitzen rund 30.000 Chemo-Rezeptoren, davon entfallen etwa 75% zur Erkennung von artspezifischen weiblichen Duft-Lockstoffen. So sind Nachtfalter aus der Spinnerfamilie imstande, ein Weibchen aus mehreren Kilometern Entfernung zu orten. Mehr über das **Thema Duftgeflüster** gibt es auf der **Seite 211** im Kapitel **1.9.4. Die Organe der Insekten.**

INSEKTENKUNDE
Grundlagen

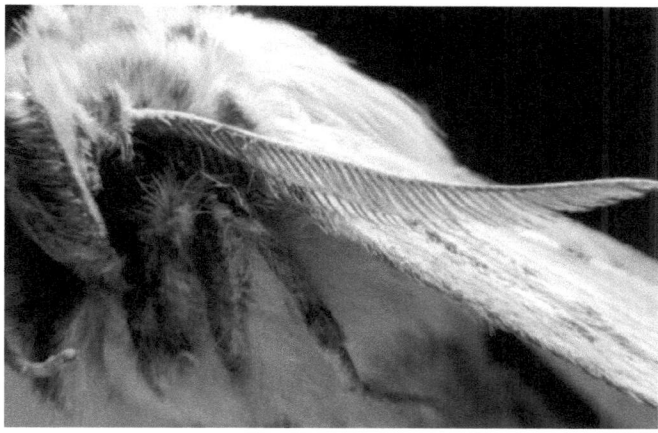

Bild Nr. 238
Antenne eines Nachtfalters

Die Geißelantennen trägt im zweiten Fühlerglied das *Johnstonsche Sinnesorgan*, das Auslenkungen der Geißel gegenüber der Antennenbasis messen kann und ähnlich wie ein Geschwindigkeitsmesser während des Fluges dient. Dieses Organ der Insekten kann als Schallrezeptor die Annäherung von Fraßfeinden wahrnehmen und entsprechend reagieren. Somit hören sie sogar die im Ultraschall-Bereich liegenden Ortungsrufe von Fledermäusen.

Insekten die auf der Wasseroberfläche leben, dient das Sinnesorgan als Oberflächenwellenrezeptor. Bei Wasserkäfern spielen die Fühler eine wichtige Funktion während der Einbringung von Atemluft auf die Bauchseite der Käfer.

Im Laufe der Evolution wurden bei vielen Insekten die Fühlerglieder durch Oberflächenvergrößerung und damit verbundener Vermehrung von Sensillen spezialisiert. Dabei wird ein Sensillum immer aus einem Haar oder Poren und zwei Sinneszellen gebildet (*siehe Maikäferfühler auf* **Bild 225** *und* **Bild 226** *auf* **Seite 96**).

Bild Nr. 239
Bei einigen Insekten, wie bei diesem, sind die Fühler länger als der Körper
Bockkäfer (*Batocera hector*) **aus Malaysia**

INSEKTENKUNDE
Grundlagen

Bild Nr. 240
Fühler des Hirschkäfers
(*Odontolabis alces*)

Bild Nr. 241
Fühler des Lilienhähnchens
(*Lilioceris lilii*)

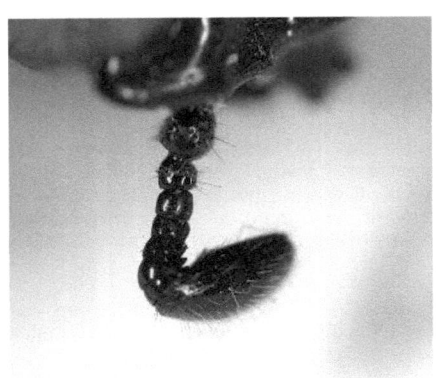

Bild Nr. 242
Fühler des Nashornkäfers
(*Dynastes gideon*)

Bild Nr. 243
Fühler eines Rüsselkäfers
(*Curculionidae*) **aus Papua Neuguinea**

Bild Nr. 244
Fühler eines Rüsselkäfer
(*Curculionidae*)

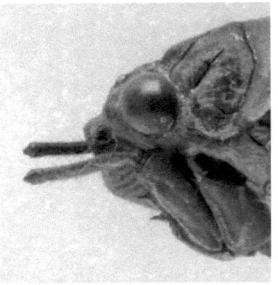

Bild Nr. 245
Die Zikaden (*Auchenorrhyncha*) haben
sehr kurze Fühler auch Pfriem genannt

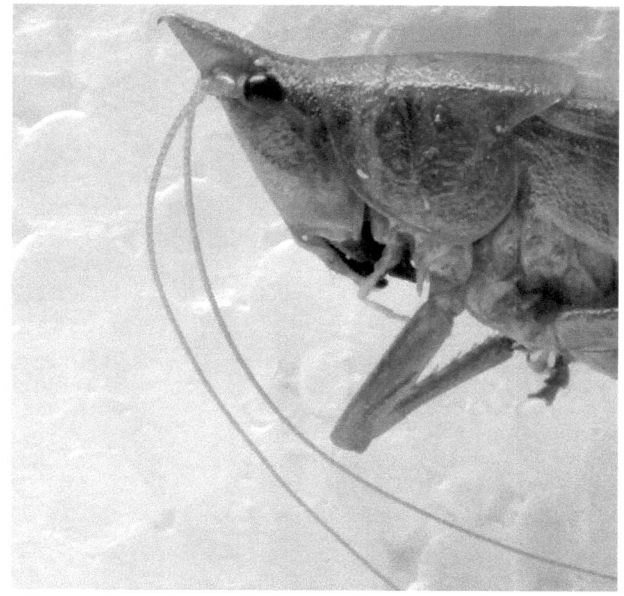

Bild Nr. 246
Der Kopf der Heuschrecke, mit den zarten feingliedrigen Fühler

Bild Nr. 247
Fühler des Stierkäfers
(*Typhoeus typhoeus*)

Bild Nr. 248
Fühler des Walkers
(*Polyphylla fullo*)

INSEKTENKUNDE
Grundlagen

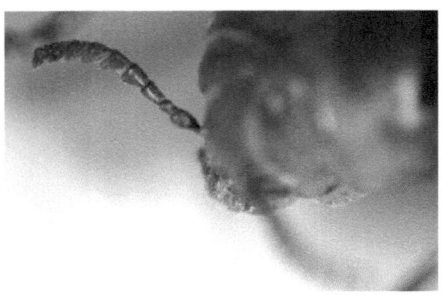

Bild Nr. 249
Fühler des Riesenprachtkäfers aus
Süd-Afrika
(*Euchroma gigantea*)

Bild Nr. 250
Fühler eines Käfers aus
Süd-Afrika

Bild Nr. 251
Schmetterlingsfühler
(*Präparat von D. Schmidt 2007*)

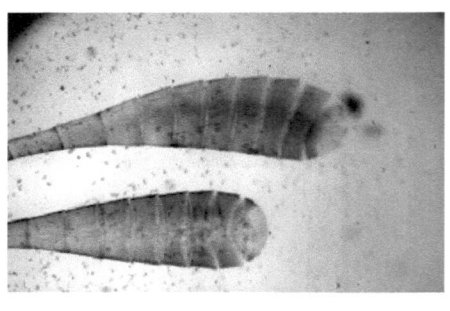

Bild Nr. 252
Schmetterlingsfühler
(*Präparat von D. Schmidt 2012*)

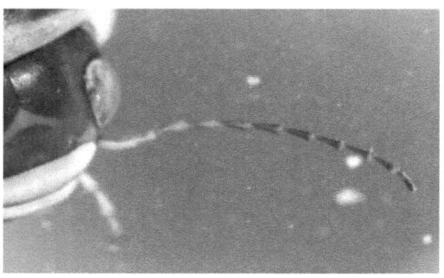

Bild Nr. 253
Fühler des Gelbrandkäfers
(*Dytiscus marginalis*)

Bild Nr. 254
Käferfühler
(*Präparat von D. Schmidt 2007*)

INSEKTENKUNDE
Grundlagen

Bild Nr. 255
Fühler eines Laufkäfers (*Carabidae*)

Bild Nr. 256
Fühler eines Laufkäfers (*Carabidae*)

INSEKTENKUNDE
Grundlagen

Bild Nr. 257
Fühler des Alpenbocks
(*Rosalia alpina*)

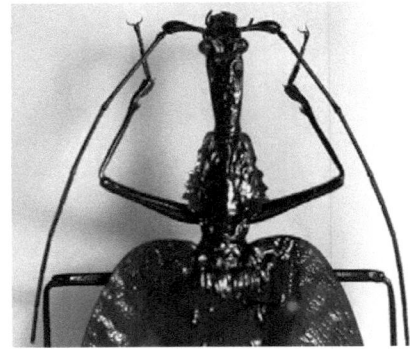

Bild Nr. 258
Fühler die halb so lang wie der
Käferkörper sind

Bild Nr. 259
Fühler des Alpenbocks (*Rosalia alpina*) **im Detail**

Bild Nr. 260
„Spezialantenne" eines Schnellkäfers (*Elateridae*)

Bild Nr. 261
Fühler einer Wespe
(*Vespinae*)

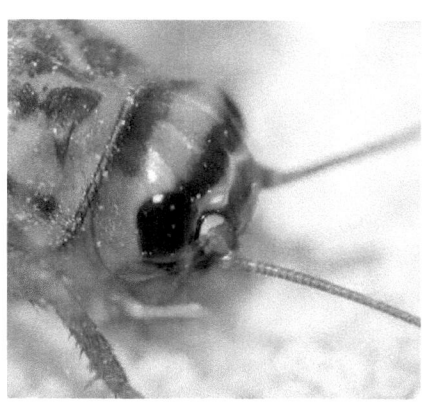

Bild Nr. 262
Fühler vom „Heimchen"
(*Acheta domesticus*)

Bild Nr. 263
„Spezialantenne" eines Schnellkäfers
(*Elateridae*)

Bild Nr. 264
Durch die Fächerung wird die
sensorische Oberfläche der Fühler
vergrößert.

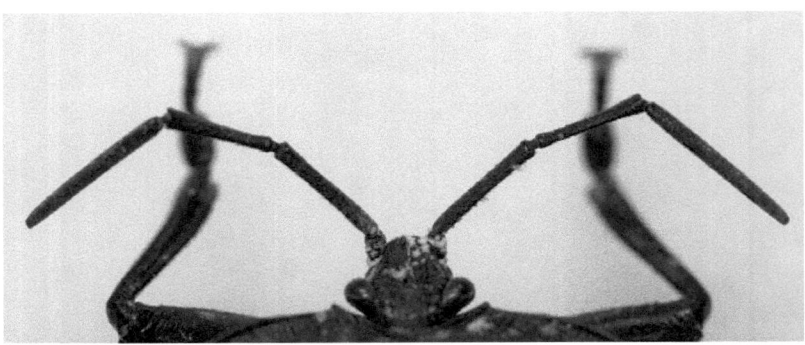

Bild Nr. 265
Fühler einer Blattwanze
(*Heteroptera*)

1.8 Brustabschnitte

Der Brustabschnitt besteht bei den Insekten immer aus drei Segmenten. Es sind die Vorderbrust (*Prothorax*), die Mittelbrust (*Mesothorax*) und die Hinterbrust (*Metathorax*). Jedes dieser Segmente trägt bei den meisten Insekten ein Paar als Beine entwickelte Extremitäten. Die Mittelbrust trägt zwei Paar Flügel. Bei einigen Insekten fehlen die Flügel oder sind teilweise, manchmal aber auch ganz zurückgebildet. Die Flügel unterscheiden sich häufig in Form, Größe und Festigkeit.

In **Bild 265** und **Bild 267** sind zwei Typen der Thoraxausbildung zu sehen.

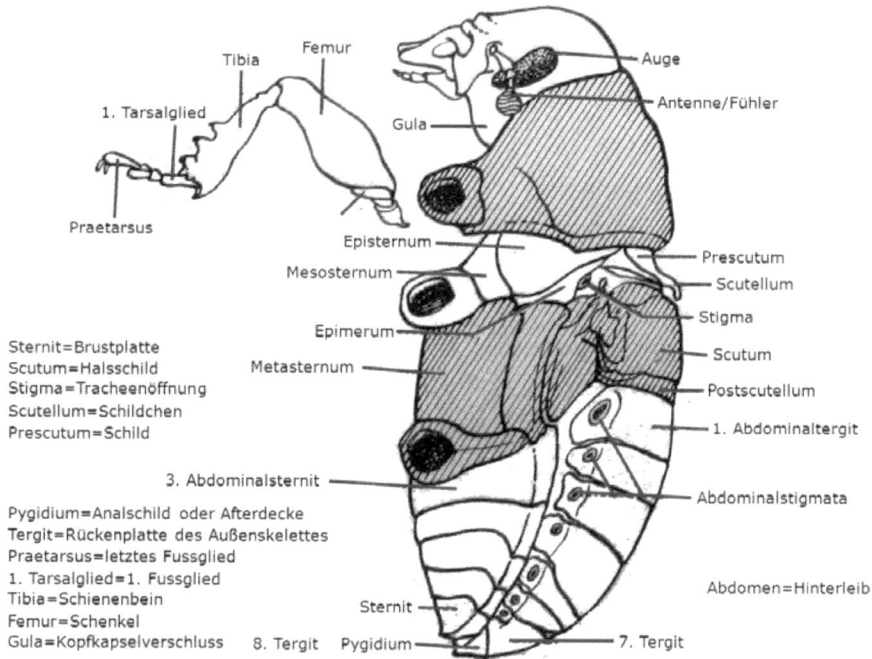

Bild Nr. 266
Seitenansicht eines Borkenkäfers
(*Dendroctonus spec.*: nach HOPKINS 1911)

Im oberen Bild ist, wie ich finde, die doch recht „komplizierte" Anatomie eines Borkenkäfers abgebildet. Ich möchte auf die Einzelheiten der Anatomie nicht weiter eingehen.

Bild Nr. 267
Seitenansicht des Bergkiefernkäfers
(*Dendroctonus ponderosae*, nach HOPKINS 1902)

Der **Bergkiefernkäfer** (*Dendroctonus ponderosae*), engl. "Mountain pine beetle", ist ein in den Wäldern Nordamerikas lebender Borkenkäfer. Der Käfer ist schwarz, hat eine zylindrische Form und eine Länge von 4 bis 7,5 mm. Der Bergkiefernkäfer kommt in Kanada, den USA und Mexiko vor. Der Artname *ponderosa* besagt, dass die Art u.a. auf der Gelb-Kiefer (*Pinus ponderosa*) gefunden wird.

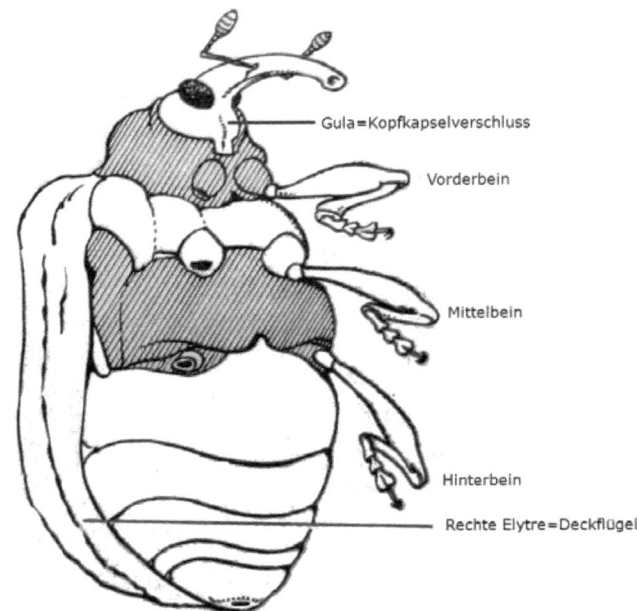

Bild Nr. 268
Seitenansicht eines Rüsselkäfers
(*Cionus spec.*: nach DÖNGES 1954/1955)

Bild Nr. 269
Weißschildige
Braunwurzschaber
(*Cionus scrophulariae*,
LINNAEUS, 1758)

Der **Weißschildige Braunwurzschaber** (*Cionus scrophulariae*) ist ein Käfer aus der Familie der Rüsselkäfer und der Unterfamilie Curculioninae und wird 4,5 bis fünf Millimeter lang Der Artname *scrophulariae* besagt, dass die Art u.a. auf der Pflanzengattung Braunwurz (*Scrophularia*) gefunden wird.

Der dreiteilige Insektenthorax ist Träger der Fortbewegungsorgane und wird hinsichtlich seiner Gestalt von den verschiedenen, aus der Gliedmaßen- und Flügelbewegung resultierenden Beanspruchungen bestimmt. Die drei Thoraxabschnitte sind nur dann von etwa gleicher Gestalt, wenn Flügellosigkeit vorliegt und lediglich die Beinmuskulatur in jedem Abschnitt übereinstimmende Raumanteile beansprucht. Bei Vorhandensein von zwei Flügelpaaren kann die Vorderbrust (*Prothorax*) stark zurückgebildet sein. Wenn nur die Hinterflügel im Dienst der Fortbewegung stehen, ist die Mittelbrust (*Mesothorax*) infolge Fehlens der Flugmuskulatur von der Reduktion betroffen und nimmt nur einen geringen Raum ein. Das ist bei den Käfern (*Coleoptera*) der Fall. Die Mittelbrust (*Metathorax*) kann auch stärker reduziert sein, wenn die Hauptantriebsarbeit beim Fluge von den Vorderflügeln geleistet wird. Das ist bei Hautflügler (*Hymenoptera*), wie Bienen und Wespen und Zweiflügler (*Diptera*), wie Fliegen und Mücken der Fall. Die Gestalt der

Vorderbrust (*Prothorax*) wird nicht unmittelbar von den Verhältnissen der beiden anschließenden Brustsegmente bestimmt; er kann z.B. bei den Käfern durch Ausbildung eines Halsschildes äußerlich sehr an Ausdehnung gewinnen.

1.8.1 Vorderbrust

Die Vorderbrust (*Prothorax*) trägt keine Flügel und ist auf der Rückenseite verstärkt. Diese Verstärkung wird als Halsschild bezeichnet. Auch hier sind Form und Größe sehr unterschiedlich. An der Vorderbrust befindet sich das erste Beinpaar.

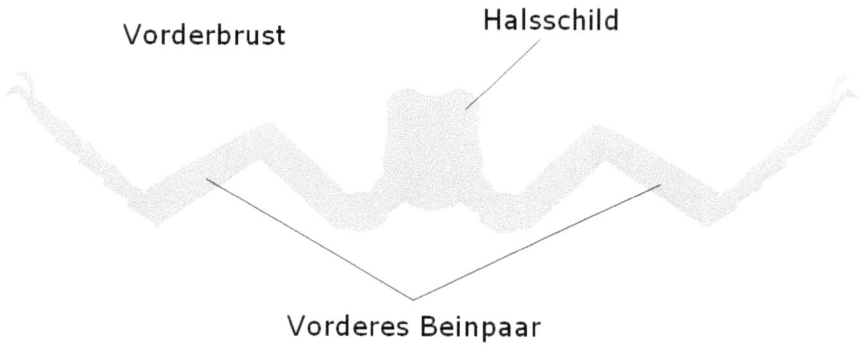

Bild Nr. 270
Schematische Darstellung der Vorderbrust

Bild Nr. 271
Vorderbrust vom Roten Weichkäfer
(*Rhagonycha fulva*)
(*Präparat von D. Schmidt 2007*)

1.8.2 Mittelbrust

Die Rückenplatte der Mittelbrust (*Mesothorax*) ist bei vielen Insekten zu einer kleinen, meist dreieckigen Platte entwickelt und liegt zwischen den Ansatzpunkten der Vorderflügel. Diese Rückenplatte wird als Schildchen bezeichnet. An der Mittelbrust befinden sich auch das zweite Beinpaar und die Vorderflügel.

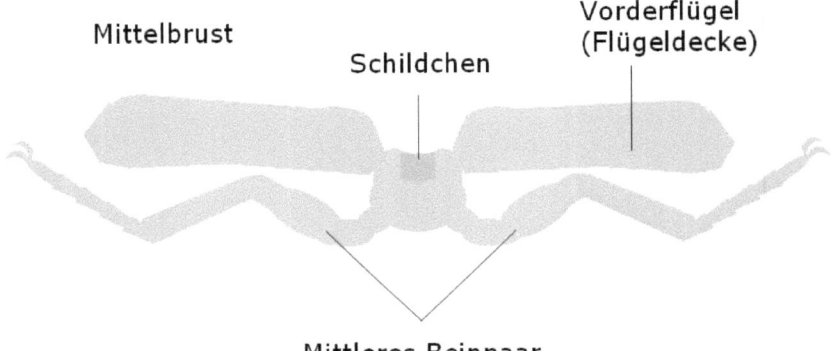

Bild Nr. 272
Schematische Darstellung der Mittelbrust

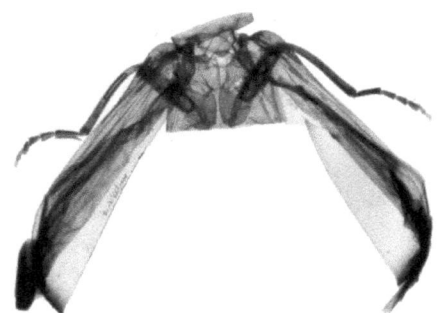

Bild Nr. 273
Mittelbrust vom Roten Weichkäfer
(*Rhagonycha fulva*)
(Präparat von D. Schmidt 2007)

1.8.3 Hinterbrust

Der letzte Teil der drei Brustsegmente ist die Hinterbrust (*Metathorax*). Sie trägt das dritte Beinpaar und die Hinterflügel mit den Unterflügeln. Im Innern des Brustabschnitts befindet sich die Flugmuskulatur. Während bei der Libelle die Muskulatur an der Flügelwurzel sitzt und die Flügel direkt antreibt, drücken andere Insekten durch Muskelkraft die Wände ihrer Brust zusammen und bewegen damit indirekt ihre Flügel.

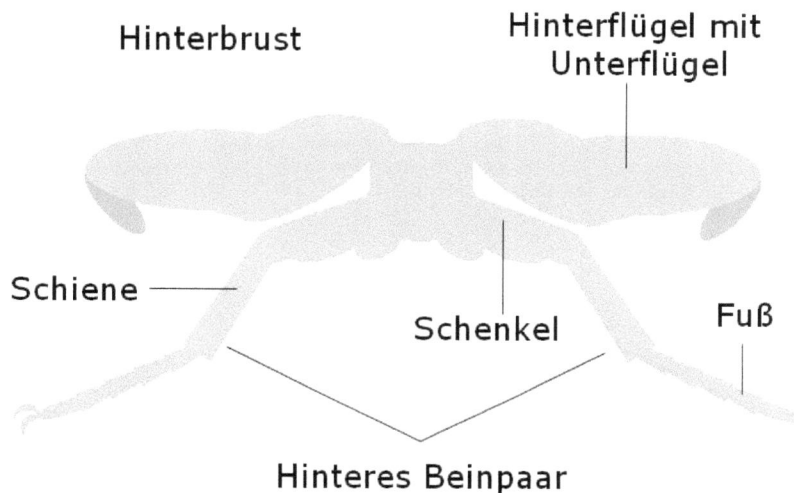

Bild Nr. 274
Schematische Darstellung der Hinterbrust (*Metathorax*)

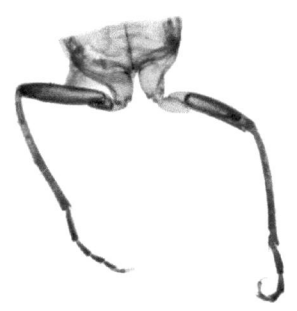

Bild Nr. 275
Hinterbrust vom Roten Weichkäfer
(*Rhagonycha fulva*)
(*Präparat von D. Schmidt 2007*)

1.9 Hinterleib

Der Hinterleib ist der Träger aller wichtigen Organe der Insekten. In ihm befinden sich das Verdauungssystem, das schlauchförmige Herz und die Geschlechtsorgane. Fast an der Spitze befinden sich häufig verschiedene Anhänge. Das können Greifzangen oder gegliederte Schwanzfäden sein. Häufig besitzen weibliche Tiere an dieser Stelle zwei oder drei Paare von Anhängen, die als Legebohrer zur Eiablage dienen.
Selten sind am Hinterleib erwachsener Insekten Bewegungsorgane zu finden. Die Ausnahme bilden die Sprunggabeln der Springschwänze. Der gesamte Hinterleib wird von den Tracheen durchzogen. Die Tracheen sind kleine Schläuche, die den Sauerstoff von den Atemlöchern direkt zu den Organen transportieren.

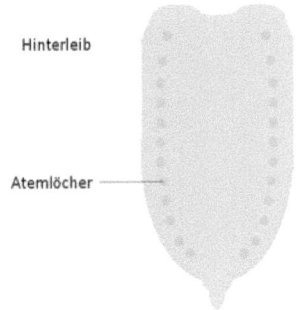

Bild Nr. 276
Schematische Darstellung des Hinterleibs (*Abdomen*)

Bild Nr. 277
Hinterleib vom Roten Weichkäfer
(*Rhagonycha fulva*)
(*Präparat von D. Schmidt 2007*)

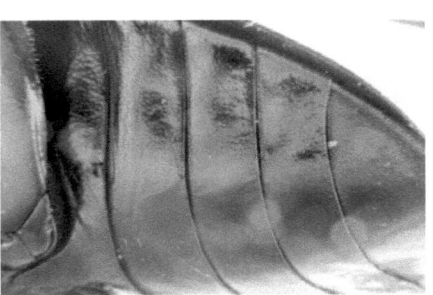

Bild Nr. 278
Hier sieht man deutlich die beweglichen Segmente des Hinterleibs

INSEKTENKUNDE
Grundlagen

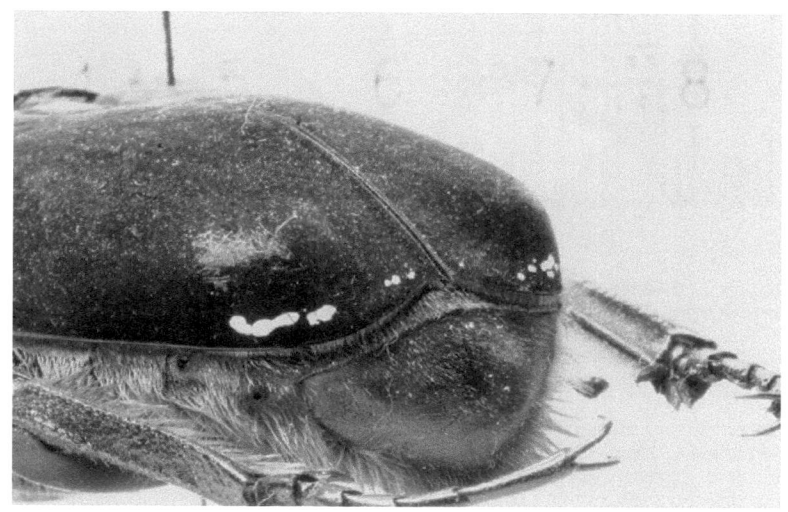

Bild Nr. 279
Hinterleib vom Goliathkäfer
(*Goliathus goliathus*)

Bild Nr. 280
Hinterleib vom Maikäfer (*Melolontha melolontha*)

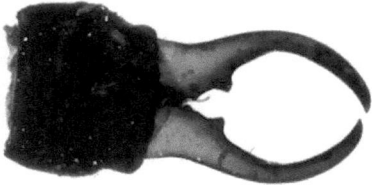 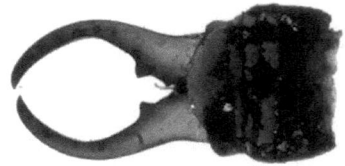

Bild Nr. 281
Hinterleib vom Ohrwurm (*Dermaptera*)
Männchen
(von unten)
(*Präparat von D. Schmidt 2007*)

Bild Nr. 282
Hinterleib vom Ohrwurm (*Dermaptera*)
Männchen
(von oben)
(*Präparat von D. Schmidt 2007*)

Der Hinterleib bei den Ohrwürmern endet in einem Paar zu Zangen umgebildeter Hinterleibsfäden, den Cerci, die bei männlichen Tieren stark gebogen, bei weiblichen eher gerade sind (*siehe* **Bild Nr. 283**). Diese Umbildung hat ihnen auch den umgangssprachlichen Namen „Ohrenkneifer" eingebracht. Die Zangen werden zur Jagd, zur Verteidigung und als Hilfe beim Entfalten der Hinterflügel, sowie bei der Begattung eingesetzt.

 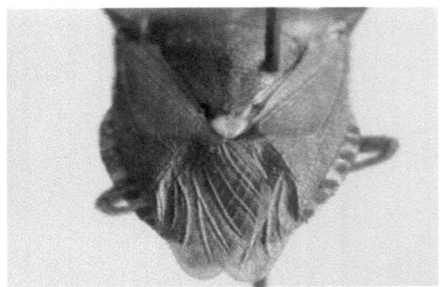

Bild Nr. 283
Hinterleib vom Ohrwurm (*Dermaptera*)
Weibchen

Bild Nr. 284
Hinterleib einer rotbeinigen
Baumwanze
(*Pentatoma rufipes*)

Der Hinterleib der Wanzen besteht aus elf Segmenten. Diese Segmente sind mehr oder weniger stark abgeflacht. Deren Ausbildung und deren Farbmuster sind vielfach bestimmungsrelevant. Bei den Männchen ist das neunte Segment Träger der Geschlechtsorgane, welche sich bei den Weibchen auf das achte und neunte Segment verteilen. In bestimmten Segmenten liegen die Atemöffnungen (*Stigmen*). In der Regel sind acht Paare in den vorderen Hinterleibssegmenten ausgebildet. Bei landlebenden Wanzen sind die Atemöffnungen mit einem Verschlussapparat mit eigener Muskulatur versehen.

INSEKTENKUNDE
Grundlagen

Bild Nr. 285
Hinterleib vom Junikäfer (*Rhizotrogus marginipes*)

Bild Nr. 286
Hinterleib vom Gelbrandkäfer
(*Dytiscus marginalis*)

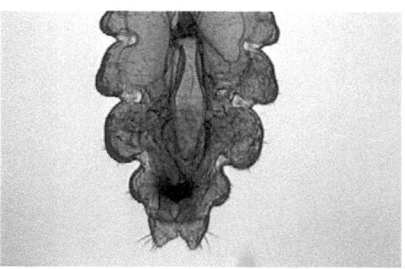

Bild Nr. 287
Hinterleib der Kopflaus
(*Pediculus humanus var. Capitis*)

Bild Nr. 288
Hinterleib des Heimchen mit
Hinterleibsfäden, den Cerci
(*Acheta domesticus*)

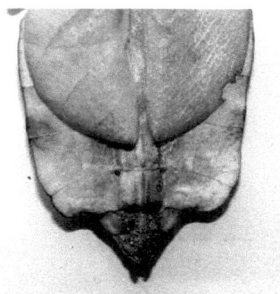

Bild Nr. 289
Hinterleib Wandelndes Blatt
(*Phyllium sp.*)

1.9.1 Insektenflügel

Das die Insekten die größte Tiergruppe der Welt sind, ist unter anderem auf ihre Flügel zurückzuführen. Durch die Entwicklung zur Flugfähigkeit ermöglichte es den Insekten neue Lebensräume zu erobern. Dies geschah lange bevor es Flugsaurier, Vögel und Fledermäuse gab, zirka vor 320 Millionen Jahren im Karbon. Paläontologen (**Paläontologie** *ist die Wissenschaft von den Lebewesen vergangener Erdzeitalter z.B. Kreidezeit*) konnten in Fossilien jener Epoche nachweisen, dass zu diesem Zeitpunkt die Artenvielfalt zunahm. Damals entwickelten die Insekten an den Brustabschnitten bewegliche Anhängsel aus Chitin, die späteren Flügel. Die ersten fliegenden Insekten hatten vier große Flügel, die seitlich vom Körper abstanden. Einige Insekten entwickelten einen bestimmten Muskel, der es ihnen erlaubt die Flügel in Ruhestellung hinten auf den Rücken einzuklappen. Somit waren diese Insekten in der Lage in engen Zwischenräumen herum zu krabbeln, ohne die empfindlichen Flügel zu beschädigen. Alle heutigen Insekten, außer der Libelle, der Eintagsfliege und einigen Schmetterlingsarten, verfügen über einen solchen Muskel. Die meisten flugfähigen Insekten besitzen vier Flügel. Ein Paar befindet sich am mittleren und das andere Paar am hinteren Brustsegment. Innerhalb einer Ordnung und sogar innerhalb einer Art, sowie bei den Geschlechtern kann es größere Unterschiede geben. Die Flügel sind bei den einzelnen Arten unterschiedlich geformt und sind in Dicke und Härte ebenfalls unterschiedlich. Diese Unterschiede beruhen auf aerodynamische Verformungen während des Fluges und die Faltung der Flügel bei Ruhestellung. Auch die Flügeladern unterscheiden sich in Stärke und Anzahl. Durch dieses charakteristische Merkmal können einzelne Arten und Gattungen unterschieden werden.

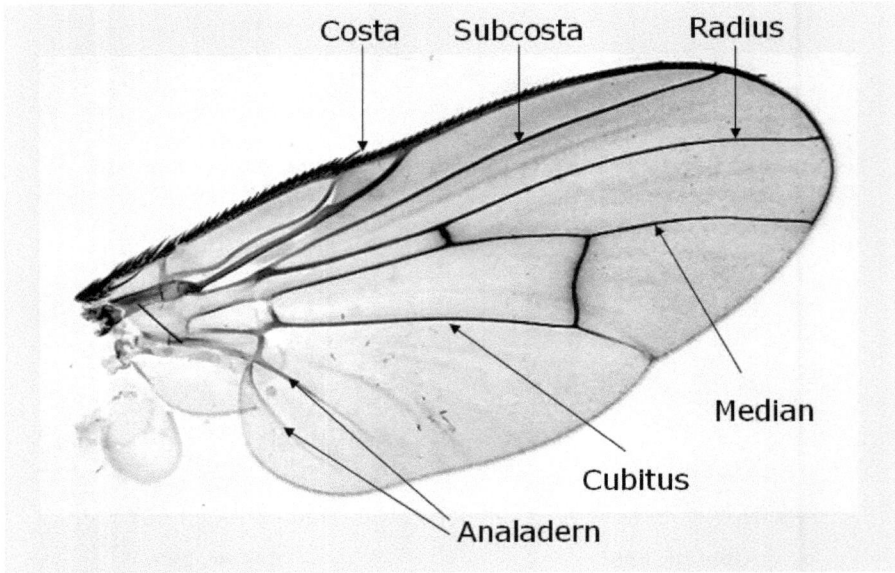

Bild Nr. 290
Benennung der Flügeladern

INSEKTENKUNDE
Grundlagen

Zur Beschreibung der Aderung gibt es verschiedene Bennungssysteme. Sie bezeichnen die Adern und die dadurch entstandenen Flügelareale. Eine erste systematische Benennung der Aderung ist das 1898 entstandene Comstock-Needham System. Es stellt ein wichtiges Instrument dar, um Übereinstimmungen von Merkmalen unterschiedlicher Insektenflügel zu zeigen. Das System sieht sechs große Adern im Insektenflügel vor: Costa, Subcosta, Radius, Median, Cubitus und die Analadern. Bei einigen Insektengruppen gibt es so genannte falsche Adern, die lediglich das Aussehen haben, nicht aber dem Bau einer echten Ader entsprechen.
Diesen Ader fehlen die Nerven und Tracheen. Die durch die Adern abgegrenzten Bereiche werden als Zellen bezeichnet. Eine Zelle wird als geschlossen bezeichnet, wenn sie auf allen Seiten durch Adern begrenzt ist. Die Zellen die an eine Seite des Flügels reichen, werden als offene Zellen bezeichnet. Dabei leitet sich der Name der Zelle von der davor liegenden Ader ab. Um Besonderheiten im Flügelbau bestimmter Ordnungen besser beschreiben zu können, wurden weitere Benennungssysteme geschaffen. Allein für Libellen gibt es fünf weitere Systeme.

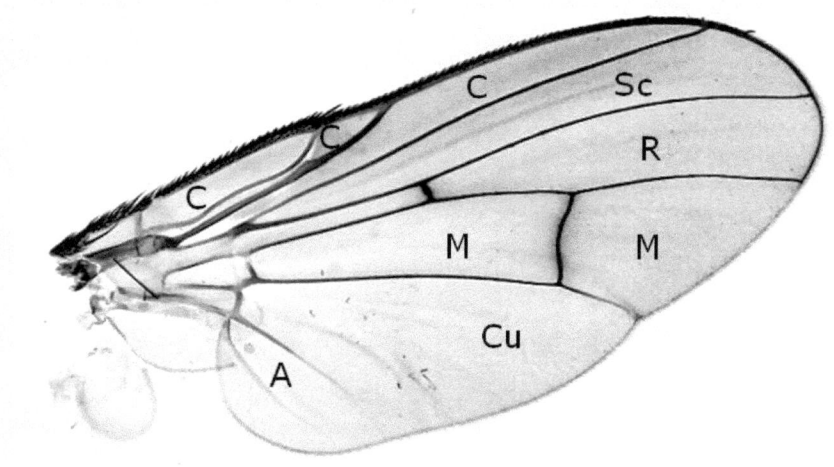

Bild Nr. 291
Benennung der Flügelareale (*vereinfacht*)

C=Costazelle **Sc**=Subcostazelle **R**=Radiuszelle **M**=Medianzelle **Cu**=Cubituszelle **A**=Analzelle

Costa *lat. Seite, Rippe* **Radius** *lat. Strahl* **Median** *lat. Medius, der Mittlere* **Cubitus** *lat. Elle, Ellbogen* **Anal** *lat. Anus=After, in der Aftergegend gelegen*

Der Flügelschlag entsteht durch zusammenziehen und entspannen der Muskulatur im elastischen Brustring und ist in der Natur ein einzigartiges System aus Kraft- und Steuermuskeln. Stubenfliegen verfügen über vier große Kraft- und 36 kleine Steuermuskeln. Eine Mücke bringt es mit ihrem Flügelapparat immerhin auf über 1000 Flügelschläge pro Sekunde! Ein Maikäfer nur auf 45 bis 50 Schläge pro Sekunde.

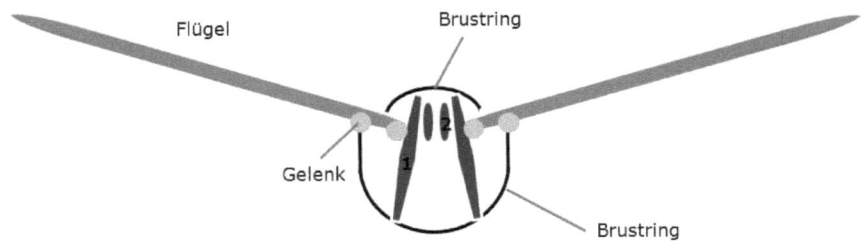

Bild Nr. 292
Schematische Darstellung der Flügelbewegung

Die von oben nach unten verlaufende kräftige Muskulatur (**1**) verformt mit ihrer Kontraktion den elastischen Brustring, dabei bewegen sich die Flügel nach oben. Danach entspannt sich die Muskulatur, der Brustring schnellt in seine natürliche Stellung zurück, unterstützt durch die Kontraktion der Längsmuskulatur (**2**). Dabei bewegen sich die Flügel nach unten.

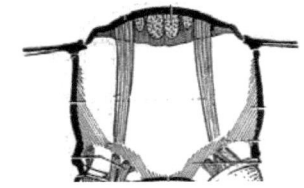

Bild Nr. 293
Muskelverteilung im Thorax beim geflügelten Insekt

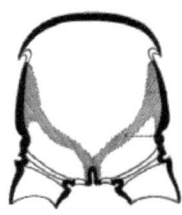

Bild Nr. 294
Muskelverteilung im Thorax beim ungeflügelten Insekt

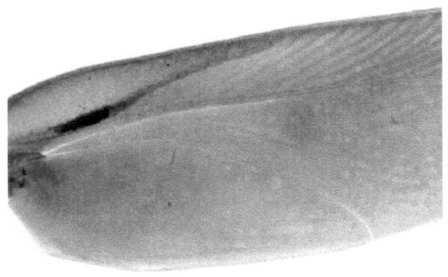

Bild Nr. 295
Küchenschabe: Vorderflügel
(*Präparat von Ch. Hess 1950*)

Bild Nr. 296
Küchenschabe: Hinterflügel
(*Präparat von Ch. Hess 1950*)

Die Flügeldecken (*Deckflügel*) einiger Bockkäfer sehen meist wie die Borke eines Baumes mit Flechtenbewuchs aus, sodass diese Tiere auf Baumrinde sitzend von ihren Feinden schwer zu erkennen sind.

Auffällige Färbungen der Flügel können dazu dienen Geschlechtspartner anzulocken, Feinde abzuschrecken oder sich zu tarnen. Heuschrecken aus der Familie der Laubheuschrecken tarnen sich mit Vorderflügeln, die wie Blätter aussehen.

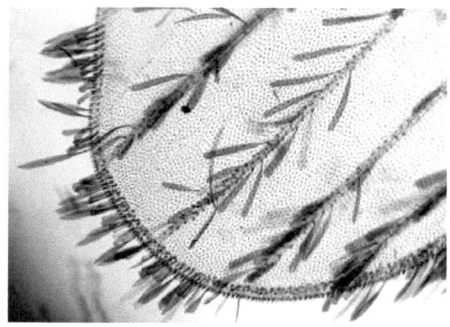

Bild Nr. 297
Mückenflügel
(*Präparat von D. Schmidt 2007*)

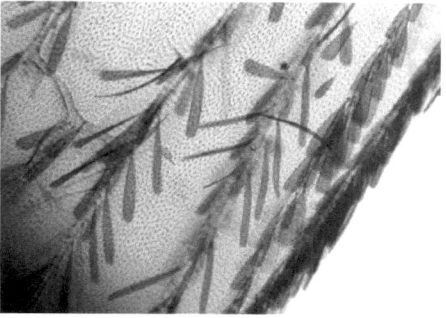

Bild Nr. 298
Mückenflügel
(*Präparat von D. Schmidt 2007*)

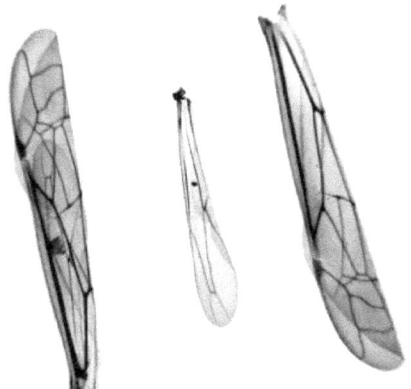

Bild Nr. 299
Wespenflügel
(*Präparat von D. Schmidt 2007*)

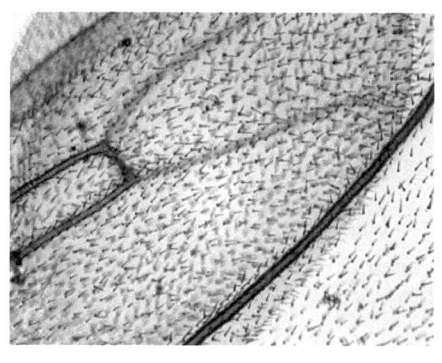

Bild Nr. 300
Wespenflügel
(*Präparat von D. Schmidt 2007*)

Da die Hautflügel größer als die Deckflügel sind, werden sie durch Längs- und Querfaltung so zusammengelegt, dass sie unter die Vorderflügel gelegt werden können. Die meisten Käfer müssen die aus dem vorderen Flügelpaar entstandenen Flügeldecken hochklappen, um die eigentlichen Flügel zu entfalten. Die Rosenkäfer dagegen besitzen Einbuchtungen um die Flügel zu entfalten, ohne die Deckflügel zu spreizen.
Zum Aufspannen dient die Flügelmuskulatur, die über die Form der Adern und ein entsprechendes kompliziertes System aus Schnapp- und Sperrgelenken bewirkt, das die Flügel in aufgespannter Stellung einrasten (**Bild Nr. 301**). Die starren Flügeldecken

werden als Tragfläche genutzt und ermöglichen den großen und schweren Tieren einen wenn auch langsamen Flug über längere Strecken.

Bild Nr. 301
Flügel des gemeinen Rosenkäfers (*Cetonia aurata*)

Bild Nr. 302
Flügeldecke und Flügel des Junikäfers (*Rhizotrogus marginipes*)

Libellen sind exzellente Flieger, denn als einzige Sechsbeiner sind sie in der Lage jeden Flügel unabhängig voneinander zu bewegen. Aufgrund fehlender spezieller Muskeln können Libellen ihre Flügel allerdings nicht nach hinten klappen.
Um aus vollem Flug stehen zu bleiben, schlagen Libellen mit den Vorderflügeln nach oben und bewegen die hinteren Flügel nach unten.

Bild Nr. 303
Männchen der Feuerlibelle (*Crocothemis erythraea*) **auf Teneriffa**

Bild Nr. 304
Die Libelle mit den vier Flügeln, die wie Tiffanyglas aussehen

INSEKTENKUNDE
Grundlagen

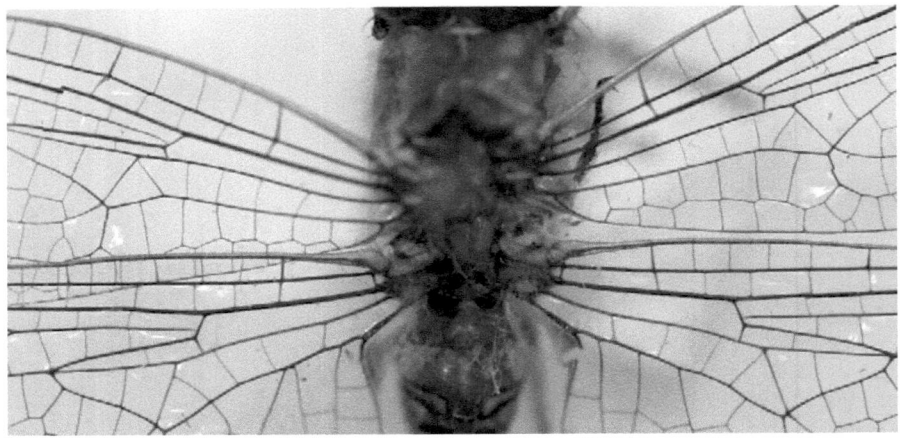

Bild Nr. 305
Detailaufnahme des Libellenflügels

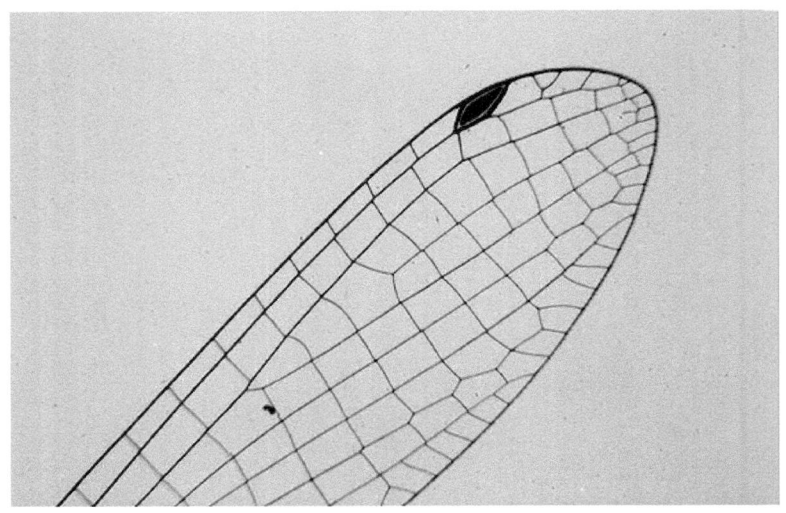

Bild Nr. 306
Libellenflügel
(*Präparat von D. Schmidt 2007*)

INSEKTENKUNDE
Grundlagen

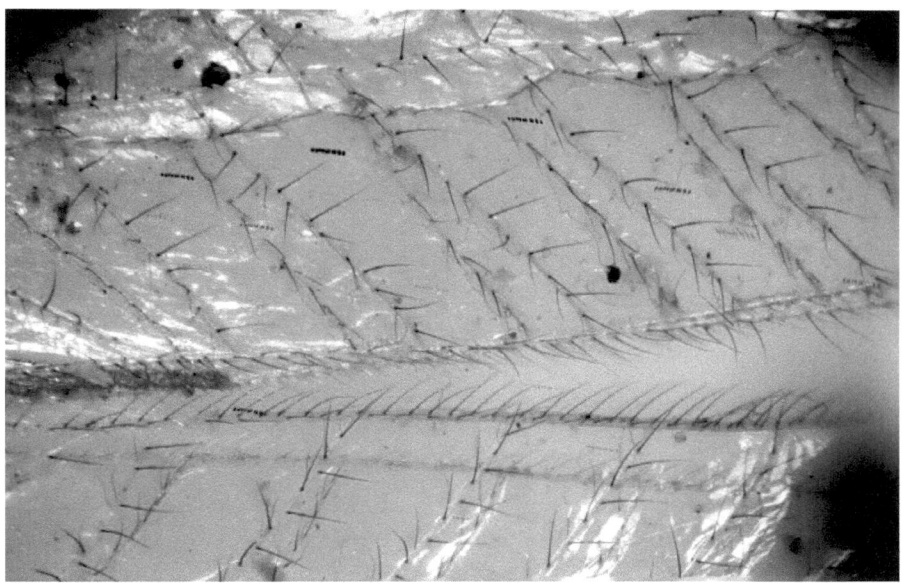

Bild Nr. 307
Flügel einer Florfliege (*Chrysopidae*)
(*Präparat von D. Schmidt 2012*)

Die Florfliege, auch als Goldauge bezeichnet, zählt zu den wenigen Insekten, die ihre Flügel zeitlich versetzt bewegen kann. Dadurch entstehen an den Flügeln Luftwirbel, die den Auftrieb vergrößern. Die Schwebefliegen besitzen zum Fliegen nur noch die beiden vorderen Flügel, die hinteren Flügel haben sich zu so genannten Schwingkölbchen (*Halteren*) umgewandelt. Diese Flügelstummel bestehen aus einem Stiel und einer Verdickung am Ende und ähneln in ihrer Form Trommelschlegeln. Besonders an der Basis sind sie mit zahlreichen Sinnesorganen besetzt. Mit diesen Steuersensoren kontrollieren die Tiere den Flügelschlag und die Flugrichtung. Man findet Halteren bei zwei Insektenordnungen, der Fächerflügler und der Zweiflügler. Bei den Fächerflügler sind die Vorderflügel zu Schwingkölbchen umgewandelt und bei den Zweiflügler die Hinterflügel.

INSEKTENKUNDE
Grundlagen

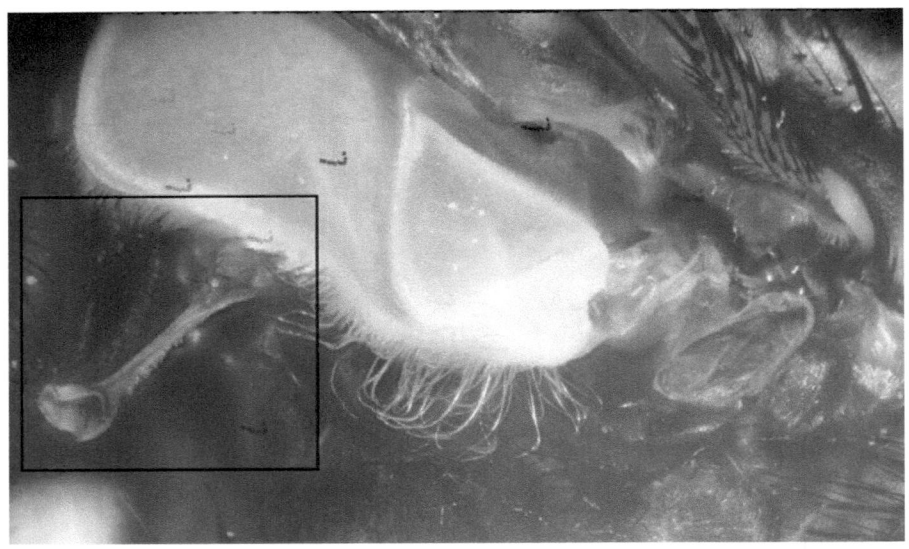

Bild Nr. 308
Schwingkölbchen (*Haltere*) **einer Stubenfliege** (*Musca domestica*)

Bild Nr. 309
Flügel der Goldfliege (*Lucilia sericata*)

INSEKTENKUNDE
Grundlagen

Bild Nr. 310
Kleiner Fuchs
(*Vanessa urticae*)

Bild Nr. 311
Hauhechel-Bläuling
(*Polyommatus icarus*)

Schmetterlingsflügel unterscheiden sich von denen der Käfer durch die auf den Flügel befindlichen Schuppen. Aber auch hier sind, wie bei den meisten Insekten, das hintere und vordere Flügelpaar miteinander gekoppelt und können somit nicht einzeln gesteuert werden. Die Flügel lassen sich aber von der Luft verformen, um so einen stärkeren Vorschub zu erreichen.

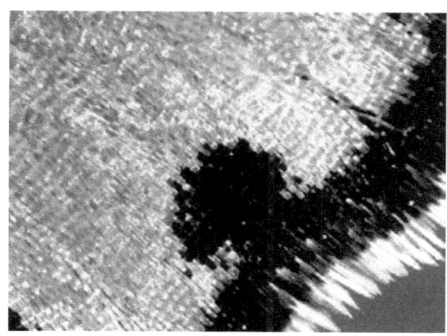

Bild Nr. 312
Flügeloberfläche am rechten Hinterflügel des Dukatenfalters
(*Heodes virgaureae*)

Bild Nr. 313 Flügelschuppen vom Hinterflügel des Zahnflügel Bläulings
(*Meleageria daphnis*)

Bild Nr. 314
Käferdeckflügel
(Präparat von D. Schmidt 2007)

Bild Nr. 315
Deckflügel vom Gemeinen Ohrwurm
(Forficula auricularia)

Die Vorderflügel der Ohrwürmer sind verhärtet und verkürzt. Sie bedecken nur den vordersten Teil des Abdomens. Aus diesem Grund wurden sie früher als Halbflügler bezeichnet. Die häutigen Hinterflügel werden unter diesen Deckflügeln sehr kompakt gefaltet. Nur wenige Arten der Ohrwürmer fliegen, einige haben die Flugmuskulatur und auch die Flügel komplett zurückgebildet. Der Hinterleib bei den Ohrwürmern endet in einem Paar Zangen die u.a. als Hilfe beim Entfalten der Hinterflügel eingesetzt werden.

Die Zweiflügler, wie Mücken und Fliegen, sind deutlich schneller und wendiger als die mit vier Flügeln ausgestatteten Insekten. Die Stubenfliege ist ein richtiger Luftakrobat. Sie fliegt Loopings, enge Kurven und kann in einer Sekunde eine Flugstrecke von 250 Körperlängen schaffen. Die Forschung hat sehr lange gebraucht, um das Flugverhalten der Insekten zu studieren. Hochgeschwindigkeitskameras in Flugsimulatoren haben die an einem beweglichen Pendel befestigten Insekten genau beobachtet. Bei vielen Insekten beträgt der Anstellwinkel der Flügel zum Luftstrom beim Auf- und Abschlag noch 45 Grad. Eine Flügelstellung bei der Flugzeuge abstürzen würden! Bei jedem Flügelschlag entsteht an den Vorderkanten der Flügel ein großer Luftwirbel.
Die Wirbel verstärken den Unterdruck auf den Flügeloberseiten und saugen die Flügel nach oben und sorgen für den Auftrieb, wie die Propeller oder Düsen beim Flugzeug.

Wie bei den flugfähigen Insekten das Zusammenspiel zwischen Gehirn, Steuerungssensoren und Flugmuskeln in Sekundenbruchteilen genau funktioniert, hat die Wissenschaft bisher kaum entschlüsselt. Eines steht aber fest, die Insekten sind die besten Flieger im Tierreich und agiler als jedes mit digitaler Elektronik ausgestattetes Flugzeug.

INSEKTENKUNDE
Grundlagen

Bild Nr. 316
Wie schnell sich die Flügel bewegen, zeigt die mit einer 1/800 Sekunde fotografierte Honigbiene.

Bild Nr. 317
Hummelflug
Dieses Foto wurde mit einer 1/200 Sekunde fotografiert

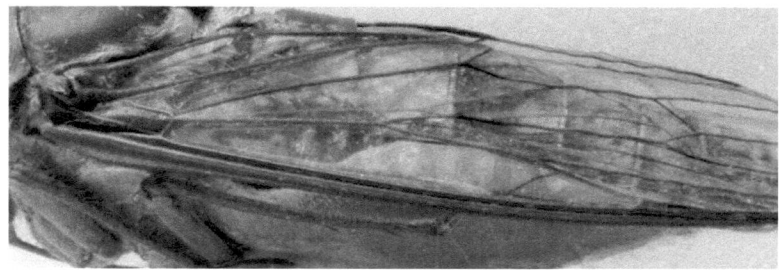

Bild Nr. 318
Die kräftigen Flügel einer Zikade (*Cicadidae*)

INSEKTENKUNDE
Grundlagen

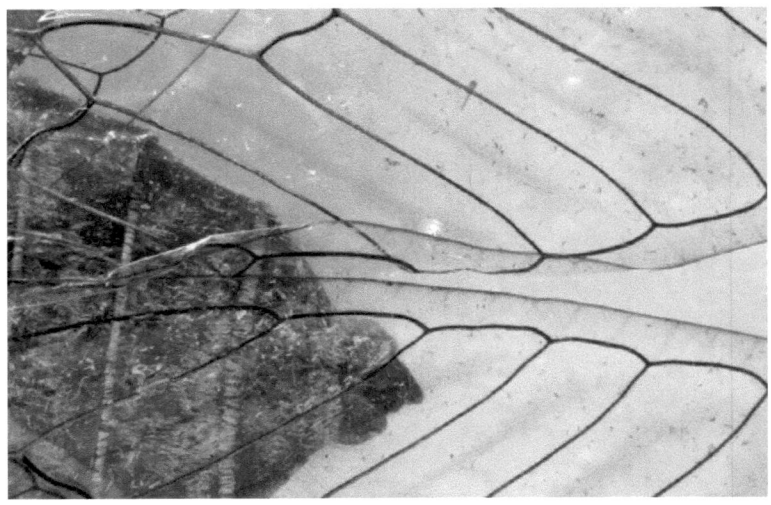

Bild Nr. 319
Die Flügel der Zikaden sind durch eine dachförmige Haltung gekennzeichnet

Bild Nr. 320
Hier beim Goliathkäfer (*Goliathus*) sind deutlich die Flügeldecken und die eigentlichen Flügel zu sehen

Bild Nr. 321
Mehlkäfer (*Tenebrio molitor*)

Bild Nr. 322
Mehlkäfer (*Tenebrio molitor*)

Bild Nr. 323
Mehlkäfer (*Tenebrio molitor*)

Bild Nr. 324
Mehlkäfer (*Tenebrio molitor*)

Bild Nr. 325
Mehlkäfer (*Tenebrio molitor*)

Kurz nach dem Schlüpfen des fertigen Insekts (*Imago*) ist u.a. das Chitin der Deckflügel noch weich und muss erst aushärten. Ist dieser Vorgang abgeschlossen, hat der Käfer auch seine richtige Färbung. Auf den Bildern ist dieser Vorgang am Beispiel des **Mehlkäfers** (*Tenebrio molitor*) dargestellt.

Bild Nr. 326
Frisch geschlüpfter Schmetterling
(*Lepidoptera*)

Bild Nr. 327
Fertig zum Abflug

Bei den Schmetterlingen müssen nach dem Schlüpfen erst die Flügel entfaltet werden und dann ebenfalls aushärten, bevor der Schmetterling zum Abflug bereit ist. Das Entfalten der Flügel geschieht durch das Einpumpen von Hämolymphe in die Flügel.

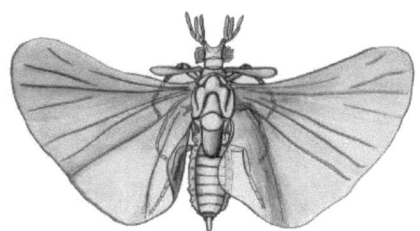 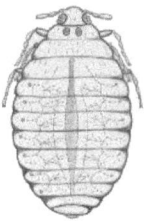

Bild Nr. 328
**Männchen von *Eoxenos laboulbenei*
Peyerimhoff, 1919**

Bild Nr. 329
**Weibchen von *Eoxenos laboulbenei*
Peyerimhoff, 1919**

Die Fächerflügler (*Strepsiptera*), zu denen *Eoxenos laboulbenei* gehört, weisen einen ausgeprägten **Sexualdimorphismus** auf (wird im **Kap. 1.9.3 Die Besonderheiten beim Körperbau** behandelt). Die Männchen sind, im Gegensatz zu den immer ungeflügelten Weibchen, stets geflügelt. Jedoch sind die Vorderflügel zu Halteren umgebildet. Die großen Hinterflügel sind vor dem Schlüpfen fächerartig gefaltet (daher der deutsche Begriff „Fächerflügler") und besitzen ein nur sehr rudimentäres Flügelgeäder. Das hinterste Brustsegment, an dem die Flügel ansetzen, ist sehr groß. Die Männchen besitzen außerdem sehr große Facettenaugen mit (im Vergleich zu den Weibchen) vielen Einzelaugen und Antennen mit seitlichen Fortsätzen. Ihre Lebensdauer als erwachsene Tiere beträgt nur wenige Stunden. Diese Zeit ist gerade ausreichend, um die Weibchen mit Hilfe der von ihnen abgegebenen Duftstoffe (*Pheromone*) zu finden und zu begatten.

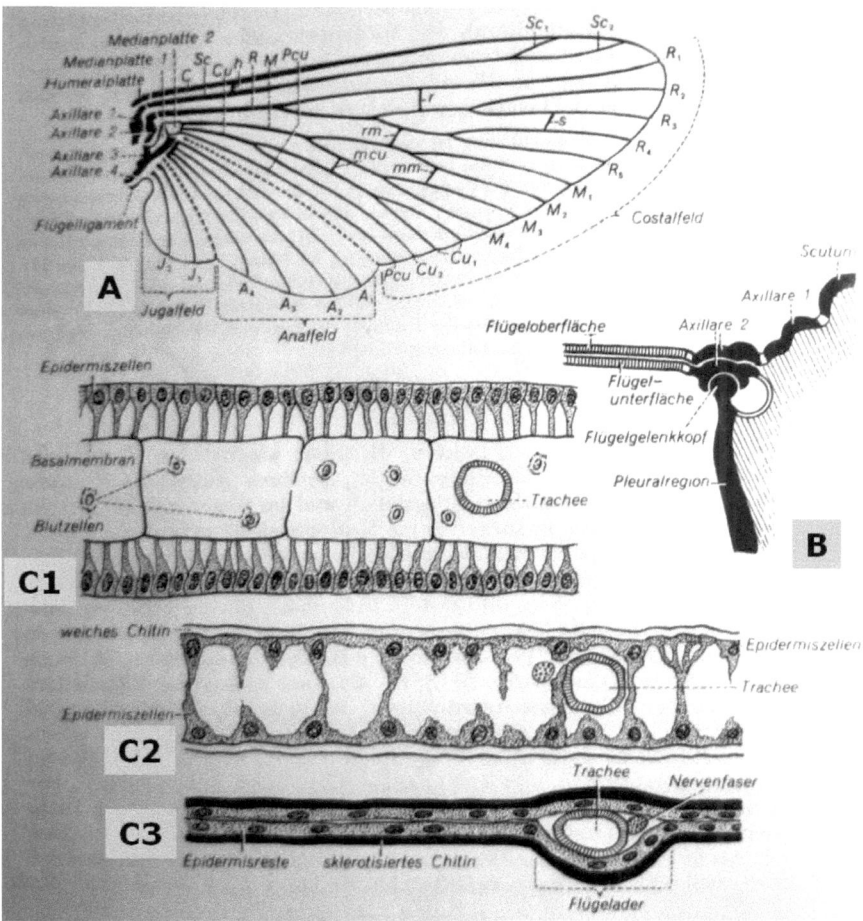

**Bild Nr. 330
Bau des Insektenflügels**

A. **Schema der Aderung und Federung** (n. EIDMANN 1941)
B. **Querschnitt eines Flügelgelenks** (n. EIDMANN 1941)
C. **Querschnittschemata verschiedener Entwicklungsstadien** (n. WEBER 1933)
   C1 **Flügel einer Puppe**
   C2 **Flügel einer geschlüpften Imago** (Chitin noch nicht erhärtet)
   C3 **Flügel einer älteren Imago**

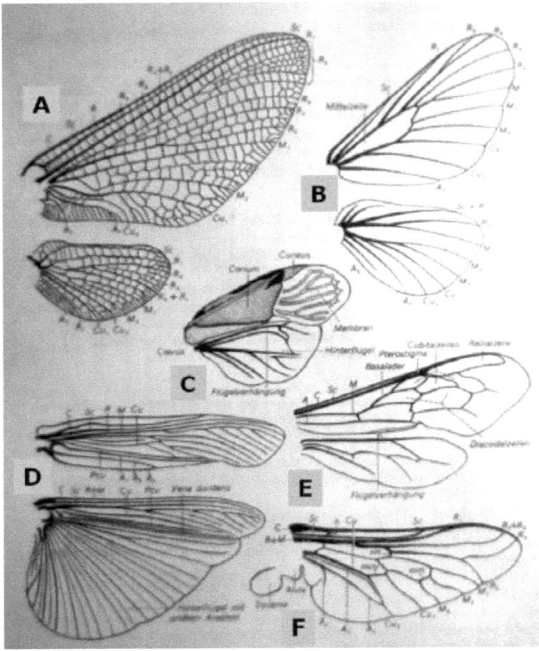

Bild Nr. 331
Flügeltypen

A. **Ephemeride** (*Pentagenia spec.*; n. BORROR-DELONG 1955); Eintagsfliegen
B. **Lasiocampide** (*Malacosoma spec.*; n. BORROR-DELONG 1955); Glucken (Spanner)
C. **Pentatomide** (*Graphosoma spec.*; n. EIDMANN 1941); Wanzen
D. **Acridiide** (*Dissosteira spec.*; n. EIDMANN 1941); Grashüpfer
E. **Apide** (*Apis mellifera*; n. SCHNEIDER-ORELLI 1947); Europäische Honigbiene
F. **Diptere** (*Tabanus spec.*; n. BORROR-DELONG 1955); Bremsen

Sind Vorder-und Hinterflügel vorhanden, so werden sie in der Regel synchron bewegt und wirken dabei wie eine einzige Fläche. Die meist kleinflächigen Hinterflügel wirken dann wie verbreiterte Analfelder der Vorderflügel und sind zur Sicherung des Gleichzeitigkeitseffektes in verschiedener Weise über Verhängungseinrichtungen mit den Vorderflügeln gekoppelt.

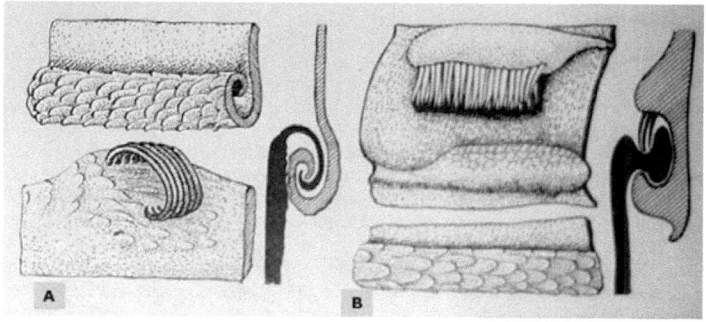

Bild Nr. 332
Arten der Flügelverhängung (n. WEBER 1933)
(*Vorderflügel jeweils oben*)

A. **Blattlaus** (*Drepanosiphum spec.*)
B. **Wanze** (*Graphosoma spec.*)

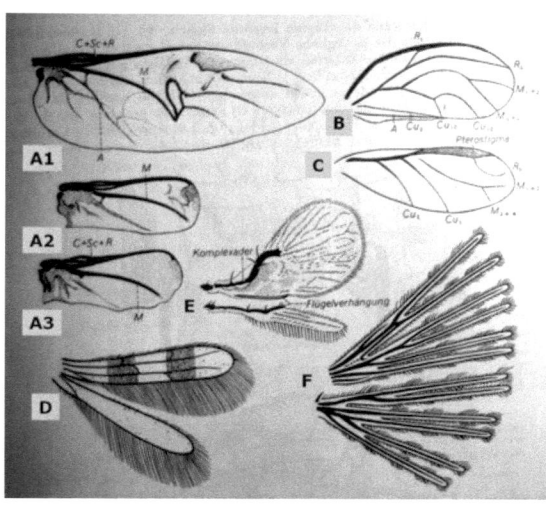

Bild Nr. 333
Flügelreduktionen

A. **Hinterflügel eines Laufkäfers** (*Clivina fossor*; n. TIETZE 1963)
B. **Vorderflügel einer Psyllide** (*Psylla spec.*; n. BORROR-DELONG 1955), Blattfloh
C. **Vorderflügel einer Aphide** (*Macrosipohum spec.*; n. BORROR-DELONG 1955), Marienkäfer
D. **Vorder-und Hinterflügel einer Thysanoptere** (*Aelothrips spec.*; n. WEBER 1933), Fransenflügler
E. **Vorder-und Hinterflügel einer Chalcidide** (*Trichogramma spec.*; n. EIDMANN 1941), Zwergwespen
F. **Vorder-und Hinterflügel einer Pterophoride** (*Alucita spec.*; n. EIDMANN 1941), Federmotte

1.9.2 Insektenbein

Jedes Bein besteht aus fünf Gliedern. Aus **Hüfte** (*Coxa*), **Schenkelring** (*Trochanter*), **Schenkel** (*Femur*), **Schiene** (*Tibia*) und **Fuß** (*Tarsus*). Der Fuß besteht gewöhnlich aus 5 Fußgliedern. Das erste Fußglied ist das Fersenglied und das letzte Glied des Fußes ist das Krallenglied. Im Larvenstadium ist das Bein einfacher gebaut, oder es fehlt gänzlich. Bezüglich der Funktionalität der Insektenbeine unterscheidet man zwischen Laufbein, Sprungbein, Fangbein, Sammelbein, Grabbein und Schwimmbein. Bei in Wasser lebenden Käfern sind die mittleren und hinteren Beine als Schwimmbeine ausgebildet. Die Beine des **Gelbrandkäfers** (*Dytiscus marginalis*) und des **Großen Kolbenwasserkäfers** (*Hydrophilus piceus oder Hydrous piceus*) haben spezielle Beinpaare, die wie Paddel funktionieren. So ist die Hüfte der Schwimmbeine in das brustförmige Körpersegment eingesenkt und deswegen ihre Beweglichkeit stark eingeschränkt. Dadurch wird aber die Schwimmbewegung stabiler. Der stromlinienförmige Körperbau erleichtert dem Käfer durch verringern des Körperwiderstands das Schwimmen. Der Körperbau ähnelt im Längsschnitt dem Aufbau eines Flugzeugflügels.

Bild Nr. 334
Schwimmbeine des Gelbrandkäfers
(*Dytiscus marginalis*) **von oben gesehen**

Bild Nr. 335
Schwimmbein des Gelbrandkäfers
(*Dytiscus marginalis*)

Die Hüfte bildet die Verbindung zum Brustabschnitt. Der Schenkelring, der relativ klein ist, verbindet den Schenkel mit der Hüfte. Das als Schenkel bezeichnete Beinglied ist bei einigen Insekten, genauso wie die Schiene, häufig mit Dornen besetzt. Bei den Langfühlerschrecken liegt in der Schiene das Hörorgan. Einige Käfer besitzen auf der Innenseite der Schiene eine kleine mit einer Reihe kurzer und starrer Härchen umgebene runde Einbuchtung, die mit einem beweglichen Dorn verschlossen ist. Das ist die Putzscharte. Sie dient als Bürste oder Kamm zur Reinigung der Fühler. Wenn der Käfer seine Fühler säubern will, bewegt der Käfer das Vorderbein so an den Kopf, dass der Fühler in die Einbuchtung der Schiene gleitet. Dann schließt der Dorn die Öffnung und wenn der Käfer das Bein vom Kopf entfernt, streift der Fühler die Bürste entlang. Bienen besitzen ebenfalls eine Putzscharte die auf dem ersten Fußglied liegt.

INSEKTENKUNDE
Grundlagen

Hier einige fantastische Bilder außerhalb jeder Konkurrenz. Aufgenommen wurden diese Bilder mit einem Rasterelektronenmikroskop (REM) an der Goethe-Universität Frankfurt am Main.

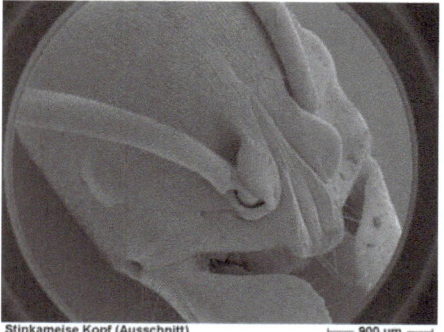

Ameisenkopf mit Fühler

Ameisenkopf

Ameise Abdomen

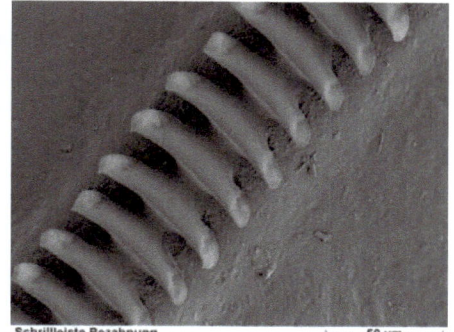

Schrillleiste mit Bezahnung

Die oberen Bilder wurden am 16.02.2014 abgerufen.

Link für weitere fantastische Aufnahmen: bio.uni-frankfurt.de/44440179/

INSEKTENKUNDE
Grundlagen

Bild Nr. 336
Vorderbein der Biene (*Apis sp.*)
(*Präparat von Ch. Hess 1950*)

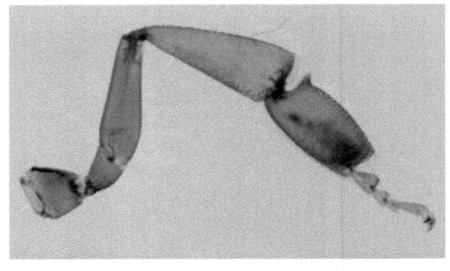

Bild Nr. 337
Hinterbein der Biene (*Apis sp.*)
(*Präparat von Ch. Hess 1950*)

Am letzten Fußglied sitzen gewöhnlich ein paar Krallen und eine Reihe weiterer Anhänge. Dieses Fußglied stellt die Verbindung zum Untergrund dar und muss dem Insekt eine sichere Haftung garantieren. Deshalb besitzen viele Insekten zwischen den Krallen einen Haftlappen, der meistens mit feinen Borsten versehen ist und dauerhaft durch einen dünnen Flüssigkeitsfilm feucht gehalten wird. Der Haftlappen und die Krallen bei Ameisen arbeiten eng zusammen. Zuerst versucht die Ameise sich mit den Krallen festzuhalten, wenn das nicht gelingt werden die Krallen eingezogen und der Haftlappen wird aus einer Drüse mit Flüssigkeit aufgepumpt. Der Haftlappen ragt nun zwischen den Krallen hervor und wird auf den Untergrund aufgesetzt. Der Flüssigkeitsfilm bewirkt den Hafteffek Vor dem nächsten Schritt wird der Haftlappen entleert und die Krallen kommen wieder zum Einsatz. Dieser Vorgang dauert nur Bruchteile von Sekunden und kann bei Bedarf ständig wiederholt werden. Insekten sind somit in der Lage das 100fache ihres eigenen Körpergewichts zu halten. Einigen Insekten haben im Haftlappen Geschmackssensoren, die ihnen bei der Nahrungssuche helfen. Sie schmecken quasi über diese Geschmackssensoren.

Bild Nr. 338
Bein des Marienkäfers (*Coccinellidae sp.*)
(*Präparat von D. Schmidt 2007*)

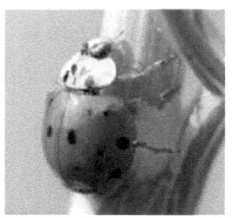

Bild Nr. 339
Marienkäfer
(*Coccinellidae sp.*)

Beim Marienkäfer besitzen die Bauchringe an der Brust Vertiefungen, die formgenau zu den Beinen passen. So kann der Marienkäfer zu seinem Schutz die Beine ganz eng an den Körper anlegen

INSEKTENKUNDE
Grundlagen

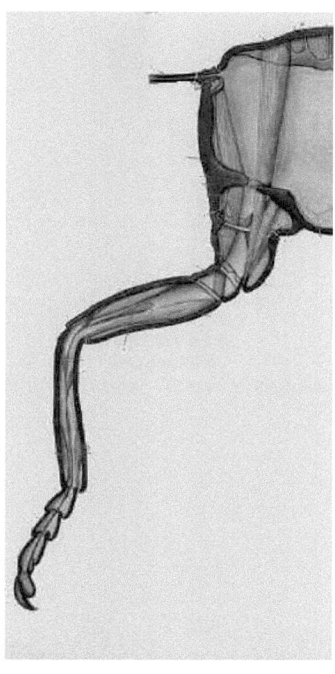

**Bild Nr. 340
Insektenbein: Muskeln und Sehnen**

Die Beine gehören zum Außenskelett und sind ebenfalls aus Chitin. Die einzelnen Glieder der Beine werden durch weiche Gelenkhäute verbunden. Die Muskulatur setzt über Sehen am Außenskelett an. Die Muskeln dienen zum Beugen und Strecken von Schenkel und Schiene. Durch den Schenkelring ist auch eine Drehung möglich. Die Beweglichkeit der Hüfte ist bei einzelnen Insektenarten unterschiedlich. Im Fuß selbst gibt es keine Muskulatur. Die Krallen werden durch Sehnen bewegt, die den ganzen Fuß durchlaufen. Besitzen die Beine bewegliche Borsten, so werden auch diese Borsten durch Muskeln gesteuert.

Die Nährstoffe und die Abfallprodukte der Muskulatur werden über den offenen Blutkreislauf durch die Hämolymphe transportiert.

Die Steuerung der Beine erfolgt über Nervenknoten in Vorder-, Mittel- und Hinterbrust. Je nach Funktion gibt es unterschiedliche Beintypen. Bedingt durch die Artenvielfalt gibt es entsprechend viele Beintypen. Läuse besitzen zum Festklammern an den Haaren am letzten Fußglied starke Krallen, die mit einem Fortsatz an der Schiene eine Art Zange bilden Einige Käferarten die nur auf Bäumen klettern haben Beine entwickelt, die zur Fortbewegung auf dem Boden kaum noch geeignet sind. Jedes Bein nimmt verschiedene Aufgaben wahr und ist über den eigentlichen Zweck der Fortbewegung vielfach spezialisiert.

INSEKTENKUNDE
Grundlagen

Bild Nr. 341
Käferbein
(*Präparat von D. Schmidt 2007*)

Bild Nr. 342
Käferbein
(*Präparat von D. Schmidt 2007*)

Bild Nr. 343
Spezielle Vorderbeine eines Rüsselkäfers

Bild Nr. 344
Hier das Bein in der Seitenansicht

Einige Käfer, wie z.B. Laufkäferarten, stemmen die bedornten Enden der Schiene in den Boden, während die abgeflachten Fußglieder auf dem Boden aufliegen. Durch diese Lauftechnik sind diese Käfer sehr flink.

INSEKTENKUNDE
Grundlagen

Bild Nr. 345
Das Gelenk ähnelt dem Gelenk eines Brillengestells

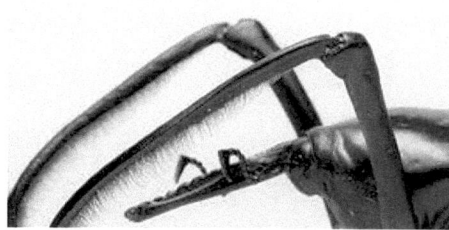

Insekten die sich ausschließlich fliegend bewegen, haben sehr zarte Füße, um Gewicht zu sparen. Zu diesen Vertretern gehören Schnaken und Schmetterlinge.

Eine andere Form der Fortbewegung ist das Springen, wie wir es von den Heuschrecken kennen. Viele andere Insektengruppen entwickelten im Laufe der Evolution auch aus den Laufbeinen spezielle Sprungbeine. Diese Insekten weisen aufgrund der notwendigen Sprungmuskulatur auch verdickte Schenkel auf.

Bild Nr. 346
Nymphe des Grünen Heupferds (*Tettigonia viridissima*)

Besonders eindrucksvoll ist das bei den Flöhen und Flohkäfern zu sehen. Die Annahme, dass Insekten mit verdickten Schenkeln immer gute Springer sind, trifft aber nicht zu.
Bei einigen Insekten wird durch unterschiedliche Schenkelsstärken der Unterschied zwischen Männchen und Weibchen ausgedrückt. Das ist zum Beispiel bei den Weichkäfern der Fall.

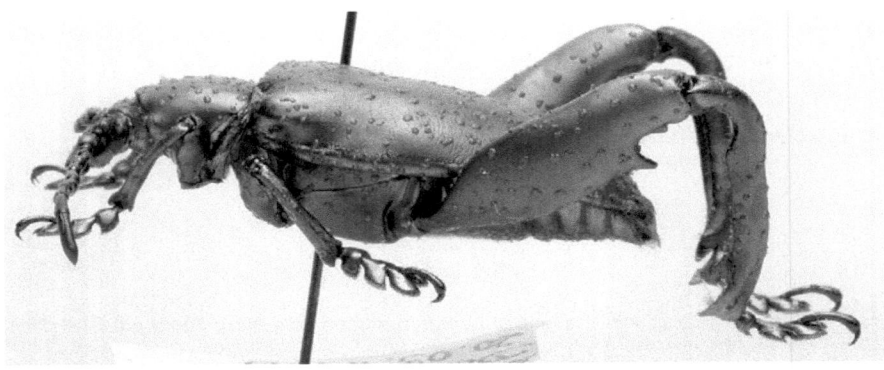

Bild Nr. 347
Dieser Muskelprotz will nur dem Weibchen imponieren

Bild Nr. 348
Hier sind die abgeflachten Fußglieder
gut zu erkennen

Bild Nr. 349
Roter Weichkäfer
(*Rhagonycha fulva*)

Eine weitere Art der Fortbewegung ist das Schwimmen. Auf der **Seite 136** wurden schon die Schwimmbeine des Gelbrand- und des Kolbenwasserkäfers beschrieben. Sehr flink bewegt sich auch der Taumelkäfer. Die Mittel- und Hinterbeine sind zu kurzen, breiten Paddeln umgebildet. Mit einer Frequenz von bis zu 50 Schlägen pro Minute bewegen sich die Tiere sowohl unter Wasser und auch auf der Wasseroberfläche.
Viele dieser Schwimmbeine sind mit dichten Haarreihen besetzt, um die Paddelwirkung zu

erhöhen. Zudem ist der Körper dieser Tiere mit einer glatten Oberfläche zur Verbesserung des Strömungsverhaltens versehen.

**Bild Nr. 350
Taumelkäfer**
(*Gyrinus substriatus*)

Wasserläufer können sich gut auf der Wasseroberfläche fortbewegen, da ihre Füße die Oberflächenspannung des Wassers nicht „zerreißen". Bei den Insekten gibt es auch Beine, die nicht der Fortbewegung dienen.

Die Gottesanbeterin besitzt eindrucksvolle Fangbeine, die man auch Fangmaske nennt. Schenkel und Schiene sind zudem noch mit scharfen Sägezähnen bestückt, sodass es für die gefangene Beute kein entrinnen gibt.

**Bild Nr. 351
Die zu den Fangschrecken** (*Mantodea sp.*) **gehörende Gottesanbeterin**

In Mitteleuropa gibt es eine einzige Vertreterin aus der Ordnung der Fangschrecken. Es handelt sich um die Europäische Gottesanbeterin (*Mantis religiosa,* LINNAEUS, 1758). In Deutschland genießt sie nach den Bestimmungen des Bundesnaturschutzgesetz und der Bundesartenschutzverordnung besonderen Schutz. Sie darf deshalb weder gefangen noch gehalten werden. Gekennzeichnet ist die Europäische Gottesanbeterin durch den verlängerten Halsschild und dem großen, dreieckigen, sehr beweglichen Kopf. Die beiden hinteren Beine sind als Schreitbeine gestaltet, während die Vorderbeine zu Fangbeinen umgebildet und mit Dornen zum Festhalten der Beute besetzt sind. An den Innenseiten der Vorderhüften befindet sich ein schwarzer Fleck mit weißem Innenpunkt, diese augenähnliche Zeichnung dient bei der Abwehrhaltung als Abschreckung. Die Männchen sind deutlich kleiner als die Weibchen und die Färbung reicht von zartgrün bis braun. Die unterschiedlichen Farbvarianten dienen zur Anpassung an die Umgebung und entstehen nach den einzelnen Häutungen. Die Begattung der Weibchen hat bei einigen Arten fatale Folgen für das Männchen. Sie werden während oder nach der Paarung vom Weibchen getötet und aufgefressen. Ein paar Tage nach der Begattung legen die Weibchen die Eier zu mehreren in einer so genannten Oothek ab. Das Gelege, das sich in einer schnell erhärtenden Schaummasse befindet enthält zwischen 100 bis 200 Eier. Im Herbst verenden die erwachsenen Tiere, während die Eier in ihrer Schutzhülle gut überwintern. Im Mai bis Juni schlüpfen dann die Larven. Sie sind etwa 6 mm groß und durchlaufen bei einigen Arten 5-6 und bei anderen Arten dagegen 6-7 Larvenstadien. Ende Juli/Anfang August erscheinen die ersten erwachsenen Tiere. Zwei Wochen nach der letzten Häutung sind die Tiere geschlechtsreif.

Einige Insekten haben in ihrer Entwicklungszeit die Grabfähigkeit entwickelt. Diese Tiere haben die Form der Vorderschiene in Abhängigkeit des Materials in dem sie graben umgewandelt. Der seltene Käfer mit dem aussagekräftigen Namen *Eremit*, gräbt gerne in lockeren Mull, während der Fingerkäfer gerne feuchte Böden bevorzugt um dort, sehr zum Missfallen des Bauern, an den Keimen von Mais und Rüben zu knabbern.
Die Maulwurfsgrille hat für harten Boden einen gebogenen Haken ausgebildet, um den Boden aufzubrechen. Der zu einer Schaufel ausgebildete Schenkel schaufelt dann die lockere Erde beiseite.

**Bild Nr. 352
Vorderbein einer Maulwurfsgrille**
(*Gryllotalpidae sp.*)

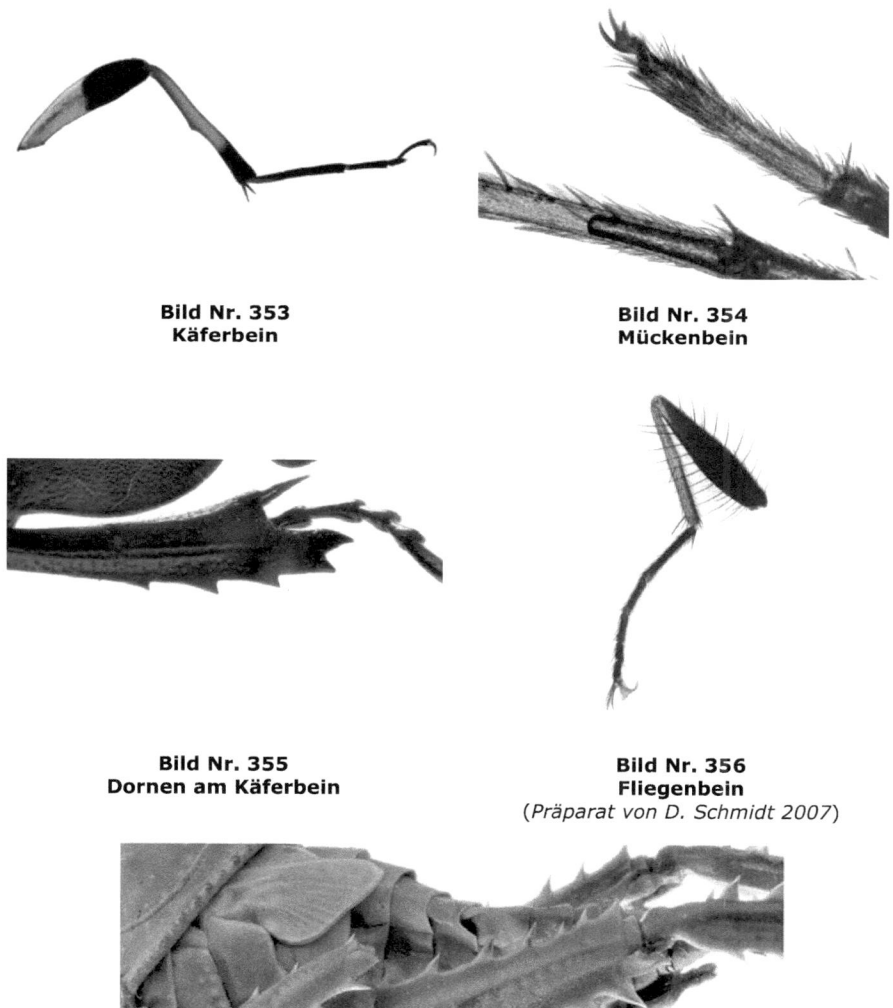

Bild Nr. 353
Käferbein

Bild Nr. 354
Mückenbein

Bild Nr. 355
Dornen am Käferbein

Bild Nr. 356
Fliegenbein
(*Präparat von D. Schmidt 2007*)

Bild Nr. 357
Sehr reich mit Dornen bestückt ist das Bein dieser Kürzfühlerschrecke (*Caelifera*).

INSEKTENKUNDE
Grundlagen

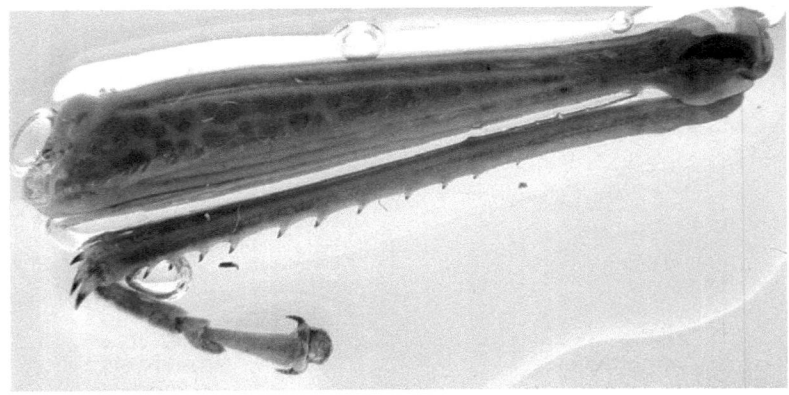

Bild Nr. 358
Sprungbein einer Heuschrecke

Als **Heuschrecken** bezeichnet man üblicherweise die typischen Vertreter aus den Insektenordnungen der Langfühlerschrecken (*Ensifera*) und Kurzfühlerschrecken (*Caelifera*). Wird der Begriff *Heuschrecken* im wissenschaftlichen Zusammenhang verwendet, so versteht man darunter die Zusammenfassung aller Arten eben dieser beiden Ordnungen.

Bild Nr. 359
Sprungbein einer Heuschrecke

Bild Nr. 360
„Kniegelenk" im Sprungbein einer Heuschrecke

Bild Nr. 361
Laufkäferbein mit Haftvorrichtungen

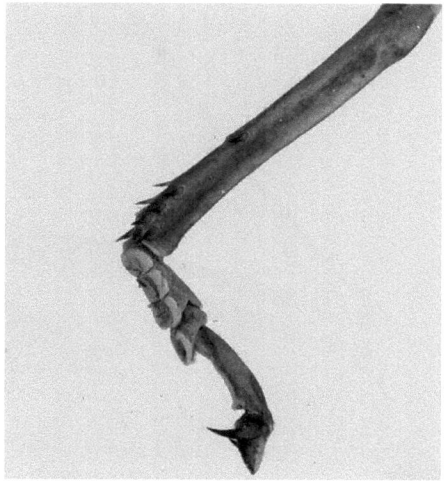

Bild Nr. 362
Laufkäferbein mit Haftvorrichtungen

Bild Nr. 363
Rüsselkäferbein mit Haftvorrichtungen

INSEKTENKUNDE
Grundlagen

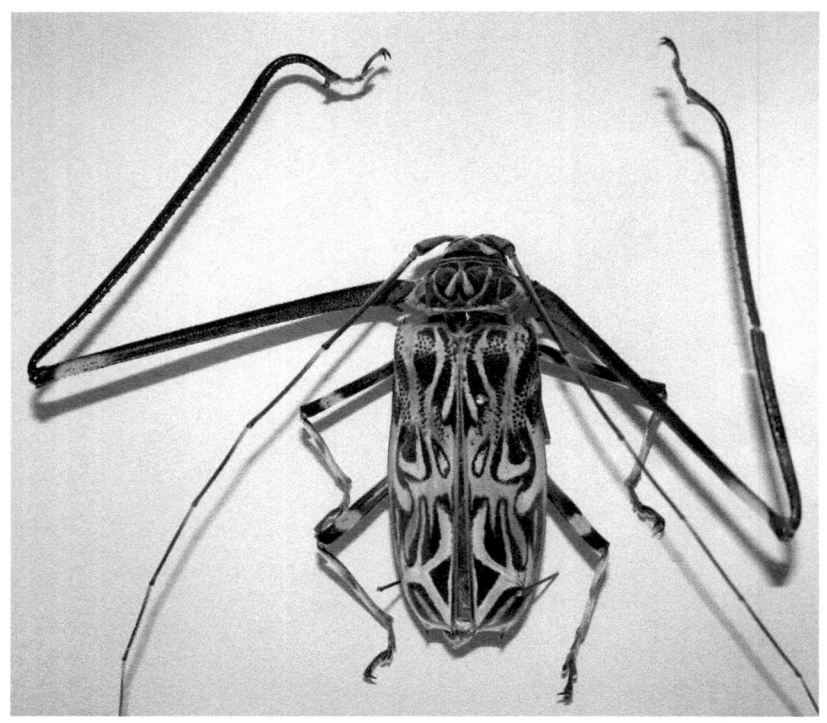

Bild Nr. 363A
Harlekinbock (*Acrocinus longimanus*)

Bild Nr. 363B
Tarsus des Harlekinbocks
(*Acrocinus longimanus*)

INSEKTENKUNDE
Grundlagen

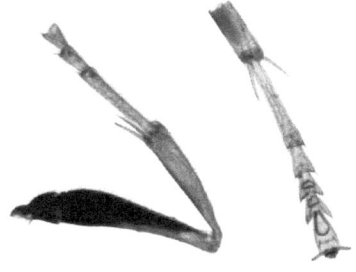

Auf dem linken Bild sind der Schenkel, die Schiene und der Fuss mit den beiden Krallen und dem Haftlappen deutlich zu erkennen.

Bild Nr. 364
Wespenbeine
(*Präparat von D. Schmidt 2007*)

Bild Nr. 365
Fußglied (*Tarsus*) **Käfer (von oben)**
(*Präparat von D. Schmidt 2007*)

Bild Nr. 366
Fußglied (*Tarsus*) **Käfer (von unten)**
(*Präparat von D. Schmidt 2007*)

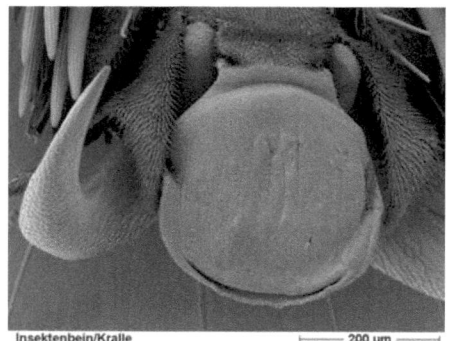

Bild Nr. 367
REM Aufnahme Insektenbein

Bild Nr. 368
REM Aufnahme Tarsus Marienkäfer
(*Coccinellidae*)

**Bild Nr. 369
Tarsus Echte Wespe**
(*Vespinae*)

**Aufnahme mit
Rasterelektronenmikroskop (REM)**
(*englisch scanning electron microscope,
SEM*)

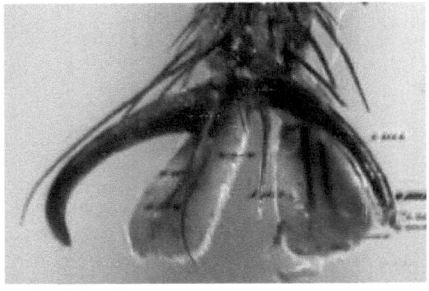

**Bild Nr. 370
Tarsus Stubenfliege mit Haftlappen**
(*Musca domestica*)

**Bild Nr. 371
Tarsus Stubenfliege mit Haftlappen**
(*Musca Domest*)

**Bild Nr. 372
Schenkel und Schienbein**

**Bild Nr. 373
Tarsus mit Krallen**

Eine Funktion der besonderen Art besitzt das Sammelbein der Biene. Das Hinterbein der Bienen dient als Organ zum Sammeln und Transportieren von Pollen und Harz (*Propolis*). Die Bienen sammeln dieses Harz an den Knospenschuppen verschiedenster Baumarten wie Pappel, Birke, Robinie, Weide, Kastanie, Fichte, Tanne und Kiefer. Schiene und Fersenglied arbeiten zusammen.

Da die Schiene und das Fersenglied etwa gleich stark verbreitert sind, entsteht der Eindruck, das Fersenglied und Schiene eine Einheit bilden. Die Sammeleinrichtung besteht aus vier Einheiten:

1. Das Pollenkörbchen dient als Transportbehälter.
2. Die Pollenbürste dient zum ausbürsten der Pollen aus den Körperhaaren.
3. Der Pollenkamm kämmt die Pollen aus der Pollenbürste.
4. Der Pollenschieber drückt den gesammelten Pollen dann in das Pollenkörbchen.

Da die Biene auf den anderen Beinen ähnliche Kämme und Bürsten besitzt, kann sie während des Fluges den in der Blüte gesammelte und an den Körperhaaren anhaftende Pollen abbürsten und in den Transportbehälter unterbringen.

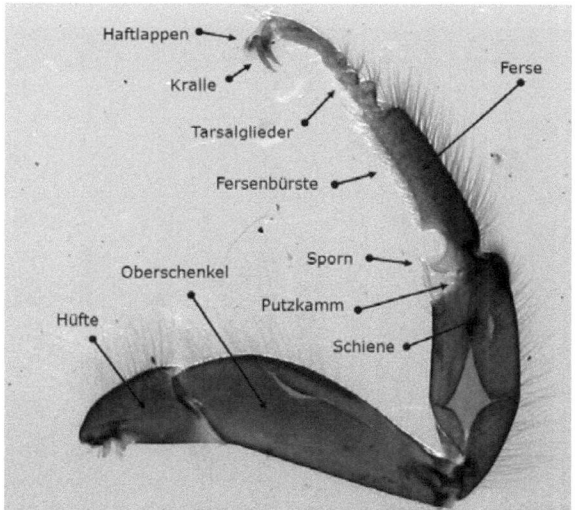

Bild Nr. 374
Hinterbein (*komplett*) **der Europäischen Honigbiene** (*Apis mellifera*)

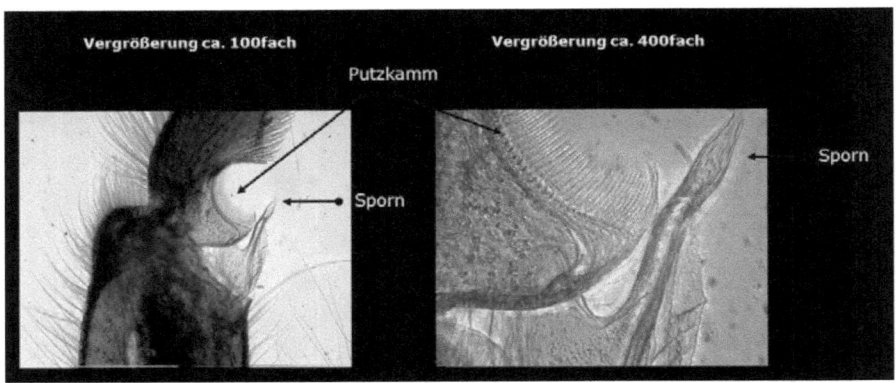

Bild Nr. 375
Hinterbein der Europäischen Honigbiene (Apis mellifera)

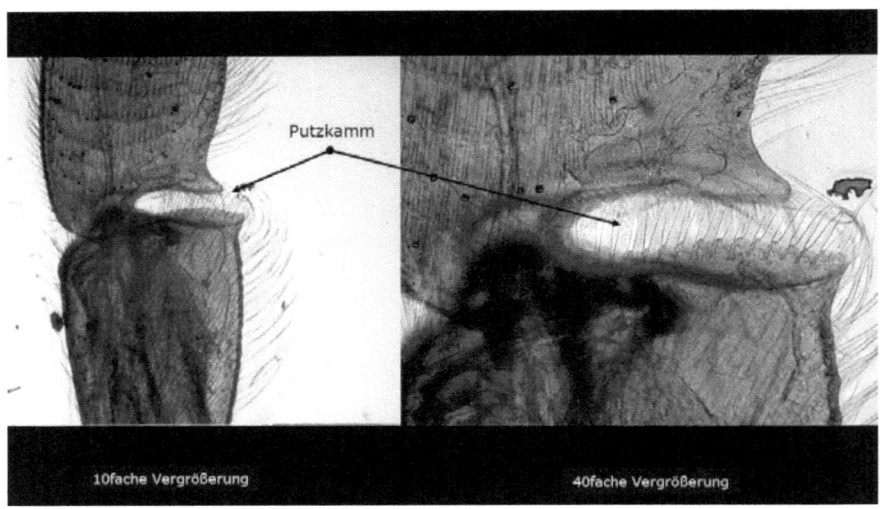

Bild Nr. 376
Mittelbein (Auschnitt) **der Europäischen Honigbiene** (Apis mellifera)

Bild Nr. 377
Auch Hummeln haben Vorrichtungen zum Sammeln von Pollen. Hier im Bild sehr gut zu sehen

Schmetterlingsraupen tragen Gliedmaßen die wie Beine aussehen, die aber nur ungegliederte Hautausstülpungen sind. Diese tragen am Ende Hakenkränze zum besseren

Festklammern an der Nahrungspflanze Die sogenannten Bauchbeine sind in ihrer Gestalt deutlich kuppeliger als die echten Beine und am Ende meist saugnapfartig verbreitert.

Bild Nr. 378
Die „echten" Füße des Drahtwurms
während der Larvenzeit

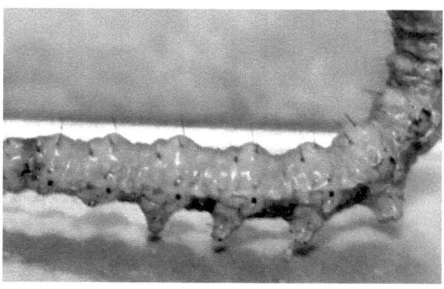

Bild Nr. 379
Die Ausstülpungen während der
Larvenzeit

Die nächsten Bilder zeigen verschiedene Insekten bei der „Arbeit"

Bild Nr. 380
Gemeine Sandwespe
(*Ammophila sabulosa*)

Bild Nr. 381
Fliege (*Brachycera sp.*)

INSEKTENKUNDE
Grundlagen

Bild Nr. 382
Blattkäfer mit Anhang
(*Chrysomelidae sp.*)

Bild Nr. 383
Schnellkäfer (*Elateridae sp.*)

Bild Nr. 384
Blattkäfer (*Chrysomelidae sp.*)

Bild Nr. 385
Rüsselkäfer (*Curculionidae sp.*)

INSEKTENKUNDE
Grundlagen

Bild Nr. 386
Wanze (*Heteroptera sp.*)

Bild Nr. 387
Wanze (*Heteroptera sp.*)

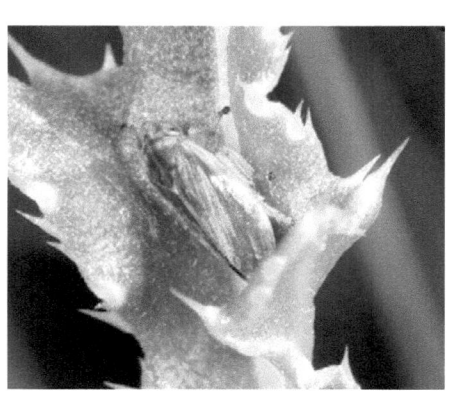

Bild Nr. 388
Zikade (*Auchenorrhyncha sp.*)

Bild Nr. 389
Schmetterling (*Lepidoptera sp.*)

INSEKTENKUNDE
Grundlagen

Bild Nr. 390
Kurzfühlerschrecke (*Caelifera sp.*)

Bild Nr. 391
Blattkäfer (*Chrysomelidae sp.*)

Bild Nr. 392
Ohrwurm (*Dermaptera sp.*)

Bild Nr. 393
Hummel (*Bombus sp.*)

Bild Nr. 394
Roter Weichkäfer (*Rhagonycha fulva*)

Bild Nr. 395
Rote Waldameise (*Formica rufa*)

Bild Nr. 396
Europäische Honigbiene (*Apis melifera*)

Bild Nr. 397
Federmotte (*Pterophoridae sp.*)

INSEKTENKUNDE
Grundlagen

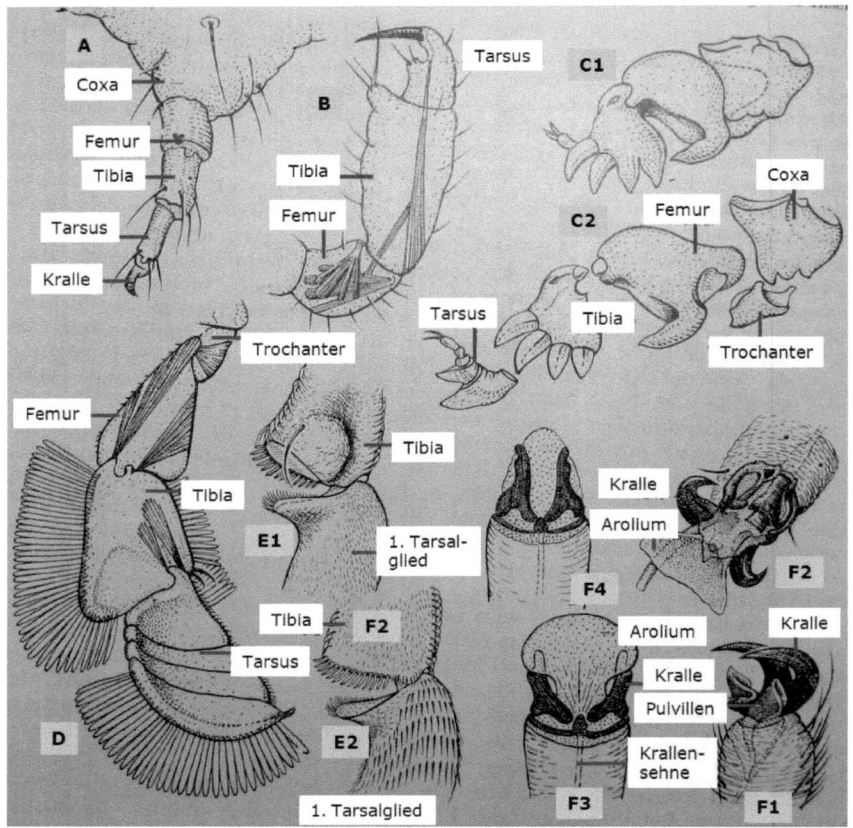

**Bild Nr. 398
Typen der Insektenextremitäten**

A. Thorakalbein einer Noctuidenraupe (*Paradrina* spec.; n. BERG 1960), Eulenfalter
B. Klammerbein einer Laus (*Pediculus* spec.; n. WEBER 1933)
C. Grabbein der Maulwurfsgrille (*Gryllotalpa gryllotalpa*; n. SCHNEIDER-ORELLI 1947)
    C1.   Gesamtbild
    C2.   auseinandergelegt
D. Hinteres Ruderbein eines Taumelkäfers (*Gyrinus* spec.; n. WEBER 1933)
E. Verbreiterung des 1. Tarsalgliedes bei der Honigbiene (*Apis mellifica*; n. SCHNEIDER-ORELLI 1947)
    E1.   Außenfläche
    E2.   Innenfläche
F. Prätarsalglieder (n. WEBER 1933)
    F1.   Pentatomide (*Palomena* spec.), Wanzen
    F2.   Psyillidenlarve (*Psylla* spec.), Flöhe
    F3.   Thysanoptera (*Phloeothrips spec.*), Endblase ausgestülpt, Fransenflügler
    F4.   Thysanoptera (*Phloeothrips spec.*), eingezogene Endblase, Fransenflügler

Ursprüngliche Funktion der Thorakalbeine ist das Laufen. Dabei wirken die beiden nach vorn gerichteten Vorderbeine als Zug- und die beiden nach hinten gerichteten Hinterbeinpaare als Schuborgane. Mit der Änderung der Fortbewegungsart erfuhr das

INSEKTENKUNDE
Grundlagen

Laufbein entsprechende Umkonstruktionen. Es entstanden die Sprung-, Grab-, Ruder- und Schwimmbeine. Fang-, Raub- und Sammelbeine stehen im Dienst des Nahrungserwerbs, Haft- und Klammerbeine dienen der Anheftung am Geschlechtspartner oder bei Ektoparasiten an Haaren und Federn. Diesen unterschiedlichen Ansprüchen entsprechend, lassen manche Teile der Insektenextremitäten Größenzunahme, andere Reduktionen erkennen, die im Extremfall zu völligem Verlust führen können. Die Larven mancher holometaboler Insekten (Rüssel- und Borkenkäfer, Dipteren und Hymenopteren) sind durch Beinlosigkeit ausgezeichnet.

Als holometabole Insekten werden alle Insekten zusammengefasst, die in ihrer Entwicklung eine vollständige Metamorphose von einer Larve über eine Puppe zum ausgewachsenen Insekt (Imago) durchmachen, welche keinerlei Ähnlichkeit besitzen sowie häufig eine unterschiedliche Lebensweise haben. Sie umfassen über drei Viertel aller bekannten Insekten. Diese Benennung bezieht sich auf die Entwicklung der Flügelanlagen, die bei den Holometabola schon in einem relativ frühen Stadium innerhalb des Körpers gebildet werden (**Bild Nr. 399 und Bild Nr. 400**).

Erklärung: Dipteren=Zweiflügler (z.B. Fliegen und Mücken), Hymenopteren=Hautflügler (z.B. Bienen, Wespen, Immen, Hornissen)

Bild Nr. 399
Puppe eines holometabolen Insekts

INSEKTENKUNDE
Grundlagen

Mehr zum Thema Unterschied zwischen den holometabolen Insekten und den hemimetabolen Insekten gibt es im Kapitel **2.0 Die Entwicklung der Insekten vom Ei bis zum fertigen Tier.**

**Bild Nr. 400
Puppe des Mehlkäfers**
(*Tenebrio molitor*)

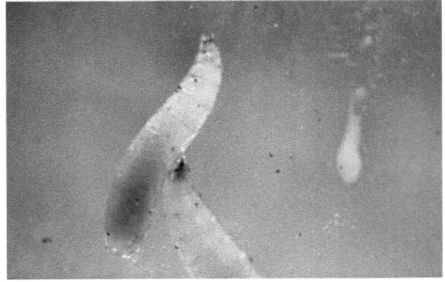

**Bild Nr. 401
Wespenlarve**

**Bild Nr. 402
Fliegenlarve** (*Made*)

1.9.3 Besonderheiten beim Körperbau

In der Natur gilt der brutale Satz: „Fressen und gefressen werden". Derjenige, der zu Fressen hat freut sich, der gefressen wird freut sich eher weniger bzw. garnicht. Aus diesem Grunde sind Tarnung und Abschreckung zwei ganz wichtige Faktoren im Leben von Insekten. Andere Faktoren sind Arterhaltung und die Anpassung an Veränderungen von Klima und Angebot an Futterpflanzen und Lebensraum (Habitat).

Das **Habitat** bezeichnet die charakteristische Lebensstätte einer bestimmten Tier- oder Pflanzenart. Der Ausdruck Habitat geht auf den Naturforscher Carl von Linné zurück, der in seinem 1753 erschienenen Werk *Species Plantarum* bei seinen lateinischsprachigen Artbeschreibungen den Satz bzw. Absatz zum Lebensraum der Art stets einleitete mit kursiv hervorgehobenem *Habitat in...* („Lebt in..."). Diese Gepflogenheit ist bei späteren Artbeschreibungen beibehalten worden.

Insekten haben die Anpassung über Millionen von Jahren vollzogen. Sie haben ihren Körper „umgebaut" um als Art zu überleben. Schmetterlinge die durch ihr schönes Aussehen von den Vögeln gern gefresen wurden, haben sich im Laufe der Zeit eine abschreckende Tarnung z.B. in Form von „Augen" zugelegt oder die schöne Farbe in eine häßliche unappetitliche Farbe geändert. Das geht natürlich nicht von heute auf morgen, es benötigt schon mehrere Generationen um diese Wandlung zu vollziehen. Wichtig dabei ist die Arterhaltung. Das fängt bei den Insekten vielfach schon im „jugendlichen Alter" an. Im **Bild Nr. 403** sieht man das sehr schön bei der Raupe des **Buchen-Streckfuß oder Rotschwanz** (*Calliteara pudibunda*, LINNE 1758). Diese Raupe zeigt ihre Gefährlichkeit durch einen roten Stachel, der aber keiner ist und durch ein großes schwarzes Auge, was ebenfalls keines ist. Die vielen Härchen wirken auch nicht gerade appetitanregend.

Viele Insekten passten sich an das Leben im Wasser an. Wasserkäfer besitzen Schwimmbeine, Taumelkäfer geteilte Augen, die über Wasser und auch unter Wasser sehen können. Maulwurfsgrillen haben ein Teil der Beine in Grabfüße umgewandelt. Rüsselkäfer kommen durch den Rüssel besser an ihre Nahrung. Schmetterlinge die in Höhlen leben haben ein Störsignal gegen das Ultraschallortungssignal der Fledermäuse, ihrem Fressfeind, entwickelt. Käfer und andere Insekten die in sehr warmen Ländern leben vergrößerten im Laufe der Evolution ihre Körpergröße (Körperoberfläche), um mehr Stigmen für die Tracheenatmung zu haben.

Die **Widderchen** oder **Blutströpfchen** (Zygaenidae), in **Bild Nr. 404** zu sehen, aus der Familie der Schmetterlinge (Nachtfalter) sind giftig und deswegen für Fressfeinde ungenießbar. Sie enthalten cyanogene Glycoside (Linamarin und Lotaustralin), die zwar auch in mehreren Futterpflanzen der Raupen enthalten sind, aber von den Tieren aus den Aminosäuren Valin und Isoleucin biosynthetisiert werden. Darüber hinaus können alle diese Arten Blausäure (Cyanwasserstoff) durch enzymatische Spaltung der beiden cyanogenen Glycoside freisetzen. Gleichzeitig können sie Blausäure durch das Enzym β-Cyanoalanin-Synthase abbauen und unschädlich machen. Deswegen sind die Imagines äußerst schwer mit den von Insektensammlern in der Regel verwendeten Cyaniden abzutöten. Sowohl die zumeist rot-schwarz gefärbten oder metallisch glänzenden Falter, als auch die bei vielen Arten gelb-schwarz gezeichneten Raupen signalisieren ihre Giftigkeit mit diesen Warnfarben. Zahlreiche Arten der Widderchen imitieren sich gegenseitig, darüber hinaus gibt es auch Falter anderer Schmetterlingsfamilien, die von der Ähnlichkeit zu den giftigen Widderchen profitieren, wie z.B. das Weißfleck-Widderchen (*Amata phegea*) aus der Familie der Bärenspinner (Arctiidae).

INSEKTENKUNDE
Grundlagen

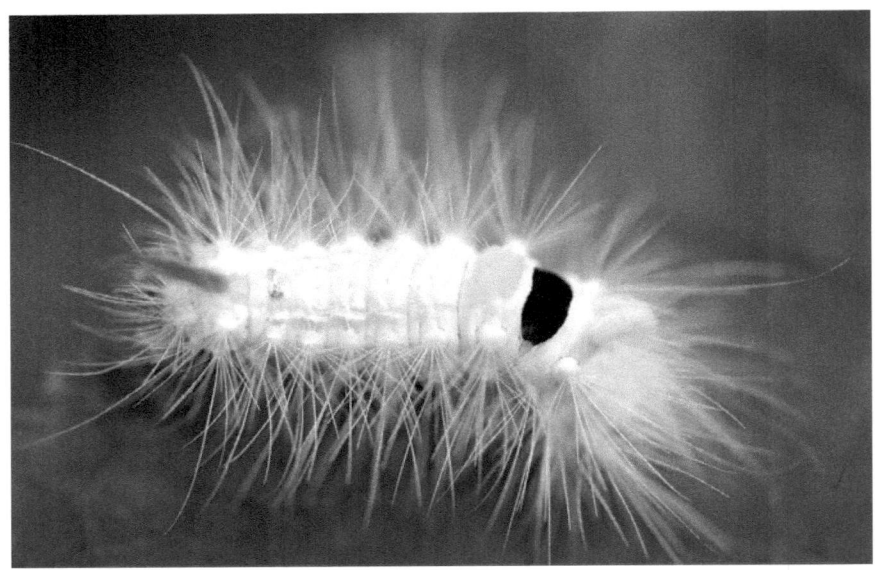

Bild Nr. 403
Buchen-Streckfuß oder Rotschwanz (*Calliteara pudibunda*, LINNE 1758)

Die Raupe des Buchen-Streckfuß oder Rotschwanz (*Calliteara pudibunda*) mit den Synonymen *Dasychira pudibunda* und *Elkneria pudibunda* ist aufgrund des roten Haarbüschels unverwechselbar. Man begegnet dieser Raupe oft im Spätsommer. Der Nachtfalter selbst ist unscheinbar graubraun gezeichnet.

Bild Nr. 404   **Bild Nr. 405**
Widderchen (*Zygaena sp.*)   **Raupe von** *Zygaena filipendulae*

Auf der nächsten Seite sind noch einige Bilder von gefährlich und abschreckend für die Fressfeinde wirkenden Raupen zu sehen.

Bild Nr. 406
Raupe der Ahorn-Rindeneule
(*Acronicta aceris*)

Bild Nr. 407
Raupe des Buchenzahnspinners
(*Stauropus fagi*)

Bild Nr. 408
Raupe der Erlen-Rindeneule
(*Acronicta alni*)

Bild Nr. 409
Raupe des Schlehen-Bürstenspinners
(*Orgyia antiqua*)

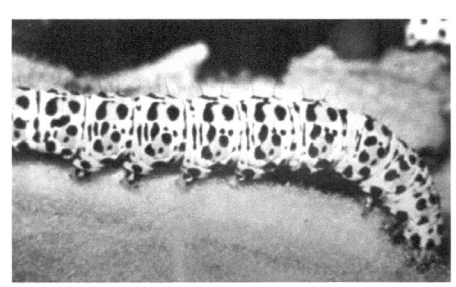

Bild Nr. 410
Raupe des Königskerzen-Mönchs
(*Cucullia verbasci*)

Bild Nr. 411
Raupe des Schwalbenschwanz
(*Papilio machaon*)

Zu den Besonderheiten beim Körperbau zählt u.a. auch, dass sich Weibchen und Männchen von der Körpergröße her unterscheiden. Im **Bild 412** sieht man den Größenunterschied zwischen Ohrwurmweibchen und Ohrwurmmännchen. Ein weiteres Unterscheidungsmerkmal sind die Cerci bei den Ohrwürmern. Die männlichen Tiere besitzen eine ausgeprägtere Hinterleibszange als die weiblichen Tiere.

Als Cerci werden die paarigen Hinterleibs-Anhänge am letzten Hinterleibssegment bei Tracheentieren, also den Sechsfüßern wie Insekten, Springschwänze, Doppelschwänze und Beintastler und Tausendfüßern bezeichnet. Bei vielen Gruppen wurden sie abgewandelt und haben eine andere Form und andere Funktionen übernommen. So bilden sie etwa bei den Ohrwürmern, den Libellen und Vertretern der Doppelschwänze eine Greifzange. Bei den Springschwänzen sind sie zu einer Sprunggabel ausgebildet. Bei einigen Formen fungieren einige der Tasthaare zudem als Hörhaare (Sensillen) in Form von Tastsinnesorgan, etwa bei den Schaben.

Bei vielen Gruppen innerhalb der Insekten fehlen die Cerci vollständig oder sind nur rudimentär vorhanden. Als Rudiment wird in der Biologie ein in der Stammesentwicklung teilweise oder gänzlich funktionslos gewordenes Merkmal bezeichnet. Das Merkmal kann ein Organ, ein Organteil, eine Organstruktur oder auch das Verhalten sein.

Bild Nr. 412
Weibchen (links) **und Männchen** (rechts) **vom Ohrwurm** (*Dermaptera*)

Bild Nr. 413
Männchen (links) **und Weibchen** (rechts) **des Feldmaikäfers** (*Melolontha melolontha*)

Die Fühler sind bei den Weibchen des Feldmaikäfers viel schwächer ausgeprägt als bei den männlichen Tieren. So finden sich bei den Männchen sieben Fühlerplättchen, die etwa 50.000 Geruchsnerven haben, bei den Weibchen hingegen weist der sechslappige Fühlerfächer ungefähr 9.000 dieser Nerven auf. Noch besser ist der Unterschied beim Walker zu erkennen.

Bild Nr. 414
Männchen (links) **und Weibchen** (rechts) **des Walkers** (*Polyphylla fullo*)

INSEKTENKUNDE
Grundlagen

Bild Nr. 415
Größenverhältnis vom Männchen (links)
und Weibchen (rechts)
des Alpenbocks (*Rosalia alpina*)

Attacus sp.

Bild Nr. 416
Atlasspinner (*Attacus*)
Noch eine Besonderheit beim Körperbau. Die Augenspinner der Gattung Attacus (*Atlasspinner*) erreichen über 300 cm² Flügelfläche bei 24 cm Flügelspannweite.

INSEKTENKUNDE
Grundlagen

Gespenstlaufkäfer lieben es unauffällig: Der in Indonesien (Java) beheimatete Käfer ist gerade mal so dick wie eine Münze. So ist das flachste Insekt der Welt fast unsichtbar und kann sich in aller Ruhe unter der Rinde von abgestorbenen Bäumen satt fressen. Auffällig ist, dass die in Asien, Australien und Afrika lebenden Insekten auffälliger in Form und Farbe sind als europäische Arten.

Bild Nr. 417
Gespenstlaufkäfer (*Marmolyce sp.*)

Bild Nr. 418
Kopf des Gespenstlaufkäfers
(*Marmolyce sp.*)
mit Augen und Fühler

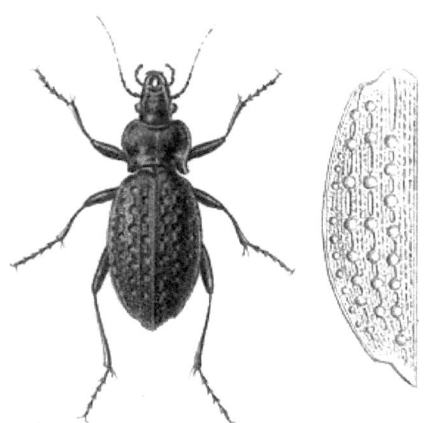

Der **Grubenlaufkäfer** (*Carabus variolosus*) ist eine Art der Echten Laufkäfer (*Carabus*). Die Flügeldecken (Elytren) und das Halsschild sind auffällig mit großen und tiefen Gruben versehen. Andere Laufkäferarten besitzen ebenfalls solche Strukturen und können somit gut unterschieden werden. Was diese Strukturen für eine Aufgabe haben, ist nicht genau bekannt.

Bild Nr. 419
Grubenlaufkäfer (*Carabus variolosus*)

Bild Nr. 420
Der Puppenräuber (*Calosoma sycophanta,* WEBER, 1801)

Die **Puppenräuber** (*Calosoma*) sind eine Gattung aus der Familie der Laufkäfer (*Carabidae*). Das auffälligste Merkmal der Puppenräuber ist der Halsschild, der deutlich breiter als lang ist. Auch bei diesem Laufkäfer ist die Struktur der Flügeldecken zu beachten. Die flugfähigen Käfer des Puppenräubers erreichen eine Größe von bis zu 30 mm. Ihr Körper ist grün glänzend, die Vorderflügel besitzen parallele Seitenkanten. Die Larven und die erwachsenen Tiere (*Imagines*) des Puppenräubers ernähren sich meist von Schmetterlingsraupen und Schmetterlingspuppen. Er ist vor allem ein Feind von Panolis flammea (*Kieferneule, Forleule*), Dasychira pudibunda (*Streckfuß, Rotschwanz, Buchenrotschwanz, Buchenspinner*), Lymantria monacha (*Nonne, Black Arches*) und Lymasntria dispar (*Schwammspinner, Gypsy Moth*). Sowohl die Larven als auch die erwachsenen Käfer sind ausgezeichnete Kletterer, die auf Sträuchern und Bäumen ihre Beute suchen. Das Käferweibchen legt die Eier in den Boden.

Die Larvenentwicklung beträgt etwa 2-3 Wochen. Die Lebenszeit der Käfer kann bis zu 3 Jahren betragen. Erwachsene Käfer überwintern im Boden. Als Vertilger von Forstschädlingen ist der Puppenräuber ein wichtiger Nützling. Die Larven benötigen für ihre Entwicklung viel Nahrung und fressen ca. 40 Raupen. Erwachsene Tiere fressen etwa 300-400 Raupen pro Jahr. Bei einer Lebenserwartung von 3 Jahren sind das zirka 1000 Larven. So reduzierte der Puppenräuber nach *Nolte* (1938) in einem Fichtenbestand in Sachsen fast 30% der Nonnenpuppen. Allerdings wird seine positive Wirkung dadurch gemindert, dass der Puppenräuber nicht an jedem Standort und in größerer Zahl vorkommt. Der Puppenräuber wurde auch in Nordamerika eingebürgert, um den dort eingeschleppten Schwammspinner zu bekämpfen. Zwischen 1905 und 1910 wurden etwa 6000 Individuen nach Amerika geschickt.

Alle europäischen Arten stehen unter Naturschutz!

Bild Nr. 421
Unterschiedliche Strukturen der Flügeldecken bei den Laufkäfern (*Carabidae*)

Bild Nr. 422
Unterschiedliche Strukturen der Flügeldecken bei den Laufkäfern (*Carabidae*)

INSEKTENKUNDE
Grundlagen

Bild Nr. 423
Unterschiedliche Strukturen der Flügeldecken bei den Laufkäfern (*Carabidae*)

Bild Nr. 424
Unterschiedliche Strukturen der Flügeldecken bei den Laufkäfern (*Carabidae*)

Bild Nr. 425
Unterschiedliche Strukturen der Flügeldecken bei den Laufkäfern (*Carabidae*)

Bild Nr. 426
Langkopfrüssler
(*Eutrachelus temminckii*)

Dieser Langkopfrüssler (*Eutrachelus temminckii,* SCHOENHERR, 1833) wurde in Indonesien auf der Insel Sumatera gefunden. Dieser Käfer gehört zur Familie Brentidae Überfamilie Curculionoidea Gattung Eutrachelus. Die **Langkäfer** (Brentidae) sind eine Familie der Käfer (Coleoptera). Sie gehören zur Überfamilie Curculionoidea. Die **Curculionoidea** sind eine weltweit verbreitete Überfamilie der Käfer innerhalb der Teilordnung Cucujiformia. Der Verbreitungsschwerpunkt der Langkäfer liegt in den Tropen, insbesondere in den tropischen Regenwäldern Ostasiens. In Europa sind zwei Arten im Mittelmeergebiet nachgewiesen. Neben den bekannten Rüsselkäfern und Borkenkäfern umfasst die Überfamilie Curculionoidea eine Reihe von Familien, die überwiegend früher als Teil der Rüsselkäfer betrachtet wurde. Weltweit sind 1690 Arten bekannt (Stand: 2004). Über den Status und die Abgrenzung dieser Familie existieren in der Wissenschaft verschiedene Auffassungen.

INSEKTENKUNDE
Grundlagen

Bild Nr. 427
Die Struktur der Flügeldecken im Detail

Bild Nr. 428
Die Struktur der Flügeldecken im Detail

Bild Nr. 429
Struktur der Flügeldecken mit flachen Längsfurchen

Bild Nr. 430
Der Gelbrandkäfer (*Dytiscus marginalis*)
Struktur der Flügeldecken mit tiefen Längsfurchen

Bild Nr. 431
Der Wasserkäfer (*Hydrophilidae*),
auch Kolbenwasserkäfer oder Wasserfreunde genannt

Der Wasserkäfer mit fast glatten Flügeldecken und festem Schildchen zwischen den Deckflügeln und dem Halsschild.

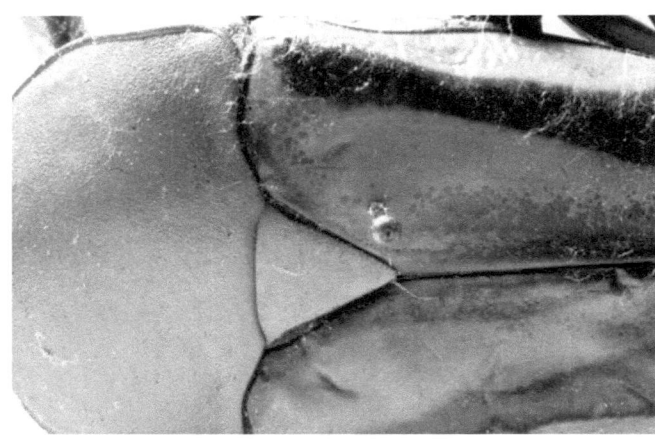

Bild Nr. 432
Ebenso der Gestreifte Rosenkäfer (*Eudicella gralli*)

Diese Käferart lebt im zentralafrikanischen Raum und ist durch die **Farbvariationen des Halsschilds** (*Scutum*) in dunkel grün, grün, rot-grün, gelb-grün gekennzeichnet.

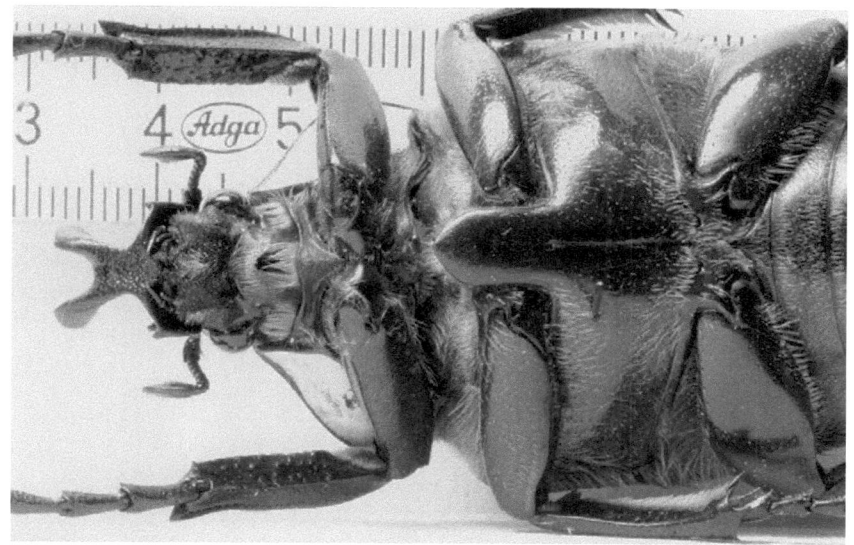

Bild Nr. 433
Die panzerähnliche Unterseite des Goliathkäfers (*Goliathus goliathus*)

Bild-Nr. 434
Struktur der Flügeldecken eines Schnellkäfers (*Elateridae*)

INSEKTENKUNDE
Grundlagen

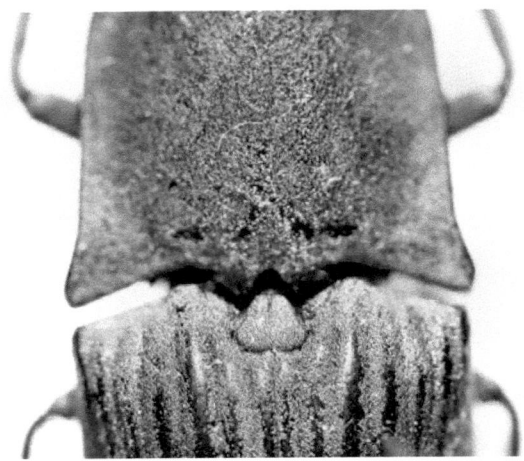

Bild Nr. 435
Schildchen zwischen den Deckflügeln und dem Halsschild des Schnellkäfers
(*Elateridae*)

Die **Schnellkäfer** (Elateridae) sind eine Familie der Käfer mit circa 7000 bekannten Arten. Sie verdanken ihren Namen der Fähigkeit, sich durch das Zurückschnellen ihres Kopfes mit Hilfe eins Sprungapparates, bei dem zwischen Vorder- und Mittelbrust ein Dorn einrastet und gelöst wird, selbst in die Luft zu katapultieren. Ansonsten wären die Schnellkäfer auf Grund ihres großen Körpers und der kleinen Beine kaum in der Lage, sich aus einer Rückenlage zu befreien. Beim Hochschnellen ist ein knipsendes Geräusch zu hören, weswegen diese Käferfamilie im Englischen auch *Click Beetle* heißt. Dieses Hochschnellen des Käfers schützt ihn auch vor seinen Feinden. Wer einmal versucht hat, einen Schnellkäfer zu fangen, wird merken, dass das nicht so einfach ist.

Bild Nr. 436
Der Rotbauchige Laubschnellkäfer
(*Athous haemorrhoidalis*)

Der **rotbauchige Laubschnellkäfer** (*Athous haemorrhoidalis*) ist eine Art aus der Familie der Schnellkäfer. Rotbauchige Laubschnellkäfer werden bis zu 1,5 Zentimeter lang. Kopf und Thorax der Tiere sind schwarz gefärbt, während die Flügeldecken hellbraun getönt sind. Die Bauchseite ist rotbraun. Der Körper der kleinen Tiere ist sehr schmal gebaut. Auf den Flügeldecken kann man eine Anzahl von Längsrillen erkennen.

Die Oberseite des Käfers ist fein mit grauen Härchen übersät. Die mittellangen Fühler sind leicht gesägt. Die Käfer sind in Europa weit verbreitet. Man findet sie häufig auch in Gärten, außerdem bewohnen sie Wälder, Gebüsche, Wiesen und Felder. Die durchaus auch tagaktiven Tiere sitzen häufig auf Laubbäumen. Dort finden sie auch ihre Nahrung, die Blätter verschiedener Bäume und Büsche. Gelegentlich kann man die Tiere auch beim Fliegen beobachten. Bei drohender Gefahr stellt sich der Käfer tot. Wie alle Schnellkäfer besitzt auch der Rotbauchige Laubschnellkäfer an der Unterseite des Thorax einen hakenförmigen Auswuchs sowie eine kleine Mulde. Falls der Käfer auf dem Rücken zu liegen kommt, hilft ihm das, wieder auf die Beine zu kommen. Dazu drückt der Käfer den Haken in die Mulde, wodurch er in die Luft „schnellt" und auf dem Bauch wieder landet.

Nach der Paarung legt das Weibchen die Eier an einer Wurzel ab. Aus den Eiern schlüpfen dann die Larven, so genannte Drahtwürmer. Diese leben im Boden und ernähren sich von Wurzeln. Bei einem Massenauftreten der Tiere kann es so zu erheblichen Schäden an der Vegetation kommen. Nach einigen Jahren verpuppen die Larven sich im Boden. Im Herbst schlüpft der fertige Käfer, der gleich im Boden überwintert. Im Frühling kriechen die Tiere wieder aus der Erde.

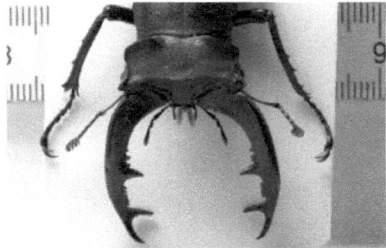

Bild Nr. 437
Geweih vom Hirschkäfer
(*Lucanus cervus*)

Bild Nr. 438
Unterlippe vom Hirschkäfer
(*Lucanus cervus*)

Die imposanten Geweihe der **Hirschkäfer** haben nur den Zweck sich mit anderen Männchen im Zweikampf um die Nahrungsquelle zu streiten oder sich wegen eines schönen Weibchens zu bekämpfen. Da sich die Käfer nur durch das Auflecken von Flüssigkeiten ernähren, sind sie eher harmlose Gesellen. Zum Auflecken der Flüssigkeiten, vor allem Baumsäfte, benutzen sie die im Mittelkiefer und Unterlippe befindlichen pinselförmig behaarten Laden.

Bild Nr. 439
Geweih der Nashornkäfer (*Dynastes gideon*)

INSEKTENKUNDE
Grundlagen

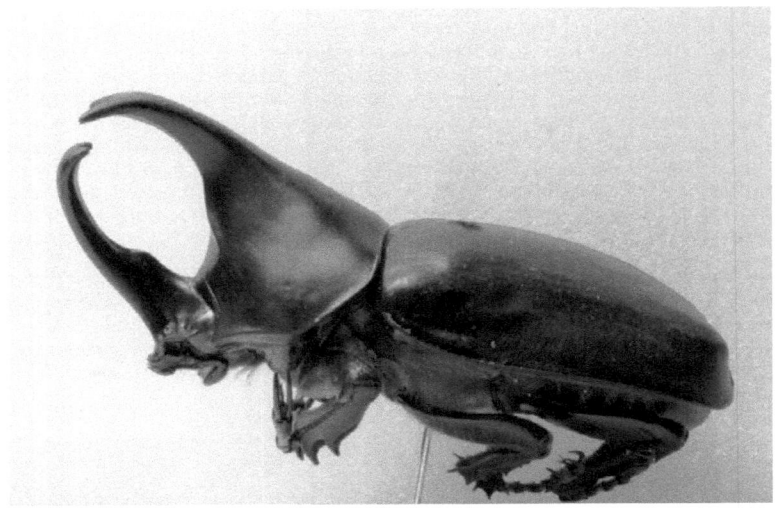

Bild Nr. 440
Riesiges hutartiges Schildchen zwischen den Deckflügeln und dem Halsschild

Bild Nr. 441
Auch dieser Käfer sieht mit Schildchen zwischen den Deckflügeln und dem Halsschild sehr imposant aus

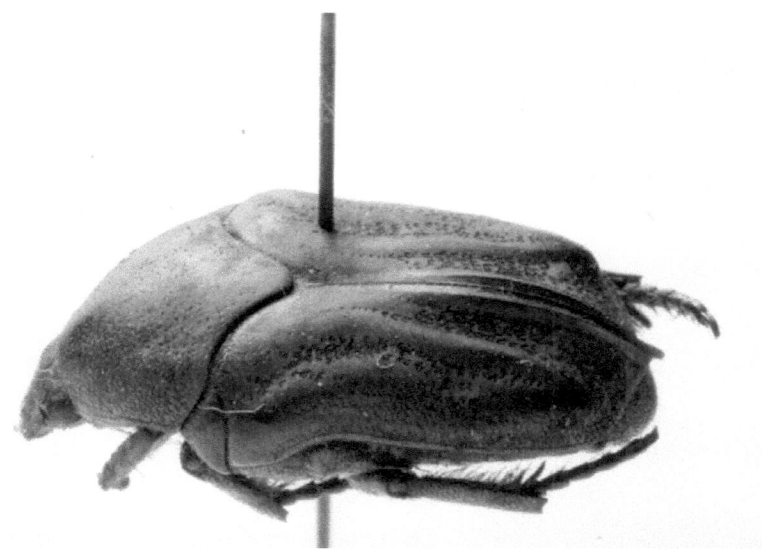

Bild Nr. 442
Schildchen zwischen den Deckflügeln und dem Halsschild und Strukturen in den Deckflügeln

Bild Nr. 443
Rüsselkäfer mit starken Körperstrukturen und vielen Härchen

INSEKTENKUNDE
Grundlagen

Bild Nr. 444
Der Stierkäfer (*Typhaeus typhoeus*)

Bild Nr. 445
Fallkäfer (*Cryptocephalus sp.*)

Die Fallkäfer (*Cryptocephalus*) sind eine Gattung aus der Familie der Blattkäfer (*Chrysomelidae*). Diese beiden Kameraden haben es sich auf einem Stockrosenblatt gemütlich gemacht. Kommt man ihnen dabei zu nahe, lassen sie sich blitzartig fallen. Zur Gattung der Fallkäfer gehören recht kleine Käfer, die alle metallisch glänzen und in den verschiedensten Farben gefärbt sein können, so gibt es blaue, grüne, gelbe und auch ganz schwarze Arten. Fallkäfer ernähren sich von Blütenpollen, ihre Larven fressen Blätter. Die Larven leben in einem Gehäuse, das aus ihren eigenen Kot besteht. Dieses soll die Larve vor Feinden beschützen. Bei Gefahr kann sie sich vollständig in diesen schützenden Mantel zurückziehen

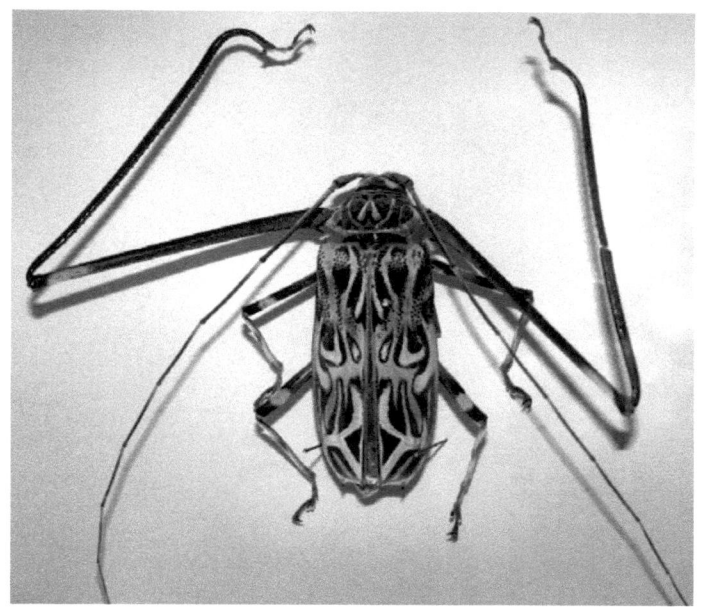

Bild Nr. 446
Harlekinkäfer oder Langarmbock (*Acrocinus longimarus*) **aus Brasilien**

Der brasilianische **Harlekinkäfer** oder auch **Langarmbock** genannt, hat Vorderbeine, die doppelt so lang wie sein Körper sind. Wie ein langarmiger Gibbon schwingt er sich damit in den Baumwipfeln von Ast zu Ast, während er im Fliegen und Laufen durch diese langen Stelzen natürlich sehr behindert wird.

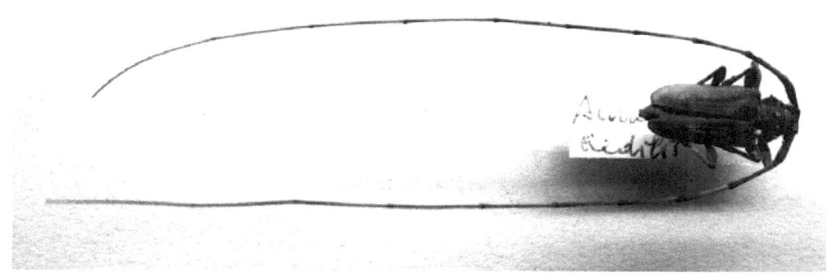

Bild Nr. 447
Zimmermannsbock (*Acanthocinus aedilis*)

INSEKTENKUNDE
Grundlagen

Bild Nr. 449
Schmeißfliege (*Calliphoridae*)

Bild Nr. 450
Schwebfliege (*Syrphidae sp.*), auch **Schwirrfliegen** genannt

Bild Nr. 451
Viele exotische Insekten sind viel größer als unsere einheimischen Insekten. Auch dieser Falter auf Costa Rica ist um einiges größer.

Bild Nr. 452
Dieser Schmetterling ist fast so groß wie eine Hand

Bild Nr. 453
Bananenfalter (*Caligo eurilochus*)

Als **Bananenfalter** werden die Schmetterlinge der Gattung *Caligo* aus der Familie der Edelfalter (Nymphalidae) bezeichnet. Die Gattung umfasst 21 Arten.

INSEKTENKUNDE
Grundlagen

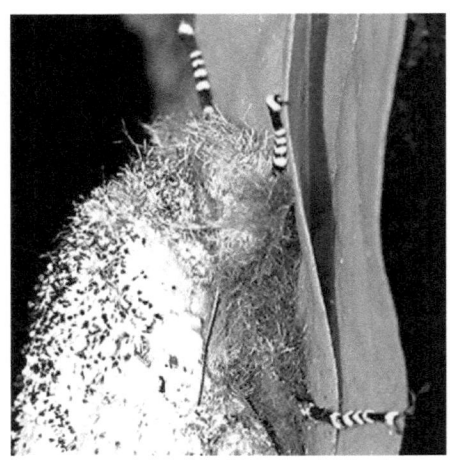

Bild Nr. 454
Ein Nachtfalter mit Ringelsöckchen auf Costa Rica

Bild Nr. 454a
Da die erwachsenen Falter sehr groß sind, haben auch die Raupen eine entsprechende Größe

Bild Nr. 455
Diese Kurzfühlerschrecke (*Caelifera*) **ist wie ein Ritter gepanzert**

Bild Nr. 456
Panzerartiges Schildchen zwischen den Deckflügeln und dem Halsschild

INSEKTENKUNDE
Grundlagen

Auf den nachfolgenden Seiten sind Insekten abgebildet, die durch schöne Farben oder besondere Körpermerkmale auffällig sind. Einen großen Teil dieser Bilder habe ich im Museum für Naturkunde in Berlin gemacht.

Das Museum ist mit über 30 Millionen Sammlungsobjekten und einer faszinierenden Ausstellung eines der bedeutendsten naturhistorischen Forschungsmuseen weltweit. Die zoologische Sammlung des Museums für Naturkunde in Berlin umfasst über 15 Millionen Insekten, darunter 6 Millionen Käfer und 4 Millionen Schmetterlinge! Den **Grundstock der zoologischen Sammlungen** bildeten die Kollektionen des Grafen Johann Centurius von Hoffmannsegg und des Sibirien-Reisenden Peter Simon Pallas.

Johann Centurius Graf von Hoffmannsegg (* 23. August 1766 in Rammenau; † 13. Dezember 1849 in Dresden) war ein deutscher Botaniker, Entomologe und Ornithologe. Seine große Insektensammlung ließ Hoffmannsegg von Johann Illiger (1775–1813) in Braunschweig systematisieren. Es entstand mit über 16.000 Exemplaren die bis dahin mit Abstand größte Sammlung. Von 1804 bis 1816 arbeitete Hoffmannsegg in Berlin und wurde dort 1815 zum Mitglied der Königlich-Preußischen Akademie der Wissenschaften gewählt. 1809 gründete er das Zoologische Museum (heutiges Museum für Naturkunde) in Berlin. Nach der Gründung des Zoologischen Museums wurden alle Sammlungen Hoffmannseggs nach Berlin gebracht.

Die nachfolgenden Bilder sind nummeriert, der Ordnung halber, aber nicht kommentiert. Einfach ansehen und über die Vielfalt staunen. So geht es mir heute immer noch, obwohl ich als Mitglied des Vereins *Freunde und Förderer des Museums für Naturkunde e.V.* sehr häufig im Museum bin.

Bild Nr. 457

Bild Nr. 458

INSEKTENKUNDE
Grundlagen

Bild Nr. 459

Bild Nr. 460

Bild Nr. 461

Bild Nr. 462

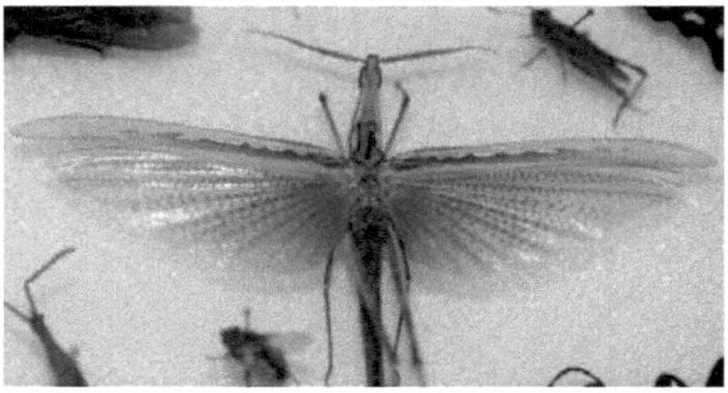

Bild Nr. 463

Bild Nr. 464

INSEKTENKUNDE
Grundlagen

Bild Nr. 465

Bild Nr. 466

Bild Nr. 467

Bild Nr. 468

INSEKTENKUNDE
Grundlagen

Bild Nr. 469

Bild Nr. 470

Bild Nr. 471

Bild Nr. 472

Bild Nr. 473

Bild Nr. 474

Bild Nr. 475   Bild Nr. 476

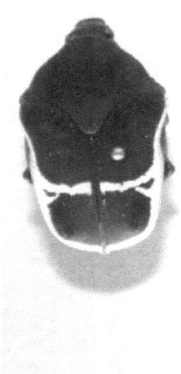  

Bild Nr. 477

Bild Nr. 478   Bild Nr. 479

INSEKTENKUNDE
Grundlagen

Bild Nr. 480

Bild Nr. 481

Bild Nr. 482

Bild Nr. 483

INSEKTENKUNDE
Grundlagen

Bild Nr. 484

Bild Nr. 485

INSEKTENKUNDE
Grundlagen

Bild Nr. 486

Bild Nr. 487

INSEKTENKUNDE
Grundlagen

Bild Nr. 488

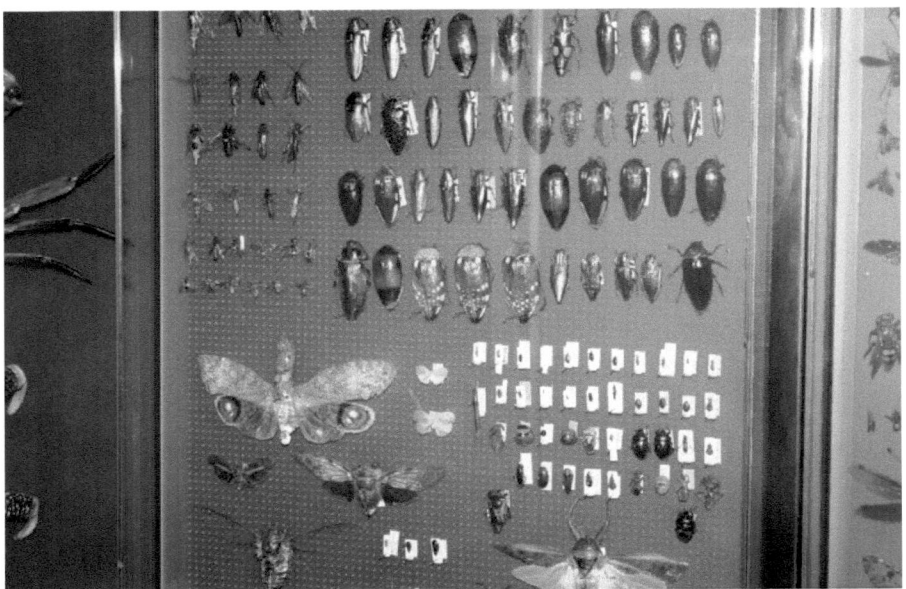

Bild Nr. 489

Bild Nr. 490
Stachelbeerspanner
(*Abraxas grossulariata*)

Bild Nr. 491
Hornissen-Glasflügler
(*Aegeria apiformis*), Syn. (*Sesia apiformis*)

Die Glasflügler bilden unter den Schmetterlingen mit ihrem Aussehen und ihrer Lebensweise eine Ausnahme. Im **Bild Nr. 491** sieht man den Hornissen-Glasflügler (*Aegeria apiformis*), Syn. (*Sesia apiformis*). Andere Vertreter der Glasflügler sind u.a. der Apfelbaum-Glasflügler (*Synanthedon myopaeformis*), zuweilen auch als Obsthain-Glasflügler bezeichnet, der kleine Pappel-Glasflügler (*Paranthrene tabaniformis*) und der Himbeer-Glasflügler (*Pennisetia hylaeiformis*). Diese Schmetterlinge ahmen in der Gestalt und Farbe verschiedene gefürchtete Hautflügler nach, sehen also wie Bienen, Wespen, Hornissen und Mordwespen aus. Sie sind jedoch wehrlos und besitzen keinen Stachel. Auch das ist eine Besonderheit des Körperbaus bei Insekten.

Die Flächen der schmalen metallisch glänzenden Flügel der Glasflügler sind schuppenlos und glasklar. Viele Arten sind im Obstanbau schädlich. In Mitteleuropa gibt es über 30 Arten. Bei vielen Arten ist die Lebensweise bisher nur ungenügend erforscht.

Bild Nr. 492
Raupe des Birkenspanner
(*Biston betularia*)

Die Schmetterlinge und ihre Raupen sind wahre Meister der Tarnung und Abschreckung. Die Raupen des Birkenspanners (*Biston betularia*) Syn. (*Amphidasis betularia*) nimmt die Färbung und Struktur der Äste an auf denen sie lebt und frißt. Sie können auch purpurrot und hellgrün werden, wenn das die Farbe der Futterpflanze ist.

Die Larven des **Silbergrünen Bläulings** (*Lysandra coridon*), Synonym (*Polyommatus coridon*), ernähren sich von Wicken und wenn die gelben Blüten erscheinen, nehmen sie eine gelbe oder grüne Farbe an, um auf der Futterpflanze in Ruhe zu fresssen ohne dabei entdeckt zu werden. Noch ein weiteres Beispiel für gute Tarnung sind die Larven des **Wachtelweizen-Scheckenfalters** (*Melitaea athalia*), auch Gemeiner Scheckenfalter genannt. Sie ähneln den Samenköpfen des Wegerichs verblüffend ähnlich.

INSEKTENKUNDE
Grundlagen

Bild Nr. 493
Großes Jungfernkind
(*Archiearis parthenias*)

Bild Nr. 494
Wellenspanner
(*Calocalpe undulata*)

Bild Nr. 495
Der Große Gabelschwanz
(*Cerura vinula*)

Bild Nr. 496
Zweibindiger Nadelwald-Spanner
(*Hylaea fasciaria f. prasinaria*)
Synonym (*Geometra prasinaria*,
DENIS & SCHIFFERMULLER, 1775)

Bild Nr. 497
Das Grüne Blatt
(*Geometra papilionaria*)

Bild Nr. 498
Weißer Zahnspinner
(*Leucodonta bicoloria*)

INSEKTENKUNDE
Grundlagen

Bild Nr. 499
Violettbraune Mondfleckspanner
(*Selenia tetralunaria*)

Bild Nr. 500
Ampfer-Wurzelbohrer
(*Triodia sylvina*)

Die auf der Seite 195 beschriebene Ähnlichkeit des Hornissen-Glasflüglers (*Aegeria apiformis*) auf **Bild Nr. 491** mit einer Hornisse (*Vespa crabro*) und die Beschreibung der Anpassung von Schmetterlingslarven an ihre Futterpflanzen auf **Bild Nr. 492** zu sehen, werden in der Biologie als Mimikry bezeichnet. **Mimikry** (vom englischen *mimicry* für die „Nachahmung") beschreibt die Ähnlichkeit von Tieren einer bestimmten Art mit denen einer zweiten Art, so dass Tiere einer dritten Art die beiden anderen Arten nicht sicher voneinander unterscheiden können und miteinander verwechseln. Diese Form der Tarnung entstand im Verlauf der Evolution, indem die eine Art der anderen Art immer ähnlicher wurde („Vorbild" und „Nachahmer").

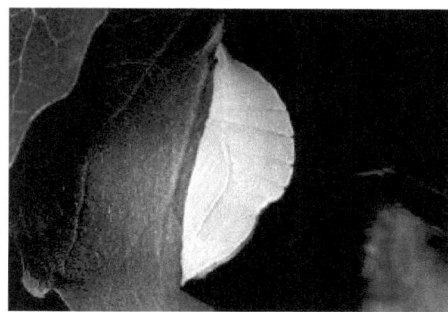

Bild Nr. 501
Puppe des großen Schillerfalters
(*Apatura iris*)

Ein noch besseres Bespiel für Mimikry bzw. Mimese ist die ausgezeichnete Tarnung der Puppe des großen Schillerfalters (*Apatura iris*), die sich zwischen den Blättern ihrer Futterpflanze einnistet und genau den gleichen Farbton wie die Blattunterseiten aufweist und sogar mit Blattrippen gezeichnet ist.

Nicht immer ist eine klare Abgrenzung zwischen Mimikry und Mimese möglich. Als **Mimese** (Nachahmung) wird in der Biologie eine Form der Tarnung bezeichnet, bei der ein Lebewesen in Gestalt, Farbe und Haltung einen Teil seines Lebensraumes annimmt und so für optisch ausgerichtete Feinde nicht mehr von der Umwelt unterschieden werden kann. Die Mimese wird auch als Tarn- oder Verbergtracht bezeichnet und unterscheidet sich damit von der Mimikry, die eine Warntracht darstellt. Im englischen Sprachgebrauch wird die Mimese allerdings häufig zur Mimikry gerechnet.

INSEKTENKUNDE
Grundlagen

Nach der Art der nachgeahmten Objekte wird die Mimese unterteilt:

- Bei der *Zoomimese* ähnelt das Erscheinungsbild anderen Tieren. Dabei muss das Vorbild – im Gegensatz zur Mimikry – weder wehrhaft noch giftig sein. Beispiel sind manche Ameisengäste (*Myrmekophilie*), die den Ameisen ähneln, in deren Nestern sie leben.

- Bei der *Phytomimese* werden Pflanzen oder Pflanzenteile nachgeahmt. Manche Spannerraupen gleichen im Aussehen dem von dünnen Zweigen (**Bild Nr. 492**). Gespenstschrecken haben eine Körperform, die ebenfalls der von Zweigen (*Stabschrecken*) oder Blättern (*Wandelndes Blatt*) ähnelt. Die Falter der Zahnspinner sind kaum von der Rinde von Laubbäumen zu unterscheiden, was auch als *Rindenmimese* bezeichnet wird. Einige Arten dieser Familie wie beispielsweise der Birken-Gabelschwanz oder der Buchen-Gabelschwanz weisen Kokons ihrer Puppen auf, die ebenfalls wie Rinde aussehen.

- Bei der *Allomimese* dienen unbelebte Gegenstände als Vorbilder. Einige Kleinschmetterlinge sehen wie Vogelkot aus.

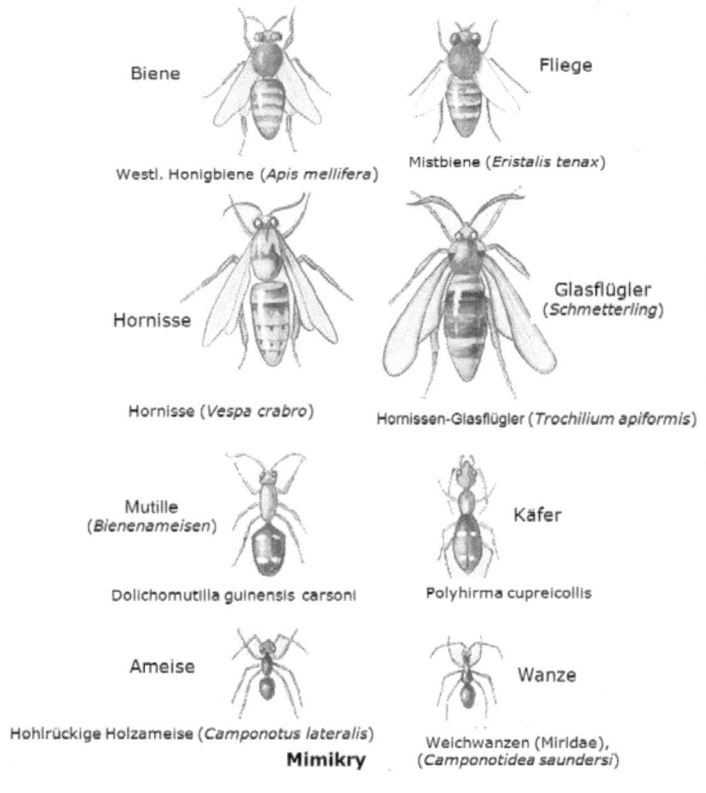

Bild Nr. 502
Mimikry=Abschreckung

INSEKTENKUNDE
Grundlagen

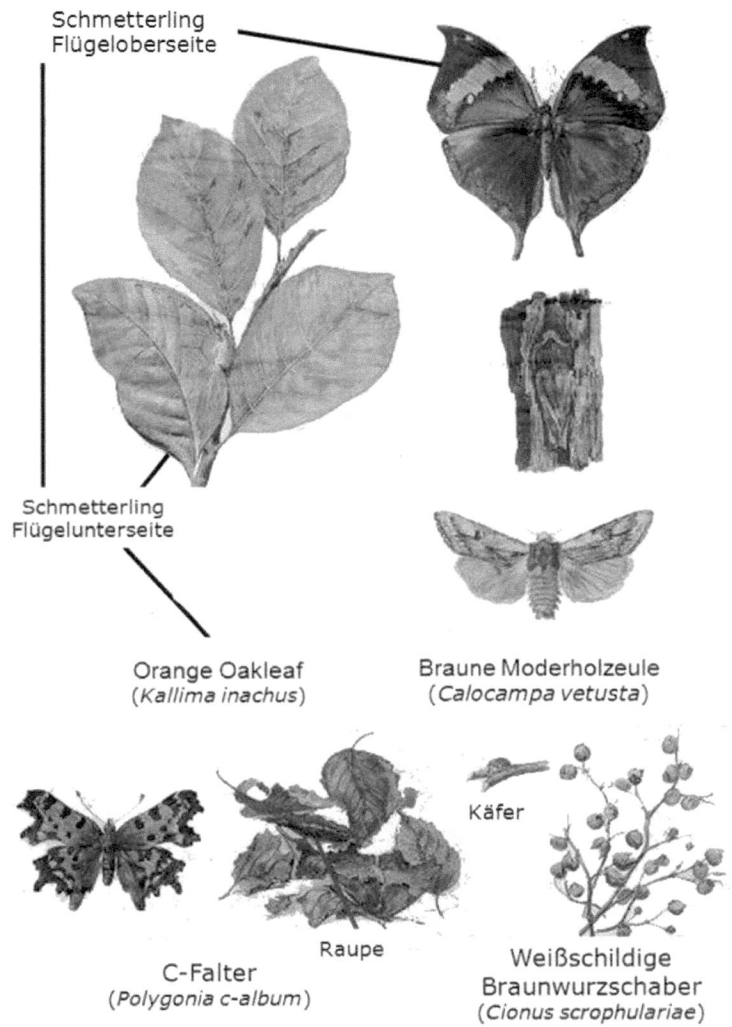

**Bild Nr. 503
Mimese=Tarnung**

Es gibt noch viel mehr Beispiele für dieses Wunder der Natur, denn wie gesagt es gilt immer noch **„Fressen und gefressen werden"**.

INSEKTENKUNDE
Grundlagen

Bild Nr. 503a

Bild Nr. 504

Bild Nr. 503a und Bild Nr. 504
Die große Vielfalt

Schöne bunte, sehr kräftige Farben, graziles Aussehen. Manchmal grau düster und plump. Riesengroß oder winzig klein. Fliegend, laufend oder flink rennend. Das und vieles mehr ist die Insektenwelt.

1.9.4 Organe der Insekten

Wie die Atmung, die Nerven, das Gehirn und der Kreislauf bei den Insekten aufgebaut sind wurde in diesem Buch schon beschrieben. Was für Organe haben die Insekten im Laufe ihrer Entwicklung noch hervorgebracht und welche Funktion haben diese Organe? Diese und andere Fragen zu den Insektenorganen werden hier im Kapitel beantwortet.

Die Sinnesorgane wie Augen und Fühler wurden ebenfalls schon in diesem Buch beschrieben. Als Sinnesorgane dienen auch und vor allem Haarsensillen, die über den gesamten Körper verteilt sind. Diese Haarsensillen reagieren auf Erschütterungen und Schwingungen, können jedoch auch Gerüche, Feuchtigkeit oder Temperaturen wahrnehmen. Einige dieser Sinneszellen sind zu Sinnesorganen gruppiert, so etwa das Johnstonsche Organ am Pedicellus der Antenne oder die Gehörorgane (*Tympanalorgane*) zur Geräuschwahrnehmung, die man beispielsweise bei den Langfühlerschrecken findet.

Erklärung: In der Zoologie bezeichnet der Pedicellus das zweite Glied der Geißelantenne von Insekten. Der Pedicellus der Insekten trägt die bewegliche Geißel und wird deshalb auch als *Wendeglied* bezeichnet. Das Johnstonsche Organ dient zur Wahrnehmung von Auslenkungen der Fühlergeißeln und in speziellen Fällen, etwa bei den Männchen von Stechmücken und Zuckmücken, auch dem Hörsinn.

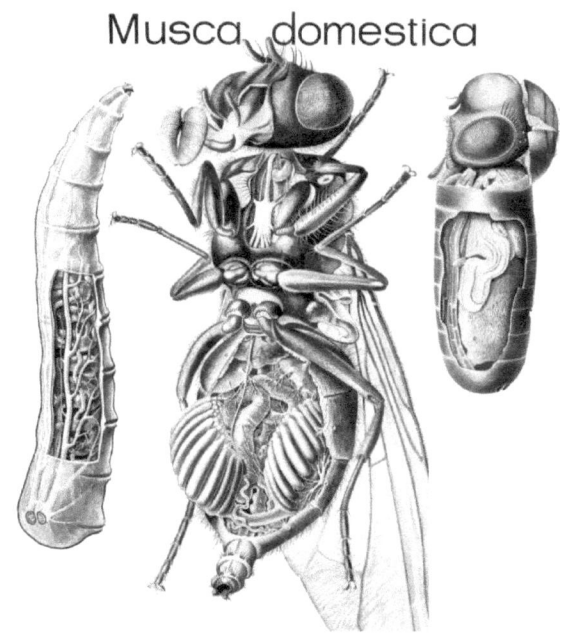

Bild Nr. 505
Anatomie der Stubenfliege (*Musca domestica*)

INSEKTENKUNDE
Grundlagen

Das **Bild Nr. 505** auf der vorigen Seite zeigt die Darstellung der Anatomie der Imago von bauchseits (*ventral*) sowie die Anatomie der Larve der Stubenfliege. Die rechte Darstellung zeigt das Ausschlüpfen der vollständig entwickelten Stubenfliege (*Musca domestica*) aus der Tönnchenpuppe.

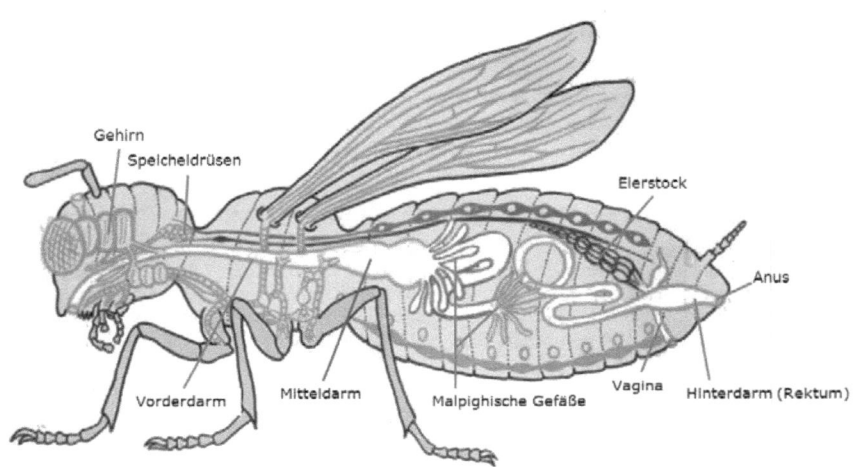

Bild Nr. 506
Stark schematische Darstellung der Organisation eines weiblichen Fluginsekts

Fangen wir mit den Verdauungsorganen an. Die von den Insekten durch die Mundöffnung aufgenommene Nahrung gelangt durch den muskulösen Rachen (*Pharynx*) in den Vorderdarm. Die Speiseröhre verbindet diesen Abschnitt mit dem Mitteldarm. Die Speiseröhre hat bei einigen Insekten eine Aussackung wie eine Art Kropf (*Ingluvies*), die zur Nahrungsspeicherung dient. An dieser Stelle wird die Nahrung durch den von den Speicheldrüsen erzeugten Speichel eingespeichelte und kann vorquellen. Viele Insekten besitzen in der Speiseröhre einen Vormagen (*Proventriculus*) mit Kaustrukturen wie Leisten aus Chitin. Der Mitteldarm, der mit Drüsenepithel ausgekleidet ist, produziert die Enzyme die zur Verdauung notwenig sind. Hier im Mitteldarm erfolgt auch die Aufnahme (*Resorption*) der Nährstoffe, meist über sogenannte Blindschläuche (*Caeca*) und Einsenkungen des Epithels im Bereich der Schleimhaut (*Krypten*) die der Oberflächenvergrößerung und der Sekretion dienen. In den Caeca und Krypten können bei vielen Insekten auch symbiotische Mikroorganismen leben, die bei der Aufspaltung von bestimmten Nahrungsbestandteilen benötigt werden. Die unverdaulichen Reste (*Exkremente*) werden über den Enddarm ausgeschieden.

Erklärung: Die Symbiose ist eine Lebensgemeinschaft zum gegenseitigen Nutzen. In unserem Fall bekommen die Mikroorganismen immer Nahrung, spalten diese Nahrung auf, leben quasi davon und die Insekten können diese aufgespaltete Nahrung besser aufnehmen (*verdauen*).

Die Exkretion (*Ausscheidung*) der Insekten erfolgt über kleine Blindschläuche, die am Übergang des Mitteldarms zum Enddarm in den Darm münden. Diese werden als Malpighische Gefäße bezeichnet und sind wie der Enddarm ektodermalen Ursprungs. In den Zellen dieser Schläuche werden aktiv stickstoffhaltige Exkrete der Hämolymphe entzogen und mit den Exkrementen ausgeschieden. In den Rektalpapillen wird den Ausscheidungsprodukten vor der Ausscheidung noch Wasser entzogen.

Als Exkretion werden das Unschädlichmachen und die Ausscheidung von Stoffwechselprodukten aus dem Körper bezeichnet. Dies geschieht über die schon erwähnten Malpighischen Gefäße Der Prozess ist überlebenswichtig. Wird er zu lange unterbrochen, führt die Ansammlung schädigender Substanzen im Körper zu einer Vergiftung. Die Produkte dieses Vorganges werden *Exkrete* genannt. Der umgangssprachliche Begriff *Ausscheidung* umfasst neben der Exkretion die Defäkation. Defäkation ist die Abgabe unverdaulicher Bestandteile der Nahrung, die im Inneren des Darms verbleiben und nicht in den Körper aufgenommen wurden, beispielsweise Kot. Wichtige Strukturen der Nährstoff- und Exkretspeicherung sind die Fettkörper, die als große Lappen im Abdomen der Insekten liegen. Neben der Speicherung dienen sie der Synthese von Fetten und Glykogen sowie dem Abbau von Aminosäuren. Das Glykogen ist ein verzweigtes Polysaccharid (*Vielfachzucker*). Glykogen dient der kurz- bis mittelfristigen Speicherung und Bereitstellung des Energieträgers Glucose (*Einfachzucker*) im menschlichen und tierischen Organismus. Sämtliche Verdauungsorgane sind schon bei den Insektenlarven vorhanden wie im **Bild Nr. 507** zu sehen ist.

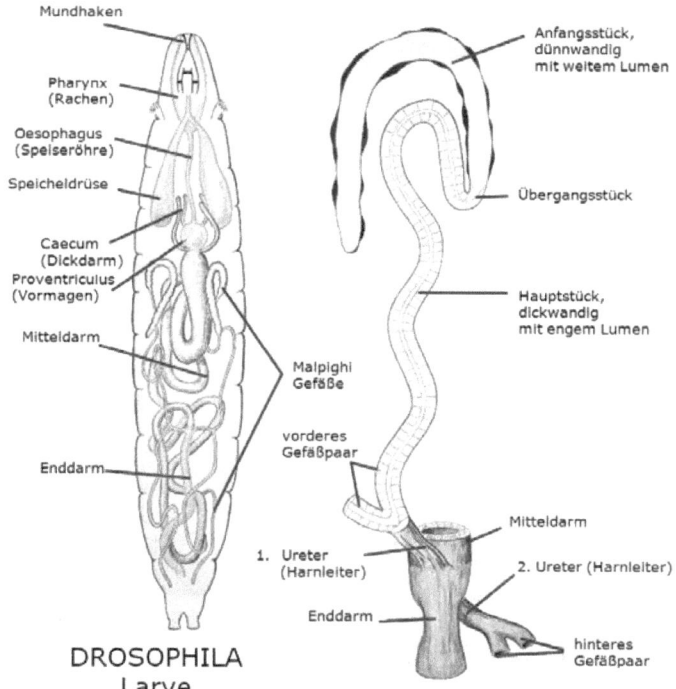

Bild Nr. 507
Bau der Larven von Taufliegen (*Drosophila spec.*) mit Detaildarstellung eines Malpighischen Gefäßes

Zum Überleben der Insekten ist außer der Ernährung auch die Arterhaltung wichtig. Die Geschlechtsorgane der Insekten sind anderen Lebewesen gegenüber in ihrem Aufbau und ihrer Funktionalität ähnlich. Die meisten Insekten sind getrenntgeschlechtlich, das heisst, dass es immer weibliche und männliche Tiere gibt. Nur sehr wenige Arten sind Zwitter und eine Reihe von Arten pflanzen sich durch Parthenogenese (*Jungfernzeugung*) fort.

Zwittertum kommt dabei ganz selten bei Insekten vor. In voll ausgeprägter Form liegt dieser Fall bei den Termitenfliegen (*Termitoxeniidae*) vor (**Bild 508**). Dort finden sich getrennte Hoden und Ovarien beim gleichen Tier, desgleichen auch gesonderte Geschlechtsausführungsgänge. Mehr Informationen über die Arten der Parthenogenese gibt es im nachfolgenden **Kapitel 2.0 Die Entwicklung der Insekten vom Ei bis zum fertigen Tier.**

Als Termitenfliegen (*Termitoxeniidae*) wird eine Familie die etwa 30 Arten besitzt bezeichnet. Systematisch werden sie oft als Unterfamilie innerhalb der Familie der Buckelfliegen (Phoridae) angesehen.

Bild Nr. 508
Termitenfliege
(*Apocephalus borealis*)

Die weiblichen Geschlechtsorgane werden als Ovarien und die männlichen Geschlechtsorgane als Hoden bezeichnet. Die Ovarien der Weibchen sind im Regelfall paarig angelegt. Sie bestehen meistens aus einem Büschel einzelner Ovarienstränge, die als Ovariolen bezeichnet werden. Jede dieser Ovariolen besteht aus einem Keimstock (*Germarium*), in dem die Eizellen produziert werden, und einem Dotterstock (*Vittelarium*) zur Produktion der Dotterzellen. Abhängig von der Art, wie die Eier mit Dotter versorgt werden, unterscheidet man dabei drei verschiedene Formen von Ovariolen, die bei unterschiedlichen Insektentaxa vorkommen können. Bei der ersten Form, die als panoistische Ovariole bezeichnet wird, werden einzelne Eier im Dotterstock mit Dotter versorgt. Beim meroistisch-polytrophen Typ besitzt jede einzelne Eizelle mehrere Nährzellen und erhält über diese den Dotter. Bei der meroistisch-telotrophen Ovariole bleibt die einzelne Eizelle über einen Nährstrang mit dem Keimstock verbunden und erhält den Dotter über diesen Weg. Um die heranwachsenden Eizellen legen sich bei allen Typen Eibläschen aus Follikelzellen (=*Ovarialfollikel*). Unter einem Ovarialfollikel oder Eibläschen versteht man die Einheit aus Eizelle und den sie umgebenden Hilfszellen im Eierstock.

Die Ovariolen vereinigen sich und enden in einer unpaaren Vagina, die zwischen dem siebten und neunten Abdominalsegment entweder direkt nach außen oder in eine Begattungstasche, der Bursa copulatrix, endet (Ausnahme: Eintagsfliegen). Im Bereich der Vagina ist bei fast allen Insekten eine Spermiensammeltasche (*Receptaculum seminis*) vorhanden, außerdem können verschiedene Anhangsdrüsen zur Produktion von Kittsubstanzen oder ähnlichem vorhanden sein. Die Männchen besitzen paarige Hoden zur Spermienproduktion im Hinterleib, die über Samenleiter (*Vasa deferentia*) mit paarigen Samenbläschen (*Vasa seminales*) verbunden sind. Diese münden in einen unpaaren oder paarigen Ejakulationsgang (*Ductus ejaculatorius*) und danach über mehr oder weniger komplex aufgebaute Begattungsorgane, den Penis (*Aedeagus*), meist im neunten Abdominalsegment nach außen. Zusätzlich können noch Zusatzdrüsen vorhanden sein, die Samenflüssigkeiten oder Stoffe zur Bildung von Spermatophoren bilden und den Spermien beigefügt werden.

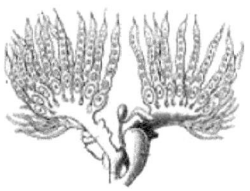

Bild Nr. 509
Männlicher Geschlechtsapparat vom Maikäfer (*Melolontha*)

Bild Nr. 510
Weiblicher Geschlechtsapparat vom Braunfüßigen Wasserkäfer
(*Hydrobius fuscipes*)

Die nachfolgenden zwei Bilder zeigen histologische Schnitte von den männlichen und weiblichen Geschlechtsapparaten.

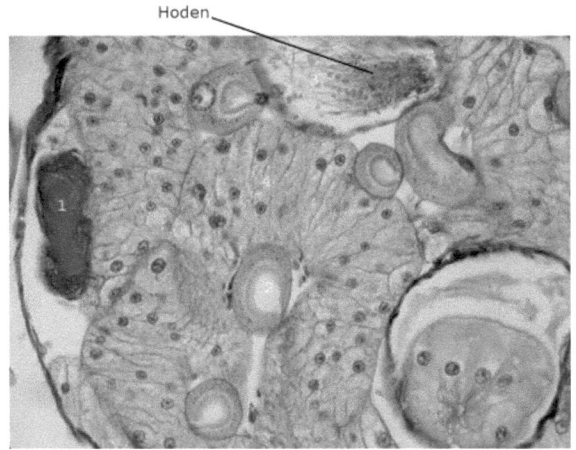

Bild Nr. 511
Männlicher Geschlechtsapparat der Stelzmücke (*Limoniidae*)

INSEKTENKUNDE
Grundlagen

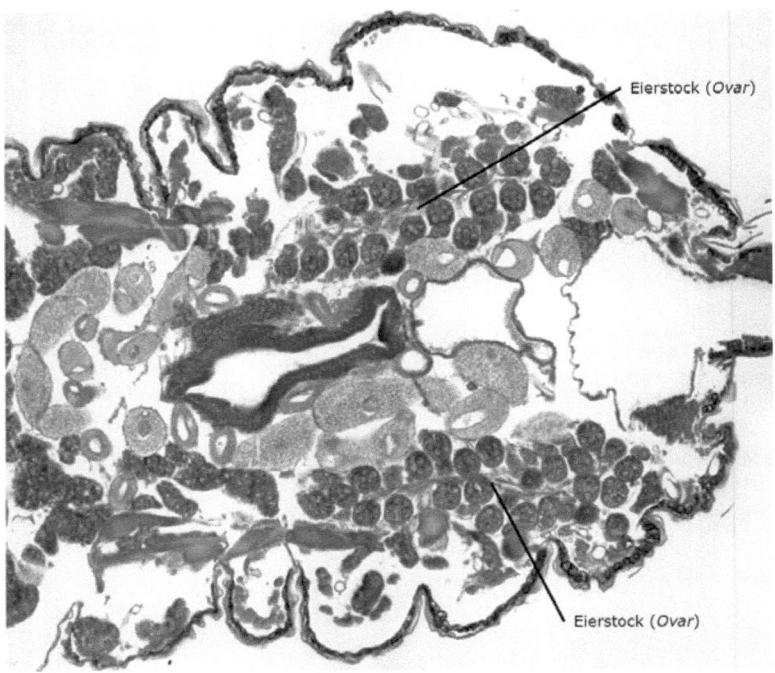

Bild Nr. 512
Weiblicher Geschlechtsapparat der Kriebelmücke (*Simulium ornatum*)

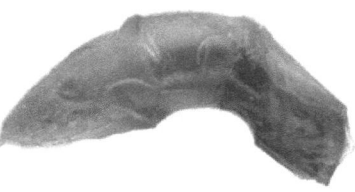

Bild Nr. 513
Penis (*Aedeagus*) **des Käfers**
Scybalocanthon korasakiae **aus Brasilien**

Die Geschlechtsapparate der Insekten dienen in der Entomologie zur sicheren Artbestimmung (**Bild Nr. 516** auf der Seite 208). Dazu wird nach der Tötung des Insekts der Geschlechtsapparat aus dem Hinterleib herauspräpariert und dem Präparat mit beigelegt (siehe **Bild Nr. 514** und **Bild Nr. 515** auf der Seite 207).

INSEKTENKUNDE
Grundlagen

Um den Geschlechtsapparat zu entnehmen, muss der Hinterleib abgetrennt werden. Dieses „kaputte" Insekt will natürlich keiner in seiner Sammlung haben und somit wird ein zweites Tier der Art geopfert. Das vermeiden die Entomologen durch eine Methode, die als Mazeration bezeichnet wird. Die Mazeration bzw. das Mazerieren (von lateinisch *macerare* „einweichen") ist ein physikalisches Verfahren, bei dem ein Körper oder Gegenstand einige Zeit der Einwirkung einer Flüssigkeit ausgesetzt wird. In unserem Fall ist die Flüssigkeit die Natronlauge. Sie soll die Chitinhülle des Insekts aufweichen, sodaß der Geschlechtsapparat herausgezogen werden kann. Der große Nachteil ist, dass die Natronlauge nicht zwischen verschiedenen Substanzen unterscheiden kann, sondern alles angreift, was sie zersetzen kann, also auch das Präparat. Von daher ist die Einwirkungszeit der Natronlauge auf die Chitinhülle abhängig von der Größe des Insekts und der Stärke der Chitinhülle. Es bedarf schon einer großen Erfahrung, um eine Mazeration durchzuführen. Hinzu kommt das die Natronlauge ätzend ist. Ich selbst habe aus den angegebenen Gründen noch nie eine solche Prozedur durchgeführt. Es gibt andere Methoden das Insektenpräparat der richtigen Art zuzuordnen. Was nebenbei gesagt auch durch die Mazeration für Hobbyentomologen nicht einfacher wird. Wichtig ist das Insektenetikett mit Angaben des Fundortes und dem Fundatum. Mehr zu diesem Thema im **Kapitel 4.0 „Die Präparation von Käfer und Co."**

Bild Nr. 514
Männchen Feinpunkt-Haarschnellläufer
(*Ophonus puncticeps,* Stephens, 1828),
engl. „ground beetle"

Bild Nr. 515
Weibchen Feinpunkt-Haarschnellläufer
(*Ophonus puncticeps,* Stephens, 1828),
engl. „ground beetle"

INSEKTENKUNDE
Grundlagen

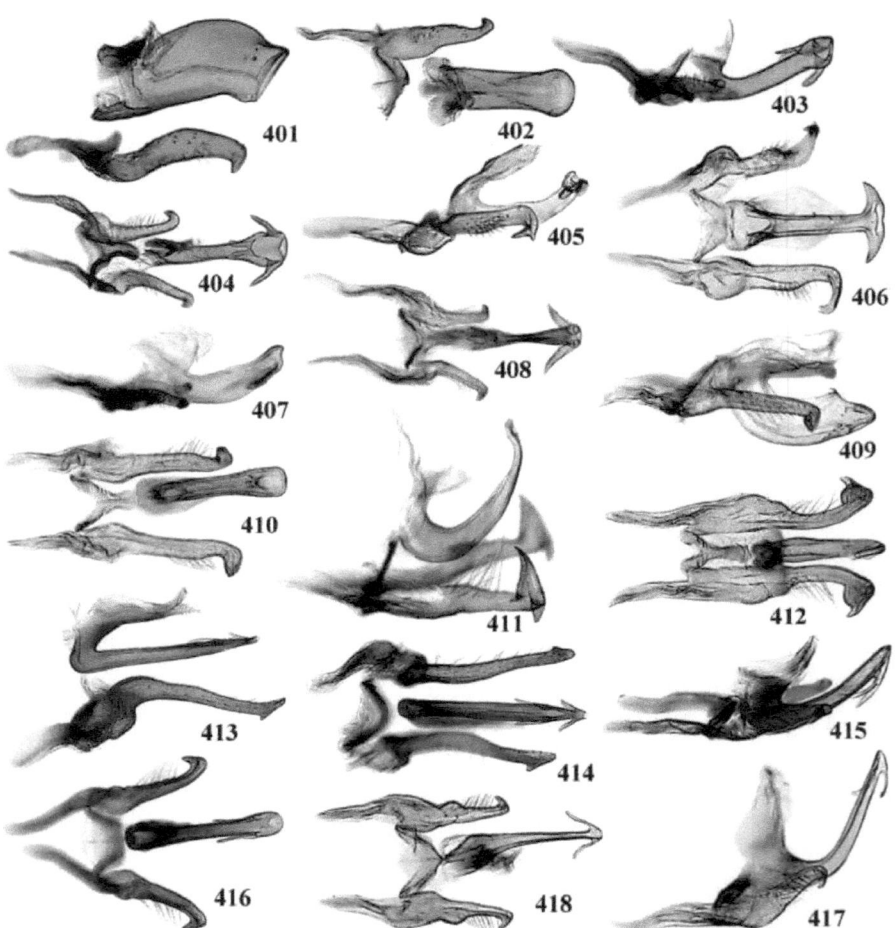

Figures 401-410. Unplaced species males. (401-402) *T. anomala* holotype: (401) genitalia, lateral view; (402) same, dorsal view; (403-404) *T. corcula* holotype: (403) genitalia, lateral view; (404) same, dorsal view; (405-406) *T. hamulata* holotype: (405) genitalia, lateral view; (406) same, ventral view; (407-408) *T. histria* holotype: (407) genitalia, lateral view; (408) same, dorsal view; (409-410) *T. scutata* Stål holotype (equals *T. humilis*): (409) genitalia, lateral view; (410) same, ventral view; (411-412) *Tolania inornata* holotype: (411) genitalia, lateral view; (412) same, dorsal view; (413-414) *T. laticornis* holotype: (413) genitalia, lateral view; (414) same, ventral view; (415-416) *T. melantha* paratype: (415) genitalia, lateral view; (416) same, ventral view; (417-418) *T. pogonia* holotype: (417) genitalia, lateral view; (418) same, ventral view.

**Bild Nr. 516
Geschlechtsapparate von Buckelzirpen oder Buckelzikaden**
(*Membracidae*), engl. „treehoppers"

Nachdem nun schon mehrere Insektenorgane beschrieben wurden, stellt sich die Frage welche Organe die Insekten in ihrer langen Evolutionsgeschichte noch entwickelt haben um ihren Artbestand zu sichern. Gibt es Organe zur akustischen Kommunikation zwischen den Arten? Ja und Nein. Nicht alle Insekten besitzen solche Organe. Die meisten Insekten kommunizieren mit Hilfe einer chemischen Sprache. Das geschieht durch die Pheromone die von Art zu Art unterschiedlich sind. Pheromone sind Botenstoffe die der Kommunikation zwischen Lebewesen einer Art dienen. Sie dienen den Insekten zum Auffinden von Geschlechtspartnern, sowie der Markierung der Territorien und der Auffindung von Nest- und Futterplätzen und sind somit als überlebensnotwendig einzustufen. Das erste Pheromon wurde 1959 von dem Chemiker Adolf Butenandt nachgewiesen. Es war der Sexuallockstoff des Seidenspinners (*Bombyx mori*) mit dem Namen Bombykol. Dazu wurden aus den Abdominaldrüsen von etwa 500.000 weiblichen Faltern 15 mg des flüssigen Pheromons gesammelt. Bombykol wird von einigen Arten von Schmetterlings-Weibchen als Sexual-Lockstoff produziert. Dabei wird der Stoff von einer Drüse im Hinterleib (*Abdomen*) produziert und in die Luft entlassen, um männliche Sexualpartner anzulocken. Die Männchen erkennen die Substanz mit ihren Antennen, sogar wenn nur ein einziges Molekül auf sie trifft. Eine erregende Reaktion des Faltermännchens erfolgt jedoch erst bei Konzentrationen ab etwa 1000 Bombykolmolekülen pro cm^3 im Luftstrom. Die Erkennung geschieht durch chemosensorische Nervenzellen (*Neuronen*) in porösen Härchen, sogenannten "Sensillen" auf den gefächerten Antennen der Männchen.

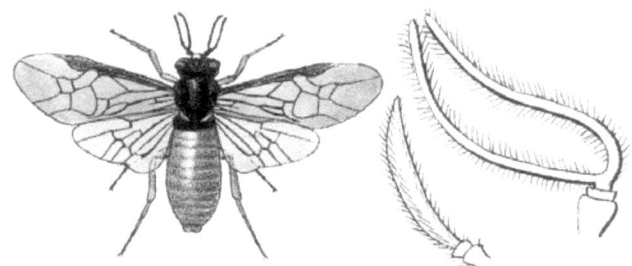

**Bild Nr. 517
Gefächerte
Antennen der
Holzwespe**
(*Schizocera furcata*)

Chemische Signale sind eine sehr raffinierte und weit verbreitete Form der „lautlosen" Kommunikation. Diese chemische Sprache wird auch als Duftgeflüster bezeichnet. Pheromonische Substanzen sind für verschiedene Insektenarten gut untersucht und verstanden worden. Zu diesen Insektenarten zählen Schmetterlinge, Borkenkäfer, Bienen, Ameisen, Fliegen und Schaben. Es hat sich jedoch gezeigt, dass nur in Ausnahmefällen eine einzige Substanz die entsprechenden Botschaften übermittelt. In der Regel muss ein Gemisch von Substanzen in sehr präzisen Mengenanteilen vorliegen. Wichtig ist zu erwähnen, dass nicht nur Substanzen zur Anlockung des Männchens von den Insekten produziert werden.

Es ist erstaunlich, dass diese Insekten egal wie groß oder wie klein sie sind in ihrem Körper ein chemisches Labor beherbergen, welches imstande ist Synthesen (*Zusammenstellung von Substanzen*) und Analysen (*Auflösen in Einzelbestandteile*) durchzuführen und das manchmal beim Fliegen!

Die nachfolgenden Bilder veranschaulichen sehr gut die unterschiedlichen Fühlergrößen bei den Schmetterlingen aus der Familie der Spinner.

Männchen   Weibchen
Bild Nr. 518
Habichtskrautspinner (*Lemonia dumi*)
aus der Familie der **Wiesenspinner** (*Lemoniidae*), **Überfamilie Bombycoidea**

Hier beim Männchen des Habichtskrautspinner (*Lemonia dumi*) sieht man die gefächerten Fühler die sich deutlich von den Fühlern des Weibchens unterscheiden. Mit diesen Fächern nimmt das Männchen den vom Weibchen aus der Abdominaldrüse abgegebenen Lockstoff auf.

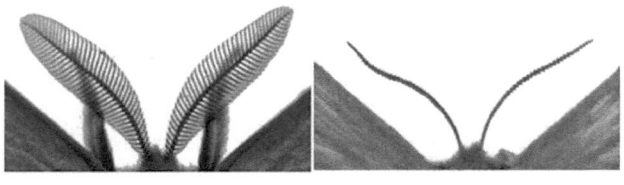

**Bild Nr. 519
Noch deutlicher ist dieser Unterschied beim Nagelfleck** (*Aglia tau*) **zu sehen**

Männchen   Weibchen

Bild Nr. 520
Eckfleck-Bürstenspinner (*Orgyia recens*) Synonym (*Orgyia gonostigma*)
Links das Männchen, rechts das Weibchen

Die männlichen Falter sind tagaktiv und fliegen auf der Suche nach Weibchen unstet umher. Die Weibchen haben fast komplett zurückgebildete Flügel und einen plumpen Körper. Nachdem das Weibchen aus seinem Kokon geschlüpft ist, setzt es sich auf diesen und sondert Pheromone ab, um die Männchen anzulocken. Nach der Paarung legt das Weibchen seine Eier direkt auf oder neben den alten Kokon und stirbt kurz darauf.

INSEKTENKUNDE
Grundlagen

Bild Nr. 521
Hier ist schematisch die Funktionsweise des Duftgeflüsters dargestellt

Während die von der Pflanze ausgesendeten molekularen Duftstoffe in Form von ätherischen Ölen von allen Schmetterlingsarten egal ob Männchen oder Weibchen erkannt werden, werden die von den weiblichen Abdominaldrüsen produzierten Pheromone nur von dem Männchen der eigenen Art erkannt. Zu erwähnen wäre noch, dass die Biosynthese des Pheromons bei einigen Insekten nur erfolgt, wenn die biochemischen Vorstufen in Form bestimmter Alkaloide aus der Futterpflanze aufgenommen werden können.

Erklärung: Alkaloide sind natürlich vorkommende, chemisch Verbindungen des Stoffwechsels, die auf den tierischen oder menschlichen Organismus wirken. Über 10.000 verschiedene pflanzliche, tierische oder von Mikroorganismen produzierte Substanzen werden dieser Stoffgruppe zugeordnet.

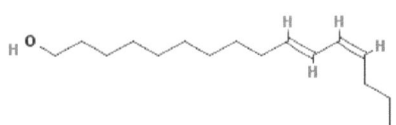
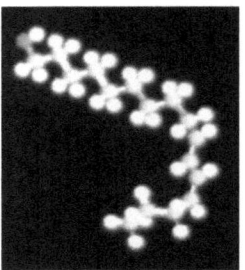

Bild Nr. 522
Strukturformel von Bombykol
in der 2D Ansicht

Bild Nr. 523
Strukturformel von Bombykol
in der 3D Ansicht

Um zu zeigen, das es sich bei Pheromone um eine relativ komplexe chemische Verbindung handelt, hier die Summenformel vom Bombykol. Sie lautet $C_{16}H_{30}O$. **Bild Nr. 522** und **Bild Nr. 523** zeigen die Strukturformel von Bombykol.

Das Bombykol gehört zu dem sogenannten Releaser (Auslöser) - Pheromonen.

Aggregationspheromone können von beiden Geschlechtern produziert werden und dienen der geschlechtsunspezifischen Anziehung von Tieren derselben Art. Bekannt ist dies bei den Borkenkäfern (*Scolytinae*).

Einige Insektenarten geben bei einem Angriff Alarmpheromone ab. Diese können entweder die Flucht oder gesteigerte Aggression auslösen.

Markierungspheromone benutzen Insekten um z.B. ihre Eiablageplätze in einer Weise zu markieren, dass andere Weibchen derselben Art den Ort meiden und ihre Eier an anderen Plätzen ablegen, um z.B. Futterkonkurrenz unter dem Nachwuchs zu vermeiden.

Mit Territorialpheromonen können Insekten das Territorium einer Spezies markieren.

Spurpheromone sind vor allem bei sozialstaatlichen Insekten bekannt, die ihre Pfade mit schwerflüchtigen Substanzen wie höher molekularen Kohlenwasserstoffen markieren. Vor allem Ameisen markieren so oft den Weg von einer Futterstelle zum Nest. Solange die Futterstelle besteht, wird die Spur erneuert. Beim Versiegen der Futterstelle kann das Spurpheromon mit einem abstoßenden Pheromon übersprüht werden.

Sexualpheromone signalisieren die Bereitschaft des weiblichen Tieres zur Paarung. Männliche Tiere können ebenfalls Pheromone nachahmen, die Informationen über das Geschlecht und den Genotyp enthalten. Viele Insekten setzen Sexualpheromone frei; manche Schmetterling- und Mottenarten können dabei das Pheromon noch in einer Entfernung von 10 Kilometern wahrnehmen. Die Sinnzellenantwort beim männlichen Seidenspinner beginnt bereits bei einer Konzentration von etwa 1000 Molekülen pro Kubikzentimeter.

Einige Insekten ahmen die Pheromone anderer Arten nach. Es gibt Schmetterlingsraupen, welche die Pheromone einer speziellen Ameisenart nachahmen, um sich von dieser als vermeintliche Brut füttern zu lassen. Allerdings werden diese Pheromone dann nur in den seltenen Fällen vom eindringenden Tier selbst synthetisiert, sondern oft durch Kontakt mit den Ameisen angeeignet.

Die Pheromone der Honigbiene sind Gegenstand vielfältiger Forschung. Sie bestehen aus einer Mixtur verschiedener Substanzen, die die einzelnen Bienen in die Umgebung oder den Bienenstock abgeben und die sowohl die Physiologie als auch das Verhalten der Bienen steuern. Honigbienen besitzen das komplexeste auf Pheromonen basierende Kommunikationssystem der Natur. Sie besitzen 15 Drüsen, mit denen sie eine Reihe verschiedener Substanzen herstellen und abgeben.

Die Pheromone werden als Flüssigkeit hergestellt und entweder durch direkten Kontakt übertragen oder als Flüssigkeit oder Dampf in die Umgebung entlassen. Die Pheromone werden von der Königin, den Drohnen und den Arbeitsbienen hergestellt. Unter bestimmten Bedingungen können gewisse Pheromone sowohl als Releaser (Auslöser) als auch als Primer (Starter) Pheromone wirken. Primer-Pheromone beeinflussen das Hormonsystem des Empfängers; oft greifen sie über eine Signalkaskade in den Stoffwechsel ein oder aktivieren Proteine. Es sind zwei Alarm-Pheromon Gemische bekannt. Eines wird durch die Koschevnikov-Drüse in der Nähe des Stachels freigesetzt und enthält mehr als 40 verschiedene Verbindungen. Alarm-Pheromone werden freigesetzt, wenn eine Biene ein anderes Tier oder den Menschen sticht, um andere Bienen anzuziehen und zum Angriff zu verleiten. Rauch kann die Wirkung von Alarm-Pheromonen unterdrücken, was von Imkern ausgenutzt wird.

Das andere Alarm-Pheromon wird von den Kieferdrüsen freigesetzt. Diese Komponente hat einen abstoßenden Effekt auf räuberische Insekten.

Brut-Erkennungs-Pheromone werden von Larven und Puppen emittiert und halten Arbeiterbienen davon ab, den Stock zu verlassen, solange noch Nachwuchs zu pflegen ist. Weiterhin unterdrückt es die Ausbildung der Eierstöcke bei den Arbeitsbienen. Das Pheromon besteht aus einer Mischung von zehn Fettsäureestern.

Die von der Bienenkönigin erzeugten Pheromone haben einen großen Einfluss auf das Verhalten des Schwarms. Die Pheromone steuern das soziale Verhalten, die Instandhaltung der Waben, das Ausschwärmen und die Ausbildung der Eierstöcke der Arbeitsbienen. Ein Pheromon unterdrückt beispielsweise die weitere Zucht von Königinnen und hemmt die Entwicklung der Eierstöcke von Arbeitsbienen. Es handelt sich auch um ein starkes Sexualpheromon für Drohnen auf dem Hochzeitsflug.

Pheromone sind wie ich finde hochinteressant. Soweit es die Insektenwelt betrifft werde ich auch an anderer Stelle in diesem Buch auf das Thema eingehen.
Nachdem die Funktionsweise des Duftgeflüsters, der nicht akustischen Kommunikation ausführlich beschrieben wurde, komme ich zur akustischen Kommunikation bei den Insekten.

Lauterzeugung: Das uns bekannteste Insekt, was sich akustisch verständigt, ist das grüne Heupferd. Das Grüne Heupferd (*Tettigonia viridissima*), ist eine der größten in Mitteleuropa vorkommenden Langfühlerschrecken aus der Überfamilie der Laubheuschrecken (*Tettigonioidea*). Nur die geschlechtsreifen Männchen sind in der Lage zu „singen", denn sie besitzen auf den Vorderflügeln ein Stridulationsorgan. Wobei das Wort Organ nicht ganz zutreffend ist. Bei den Vorderflügeln sind zwei unterschiedlich gestaltete Flächen zu erkennen. Der große Teil ist die Fläche des Vorderflügels, der dem Fliegen dient. Der andere kleine Teil des Vorderflügels dient wie bei der Feldgrille der Lauterzeugung=Stridulation. Die Schall bildenden Strukturen sind somit auf einen eng begrenzten Bereich an der Flügelbasis konzentriert. Diese Strukturen sind braun gefärbt und heben sich dadurch vom grünen Teil des Flügels ab Zum Stridulationsorgan gehören die Schrillader mit der Schrilleiste und den Schrillzähnen, ferner der sich nach hinten anschließende rundliche Spiegel. Alle Strukturelemente sind sowohl auf dem linken als auch auf dem rechten Flügel ausgebildet, jedoch in unterschiedlicher Weise.

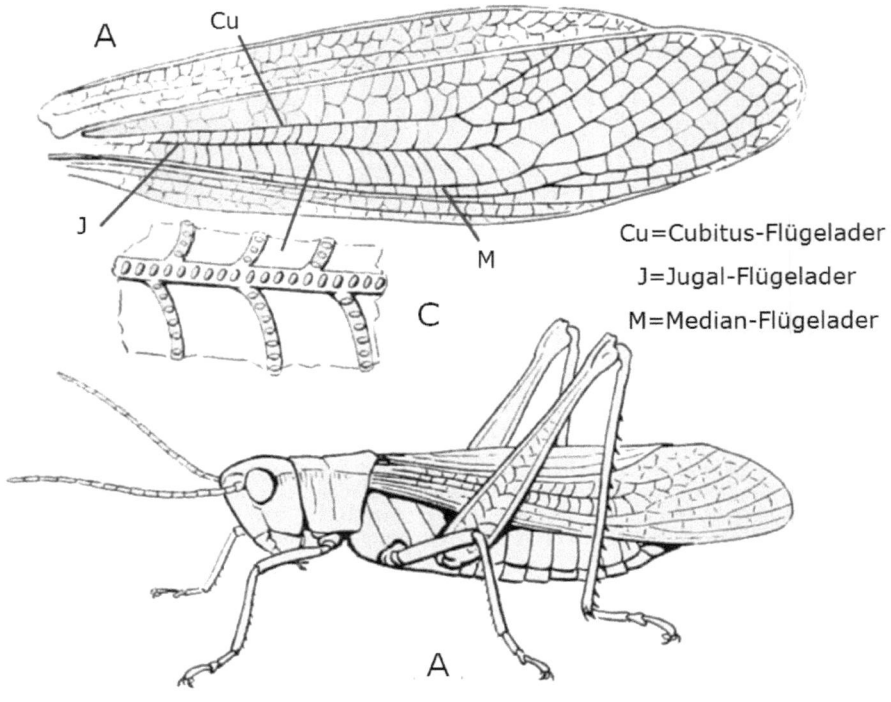

A, (*Stethophyma gracile*) B, linker Vorderflügel;
die markierte Flügelader wird zur Lauterzeugung verwendet.

Bild Nr. 524
Schematische Darstellung des Stridulationsorgans einer Heuschrecke
Engl. *Graceful Sedge Grasshopper*

Die Rückseite des linken Flügels liegt stets über dem des rechten Flügels. Die Schrillzähne auf der Unterseite der Schrillleiste des linken Flügels streichen daher bei der Stridulation über die Schrillkante des rechten Flügels und sind besser entwickelt als die des rechten Flügels. Der im Anschluss an die Schrillleiste folgende Spiegel ist rechts besser ausgebildet als links, denn er stellt das wichtige Schall verstärkende Organ dar. Er besteht aus einer sehr dünnen, durchsichtigen Membran, die von einer kräftigen Ader eingefasst ist. Der linke Spiegel hat die gleiche Größe und Form wie der rechte, seine Membran ist jedoch dick und teilweise pigmentiert. Von der umgrenzenden kräftigen Ader gehen kleine Adern aus, die in das Feld des Spiegels ziehen, sich dort verzweigen und die Schwingungsfähigkeit der Membran mindern (**Bild Nr. 525**).

INSEKTENKUNDE
Grundlagen

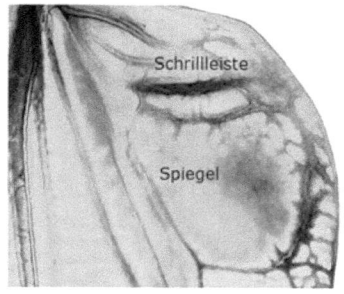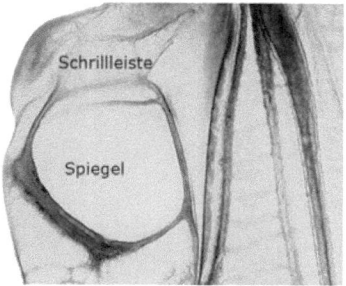

Linker Flügel — Rechter Flügel

**Bild Nr. 525
Mikroskopische Aufnahme des Lautorgans
auf dem Vorderflügel vom Grünen Heupferd**
(*Tettigonia viridissima*)

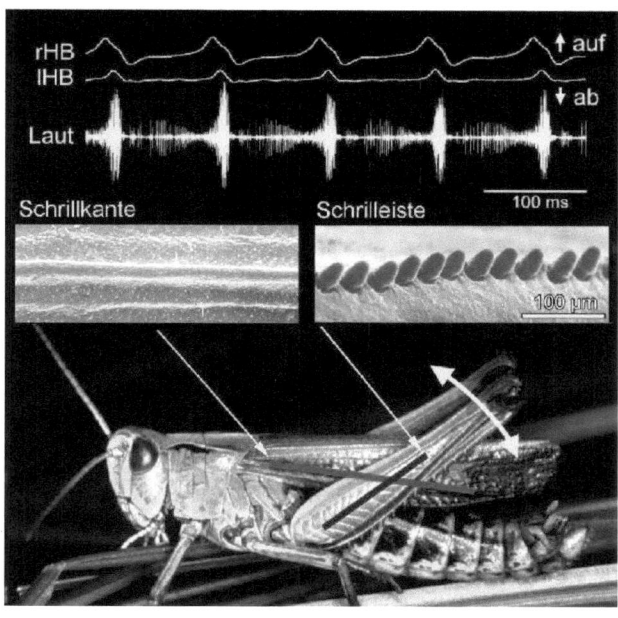

**Bild Nr. 526
Lauterzeugung beim
Bunten Grashüpfer**
(*Omocestus ciridulus*)

Lauterzeugung beim Bunten Grashüpfer (*Omocestus ciridulus*). Eine gezähnte Schrillleiste (blaue Linie) ist auf der Innenseite der Hinterbeine ausgebildet und eine Schrillkante (rote Linie) auf den Vorderflügeln. Bei der Stridulation wird die Schrillleiste mit rhythmischen Bewegungen der Hinterbeine gegen die Schrillkante gerieben. Beinbewegung und Lautmuster bei der Werbegesangsstridulation (oben im Bild). rHb=rechte Hinterbein, lHB und linke Hinterbein.

Auch die Feldgrille (*Gryllus campestris*) verfügt über eine hoch entwickelte akustische

Kommunikation, die sich auf differenzierte Laut- und Gehörorgane stützt. Nur die geschlechtsreifen Männchen sind zu Lautäußerungen befähigt, die als Gesang, Zirpen oder Stridulation bezeichnet werden, der Vorgang der Schallbildung dementsprechend als singen, zirpen oder stridulieren.

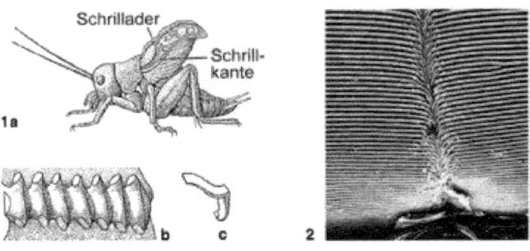

Bild Nr. 527
Stridulationsorgane der Feldgrille (*Gryllus campestris*)

1a Feldgrille (*Gryllus campestris*, Männchen) in Stridulationsstellung. **b** Ausschnitt aus der Schrillader (stark vergrößert); **c** Querschnitt der Schrillkante. **2** Rasterelektronenmikroskopische Aufnahme eines Ausschnitts aus dem Stridulationsorgan des Spargelhähnchens (*Crioceris spec.*). Bei Bedrohung erzeugen Spargelhähnchen und auch Lilienhähnchen (*Lilioceris lilii*) durch Aneinander reiben von Chitinleisten am Abdomen und den Flügeldecken ein zirpendes Geräusch.

Zu den Insekten, die ebenfalls speziell ausgebildete Trommelorgane besitzen, gehören die Singzikaden, die Erlenschaumzikade, die Grasschaumzikade, die Schaumzikaden, die Alpenschaumzikade, die Wiesenschaumzikade, die Blutzikaden und die Magicicada. Die Gattung *Magicicada* gehört zur Familie der Singzikaden (Cicadidae) innerhalb der Ordnung der Rundkopfzikaden (Cicadomorpha). Sie umfasst insgesamt sieben im Osten der USA verbreitete Arten, einschließlich der im Jahr 2000 neu beschriebenen Art *Magicicada neotredecim*. Nur die Männchen der *Magicicada* verfügen über Trommelorgane (*Tymbale*), die an den Seiten des ersten Hinterleibssegmentes hinter dem Ansatz der Hinterflügel liegen. Auf der Abdomenunterseite beider Geschlechter befinden sich paarige Gehörorgane (*Tympanal*).

Obwohl alle Zikadenarten Schall- bzw. Erschütterungswellen zur Kommunikation von sich geben, sind nur die Singzikaden in der Lage, von Menschen hörbare Laute zu produzieren. Hierzu besitzen sie ein „Trommelorgan" (*Tymbal*) am Beginn des Hinterleibs. Durch ansetzende Muskeln (Singmuskeln) werden Platten in diesem Organ in Schwingung versetzt. Verdeckt wird das Organ durch einen Deckel, der vom letzten Brustsegment ausgeht, häufig noch zusätzlich durch eine Platte am Organ selbst. Direkt unter dem Singmuskel sorgt ein Luftsack für die notwendige Resonanz. Mit Hilfe dieser Organe können Laute im Bereich von 0,5 bis 25 Kilohertz erzeugt werden. Der Gesang der Männchen dient vor allem der Anlockung der Weibchen, er wird jedoch auch zur Festsetzung von Reviergrenzen eingesetzt. Bei den übrigen Zikaden spielt die Wahrnehmung akustischer Reize über das Medium Luft eine geringere Rolle.

Vielmehr sind sie am ganzen Körper mit Rezeptoren (sogenannte Mechanorezeptoren) ausgestattet, um Luftströmungen, Kontakte mit anderen Lebewesen oder den Pflanzenteilen, auf denen sie sitzen, wahrzunehmen. Wahrscheinlich werden die von den Trommelorganen auf Pflanzenteile übertragenen Vibrationen als sogenannte Substratvibrationen auf diese Weise aufgenommen. Der Rezeptor kann, um Signale von außen zu empfangen, entweder aus der Oberfläche einer Biomembran herausragen oder sich im Zellinneren befinden (siehe auch Chordotonalorgane). Mechanorezeptoren sind Sinneszellen, die mechanische Kräfte in Nervenerregung umwandeln.

Bild Nr. 528
Heimchen (*Acheta domesticus*)

Das männliche Heimchen (*Acheta domesticus*) ist ebenfalls mit den entsprechenden Organen zur akustischen Kommunikation ausgestattet. Heimchen sind lichtscheu und nachtaktiv. Ich selbst hatte einmal so ein Tierchen in meiner Küche. Die von dem Heimchen nachts erzeugten Töne waren sehr intensiv und störten meinen Schlaf. Erst dachte ich, dass es eine Grille ist. Ich ging in die Küche und schaltete das Licht an und ab sofort war Ruhe. Da ich nun nicht mehr orten konnte, wo das Tierchen saß, machte ich das Licht wieder aus und wollte wieder schlafen gehen. Es dauerte keine Minute da begann der Gesang wieder. Nun ging ich in die Küche ohne das Licht anzuschalten, aber das Heimchen hat mich wohl kommen gehört und verstummte sofort mit seinem Gesang. Ich hatte keine Chance das Tierchen zu finden. Der Gesang ging noch zwei Tage. Dann war Ruhe. Das Heimchen hatte sich von mir und meiner Küche verabschiedet und ist wohl durch das offene Fenster wieder zurück in den Garten geflüchtet.

INSEKTENKUNDE
Grundlagen

Bild Nr. 529
Heimchen
(*Acheta domesticus*)

Lauterkennung: Wer Laute erzeugt, will natürlich auch Laute hören. Dazu wird ein Gehörorgan benötigt.

Bei der südamerikanischen Heuschrecke (*Copiphora gorgonensis*) sitzt das Gehörorgan im Knie ihrer Vorderbeine, trotzdem ist es dem menschlichen Hörorgan verblüffend ähnlich. Die Umwandlung von Luftwellen weist Parallelen auf. Britische Forscher von der University of Bristol entdeckten im winzigen Ohr des Insekts eine zuvor unbekannte, flüssigkeitsgefüllte Struktur, die unserem Innenohr gleicht. Ähnlich wie dieses sorgt sie dafür, dass der über die Luft übertragene Schall in Flüssigkeitsschwingungen umgewandelt und verstärkt wird. Erst dadurch können die Sinneszellen diese Signale registrieren und in Nervenreize übersetzen. Faszinierend ist dies auch deshalb, weil das Ohr der in Südamerika vorkommenden *Copiphora gorgonensis* zu den kleinsten Ohren im Tierreich gehört. Es misst nur 600 Mikrometer und ist damit um das Zehn- bis Hundertfache kleiner als die Ohren von Säugetieren.

Beim grünen Heupferd (*Tettigonia viridissima*) sitzen diese Gehörorgane (*Tympanalorgane*) in den Schienen der Vorderbeine (**Bild Nr. 530**). Männchen und Weibchen besitzen solche Organe. Äußerlich stellt sich jedes Gehörorgan als zwei längliche, dicht nebeneinander angeordnete Gruben dar. In jeder ist ein Trommelfell (*Tympanum*) ausgebildet. Durch die Verlagerung in Höhlen ist das Trommelfell vor mechanischen Verletzungen geschützt, außerdem wird dadurch das Richtungshören begünstigt. Das Trommelfell besteht aus einem äußeren, sehr dünnen Häutchen (*Integument*) und der Wand einer Trachee, die sich von innen an dieses Häutchen anlegt. Nach innen folgt der Sinnesapparat, die Hörleiste (*Crista acustica*), mit 32 Sinneszellen, die als stiftführenden Rezeptoren (*Scolopidien*) in Reihe angeordnet sind (**Bild Nr. 531**). Die Anzahl der Sinneszellen ist artspezifisch und somit bei Männchen und Weibchen gleich.

Bild Nr. 530
Gehörorgane vom Grünen Heupferd im Vorderbein
(*Tettigonia viridissima*)

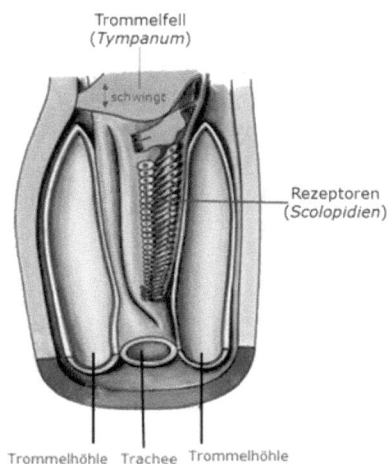

Bild Nr. 531
Schematische Darstellung des Gehörorgans
(*Tympanalorgan*)

Bei den Stephanidae, gelegentlich auch Kronenwespen genannt, eine Familie der Hautflügler gibt es ein interessantes Sinnesorgan. Die Stephanidae gelten als die ursprünglichste Gruppe der Taillenwespen (*Apocrita*). Bei dem Sinnesorgan handelt es sich um ein sogenanntes Subgenualorgan und sitzt in den stark verdickten Schenkeln der Hinterbeine. Dieses Organ ist bei vielen Insekten vorhanden, aber bei der Familie der Stephanidae besonders gut entwickelt. Das Subgenualorgan dient als Vibrations- und Erschütterungsorgan und liegt als schlitzförmige Grube auf der Außenseite des Hinterschenkels.

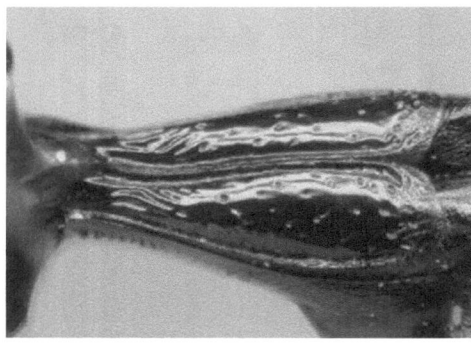

Bild Nr. 532
Subgenualorgan der Taillenwespen
(*Stephanidae*)

Die Familie der Stephanidae hat knapp 350 Arten, von denen drei in Europa leben und eine Art in Deutschland nachgewiesen wurde.

Auch bei den Orussidae, eine kleine Familie parasitischer Hautflügler, gibt es eine Besonderheit. Orussidae leben parasitisch in den Larven von holzbewohnenden Käfer- oder Hautflügler, besonders in Larven der Prachtkäfer, Bockkäfer, Schwertwespen und Holzwespen. Die Weibchen erkennen die Larven vor allem anhand von Erschütterungen im Holz, die durch die Fraßtätigkeit der Larven hervorgerufen werden Als Sinnesorgane dienen neben den Antennen auch die in den Vorderbeinen befindlichen Subgenualorgan. Die Antennen der Männchen besitzen elf, die der Weibchen zehn Glieder. Die modifizierten distalen Antennenglieder der Weibchen (Glied 9 vergrößert, Glied 10 klein) stehen im Zusammenhang mit der Echoortung der im Holz verborgenen Wirtslarven.

Bild Nr. 533
Weibchen von *Orussus coronatus*

Bei den Schaben (*Blattodea*) besitzen viele Vertreter extrem empfindliche Erschütterungssensoren (*Subgenualorgane*) in den Beinen. Die Hinterleibsanhänge (*Cerci*) sind als mechanische Sinnesorgane ausgebildet, die vor allem vor Annäherung von Räuber warnen. Ein Räuber (*Prädator*) ist die Sammelbezeichnung für Tierarten, die sich von anderen Tieren (von Beute) ernähren oder als Parasit sich von Teilen des Organismus ernähren. Die bekanntesten Arten in Mitteleuropa sind die Gemeine Küchenschabe (*Blatta orientalis*), auch Kakerlake genannt, und die Deutsche Schabe (*Blattella germanica*).

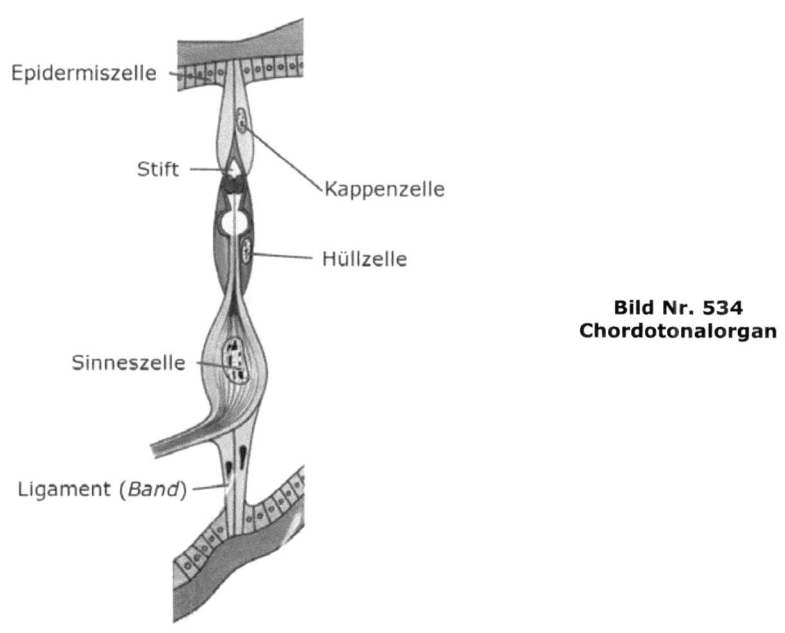

**Bild Nr. 534
Chordotonalorgan**

Chordotonalorgane sind Sinnesorgane von Insekten, die zum peripheren Nervensystem gehören. Es handelt sich um röhrenförmige Mechanorezeptoren, die als interne Streckrezeptoren dem Tier Positionsinformationen vermitteln. Bei der Taufliege (*Drosophila melanogaster*) sind diese Rezeptoren an zwei Stellen von innen an die Epidermis (einzelliges Gewebe) angeheftet. In adulten Fliegen besitzt jedes Skolopidium zwei oder drei Neurone und mehrere Helferzellen. Auch das Gehör von Drosophila, das Johnstonsches Organ, benannt nach Christopher Johnston, der es 1855 beschrieb, ist ein großes Chordotonalorgan. Das Johnstonsche Organ (Sinnesorgan) ist bei den Insekten im 2. Antennenglied (*Pedicellus*) zu finden. Es ist mit stiftführenden Sensillen (*Scolopidien*) ausgestattet und wird durch Schwingung der Antennengeißel erregt, d.h. es dient als Vibrationssensor. Beim Tabakschwärmer ist seine Funktion zur Lagekontrolle im Flug nachgewiesen worden. Die durch Körperbewegungen und Luftschwingungen beeinflusste Vibration der Antenne wird mit dem Organ wahrgenommen. Sie ermöglicht eine Feinsteuerung der Fluglage, um Kurven und andere Richtungsänderungen zu erleichtern. Eine ähnliche Funktion wird bei allen Fluginsekten angenommen.
Neben der Lagekontrolle im Flug besitzt das Johnstonsche Organ bei verschiedenen Insektenordnungen eine ganze Reihe weiterer Funktionen, die alle auf der Wahrnehmung von Schwingungen und Vibrationen aufbauen. So dient es etwa den Taumelkäfern (*Gyrinidae*) und bei den Rückenschwimmern (*Notonectidae*) zum Erkennen von Beutetieren auf der Wasseroberfläche, die durch deren Bewegungen in Schwingungen

gerät. Bei den Taufliegen (*Drosophila*), den Männchen von Stechmücken (*Culicidae*), Zuckmücken (*Chironomidae*) und anderen Zweiflüglern dient es als Hörorgan zur Schallwahrnehmung.

Bild Nr. 535
Taufliege (*Drosophila*)
(*Präparat von D. Schmidt 2012*)

Ein Insekt, welches sehr viele interessante Organe während ihrer Evolution entwickelt hat, ist die Honigbiene (*Apis*). Ich werde in meinem Buch nur eine kurze Beschreibung über diese Organe vornehmen. Die unterschiedlichen Drüsen nehmen eine zentrale Rolle im Bienenleben ein. Einige dienen den Lebensfunktionen der Einzelbiene, andere gewährlisten den Zusammenhalt des Volkes als soziale Einheit und das Funktionieren seiner Organisation. Die volle Entwicklung der Drüsen ist oft an das jeweilige Lebensalter der Biene gebunden, sie können aber teilweise in Notsituationen wieder reaktiviert werden. So liefern sie z.B. Futtersekrete für die junge Brut, das Wachs für den Bau der Waben und die dazu erforderlichen Trennmittel zur besseren Verarbeitung. Pheromone der Königin verhindern das Wachstum der Eierstöcke bei den Arbeiterinnen, locken die Flugbienen zum Stock und die Drohnen zum Begattungsplatz. Drüsen liefern wichtige Sekrete zur Bearbeitung und konservieren von Nahrung, Bildung von Giftstoffe zu Abwehr und die Bildung von Alarmstoffe zur Signalisierung bei Gefahr.

Kopf- und Brustspeicheldrüsen sind bei allen Bienen vorhanden und dienen zur Auflösung von Zucker, zur Wachsverarbeitung und zur Ausspeichelung von Brutzellen. Die Anhartsche Fußdrüse befindet sich jeweils am letzten Fußglied und verbessert die Bodenhaftung auf glatten Oberflächen, markiert den Stockeingang und die Futterplätze, und lockt Arbeiterinnen und Königin an. Die Rektaldrüse (*Kotblase*) reguliert den Wasser- und Mineralstoffhaushalt und sondert Katalase einen Fäulnishemmstoff ab. Die Oberkieferdrüsen und Mandibeldrüsen sind nur bei der Königin und den Arbeiterinnen ausgebildet bzw. vorhanden. Bei der Königin bilden diese Drüsen die Königinnensubstanz, den Sexuallockstoff, sowie den Hemmstoff für die Eierstockentwicklung bei Arbeiterinnen. Bei den Arbeiterinnen werden in diesen Drüsen der Futtersaft für die Brut, einige Fermente, das Trennmittel zur Wachs- und Propolisverarbeitung und Alarmpheromon produziert. Die Stachelkammerdrüse liegt zwischen der Gift- und der Rektaldrüse und lockt Arbeiterinnen und Drohnen an.

Erklärung: Propolis ist eine von Bienen hergestellte harzartige Masse mit antibiotischer, antiviraler und antimykotischer Wirkung. Propolis ist ein Gemisch aus vielen unterschiedlichen Stoffen, deren Zusammensetzung stark variieren kann. Da in einem Bienenstock die Insekten auf engstem Raum bei etwa 35 Grad Celsius und hoher Luftfeuchtigkeit zusammenleben, herrschen dort ideale Bedingungen für die Ausbreitung von Krankheiten. Deshalb dient Propolis den Bienen zum Abdichten von kleinen Öffnungen, Spalten und Ritzen sowie gleichzeitig dazu, in den Stock eingeschleppte oder vorhandene Bakterien, Pilze und andere Mikroorganismen in ihrer Entwicklung zu hemmen oder sogar abzutöten. Hierzu werden verschiedene Oberflächen, wie beispielsweise das Innere der Wabenzellen für die Brut, mit einem hauchdünnen Propolisfilm überzogen. Im Bienenstock vorhandene, von den Bienen nicht entfernbare Fremdkörper oder Unrat werden ebenfalls mit diesem Stoff abgekapselt.

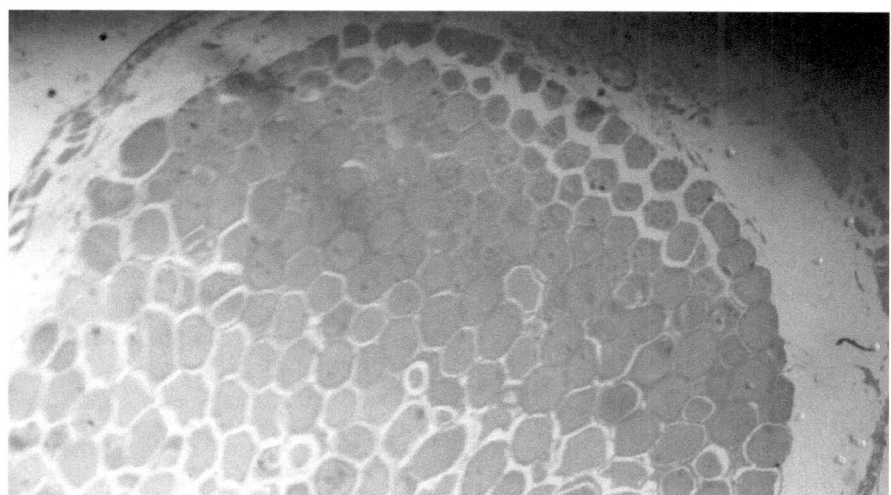

Bild Nr. 536
Eierstock der Bienenkönigin
(*Präparat von D. Schmidt 2012*)

Nur bei Arbeiterinnen ausgebildet bzw. vorhanden sind die Futtersaftdrüsen. Sie befinden sich im Kopf zwischen Stirn und Gehirn. Sie bilden den Futtersaft für Brut, Königin und Drohnen und dienen den Winterbienen als Reservespeicher. Ebenfalls nur bei den Arbeiterinnen ist die Duftdrüse (*Nasonov Drüse*) vorhanden. Sie liegt zwischen der vorletzten und der letzten Rückenschuppe und produziert einen Markierungsstoff.

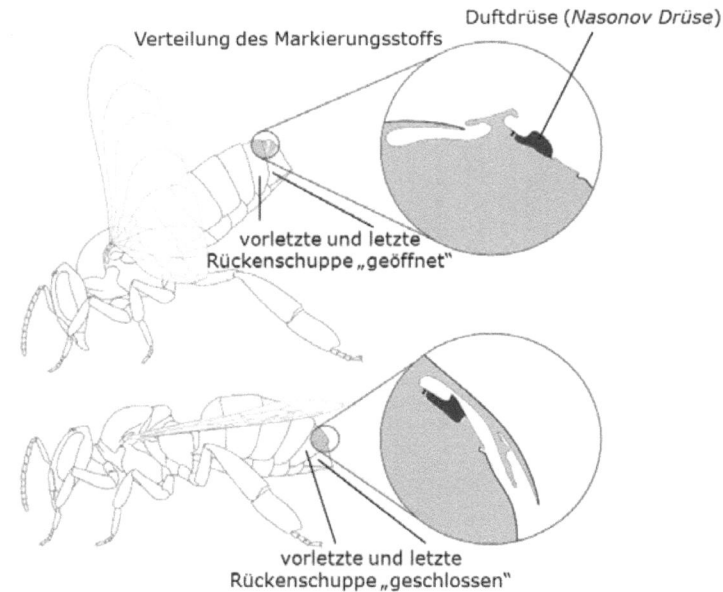

Bild Nr. 537
Schematische Darstellung der Funktion der Nasonov Drüse

Bild Nr. 538
Typische Haltung der Arbeiterbiene beim Verteilen des Duftstoffes

Die Giftdrüse liegt am Stachelapparat und produziert Stachelgift und ein Alarmpheromon.

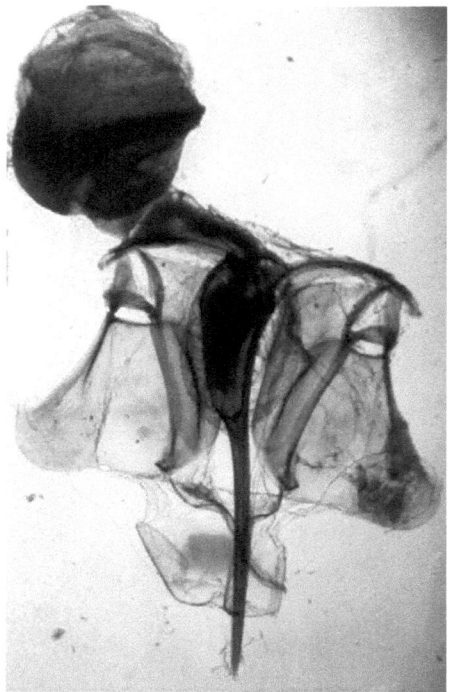
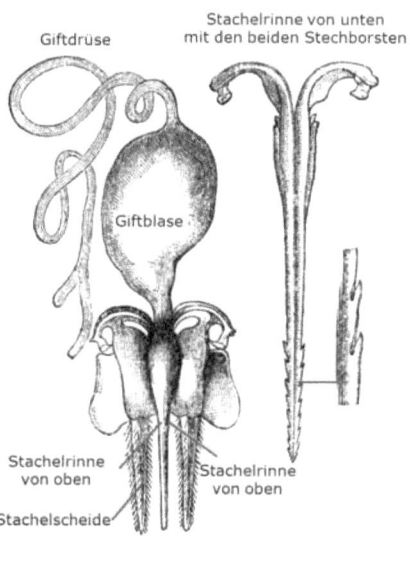

Bild Nr. 539
Giftdrüse und Stachelapparat einer Arbeiterin
(*Präparat von Ch. Hess 1950*)

Bild Nr. 540
Schematische Darstellung der Giftdrüse und des Stachelapparats einer Arbeiterin

Nur die Königinnen haben eine Rückenschuppendrüse. Die Drüse produziert zur Brunstzeit Duftstoffe und regt den Geschlechtstrieb der Drohnen an. Die Samenblasendrüse (auch Y-Drüse genannt) ernährt und reaktiviert die Spermien der Drohnen vor dem Hochzeitsflug. Nur bei Drohnen vorhanden sind Duftdrüsen die am Ende des Hinterleibs liegen. Ebenfalls nur bei den Drohnen vorhanden ist eine Schleimdrüse. Diese Drüse ist ein Teil des Geschlechtsapparats und unterstützt den Begattungsvorgang.

Die Hummeln (*Bombus*), eine zu den Bienen gehörende Gattung sozial lebender Insekten, besitzen ähnliche Organe wie die Biene. Diese Organe sind in ihrer Funktionalität den Bienen ebenbürtig bzw. leicht verändert. Hummeln besitzen ebenfalls einen Stachel mit entsprechendem Giftapparat, aber mit weniger ausgeprägter Muskulatur für den Einsatz des Stachels. Der Stachel ist nicht, wie bei den Bienen, mit Widerhaken besetzt.

INSEKTENKUNDE
Grundlagen

**Bild Nr. 541
Widerhaken am Stachel einer Arbeiterin**

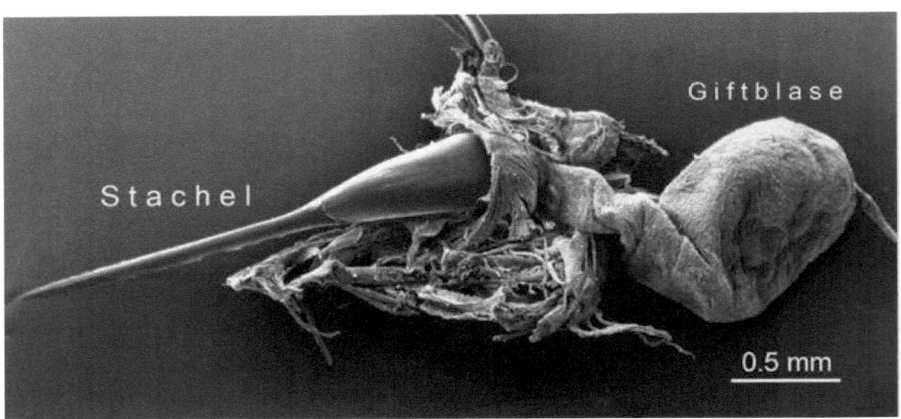

**Bild Nr. 542
Stechapparat einer Arbeiterin**
(*Aufnahme Rasterelektronenmikroskop=REM*)

Andere Insekten verfügen über spezielle Organe oder Drüsen zur Abwehr von Feinden und zur Markierung von Futterstellen. In diesem Zusammenhang ist ein ganz besonders faszinierendes Insekt zu nennen, der Bombardierkäfer.

Die Bombardierkäfer (*Brachininae*) stellen eine Unterfamilie in der Familie der Laufkäfer (*Carabidae*) dar. Sie verfügen in ihrem Körper über ein kleines chemisches Labor, in dem ätzende und übelriechende Gase hergestellt werden, die einem Angreifer explosionsartig entgegen geschleudert werden. Die zu ihrer Verteidigung mit einem hörbaren Knall ausgestoßene Chinonwolke entsteht in einer Explosionsreaktion aus Hydroperoxid und Hydrochinon unter Mitwirkung zweier Enzyme als Katalysatoren in der Explosionskammer, deren besonders stark sklerotisierter Mantel die umgebenden Gewebe und Organe vor der dabei auftretenden großen Hitzeentwicklung von 100 Grad schützt. Die Käfer können diesen Mechanismus mehrmals auslösen, da sie nicht ihren gesamten Chemikalienvorrat auf einmal verbrauchen. Darüber hinaus ist ihr Hinterleib sehr beweglich, so dass sie sogar unter dem Körper nach vorne schießen können.

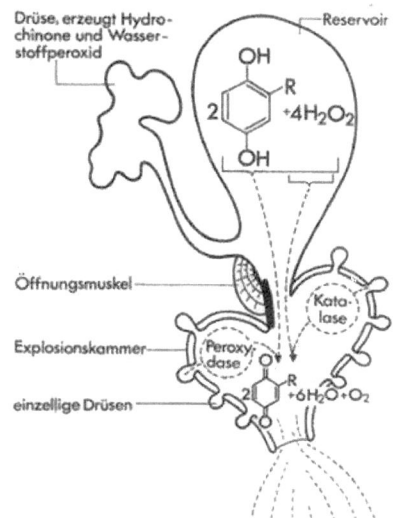

**Bild Nr. 543
Schematische Darstellung eines Mischapparats**

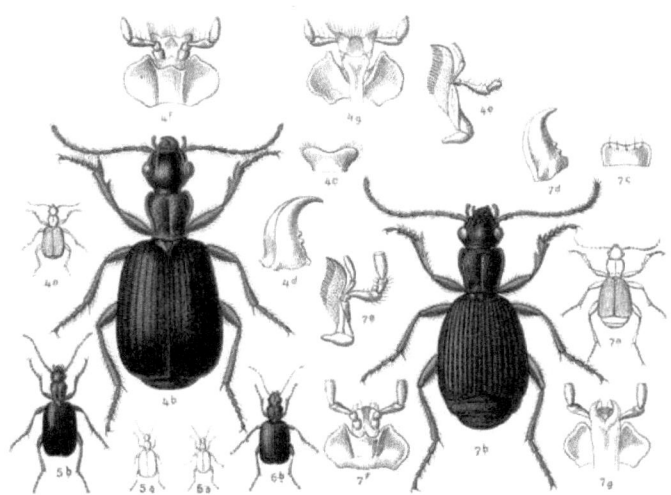

Bild Nr. 544

4b. Der **Große Bombardierkäfer** (*Brachinus crepitans*)
5b. Brachinus psophia
6b. Der **Kleine Bombardierkäfer** (*Brachinus explodens*)
7b. Der **Schwarze Bombardierkäfer** (*Aptinus bombarda*)

Hier noch ein paar Beispiele anderer Insekten mit speziellen Organen oder Drüsen zur Abwehr von Feinden und zur Markierung von Futterstellen. Da wäre u.a. die Grüne Stinkwanze, auch als Gemeine Stinkwanze, oder Gemeiner Grünling (*Palomena prasina*) zu erwähnen. Diese Wanze ist eine in Europa weit verbreitete Insektenart. Sie ist eine der häufigsten Baumwanzen. Den Namen erhielt die Wanze wegen ihrer Fähigkeit, bei Gefahr ein stark stinkendes und haftendes Sekret abzusondern.

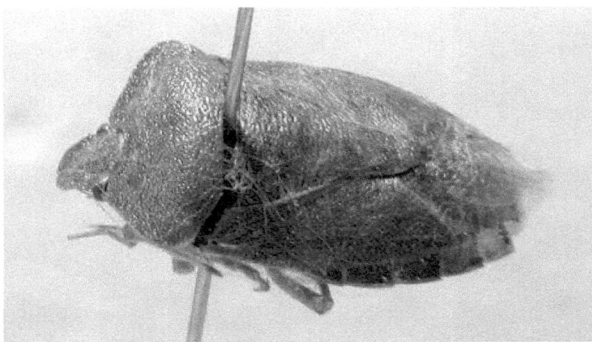

Bild Nr. 545
Gemeine Stinkwanze, oder Gemeiner Grünling (*Palomena prasina*)

Die Ölkäfer (*Meloidae*), auch bekannt als Blasenkäfer und Pflasterkäfer, sind eine Familie der Käfer (*Coleoptera*) mit weltweit etwa 2.500 Arten. In Europa kommen sie mit 210 Arten und Unterarten vor, davon findet man 37 Arten auch in Mitteleuropa. Sie produzieren giftige Abwehrstoffe, die in ihrem Blut, der Hämolymphe enthalten sind. Bei Gefahr können sie die Flüssigkeit aus Poren an ihren Beingelenken austreten lassen (Reflexbluten). Diese Flüssigkeit erinnert stark an Öltröpfchen und gab den Käfern ihren Namen. Der Hauptwirkstoff ist das Cantharidin und schützt vor allem vor Ameisen und Laufkäfern. Andere Fressfeinde benutzen das Cantharidin für die eigene Verteidigung, darunter etwa der Blumenkäfer (*Notoxus monocerus*) oder die Feuerkäfer (*Pyrochroidae*) sowie einige Gnitzen oder Bartmücken (*Ceratopogonidae*).

Bild Nr. 546
Ölkäfer (*Meloidae*)

INSEKTENKUNDE
Grundlagen

EU-Gefahrstoffkennzeichnung

Sehr giftig

Erklärung: Cantharidin ist ein starkes Reiz- und Nervengift, wodurch es als Wehrsekret sehr effektiv ist. Auf der Haut und vor allem auf den Schleimhäuten übt es eine starke Reizwirkung aus.

Beim Menschen und bei anderen Wirbeltieren löst Cantharidin die Bildung von Blasen und teilweise tiefen Nekrosen aus. Außerdem führt es zu Entzündungen und insbesondere zu einer starken Schädigung der Nieren. Letztere tritt vor allem bei Missbrauch, etwa bei übermäßiger Einnahme als Aphrodisiakum (*Mittel zur sexuellen Luststeigerung*), auf. Anwendung findet Cantharidin durch diese Wirkungen vor allem bei der Hautreiztherapie, sowie als Mittel zur Entfernung von Warzen, häufig in Form eines transdermalen Pflasters (*Cantharidenpflaster*). Aufgrund der Wirkung bei Überdosierung sollte es nur nach Absprache mit einem Arzt angewendet werden.

Die für den Menschen geringste tödliche Dosis liegt bei etwa 0,5 mg/kg Körpergewicht. Im antiken Griechenland wurde das Gift neben dem Schierlingsbecher zur Vollstreckung von Todesurteilen verwendet. Cantharidin gilt als potenzsteigerndes Mittel, das beim Mann eine langanhaltende Erektion herbeiführen soll. Die Anwendung ist umstritten, vor allem, da die Erektion sehr schmerzhaft sein kann, die Dosierung sehr schwierig ist und andererseits eine schmerzhafte Dauererektion zu bleibender Impotenz führen kann. Erreicht werden soll sie durch Einreiben der Genitalien oder Einnahme von aufgelöstem Cantharidin, wobei dafür meistens die Spanische Fliege (*Lytta vesicatoria*) zermahlen wird. Aufgrund der stark reizenden Wirkung auf die Haut wird Cantharidin in der Pharmakologie experimentell beim Hautblasenversuch (Cantharidin-Test) verwendet. Dabei wird durch Cantharidin eine Hautblase hervorgerufen, in deren Flüssigkeit die Konzentration von Arzneistoffen gemessen werden kann.

Weitaus angenehmer ist da die Seidenraupe des Seidenspinners. Der Seidenspinner oder Maulbeerspinner (*Bombyx mori*) ist ein ursprünglich in China beheimateter Schmetterling aus der Familie der Echten Spinner (*Bombycidae*). Der Mensch nutzte schon früh die Fähigkeiten der Raupen des Seidenspinners, der „Seidenraupen", zur Erzeugung von Seide. Die Spinndrüsen der Raupe bestehen aus einem vielfach gewundenen Schlauch, dessen hinterer Teil die aus Proteinen bestehende Seidensubstanz absondert. Das Seidenmaterial wird durch dünne Ausführungsgänge zu der im Kopf gelegenen Spinnwarze und von dort aus dem Körper geleitet. Die aus der Spinnwarze austretende Substanz erhärtet an der Luft sofort zu einem Faden. Indem die Raupe beim Austreten des Materials gezielte Kopfbewegungen macht, legt sie Fadenwindung für Fadenwindung um sich herum. Nach dem anfänglichen Ausstoß einer unregelmäßigen, lockeren Fasermasse, der „Wattseide", ist sie in kurzer Zeit von einem dichten Seidengespinst, dem Kokon, eingeschlossen. Dieser Kokon besteht aus einem einzigen bis zu 900 Meter langen Faden. Der Kokon ist länglich-oval, bei den einheimischen Rassen strohgelb, bei den japanischen Rassen grünlich, bei den Weißspinnern weiß. Acht Tage nach dem Einspinnen verpuppt sich die Seidenraupe, nach weiteren acht Tagen schlüpft der Schmetterling, wobei er den Kokon durch eine bräunliche Flüssigkeit an einer Stelle auflöst.

INSEKTENKUNDE
Grundlagen

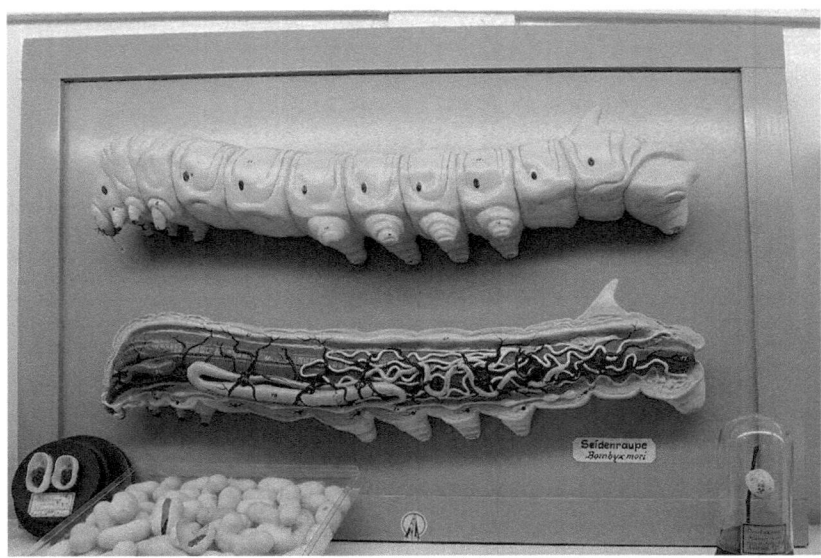

Bild Nr. 547
Modell der Seidenraupe (*Bombyx mori*),

Der **Himbeerkäfer** (*Byturus tomentosus*) ist ein Käfer aus der Familie der Blütenfresser (*Byturidae*). Synonyme für den wissenschaftlichen Namen sind *Dermestes flavescens* (Marsham, 1802), *Byturus olivaceus* (Fournel, 1840), *Bytus urbanus* und *Horticola urbanus* (Lindemann, 1865). Der Himbeerkäfer ist einer der häufigsten Schädlinge an Himbeeren. Die cremefarbenen Larven (Maden) entwickeln sich dann in den Zapfen der Früchte und sind zur Zeit der Himbeerreife ausgewachsen. Sie haben einen braunen Kopf und werden oft als *Himbeermaden* oder auch *Himbeerwürmer* bezeichnet, da sie erst den Fruchtboden und anschließend die Frucht von innen fressen. Die Larve findet sich in den zackigen Fraßgängen, die mit Kot gefüllt sind. Nach 35 bis 40 Tagen sind die Larven voll ausgewachsen. Die ausgewachsenen Larven verlassen die Frucht beim Reifen der Himbeere. Die vom Himbeerkäfer befallenen Früchte weisen, wie der Käfer selbst, einen unangenehmen Geruch auf und die Früchte schmecken durch den Befall leicht bitter.

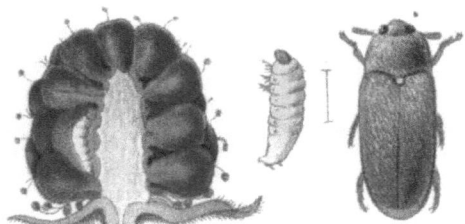

Bild Nr. 548
Himbeerkäfer
(*Byturus tomentosus*)

INSEKTENKUNDE
Grundlagen

Die **Leuchtkäfer** oder auch **Glühwürmchen** (*Lampyridae*) sind eine Familie der Käfer mit weltweit etwa 2.000 Arten, die innerhalb der Überfamilie Weichkäferartige (*Elateroidea*) geführt werden. Viele, aber nicht alle Arten dieser Familie sind in der Lage, Lichtsignale zur Kommunikation auszusenden. Manchmal wird der Name „Leuchtkäfer" als Bezeichnung aller Käfer verwendet, die Leuchtorgane besitzen. Leuchtorgane kommen bei einer großen Anzahl von Lebewesen vor, die man funktionell als Leuchtorganismen zusammenfassen kann. Ihnen allen ist gemein, dass sie einen Teil der ihnen zur Verfügung stehenden Energie in Form von Licht freisetzen (*Biolumineszenz*= Erzeugung von kaltem Licht). Das Leuchten ist dabei als Lebensäußerung – wie Laute und Färbung – sowie im Rahmen von Verhalten zu betrachten.

In den meisten Fällen werden die Leuchtsignale ausgesendet, damit männliche und weibliche Tiere zur Paarung zueinanderfinden. Die Signale selbst sind ganz unterschiedlich. Bei manchen Arten besitzen nur die Weibchen Leuchtorgane, bei anderen Arten beide Geschlechter. Manche Arten blinken, andere senden Dauerlicht aus. Die Signale sind arttypisch und unterscheiden sich in Länge und Rhythmus. Beim amerikanischen Leuchtkäfer *Photinus pyralis* (engl. *firefly*) haben auch die Männchen Leuchtorgane, wobei die etwa zweisekündige Verzögerung der Antwort des Weibchens für die Erkennung entscheidend ist. Bei einigen Arten – z. B. *Pteroptyx gelasina* und *Pteroptyx similis* – synchronisieren alle Käfer der Umgebung ihre Blinksignale, so dass ganze Busch- oder Baumreihen im gleichen Takt blinken.

Weibchen aus der Gattung *Photuris* können die Blinksignale von *Photinus*-Weibchen nachahmen (Mimikry). Damit locken sie *Photinus*-Männchen an, um sie zu verspeisen. Einige *Photuris*-Arten haben sogar ein ganzes Repertoire von Signalen verschiedener *Photinus*-Arten, je nachdem, welche Art gerade unterwegs ist.
Alle Leuchtkäferarten strahlen ihre Signale nur bei Nacht aus. Die Signale sind nicht hell genug, um auch bei Tag Partner anlocken zu können. Die Leuchtperiode der Leuchtkäfer in Mitteleuropa liegt in der Regel zwischen Juni und Juli und hängt von der Witterung und der Art des Leuchtkäfers ab.

Bei Leuchtkäfern reagiert dabei Luciferin unter Anwesenheit des Katalysator-Enzyms Luciferase mit ATP und Sauerstoff (Oxidation). Die dabei freigesetzte Energie wird fast nur in Form von Licht und nur zu einem geringen Teil als Wärme abgegeben, so dass sich ein Wirkungsgrad von bis zu 95 % ergibt. Bisher hat keine künstlich hergestellte Lichtquelle einen so hohen Wirkungsgrad erreicht. Am Unterteil des Hinterleibs befinden sich weiße Bereiche, an denen das harte Käferpanzer für Licht durchlässig ist. Im Inneren liegt eine weiße Schicht, die das Licht reflektiert. Dadurch sind die weißen Bereiche auch am Tag zu sehen. Die Lichtmenge, die ein Glühwürmchen abgibt, beträgt etwa ein Tausendstel des Lichts einer Kerze.

Der Leuchtmechanismus ist auch in der Forschung von großer Bedeutung. In Anbetracht der kleinen Größe der Leuchtorgane, ist die Menge des nach Außen gelangenden Lichts verhältnismäßig hoch. Dies ist auf die äußere Beschaffenheit der Leuchtorgane zurückzuführen. Forschern gelang es in einer länderübergreifenden Studie, die Lichtausbeute von herkömmlichen Galliumnitrid-LEDs um bis zu 55 % zu steigern, indem sie die Leuchtdioden mit einer ähnlich beschaffenen Außenschicht bestückten.

INSEKTENKUNDE
Grundlagen

Bild Nr. 549
Weibchen des Großen Leuchtkäfers
(*Lampyris noctiluca*)

Zum Abschluss des Kapitels **1.0 Körperbau der Insekten** möchte ich noch einige grundlegende Faktoren in Form einer Zusammenfassung erläutern.

Putzvorrichtungen und Stridulationsorgane werden bei fast allen Insektenordnungen aus Oberflächenstrukturen und Anhangsorganen der Haut gebildet. **Putzvorrichtungen** sitzen in Form von Kämmen und Bürsten aus echten oder unechten Haaren an den Beinen oder als Putzsporen am Ende der Schiene (*Tibia*), die oft mit einer Putzscharte am letzten Glied am Fuß (*Prätarsus*) eine Öse bilden, wodurch Fühler und Taster (*Palpen*) zur Reinigung gezogen werden können. **Stridulationsorgane**, die früher nur von wenigen Insektengruppen bekannt waren, bei denen sie verhältnismäßig grob ausgebildet sind und laute Töne erzeugen, wie bei Heuschrecken (*Saltatoria*), Wanzen (*Heteroptera*) und Käfer (*Coleoptera*), werden Stridulationsorgane nach Verfeinerung der Untersuchungsmethoden durch das Rasterelektronenmikroskop bei immer mehr Insekten gefunden, so z.B. auch bei den Hautflügler (*Hymenoptera*), speziell bei den Ameisenwespen (*Mutillidae*). Sie bringen vielfach für das menschliche Ohr nicht wahrnehmbare Töne hervor. Diese Stridulationsorgane bestehen mit Ausnahme der ganz anders gebauten Trommelorgane der Zikaden (*Auchenorrhyncha*) im Prinzip aus einer scharfen Schrillkante oder einem Schrillstift, die über einer Reihe mit kleinen Zähnchen, Rippen oder kurzen Borsten besetzten Schrillader oder Schrillfläche eines anderen Sklerits (*Chitinhartteil*) bewegt werden. Dadurch wird ein feiner Ton erzeugt, der oft durch große Luftsäcke im Hinterleib (*Abdomen*) verstärkt wird. Der Schrillaparat kann auch innerhalb einer Insektenordnung an den verschiedensten Körperstellen angebracht sein, der bewegliche Teil meistens an Beinen, Flügeln oder Rüssel, der unbewegliche Teil an verschiedenen Stellen der Körperoberfläche (z.B. Brust, Flügel, Abdomen). Wenn beide Teile auf den Flügel sitzen, so können sie symmetrisch oder asymmetrisch ausgebildet sein. In der Regel sind die Stridulationsorgane bei den Männchen besser als bei den Weibchen ausgebildet. Das sie den Weibchen ganz fehlen, wie früher angenommen wurde, scheint nur in seltenen Fällen der Fall zu sein. Sie wurden bei den Weibchen wegen ihrer Kleinheit nur meistens übersehen. Während in der Regel bei jeder Art nur ein Stridulationsorgan ausgebildet ist, besitzt die Wasserwanzengattung *Buenoa* drei Stridulationsorgane, die auch drei verschiedene Lautsignale erzeugen. Die hier herrschende Mannigfaltigkeit bedarf einer Darstellung bei den einzelnen Insektenordnungen. Auch die bei einigen Insekten auftretenden Klopftöne (*Xestobium, Copeognatha, Meconema, Forficula*) werden durch Schlagen eines harten, oft verstärkten Skleritteiles (*Chitinhartteil*) auf die Unterlage erzeugt.

Bild Nr. 550
Wasserwanze (*Buenoa spec.*)

Lauterzeugung auf andere Weise ist, abgesehen von den Summtönen die als Nebengeräusch beim Flügelschlagen entstehen und in ihrer Klangfarbe auch durch die Stimmung des Insekts variiert werden können, selten. So sind bei der Honigbiene z.B. Stech-, Schwarm-, Sterzel-, Anflug- und Abflugtöne zu unterscheiden. Das Tüten und Quaken der Bienenkönigin, das Tüten des Totenkopfschwärmers oder das Fauchen der Madagaskar-Fauchschabe (*Gromphadorrhina portentosa*) kommt nur unter Mitwirkung eines Luftstroms zustande. Diese Spezies der Madagaskar-Fauchschabe ist charakterisiert durch ihr fauchendes Geräusch, das sie abgeben, indem sie Luft durch die Atemöffnungen ausstoßen.

Erklärung: Nach dem Auszug des 1. Schwarms (*Vorschwarm*) mit der Altkönigin bleibt das Restvolk mit den Königinnenzellen (*Weiselzellen*) zurück. Wenn die erste Jung-Königin aus ihrer Zellen schlüpfen will, vergewissert sie sich durch (*unbeantwortetes*) „Quaken" aus der Zelle heraus das keine Weisel mehr im Stock ist. Wird z.B. durch schlechtes Wetter, der Abgang des Vorschwarmes verhindert, so befindet sich noch die alte Königin im Stock, die dann mit Tüten ihre Anwesenheit bekannt gibt. Nach dem Schlupf zeigt die Weisel ihre Anwesenheit durch „Tüten" an. Die verbleibenden Königinnen in ihren noch geschlossenen Zellen antworten mit „Quaken". Ist das Volk nicht mehr in Schwarmstimmung sticht die neue Königin ihre Schwester in ihren Zellen ab und wird neue Stockmutter. Befindet sich das Volk noch in Schwarmstimmung schützen die Bienen die in ihren Zellen verbleibenden Königinnen. Diese Königinnen verbleiben jetzt so lange in ihren Zellen wie das „Tüten" zu hören ist. Es ist ein Wechselgesang (*bis zu 2 Tagen*), der auch außerhalb des Bienenstockes zu hören ist. Die Geräusche werden durch die Flugmuskulatur und durch Anpressen der Königinnen an die Wabe erzeugt. Die Bienen nehmen die Schwingungen bzw. die Vibrationen über ihre Beine wahr.

Die **Drüsenzellen** sind Epidermiszellen die in der Regel stark vergrößert sind und in der Hauptsache oder ausschließlich sekretorische (*absondernde*) Funktion zeigen. Die Epidermis bei Insekten (*Wirbellose*) überzieht den Körper wie die Epidermis bei Wirbeltieren, ist jedoch im Gegensatz zu dieser nur ein einschichtiges Epithel, besteht also nur aus einer Lage Zellen. Diese Drüsen(zellen) sind innerhalb eines Individuums sehr verschieden gestaltet. Sie sind meistens verhältnismäßig groß, gleichförmig und bürstenartig angeordnet oder wie bei den Wachsdrüsen der Honigbiene lamellenartige Einfaltungen.

Von der Hämolymphe werden die Drüsenzellen durch eine Basalmembran verschiedener Dicke getrennt, ist in den meisten Fällen aber stark gefaltet, um den Stoffaustausch zwischen Hämolyphe und Drüsenzelle zu erleichtern und bildet extrazelluläre Kanäle von verschiedener Größe und Form. Eine Faltung entspricht auch immer einer Oberflächenvergrößerung, sodass der Stoffaustausch problemlos erfolgen kann. Es gibt zwei Hauptgruppen der Drüsenzellen: Die Palisadendrüsenzellen, z.B. bei der Gilsonschen Drüse der Köcherfliegenlarven (*Trichopteren*) und die Kanaldrüsenzellen, mit einer Zwischenzelle und eigener Sekretion, bei der Hautdrüsenzelle vom Mehlkäfer (*Tenebrio molitor*).

Die Ausbildung der übrigen Zellorganelle ist weitgehend von der Art der Sekretion abhängig. Ein Organell oder eine Organelle (*Verkleinerungsform zu Organ*) ist ein strukturell abgrenzbarer Bereich einer Zelle mit einer besonderen Funktion. Weitere Beschreibungen der Drüsen führen zu weit in den Bereich der Histologie und Zytologie (*Zellkunde*).

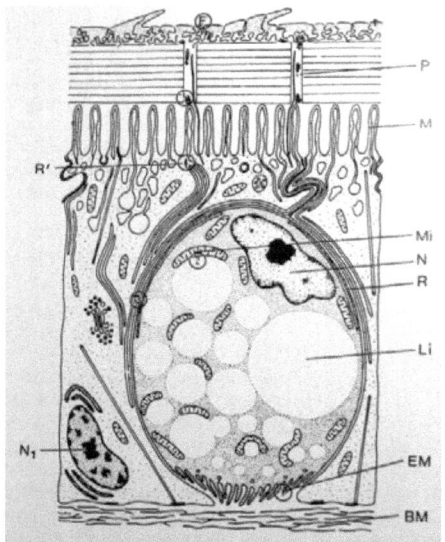 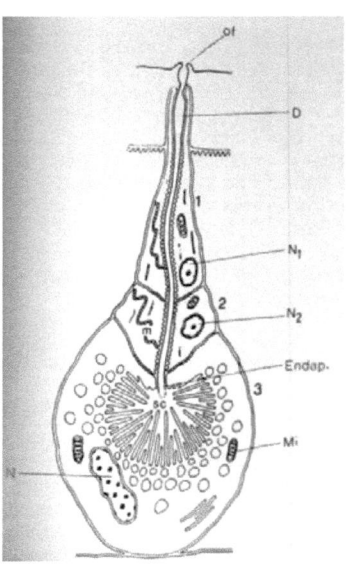

Bild Nr. 551
Beispiel einer Palisadendrüsenzelle:
Säulenartige Zellen aus den Sternaldrüsen von Trinervitermes geminatus [Nach Quennedy 1972]

Bild Nr. 552
Beispiel einer Kanaldrüsenzelle:
Kanaldrüsenzelle von Dysdercus fasciatus
[Nach Lawrence & Staddon 1975]

Trinervitermes geminatus = Termite aus der Familie der Termiten (*Termitidae*).

Dysdercus fasciatus = Wanze aus der Familie der Feuerwanzen (*Pyrrhocoridae*)

INSEKTENKUNDE
Grundlagen

2.0 Entwicklung der Insekten vom Ei bis zum fertigen Tier

Die Fortpflanzung bei den meisten Insekten erfolgt in der Regel auf „normalen" Weg. Das weibliche Tier wird vom männlichen Tier begattet. Dadurch werden die Eizellen befruchtet und das Weibchen legt die durch die Befruchtung entstandenen Eier an bestimmte Orte ab, wo dann die Entwicklung der Nachkommen beginnt.

Bild Nr. 553
Roter Weichkäfer
(*Rhagonycha fulva*)

Bild Nr. 554
Augenfalter
(*Satyridae*)

Bild Nr. 555
Feldmaikäfer
(*Melolontha melolontha*)

235

Bild Nr. 556
Streifenwanze
(*Graphosoma lineatum*)

Bild Nr. 557
Lilienhähnchen
(*Lilioceris lilii*)

Bild Nr. 558
Rüsselkäfer
(*Curculionidae*)

Bild Nr. 559
Schnaken
(*Tipulidae*)

Aber es gibt Ausnahmen bei der Fortpflanzung. Das **Zwittertum** (*Hermaphroditismus*) wurde schon auf der **Seite 204** beschrieben. Eine andere Form der Fortpflanzung ist die Parthogenese. Die **Parthenogenese** auch Jungfernzeugung oder Jungferngeburt genannt ist eine Form der eingeschlechtlichen Fortpflanzung. Diese Entwicklung von Insekteneiern ohne Befruchtung findet sich viel häufiger als gedacht. Einige weibliche Insekten, wie z.B. die Blattlausweibchen können sich eingeschlechtlich fortpflanzen, das heißt ohne von einem männlichen Artgenossen befruchtet zu werden. Durch bestimmte Hormone wird der unbefruchteten Eizelle eine Befruchtungssituation vorgetäuscht, worauf diese sich zu teilen beginnt und zu einem Organismus heranreift.

Der Parthenogenese kann entweder eine Meiose mit Eizellenbildung vorausgehen oder sie kann direkt über diploide Keimbahnzellen ablaufen. Beim Ablauf über diploide

Keimbahnzellen findet keine Neuanordnung (*Rekombination*) statt und die entstandenen Nachkommen sind Klone ihrer Mutter. Bisher nachgewiesen wurde Parthenogenese, die auf natürliche Weise zu voll entwickelten Organismen führt, unter anderem bei vielen Insekten, z.B. den Rüsselkäfern, den Gespenstschrecken, den Kopfläusen, der Großen Sägeschrecke und bei den meisten Fransenflüglern und Hautflüglern. Bei der Honigbiene entstehen die männlichen Tiere (Drohnen) dadurch, dass die Königin nicht befruchtete (haploide) Eier legt (siehe **Haploidie** auf der Seite 238).

Erklärung: Unter **Meiose**, bzw. *Reifeteilung* oder *Reduktionsteilung* versteht man eine besondere Form der Zellkernteilung, bei der die Zahl der Chromosomen halbiert wird. Damit einher geht eine neue Zusammenstellung (*Neuanordnung=Rekombination*) der elterlichen Chromosomen. Die Meiose vollzieht sich immer in zwei Teilungsschritten. In der Regel erfolgt nach beiden Teilungsschritten je eine Zellteilung, was zur Bildung von vier Einzelzellen führt, die als Keimzellen (*Gameten*) bezeichnet werden. Da diese Zellteilungen mit den meiotischen Kernteilungen zusammenhängen, werden auch beide Vorgänge gemeinsam als Meiose bezeichnet. Die Halbierung der Anzahl der Chromosomensätze ist eine Voraussetzung für die geschlechtliche Fortpflanzung, da sich sonst die Chromosomenzahl mit jeder Generation verdoppeln würde. Der biologische Zweck der Meiose wird darin gesehen, dass sie im Rahmen der sexuellen Fortpflanzung eine Zusammenstellung des Erbguts der beiden Eltern ermöglicht. Das erhöht die Vielfalt (*Zahl der genetischen Kombinationen*) innerhalb der Gesamtheit der Lebewesen einer Art (*Population*) und damit die Anpassungsfähigkeit an die Umweltbedingungen (*Lebensraum, Nahrung*). Dies ermöglicht eine schnellere Entwicklung (*Evolution*) im Vergleich zur nicht sexuellen Fortpflanzung (*asexuelle Fortpflanzung*) von Lebewesen.

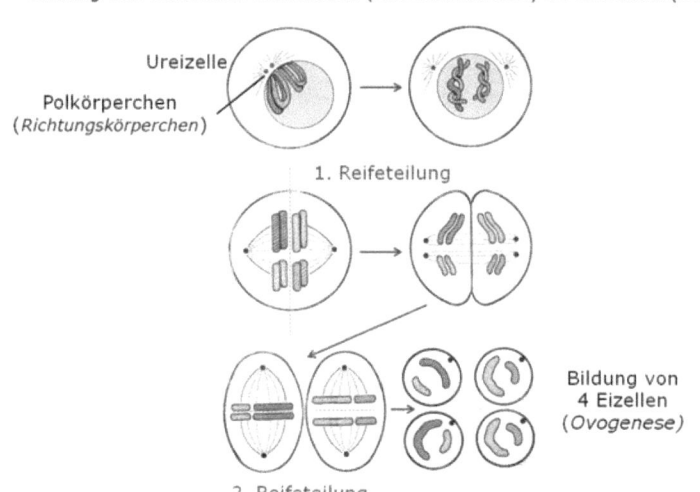

Bild Nr. 560
Schematische Darstellung von 1. und 2. meiotischer Reifeteilung

Bei durch Parthenogenese ausgebildete Tiere können ausschließlich Männchen (*Arrhenotokie*) oder ausschließlich Weibchen (*Thelyttokie*) entstehen oder auch Tiere mit beiden Geschlechtern (*Amphitokie*). Bei der amphitoken oder gemischten Parthenogenese entstehen aus unbefruchteten Eiern sowohl (*diploide*) Weibchen als auch (*haploide*) Männchen. Amphitokie ist sehr selten, sie wurde vor allem bei einigen Erzwespen-Arten (*Chalcidoidea*) beobachtet.

Bild Nr. 561
Erzwespe (*Chalcidoidea*)

Erklärung: Unter **Diploidie** wird in der Vererbungslehre (*Genetik*) das Vorhandensein zweier vollständiger Chromosomensätze als sogenannter doppelter Chromosomensatz verstanden. Jedes Chromosom liegt somit in doppelter Zahl vor. Bei manchen Tieren, zum Beispiel bei den Insekten, findet eine Geschlechtsbestimmung dadurch statt, ob der Chromosomensatz haploid oder diploid ist (*Haplodiploidie*). So sind die weiblichen Bienen oder die weiblichen Ameisen diploid (*Arbeiterinnen und Königinnen*), während die Männchen (*Drohnen*) haploid sind. Von **Haploidie** wird gesprochen, wenn der Chromosomensatz einer Zelle nur einfach vorhanden ist, die Zelle in ihrem Zellkern also von allen verschiedenen Chromosomentypen nur jeweils ein einziges Exemplar enthält. Typischerweise sind die Chromosomensätze der Eizellen und Spermien haploid. Ihre haploiden Chromosomensätze verschmelzen bei der Befruchtung zum doppelten Chromosomensatz, zu einer diploiden Zelle, die Zygote.

Arrhenotokie ist für die Honigbiene und für viele andere Aculeata (*Stechimmen* oder *Wehrimmen*) typisch, deren Eier aber auch befruchtet und dann zu Weibchen werden können. Man spricht in diesem Falle von fakultativer (*möglicher, nicht zwingend erforderlicher*) Parthenogenese. Bei obligatorischer (*zwingend erforderlicher*) Parthenogenese bleiben alle Eier, zunächst einer Generation, unbefruchtet. Es gibt Arten, bei den auf diese Weise die Männchen ihre Bedeutung verloren haben und selten oder garnicht vorkommen, wie bei manchen Psocopteren (*Staubläuse*), Coleopteren (*Käfer*) der Gattung Otiorrhynchus (*Dickmaulrüssler*), Schlupfwespen und Thysanopteren (*Fransenflügler*), z.B. Heliothrips haemorrhoidalis. Parthenogenese kann gesetzmäßig im Wechsel mit zweigeschlechtlicher Fortpflanzung vorkommen. Diese Form des Generationswechsels (*Heterogonie*) findet sich zum Beispiel bei Gallwespen (*Cynipidae*) und Aphidinen (*Blattläuse*), wie bei der Reblaus (Viteus [=Dactylosphaera] vitifolii).

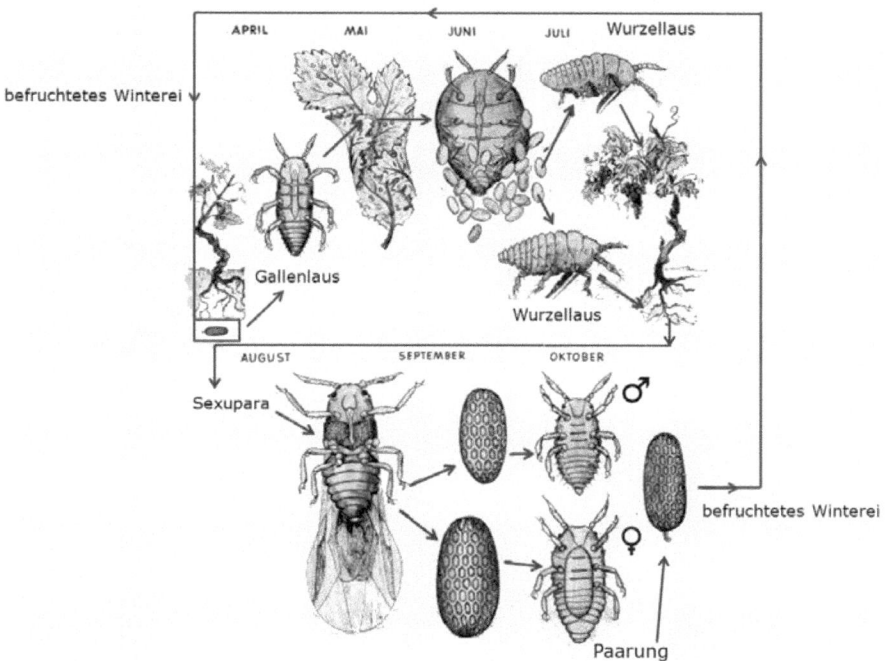

**Bild Nr. 562
Entwicklungszyklus der Reblaus**
(*Dactylosphaera vitifolii*)

Bei der Reblaus entwickeln sich im Frühjahr aus den befruchteten Wintereiern, die unter der Rinde den Winter überdauert haben, die Gallenläuse (*Blattläuse*). Diese leben auf den Rebenblättern und bringen auf parthenogenetischem Wege ebenfalls blattbewohnende Läuse hervor, die durch Anstich der Blätter sogenannte Blattgallen erzeugen. Aus ihren Eiern können wieder Gallenläuse oder aber Wurzelläuse hervorgehen, die sich parthenogenetisch entwickeln. Im Herbst bringen diese Wurzelläuse geflügelte Weibchen (*Sexupara*) hervor. Sie legen zu Männchen und Weibchen bestimmte Eier. Die daraus entstehenden Geschlechtstiere sind ungeflügelt. Das Männchen begattet das Weibchen, das nur ein einziges befruchtetes Ei (*Winterei*) unter die Rinde des Rebstockes legt. Der Kreis schließt sich.

Nach den doch relativ komplizierten Ausführungen über die Parthenogenese und ihre verschiedenen Formen kommt zur geistigen Entspannung eine interessante Geschichte über die Rebläuse und ihre Schadwirkung im Weinbau. Namentlich bekannt als die Reblauskatastrophe in der Lößnitz. Die Radebeuler Lößnitz bezeichnet eine Großlage im deutschen Weinbaugebiet Sachsen in der gleichnamigen Landschaft Lößnitz. Sie gehört zur Stadt Radebeul und liegt im Bereich Meißen direkt an der Sächsischen Weinstraße, sowie am Sächsischen Weinwanderweg. Soweit zur geographischen Örtlichkeit.

Anfang der 1880er Jahre geschah in der Lößnitz die Reblauskatastrophe. Nachdem die um 1860 aus Amerika nach Europa gelangte Reblaus nach Sachsen eingeschleppt war, wurde sie in der Lößnitz erstmals 1885 festgestellt, als sie bereits große Teile des Rebenbestands befallen hatte. Lediglich der Johannisberg und der nahegelegene Eckberg nördlich von Wackerbarths Ruh' blieben weitgehend verschont. Durch Roden und Verbrennen der Weinstöcke, der Bindepfähle und der in den Weinbergen stehenden Bäume, sowie die Desinfektion des Bodens mit Hilfe von Schwefelkohlenstoff und Petroleum wurde die Reblaus bekämpft. 1886 wurde festgestellt, dass nicht nur die Maßnahmen erfolglos waren, sondern dass darüber hinaus der Boden hochgradig vergiftet war. In der Folgezeit verlor der Weinbau in der Lößnitz seine wirtschaftliche Bedeutung. Ein Teil der Flächen wurde in Erdbeer- und Pfirsichkulturen umgewandelt, der Rest verbuschte und verwaldete. 1885 gab es in der Ober- und Niederlößnitz noch etwa 150 Hektar Anbaufläche, durch die Reblauskatastrophe und ihre Bekämpfung ging die Anbaufläche bis 1910 auf ganze 10 Hektar Fläche zurück. Im Jahr 1907 wurde durch die sächsische Regierung das gesamte sächsische Weinbaugebiet offiziell als durchgehend verseucht erklärt. Heute sind wieder etwa 85 Hektar Weinanbaufläche in der Lößnitz zu verzeichnen.

**Bild Nr. 563
Reblausbekämpfung mit dem
Schwefelkohlenstoff-Injektor** (*1904*)

Im Gegensatz zu den Rebläusen gibt es bei den Blattläusen (*Aphidoidea*) sogenannte Vivioviparie=**Ovoviviparie**. Als **Viviparie** „lebendgebärend" wird eine Art der Fortpflanzung bezeichnet, die es bei Tieren und Pflanzen gibt. Lebewesen, die sich auf diese Weise fortpflanzen, bezeichnet man als vivipar oder lebendgebärend. Als **Ovoviviparie** (*Ei-Lebend-geboren*) bezeichnet man eine Spezialform der Fortpflanzung, die sowohl Merkmale der **Oviparie** (*aus Ei geboren*) als auch der **Viviparie** (*lebendgebärend*) aufweist. Die dotterreichen Eier ovoviviparer Tiere werden dabei nicht abgelegt, sondern im Mutterleib ausgebrütet. Die Jungtiere schlüpfen noch im Körper des Muttertieres bzw. kurz nach der Eiablage. Der Übergang zwischen Oviparie und Ovoviviparie ist teilweise fließend. Neben der Möglichkeit, die gesamte Embryonalentwicklung im Körper der Mutter zu durchlaufen, gibt es auch noch Zwischenformen, bei denen nach dem Entwicklungsstadium der geborenen Tiere unterschieden wird, die **Larviparie** und die **Pupiparie**. Larvipar sind einige Blattkäfer (*Chrysomela*) und einzelne Eintagsfliegen (*Cloeon dipterum*). Pupipar sind diejenigen Insekten, deren Larven sich unmittelbar nach der Geburt verpuppen, wie die Lausfliegen (*Hippoboscidae*) und die Tsetsefliegen (*Glossina*). Soweit zur Klärung der Begrifflichkeiten.

Die Baumläuse (*Lachnidae*) entwickeln sich während der Vegetationszeit in einer je nach Art fest vorgegebenen Generationsfolge mit sowohl geschlechtlicher Vermehrung und Eiablage als auch Jungfernzeugung (*Parthenogenese*) und Lebendgeburt (*vivipar*). Dabei kommen sowohl geflügelte als auch ungeflügelte Formen vor. Die geflügelten Tiere dienen der Verbreitung und dem Wirtswechsel, die anderen Tiere der Massenvermehrung. Die Röhrenblattläuse (*Aphididae*) entwickeln sich durch Jungfernzeugung (*Parthenogenese*). Alle Arten besitzen, wie die Baumläuse, sowohl ungeflügelte als auch geflügelte Formen. Lebendgebärende, parthogenetische Weibchen (=Virgines oder Jungfern) und eierlegende Geschlechtstiere (=Sexuales). Häufig ist der Generationswechsel auch mit einem Wirtswechsel verbunden. Während die ungeflügelten Tiere auf der Wirtspflanze verbleiben, nehmen die geflügelten Tiere einen Wirtswechsel vor. Das beste Beispiel für diesen Wechsel ist bei der Bohnen- oder Rübenlaus (*Aphis fabae*) zu finden. Das Ei der Laus überwintert auf Spindelsträucher (*Euonymus*) oder verwandte Holzgewächsen. Aus ihm entwickelt sich ein ungeflügeltes Weibchen, die als Stammutter bezeichnet wird. Sie bringt partenogenetisch ungeflügelte und geflügelte Jungfern hervor. Während die ungeflügelten Tiere auf dem Strauch verbleiben, wandern die geflügelten Tiere auf krautige Pflanzen, wie z.B. Saubohne oder Rüben, ab. Dort bringen diese Jungfern Generationen von geflügelten und ungeflügelten Jungfern hervor.

Im Spätsommer entstehen die sogenannten Sexupara=geflügelte Jungfern. Diese wechseln wieder auf Spindelsträucher (*Euonymus*) oder verwandte Holzgewächse zurück und bringen dort kleine Weibchen hervor. Zur gleichen Zeit entstehen auf den Krautgewächsen aus ungeflügelten sexuparen Jungfern geflügelte Männchen, die mit den kleinen Weibchen auf den Spindelsträuchern kopulieren und deren Ei befruchten. Auch hier schließt sich wieder der Kreis.

Bei lebendgebärenden Formen (*Viviparie*) wird überdies die Generationsdauer erheblich abgekürzt. Diese Art der Fortpflanzung ist aber nur möglich durch einen besonderen Verteilungsmechanismus der Chromosomen. Körpergestalt und Fortpflanzungszyklus der Blattläuse werden auch verschiedene Umweltfaktoren beeinflußt. Dazu gehören Temperatur und Tageslichtdauer. Eine exakte Klärung gibt es nicht. Ebenso gibt es nur Vermutungen im Zusammenhang mit der Lichtabhängigkeit der Futterpflanze. Denn Wurzelsaugende Pflanzenläuse (*Aphiden*) zeigen diese Erscheinungen ebenfalls, obwohl sie nicht direkt der Lichtwirkung ausgesetzt sind.

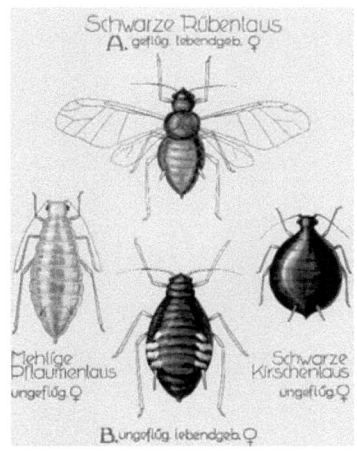

Bild Nr. 564
Habitusdarstellungen verschiedener Pflanzenläuse

Es gibt verschiedene Formen des Lebendgebärens (*Viviparie*). Bei manchen Schildläusen (*Coccoidea*), bei den Bettwanzen (*Cimicidae*), bestimmte Igelfliegen (*Tachinen*) u.a. findet die Keimesentwicklung weitgehend im mütterlichen Körper statt (*Ovoviviparie*). Das Weibchen der Igelfliege legt ihre Eier in der Nähe des Wirtes (*Raupen*) ab, wo diese sofort schlüpfen und aktiv in die Raupe eindringen. Nun wird die Raupe langsam von innen her aufgefressen bis die Larve der Igelfliege die Raupe nach 2-3 Wochen wieder verlässt. Außerdem legt das Weibchen der Igelfliege ihre Eier nach der Paarung nahe von Pflanzen ab, die von forstschädigen Schmetterlingsraupen (*Wirte*) befallen sind. Als Wirte werden die Raupen von Schmetterlingen, vor allem des Schwammspinners (*Lymantria dispar*), der Nonne (*Lymantria monacha*)) und der Kieferneule (*Panolis flammea*) bevorzugt. Da sich die Larven der Igelfliege in verschiedenen forstschädigenden Schmetterlingsraupen entwickeln, hat die Igelfliege eine große wirtschaftliche Bedeutung in der biologischen Schädlingsbekämpfung. Die Igelfliege gehört zu der Familie der Raupenfliegen (*Tachinidae*). Einigen Arten dieser Familie, wie zum Beispiel die Fliege mit dem Namen *Clemelis Pullata* ist für die kleinsten Insekteneier bekannt, welche nur 27 Mikrometer messen.

Bei manchen Eintagsfliegen (*Ephemeroptera*), den parthenogenetisch entstehenden Weibchen der Röhrenblattläuse (*Aphididae*), einigen Ohrwürmer (*Dermapteren*), verschiedenen Käfern, den Fächerflügler (*Strepsiptera*) u.a. werden mehr oder weniger weit entwickelte Larven geboren (*Larviparie*). Unter den Zweiflügler (*Diptera*), speziell den Cyclorrhaphen (*„Rundspaltige" Taufliegen*), kann die Entwicklung der Larve so weit fortgeschritten sein, dass verpuppungsreife Larven geboren werden.

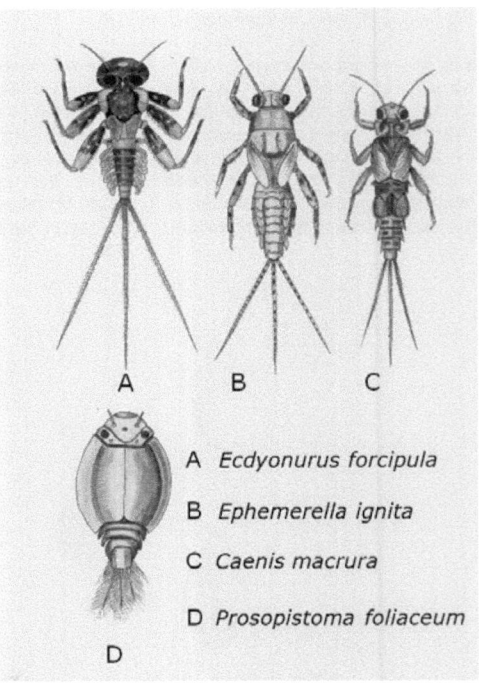

Bild Nr. 565
Larven verschiedener
Eintagsfliegenarten (*Ephemeroptera*)

A *Ecdyonurus forcipula*

B *Ephemerella ignita*

C *Caenis macrura*

D *Prosopistoma foliaceum*

Bei der lebengebärenden Tse-tse-Fliege (*Glossina*) und den sogenannten Pupiparen u.a. die Lausfliegen, finden sich in dem stark erweiterten Ovidukt-Endteil (*Uterus=Gebärmutter*) große Larven, die sofort nach der Geburt in den Boden gehen und sich verpuppen (*Pupiparie*). Bei der Tse-Tse Fliege wird bis zur Geburt die Larve im Hinterleib untergebracht. In der Regenzeit bringen sie jedes Mal nur einen Nachkommen zur Welt, eine Larve von gelblich-brauner Farbe, die 12 Segmente besitzt und schon fast so groß wie die Fliege selbst ist. Als Tsetsefliegen (*Glossina* spec.) bezeichnet man die einzige Gattung aus der Familie der Zungenfliegen (*Glossinidae*).

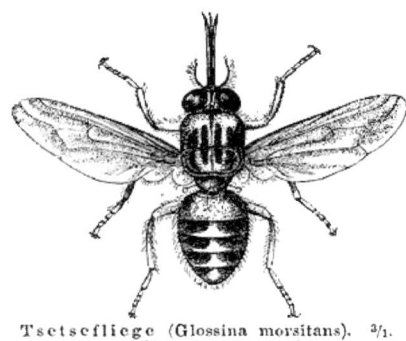

Bild Nr. 566
Tse-tse-Fliege (*Glossina*)
aus Meyers Lexikon 1888/1890

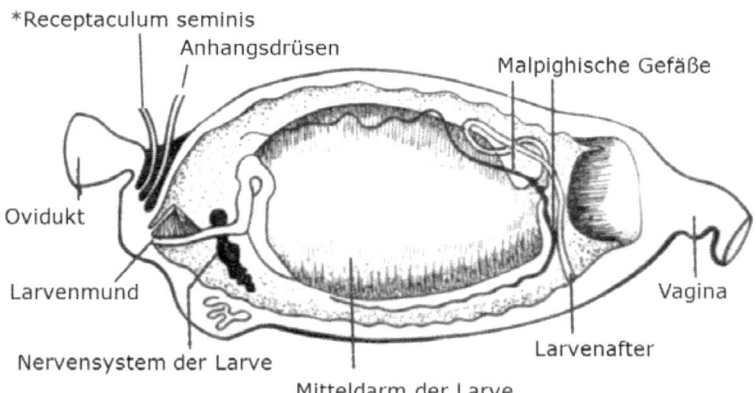

***Receptaculum seminis** (Samentasche, Spermathek oder Spermatheca)

Bild Nr. 567
Längsschnitt durch den trächtigen Uterus der Tsetsefliege Glossina palpalis
ROBINEAU-DESVOIDY mit erwachsener Larve
(n. KEILIN, aus EIDMANN 1941)

Eine andere Form des Lebendgebärens (*Viviparie*) ist die Pädogenese. Die Pädogenese kommt bei der Gallmückengattung *Miastor* vor. Dort können sich bereits in der Leibeshöhle einer „Mutter"-Larve die Keimzellen der „Töchter"-Larven bis zur fertigen Larve entwickeln. Diese Larven bilden sich auf Kosten der Mutter aus und sprengen später deren Haut.

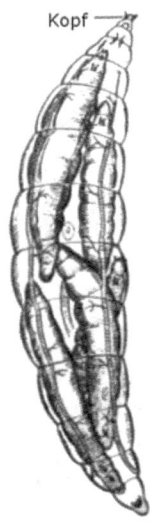

Bild Nr. 568
Paedogenetische Cecidomyidenlarve mit fünf Tochterlarven
(n. PAGENSTECHER, aus WEBER 1954)

Damit ist das Thema über die verschiedenen Arten der Fortpflanzung im Wesentlichen abgeschlossen. Ein paar Anmerkungen gibt es noch zur Ei- und Samenproduktion. Unter den die Eiproduktion beeinflussenden Faktoren spielen die Temperatur und die Ernährung die wichtigste Rolle. So legen z.B. die Weibchen von *Pediculus* spec. keine Eier bei Temperaturen unter 25°C. Zu *Pediculus* spec. gehören die Kleiderlaus (*Pediculus humanus humanus*), auch Körperlaus (*Pediculus humanus corporis*) genannt und die Kopflaus (*Pediculus humanus capitis*).

Die Weibchen von *Anopheles quadrimaculatus*, auch Malaria-, Gabel- oder Fiebermücken genannt, legen keine Eier bei Temperaturen unter 12°C. Bei der Erzwespenart *Euchalcidia caryobori* sind die Männchen bei Temperaturen von 16°C steril, während die Weibchen bei dieser Temperatur die „normale" Anzahl an Eier ablegt. Durchweg auffallend ist jedoch der Einfluß der Nahrung auf die Eiproduktion der Weibchen. Ist die Nahrung zu trocken wird bei Kornkäfer (Gattung *Sitophilus*) sowohl die Ablagegeschwindigkeit als auch die gesamte Eiproduktion reduziert. Weibchen vom Speckkäfer (Gattung *Dermestes*) legen ca. 560 Eier bei vorhandenem und ca. 35 Eier ohne Trinkwasser. Neben Kohlenhydrate spielen Eiweiße in der Nahrung eine entscheidene Rolle bei der Eiproduktion bzw. Eiablage. Die Futtermenge bestimmt die Anzahl der Eier bei den meisten blutsaugenden Insekten, so bei den Raubwanzen (*Rhodnius*), den Bettwanzen (*Cimex*), Wadenstecher (*Stomoxys*) und den Stechmücken (*Culicidae*). Das gilt aber in gleichem Maße auch für pflanzenfressende Insekten. So ist beim Kartoffelkäfer (*Leptinotarsa*) die Eiproduktion unterschiedlich, je nachdem, auf welchen Kartoffelpflanzen sich die Larven ernähren. Das hat man in Laborversuchen ermittelt.

2.1 Eiablage

Die Männchen bringen ihre Spermien auf verschiedene Weise in den weiblichen Körper, beispielsweise durch direktes Einführen. Durch den chitinisierten Teil des Penis (*Aedeagus*) wird während der Begattung das Sperma aus den Hoden in die weibliche Spermakammer (*Bursa copulatrix*) oder eine Samentasche (*Receptaculum seminis*), die der Aufbewahrung der Spermien dient, übertragen. Durch Anheften an das Weibchen oder durch Schleifen des Weibchens über die auf Stielen am Boden haftenden Samenpakete (*Spermatophoren*) werden diese verteilt. Eine Ausnahme bilden die Silberfischchen (*Lepisma saccharina*), bei denen das Männchen ein Samenpaket ablegt, das anschließend vom Weibchen gefunden wird. Bei Samenpakete (*Spermatophoren*) handelt es sich um Spermienhaufen, die durch bestimmte Kittsubstanzen zusammengehalten werden, die in speziellen Anhangsdrüsen der Geschlechtsorgane entstehen. Der Schwarze Wasserspringer (*Podura aquatica*), auch Wasserspringschwanz genannt, verfügt über ein komplexes Paarungsverhalten, welches ebenfalls eine indirekte Spermatophorenübertragung beinhaltet. Auf der einen Seite eines Weibchens baut das Männchen einen „Zaun" aus Samenpaketen. Anschließend schiebt es das Weibchen von der anderen Seite her in die Spermatophoren hinein. Nach der Begattung suchen sich die Insektenweibchen für die Eiablage einen geeigneten Platz, damit die aus den Eiern schlüpfenden Larven die richtige Nahrung erhalten. Die Eier der Insekten zeigen entsprechend den unterschiedlichen Fortpflanzungs- und Entwicklungsbedingungen recht verschiedene Strukturverhältnisse. Bei der Mehrzahl herrscht aber in der äußeren Gestalt die länglich-eiförmige (*ovoide*) Form vor.

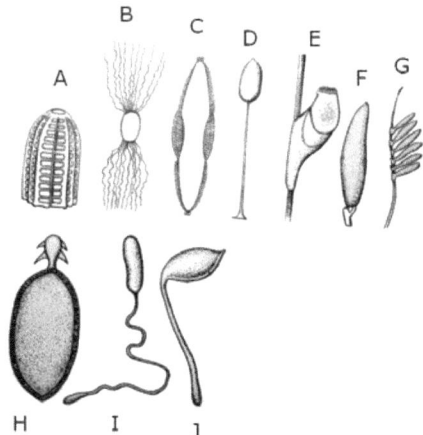

Bild Nr. 569
Verschiedene Eiformen und Anheftungsweisen bei Insekteneiern
(n. verschiedenen Autoren aus EIDMANN 1941 und ESCHERICH 1942)

A Kohlweißling (*Pieris brassicae*)

B Eintagsfliege (*Caenis nigropunctata*) mit Haftfäden

C Gabelmücke (*Anopheles maculipennis*) mit Lufkammern

D Florfliege (*Chrysopa* spec.) Mit Stil aus Kittsubstanz

E Kopflaus (*Pediculus humanus capitis*) an einem Haar angeklebt

F Dasselfliege (*Hypoderma lineata*) an einem Haar des Wirtstieres

G Eigelege der Dasselfliege (*Hypoderma lineata*)

H Hautbremse (*Oestromyia*)

I Gallwespe (*Cynipide*)

J Schlupfwespe (*Bruchophagus funebris*)

Das weibliche Insekt legt je nach Art eine kleinere oder größere Anzahl von Eiern. In diesen Eiern entwickeln sich die Larven. Ist die Entwicklung abgeschlossen, verlassen die Larven die Eihülle.

Bild Nr. 570
Gemeine Sandwespe (*Ammophila sabulosa*)

Die Gemeine Sandwespe transportiert ein bis zwei, mitunter sehr große, Raupen in ihr Nest. Bevorzugt werden Raupen von Eulenfaltern (*Noctuidae*) gefangen, die unbehaart sind. Die Raupe wird mit den Oberkiefer (*Mandibeln*) ergriffen und über mehrere Meter hinweg zu Fuß zum Nest gebracht. Maximal werden kurze Flugsprünge gemacht, auch wenn die Beute klein ist. Immer wieder wird die Beute zur Orientierung abgelegt. Das Nest, in dem nur eine Zelle angelegt wird, erreicht eine Tiefe von 5 bis 20 Zentimetern. Der Sandaushub des Nestes wird zu Fuß weggebracht und nahe am Nest abgeworfen. Es wird keine Brutpflege betrieben, der Nesteingang wird nach dem Eintragen der Beute und der Eiablage durch ein Steinchen oder ähnliches verschlossen und danach mit Sand bedeckt. Anschließend wird der Boden um den Nesteingang senkrechtstehend mit dem Kopf oder mit einem Steinchen, das mit den Mandibeln getragen wird, festgestampft. Gelegentlich wird das Nest durch Artgenossen aufgebrochen und die Beute wird gestohlen. Insgesamt kann ein Weibchen bis zu 10 Nester anlegen, was in der Regel in einem Umkreis von etwa 150 Metern geschieht.

INSEKTENKUNDE
Grundlagen

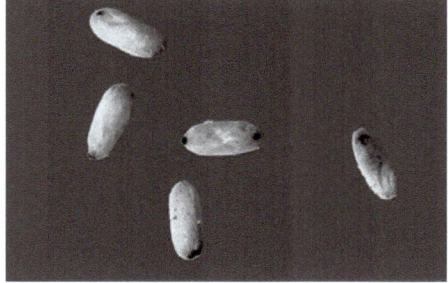

Bild Nr. 571
Ameiseneier

Bild Nr. 572
Eigelege vom Birkenspinner
(*Endromis versicolora*)

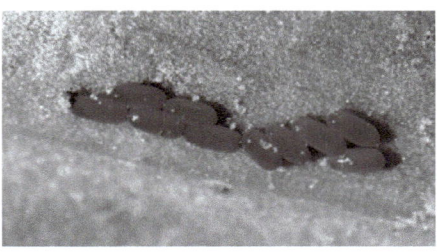

Bild Nr. 573
Eigelege vom Lilienhähnchen
(*Lilioceris lilii*)

Bild Nr. 574
Eigelege vom Marienkäfer
(*Coccinellidae*)

Die Nahrungsquelle bei der Entwicklung der Larve im Ei besteht aus Dotterkörpern (*ein Eiweiß-Polysaccharid-Komplex*), aus Fettkugeln verschiedener Größe und auch Glykogen. Polysaccharid-Komplexe sind Kohlenhydrate und das Glykogen ist eine tierische Stärke, ein sogenannter Vielfachzucker.

Bild Nr. 575
Eigelege der Echten Wespe (*Vespinae*)
Pro Wabe wird ein Ei abgelegt

INSEKTENKUNDE
Grundlagen

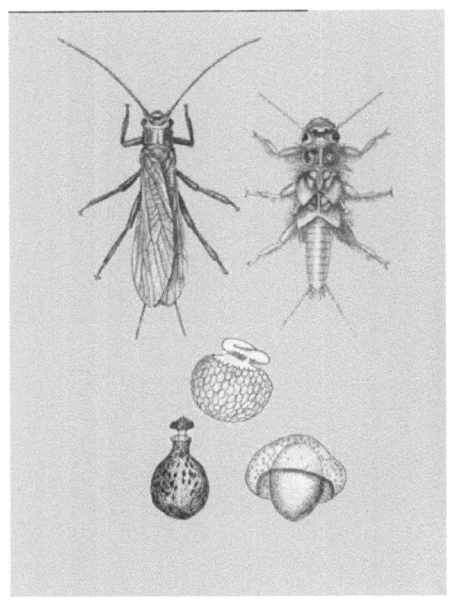

Bild Nr. 576
Larve und Imago von Steinfliegen sowie Eier verschiedener Steinfliegenarten

Bild Nr. 577
Heimchen bei der Eiablage
(*Acheta domesticus*)

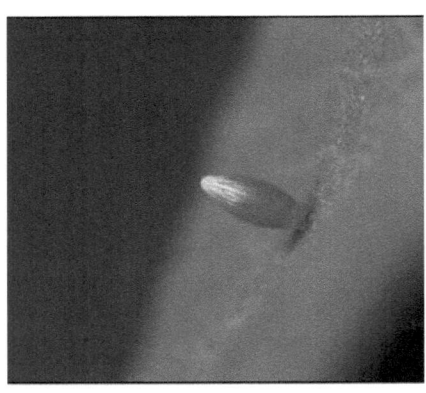

Bild Nr. 578
Ei vom Postillon (*Colias croceus*)

Bild Nr. 579
Eigelege vom Nagelfleck (*Aglia tau*)

Die Entwicklung der Insektenembryos geschieht über Furchung und Keimstreifenbildung. Die Furchung erfolgt auf dem sehr dotterreichen Ei mit zentralem Dotter und bildet ein Furchungszentrum aus, von dem die Furchung ausgeht. In seinem Bereich bilden sich mehrere Tochterkerne mit umgebenem Plasma. Aus diesen Tochterkernen entsteht durch Teilungen ein einschichtiges Blastoderm (*Blase*) als Hüllepithel (*Serosa*) um den Dotter herum. Im bauchseitigen (*ventralen*) Bereich bildet sich dann eine Keimanlage, die als Keimstreif in den Dotter hineinwächst und eine Höhle bildet. In dieser Höhle findet die Hauptkeimbildung statt, nach deren Abschluss sich der Keim wieder nach außen entrollt und über dem Dotter der Rücken des Tieres geschlossen werden kann.

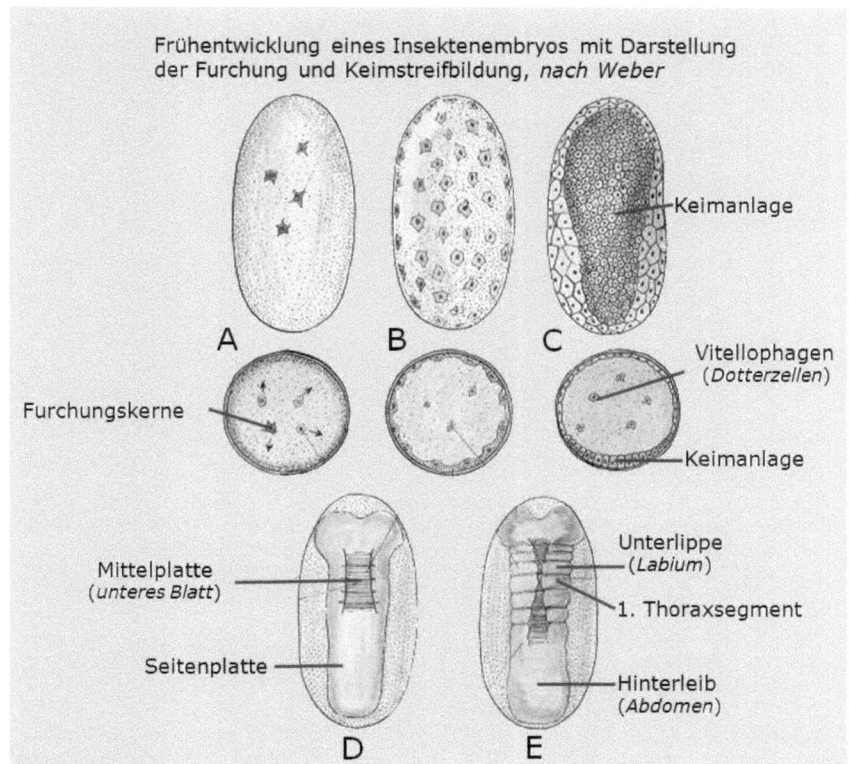

Bild Nr. 580
Frühentwicklung eines Insektenembryos
Bilder in der oberen Reihe in Seitenansicht
Bilder in der Mitte Sagittalschnitt = „von vorne nach hinten verlaufend"
Bilder unten in Vorderansicht
A=Kernsphäre, **B**=Kerne an der Oberfläche, Bildung des Blastoderms,
C=Differenzierung des Blastoderms zur ventralen Keimanlage. An ihrem Ende die beiden Kopflappen. **D**=Einsinken des unteren Blattes, **E**=Beginn der äußeren Segmentierung, Differenzierung des unteren Blattes.

INSEKTENKUNDE
Grundlagen

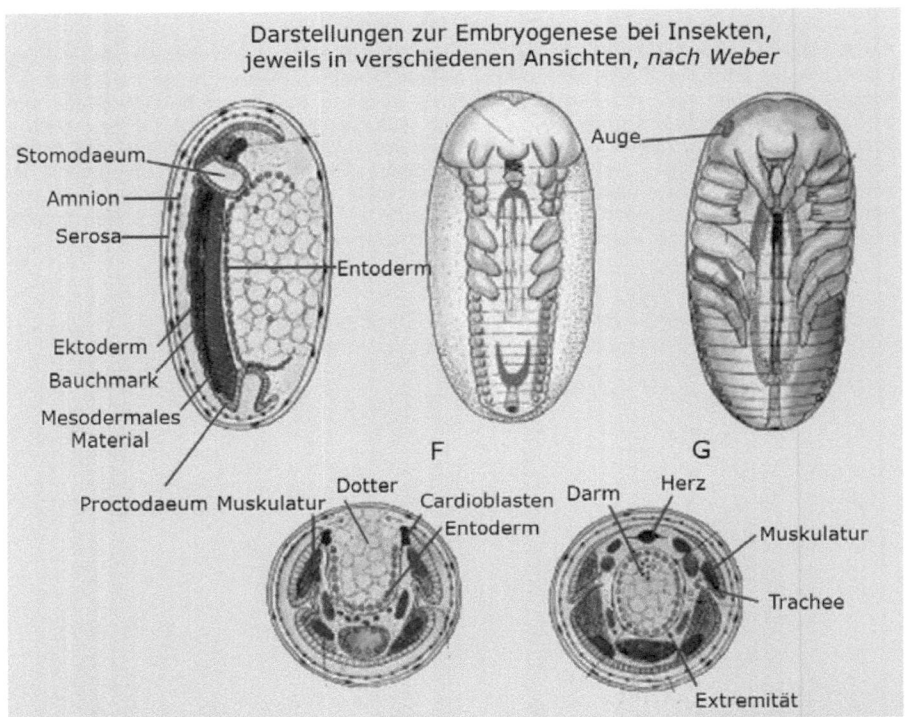

Bild Nr. 581
Darstellung zur Embryogenese bei Insekten
Bild oben Links Seitenansicht, Bild oben Mitte und oben Rechts in der Vorderansicht,
Bilder Unten Sagittalschnitt = „von vorne nach hinten verlaufend"
F=Gliedmaßen und Keimhüllenbildung; Beginn des Rückenschlusses,
G=schlupffähiges Insekt (*Larve*)

Die embryonale Entwicklung ist natürlich weitaus komplizierter, als wie von mir beschrieben. Ich denke aber, dass meine Ausführungen über dieses Thema und die einfache Darstellung in **Bild Nr. 580** und **Bild Nr. 581** ausreichen.

Die Postembryonale Entwicklung oder Jugendentwicklung beginnt mit der Sprengung der Eihülle (*Eischale*). Meist nimmt der Embryo durch Wasser- oder Luftaufnahme an Volumen zu, sodaß die Eihüllen (*Chorion*) durch Druck aufgerissen werden. Häufig besitzen die schlupfreifen Eilarven noch zusätzliche zahn- oder dornähnliche Hautbildungen in der Stirnregion, mit deren Hilfe die Eihülle durchgeschnitten oder aufgedrückt werden kann. Mit der Embryonalhülle (*Kutikula*) werden diese Hautbildungen beim Schlüpfen aus der Eischale abgestreift. Mit dem Schlüpfen ist die Embryogenese im Ei abgeschlossen und es beginnt das Larvenstadium, eine weitere Stufe hin zum fertigen Insekt (*Imago*).

2.2 Larve

Die Larven ähneln in keiner Weise dem späteren fertigen Insekt und es gibt unterschiedliche Bezeichnungen für sie. Die Larven des Maikäfers werden als Engerling bezeichnet und die kopf- und beinlosen Larven der Fliegen, Bienen, Ameisen u.a. nennt man Maden. Die Schmetterlingslarven sind uns als Raupen bekannt und die Larven des Schnellkäfers werden als Drahtwürmer bezeichnet.

Da die starre Chitinhülle der Insekten kaum ein Wachstum wie bei anderen Tieren zulässt, durchlaufen die meisten Insekten in ihrer Entwicklung eine vollkommene Verwandlung. Die Larven streifen die zu eng gewordene Chitinhülle von Zeit zu Zeit ab und ersetzen sie durch eine größere Hülle. Dabei geht auch meist eine schrittweise Abänderung der äußeren Gestalt vonstatten. Dieser Vorgang wird **Metamorphose** oder **Metabolie** genannt. Die Häutung erfolgt im Verlauf des Larvenwachstums drei bis vier Mal. Bei einigen Insekten auch bis zu zehn Mal. Bis schließlich im letzten Larvenstadium die endgültige Körpergröße erreicht ist. Die Larven fressen in diesem Stadium unermüdlich und richten zum Teil schwere Schäden an den Pflanzen an.

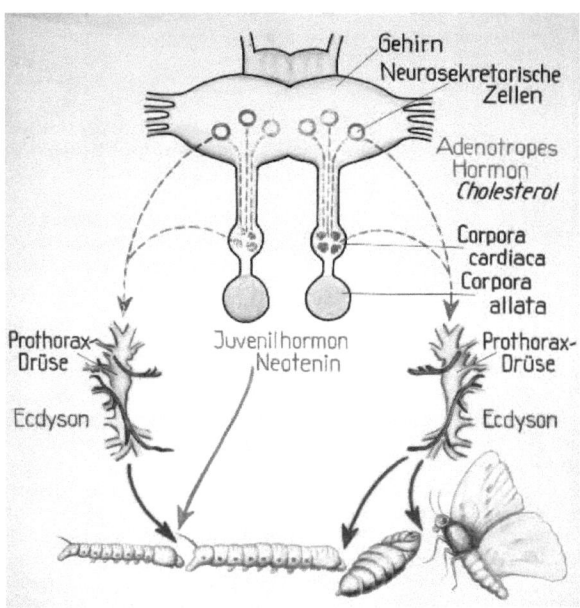

Bild Nr. 582
Funktionsweise von Entwicklungshormonen bei Insekten

Die Metamorphose der Insekten geschieht durch eine hormonelle Steuerung. Bestimmte Zellen am Oberschlundganglion scheiden das sogenannten Aktivitätshormon, oder prothoracotrope Hormon, ab. Eine zweite Drüse sondert das für die Entwicklung wichtige Ecdyson, das Häutungshormon, ab. Es kommt zur Larvenhäutung und schließlich zur vollen Entwicklung des Insekts. Dem Ecdyson wirkt das Juvenilhormon entgegen. Es veranlasst die Larvenhäutung.

Im erwachsenen (*adulten*) Insekt erfahren beide Hormongruppen einen Funktionswandel. Sie steuern hier die sexuelle Reifung und die Fortpflanzung (*gonadotrope Wirkung*). Die Bildung der Juvenilhormone und Ecdysteroide wird von äußeren Faktoren wie Temperatur, Lichtperiode, Nahrungsangebot, Populationsdichte, Stress und Angebot an geeignetem Eiablagesubstrat beeinflußt. Wie bei den Säugetieren gibt es auch bei den Insekten ein übergeordnetes Hormonsystem im Gehirn, welches auf äußere Faktoren reagiert und über Neurohormone (*Neuropeptide*) die Bildung der glandulären Hormone (*JH und Ecdysteroide*) steuert. Ausschließlicher Syntheseort der Juvenilhormone sind die Corpora allata, paarige Hormondrüsen ectodermaler Herkunft, die im Kopfbereich hinter dem Gehirn dem Oesophagus aufliegen. Ecdysteroide werden in den Prothoraxdrüsen, den Ovarien und dem abdominalen Integument mit anhängendem segmentalem Fettkörper gebildet.

Festzuhalten ist, dass es immer die ausgewachsene, endgültige Erscheinungsform eines Insekts ist, die »Imago« genannt wird, wenn von der betreffenden Art gesprochen wird. Alle während der individuellen Entwicklung auftretenden Zwischenformen, also Ei, Nymphe, Larve und Puppe, sind nur vorbereitende Stadien des schließlich entstehenden Typs, der die Art, die Spezies, verkörpert.

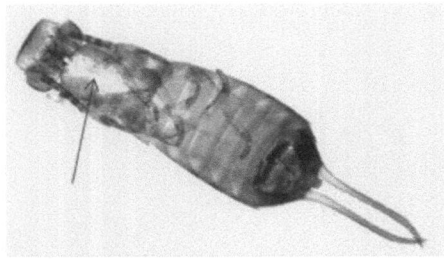

Bild Nr. 583
Leere Puppenhülle eines Ohrwurms
(*Präparat von D. Schmidt 2007*)

Hier sieht man deutlich die Öffnung, wo der Ohrwurm nach seiner Entwicklung die Hülle verlassen hat.

Bei der Larvenentwicklung gibt es zwei unterschiedliche Formen bei der Umwandlung zum adulten Insekt (*Imago*). Die **Holometabolie = vollständige Umwandlung** und die **Hemimetabolie = unvollständige Umwandlung**. Diese unterschiedlichen Formen beziehen sich auf die Entwicklung der Flügel. Bei den Holometabola werden die Flügel schon in einem relativ frühen Stadium bei der Verpuppung innerhalb des Körpers gebildet. Bei den Hemimetabola unterscheidet sich das Jungtier oft nur anhand seiner Größe vom erwachsenen Tier. Es findet daher im Gegensatz zu den holometabolen Insekten keine Verwandlung über ein Puppenstadium statt. Der auffälligste Unterschied zwischen Larve und Adult sind dabei die erst nach der letzten Häutung zur Imago erscheinenden Flügel. Bei einigen Hemimetabola folgen auf Larvenstadien ohne Flügelanlagen ein oder mehrere Stadien, bei denen unvermittelt im Anschluß an das flügellose Stadium der Altlarve relativ große äußere Flügelanlagen auftreten. Diese Übergangsformen mit spät auftretender Flügelentwicklung bezeichnet man als Nymphen. Eine nur unvollkommene Verwandlung machen beispielsweise die Heuschrecken, Grillen, Zikaden, Pflanzenläuse und Wanzen durch. Dann gibt es bei den Insekten noch eine dritte Art der Umwandlung, die **Ametabolie**. Ametabole Insekten sind eigentlich auch hemimetabole Insekten, haben aber kein Puppenstadium, besitzen aber im Gegensatz zu den hemimetabolen Insekten am Ende ihrer Entwicklung keine Flügel.

INSEKTENKUNDE
Grundlagen

Die Insektenlarven sind vornehmlich durch das Fehlen reifer Geschlechtsorgane und funktionsfähiger Flügel sowie durch die Fähigkeit zu selbstständigen Ernährung gekennzeichnet. Die aus dem Ei geschlüpfte Larve bezeichnet man bis zur ersten Häutung als Eilarve oder Jung- oder Primärlarve oder einfach als erstes Lavenstadium (L1). Sie wird nach der ersten Häutung zum zweiten Larvenstadium oder L2. Entsprechend nennt man die folgenden Lavenstadien L3, L4 usw.

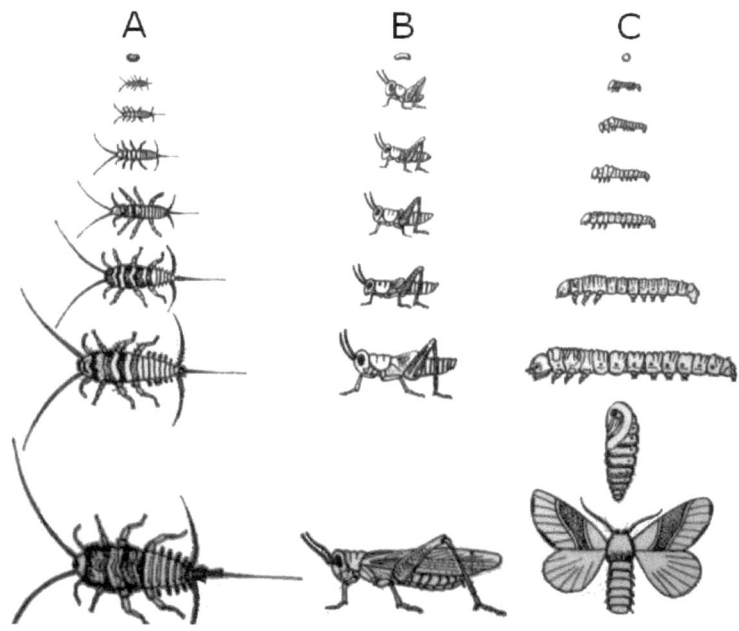

Bild Nr. 584
Metamorphosetypen

LINKS: Ametaboles Insekt (*Thermobia* spec.), **MITTE:** Hemimetaboles Insekt (*Feldheuschrecke*), **RECHTS:** Holometaboles Insekt (*Schmetterling*)

Zu den Ametabolen Insekten gehört z.B. das **Ofenfischchen** (*Thermobia domestica*). Es ist ein Fischchen aus der Familie der Lepismatidae und in Mittel- und Südeuropa sowie in Vorderasien ein weit verbreitetes Urinsekt. Die Tiere erreichen eine Größe von maximal 12 Millimetern. Wie der Name andeutet, benötigt das Ofenfischchen viel Wärme und überlebt nur in Backstuben und anderen warmen Räumen. Die Tiere fressen bevorzugt Mehl und Brot, allerdings können auch tierische Produkte befressen werden. Ofenfischchen lieben die Dunkelheit und können völlig ohne Lichtzufuhr auskommen. Sie ernähren sich von organischen Materialien, besonders Zellulose, Zucker und Stärke.

Bei den Holometabola, wir erinnern uns, dass sind die Insekten mit der vollständigen Umwandlung über eine Puppe, tritt ausnahmsweise ein letztes Larvenstadium mit Flügelanlagen auf, wie z.B. beim Prunkkäfer (*Lebia scapularis*). Ein solches Stadium nennt man auch Vorpuppe oder Praepupa. Semipupa wird das letzte Larvenstadium genannt, wenn unter dessen Kutikula (*lat. cutis, Häutchen*) bereits die Puppe im Umriss zu erkennen ist.

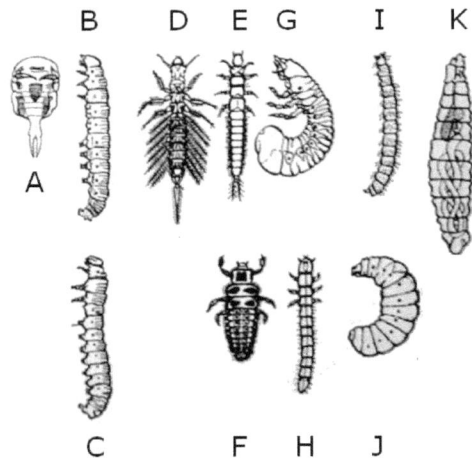

**Bild Nr. 585
Larvenformen bei Holometabolen**
(n. WEBER 1954 und WURMBACH 1957)

A=Junglarve von Inostemma (*Hymenoptera terebrantia*)
B=Lepidopterenraupe (*Pieris*)
C=Afterraupe einer Tenthredinide (*Neodiprion*)
D=Larve mit Kiemen einer Schlammfliege (*Sialis*)
E=Raubkäferlarve (*Abax*)
F=Marienkäferlarve (*Coccinella*)
G=Engerling eines Lamellicorniers (*Popillia*)
H=Schnellkäferlarve „Drahtwurm" (*Elater*)
I=Larve des Hundeflohs (*Ctenocephalus*)
J=Bienenlarve (*Apis*)
K=Fliegenmade (*Calliphora*)

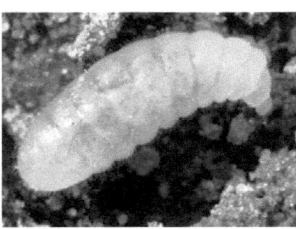

**Bild Nr. 586
Ameisenlarve** (*Formicidae*)

**Bild Nr. 587
Wespenlarve** (*Vespinae*)

Bild Nr. 588
Mehlkäferlarve=Mehlwurm
(*Tenebrio molitor*)

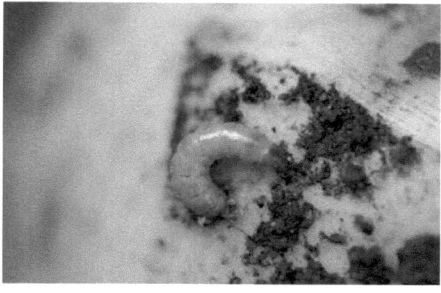

Bild Nr. 589
Apfelwicklerlarve (Wurm)
(*Cydia pomonella*)

Bild Nr. 590
Kartoffelkäferlarve
(*Leptinotarsa decemlineata*)

Der **Kartoffelkäfer** (*Leptinotarsa decemlineata*) ist eine Art aus der Familie der Blattkäfer. Der Kartoffelkäfer und seine Larven ernähren sich von Teilen der Kartoffelpflanze. Kartoffelkäfer können innerhalb kurzer Zeit ganze Felder kahl fressen. Die Käfer legen im Juni an den Blattunterseiten der Kartoffelpflanze jeweils Pakete von 20 bis 80 gelben Eiern ab. Insgesamt sind es pro Weibchen etwa 1200 Eier. Aus den Eiern schlüpfen nach 3 bis 12 Tagen die Larven. Sie sind rötlich und haben an den Seiten und am Kopf schwarze Punkte. Die Larven wachsen sehr schnell heran und häuten sich dreimal. Nach 2 bis 4 Wochen kriechen sie in die Erde, um sich dort zu verpuppen. Nach ungefähr zwei weiteren Wochen schlüpfen die Kartoffelkäfer, die jedoch noch mindestens eine Woche im Boden bleiben. Pro Jahr treten ein bis zwei Käfergenerationen auf. Die

Kartoffelkäfer überwintern im Boden. Bei Gefahr kann der Kartoffelkäfer ein Wehrsekret ausscheiden; seine auffällige Färbung wird daher als Warntracht gedeutet. Auf Grund dieser Tatschen hat der Kartoffelkäfer keine natürlichen Fressfeinde.

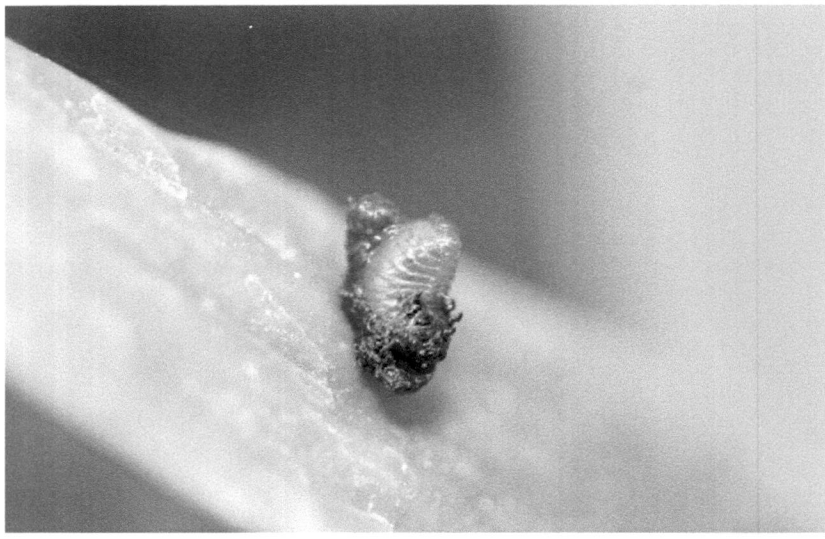

**Bild Nr. 591
Lilienhähnchenlarve**
(*Lilioceris lilii*)

Das **Lilienhähnchen** (*Lilioceris lilii*) ist ein Käfer aus der Familie der Blattkäfer (Chrysomelidae). Sowohl die erwachsenen Käfer als auch die Larven fressen an verschiedenen Arten der Lilien, aber auch an Maiglöckchen. Die Larven richten wegen ihres erhöhten Nahrungsbedarfs dabei größeren Schaden an, als die erwachsenen Käfer. Sie tarnen sich, indem sie ihren Kot auf dem Rücken ablagern. Hierzu ist der Larvenafter nach dorsal (*am Rücken gelegen*) verschoben. Ihre gesamte Larvenzeit verbringen sie in diesem schleimigen Kothaufen, so dass nur der Kopf heraussieht. Auf diese Weise werden sie sogar von Vögeln verschmäht.

Der Kartoffelkäfer ist heute weltweit verbreitet. Seine amerikanische Heimat lag im US-Bundesstaat Colorado; im Amerikanischen wird der Kartoffelkäfer daher auch „Colorado beetle" genannt. In Europa wurde der Kartoffelkäfer erstmals 1877 in den Hafenanlagen von Liverpool und Rotterdam gesichtet. In Deutschland sind die ersten Funde für Mülheim am Rhein und Torgau ebenfalls für 1877 belegt. Bereits zu dieser Zeit wurde von erheblichen Anstrengungen berichtet, die Plage einzudämmen. 1887 und 1914 traten neue größere Befallsherde in Europa auf. 1922 vernichtete der Käfer 250 km² Kartoffelbestände um Bordeaux. 1935 tauchte er in Lothringen und Belgien auf. 1936 wurde er erstmals in Luxemburg festgestellt; in demselben Jahr schaffte er es über den Rhein und breitete sich mit einer Geschwindigkeit von 20 bis 30 km pro Jahr nach Osten aus. 1945 gelangte er an die Elbe, 1950 an die Oder. 1960 hatte er schließlich Polen durchquert und die damalige UdSSR erreicht.

INSEKTENKUNDE
Grundlagen

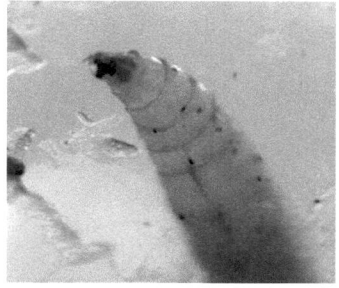

Bild Nr. 592
Fliegenlarve=Made
(*Brachycera*)

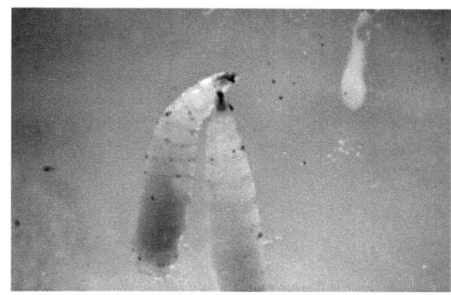

Bild Nr. 593
Fliegenlarve=Made
(*Brachycera*)

Die **Fliegen** (*Brachycera*) bilden eine Unterordnung der Zweiflügler (*Diptera*), zu der zahlreiche Familien gezählt werden. Zahlreiche Arten legen ihre Eier sehr unspezifisch ab und betreiben kaum Brutfürsorge. Fliegen und ihre Larven haben viele Fressfeinde. Daher sind zum Überleben der Art sehr große Mengen an Eiern abzulegen. Einige Fliegenarten verbringen Teile ihres Lebenszyklus in Fleisch, Kot oder verwesendem organischen Material. Dort ist es möglich, dass sie krankmachende Keime aufnehmen und diese auf Mensch und Tier übertragen.

Besonders diverse Arten der Familien Schmeißfliegen (*Calliphoridae*), Fleischfliegen (*Sarcophagidae*) und Echte Fliegen (*Muscidae*, z.B. die weit verbreitete Stubenfliege), haben eine Bedeutung als Lästlinge und Krankheitsüberträger. Ihre Maden sind Abfallverwerter und leben überwiegend von toten pflanzlichen und tierischen Substanzen. Einzelne Arten leben auch in lebendem Gewebe und lösen dort als Krankheitserreger die Fliegenmadenkrankheit aus. Diese Fliegenlarven leben vom Gewebe, den Körperflüssigkeiten oder dem Darminhalt des Wirtes. Sie ist bei Menschen in Mittel- und Südamerika sowie in Regionen mit tropischem oder subtropischem Klima verbreitet.

In der Tiermedizin kommt ein Fliegenmadenbefall auch in Europa häufiger vor. Betroffen sind vor allem stark geschwächte oder anderweitig erkrankte Tiere, die nicht mehr in der Lage sind, sich selbst zu putzen. Die Larven können sich sowohl in der Haut (durch kleine Verletzungen) als auch in den Körperöffnungen sowie in offenen Wunden ansiedeln. Unzureichende hygienische Bedingungen begünstigen eine Besiedlung eines Organismus mit einem Parasiten.

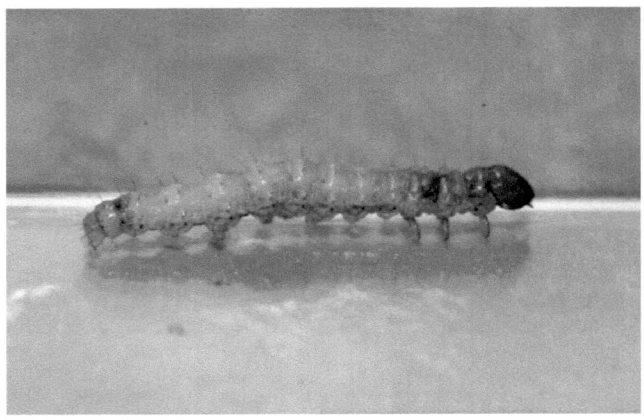

Bild Nr. 594
Schnellkäferlarve „Drahtwurm"
(*Elateridae*)

Bild Nr. 595
Kopf der Schnellkäferlarve
„Drahtwurm"
(*Elateridae*)

Die **Schnellkäfer** (*Elateridae*) sind eine Familie der Käfer innerhalb der Überfamilie Elateroidea. Die Larven sind verhältnismäßig aktiv und leben jeweils in bestimmten Lebensräumen, wie etwa in Erde, der Bodenstreu, Termitennestern oder Totholz. Sie ernähren sich von toten organischen Substanzen (*saprophag*), von Pflanzen (*phytophag*) oder räuberisch. Die Larven werden als Drahtwürmer bezeichnet. Einige Larven - beispielsweise die Drahtwürmer des Mausgrauen Sandschnellkäfers (*Agrypnus murinus*), die an Nutzpflanzen fressen, sind dadurch als Agrarschädlinge bekannt. Vor allem in Pflanzgärten und Baumschulen können durch sie fühlbare Verluste auftreten. Selbst frisch ausgelegter Samen wie beispielsweise Eicheln bleiben nicht von Fraßschäden durch die Drahtwürmer verschont.

INSEKTENKUNDE
Grundlagen

Bild Nr. 596
Larve=Raupe vom Buchen-Streckfuß (*Calliteara pudibunda*)

Bild Nr. 597
Larve=Raupe vom Buchen-Streckfuß (*Calliteara pudibunda*)

INSEKTENKUNDE
Grundlagen

Bild Nr. 598
Marienkäferlarve
(*Coccinella*)

Bild Nr. 599
Marienkäferlarve
(*Coccinella*)

Die **Marienkäfer** sind bei der Bevölkerung beliebt und tragen die unterschiedlichsten Namen in der jeweiligen lokalen Umgangssprache. Die Beliebtheit begründet sich unter anderem darin, dass sie im Gartenbau und der Landwirtschaft nützlich sind, da sie allein in ihrer Larvenzeit je nach Art bis zu 3000 Pflanzenläuse oder Spinnmilben fressen. Sie sind in ihrem Aussehen variabel, was ihre Bestimmung erschwert. Dieselbe Art kann in dutzenden Mustervarianten auftreten. Manche, wie etwa der Vierundzwanzigpunkt-Marienkäfer oder Luzerne-Marienkäfer (*Subcoccinella vigintiquatuorpunctata*), erreichen sogar über 4000 gezählte Varianten.

Bild Nr. 600
Larve=Raupe des Schlehen-Bürstenspinner
(*Orgyia antiqua*)

Hypermetamorphose

bei *Meloe* Gattung der Ölkäfer (*Meloidae*)

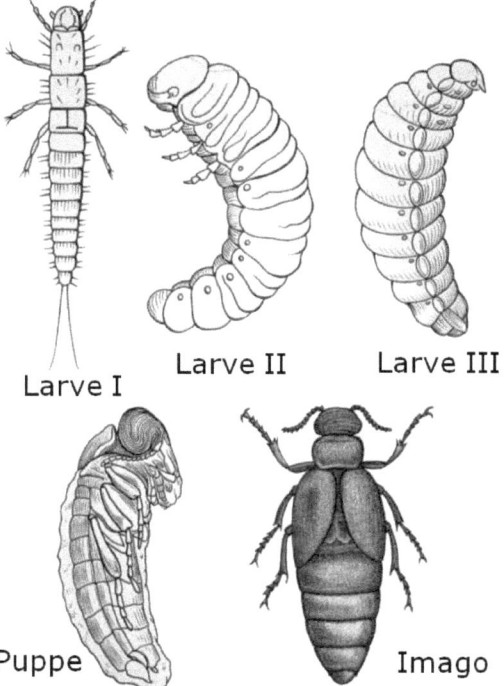

**Bild Nr. 601
Hypermetamorphose am Beispiel des Ölkäfers**
(*Meloidae*)

Als **Hypermetamorphose** wird eine Form der Entwicklung bezeichnet, bei der sich die morphologischen Merkmale im Verlauf der Entwicklung eines Tieres mehrfach grundlegend verändern. Es ist also eine Entwicklung mit mehrfacher Metamorphose. Sie tritt vor allem bei Insekten auf, die während verschiedener Larvenstadien unterschiedliche Lebensräume besiedeln. Bekannte Fälle sind u.a. Ölkäfer, Fanghafte oder Erzwespen. Die Larven der Ölkäfer leben ausschließlich parasitisch, vor allem in den Nestern von solitären Bienen (beispielsweise Sandbienen oder Pelzbienen), oder in Gelegen von Heuschrecken. Dabei ist das erste Larvenstadium als Dreiklauer (*Triungulinus*) ausgebildet und dient als Verbreitungsstadium, indem es sich an ein potentielles Wirtstier klammert. Beim Triungulinus finden sich am letzten Fußglied drei klauenartige Gebilde: eine Klaue und zwei klauenartige Borsten. Die Larven von *Meloë violaceus* beispielsweise warten auf Blüten und klammern sich an anfliegende Insekten. Larven anderer Ölkäfer benutzen andere Methoden, um in den Bienenstock zu gelangen. Zusammengedrängt simulieren sie eine weibliche Biene (*Mimikry*). Sobald eine männliche Biene das vermeintliche Weibchen begatten möchte, setzen sich die Larven an seinem Bauch fest. Falls die Biene später ein richtiges Weibchen befruchtet, wandern die Larven auf ihren Körper hinüber und lassen sich von der Biene in ihr Nest mitnehmen.

Dort angekommen, frisst der *Triungulinus – L1* das Bienenei und häutet sich zur *Sekundärlarve – L2*, welche den Honigvorrat verzehrt. Es können nun zusätzliche

Häutungen folgen. Dann verlässt die Larve die Bienenzelle und häutet sich im Boden zu einer beinlosen, überwinternden Scheinpuppe. In dieser verharrend häutet sich das Tier im späten Frühling zur Tertiärlarve, welche der Sekundärlarve ähnelt, aber keine Nahrung aufnimmt. Vier bis fünf Wochen darauf erfolgt die Verpuppung.

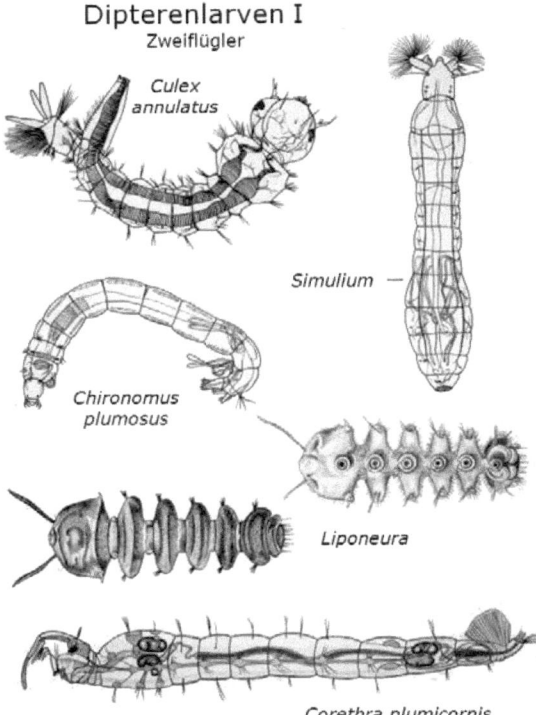

**Bild Nr. 602
Verschiedene Dipterenlarven**

Culex annulatus=Stechmücke,
Simulium=Kriebelmücken
Chironomus plumosus=Zuckmücke
Liponeura=Lidmücke
Corethra plumicornis=Büschelmücke

Mücken (*Nematocera*) gehören zu den Zweiflüglern (*Diptera*) innerhalb der Insekten. Zu ihnen gehören als bekannteste einheimische Vertreter die Stechmücken und die Schnaken. Die meisten Mücken sind zart gebaute, schlanke Insekten mit fadenförmigen, vielgliedrigen Antennen und langen, dünnen Beinen. Sie besitzen meist stechend-saugende Mundwerkzeuge. Die Unterordnung umfasst etwa 45 Familien.

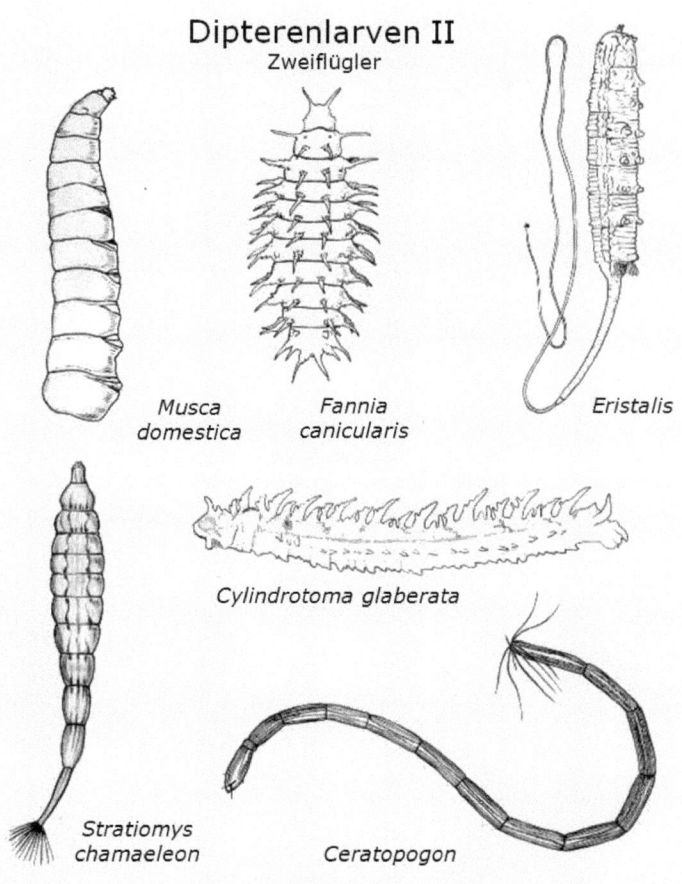

**Bild Nr. 603
Verschiedene Dipterenlarven**

Musca domestica=Stubenfliege
Fannia canicularis=Kleine Stubenfliege
Eristalis=Mistbiene
Cylindrotoma glaberata=Moosmücke
Stratiomys chamaeleon=Waffenfliege
Ceratopogon=Bartmücken

INSEKTENKUNDE
Grundlagen

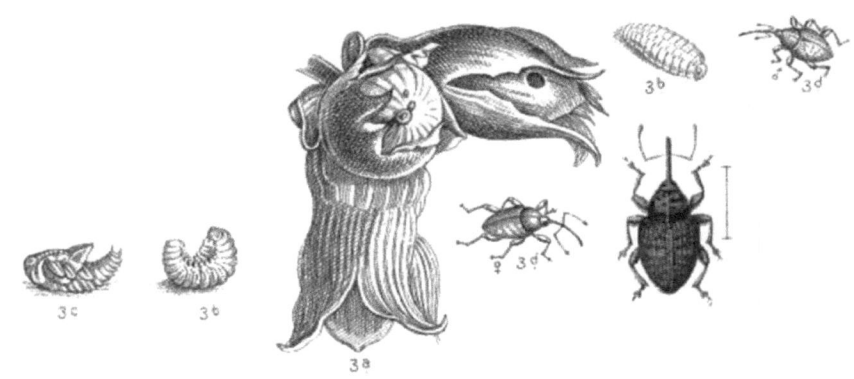

Bild Nr. 604
Entwicklungsstufen des Haselnussbohrers (*Curculio nucum*)

Bild Nr. 605
Vom Haselnussbohrer befallene Frucht

Bild Nr. 606
Die Nuss ist zum großen Teil von der Larve des Haselnussbohrers gefressen worden

Der **Haselnussbohrer** (*Curculio nucum*) ist ein Käfer aus der Familie der Rüsselkäfer (*Curculionidae*). Die erwachsenen Tiere ernähren sich im Frühjahr von jungen Pflanzen und fressen erst später an Haseln. Dort bohren die Käfer junge Nüsse an und die Weibchen legen ihre Eier in den Nüssen ab. Die Larven ernähren sich etwa vier Wochen lang vom Inneren der Nuss, die durch den Befall von der Pflanze abfällt. Die ausgewachsenen Larven verlassen die Nuss, überwintern im Boden und verpuppen sich dort erst im Frühjahr. Die Käfer der neuen Generation schlüpfen im Sommer und überwintern.

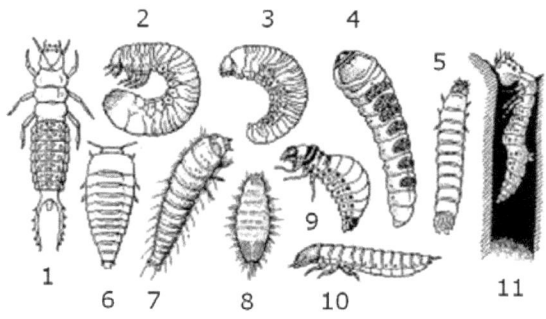

**Bild Nr. 607
Verschiedene Laufkäferlarven**

1=**Laufkäfer** (*Carabidae*)
2=**Maikäfer** (*Melolontha*)
3=**Waldgärtner** (*Tomicus piniperda*)
4=**Heidbock** (*Cerambyx cerdo*)
5=**Schnellkäfer** (*Elateridae*)
6=**Aaskäfer** (*Silphidae*)
7=**Speckkäfer**
8=**Museumskäfer** (*Dermestidae*)
9=**Kartoffelkäfer** (*Leptinotarsa decemlineata*)
10=**Moorweichkäfer** (*Dascillidae*)
11=**Sandlaufkäfer** (*Cicindelinae*)

Eine besondere Art des Beutefangs gibt es bei den Sandlaufkäferlarven. Sie ernähren sich, abgesehen von wenigen Ausnahmen, räuberisch von kleinen Insekten und Spinnen. Ihre Larven lauern in senkrechten Erdröhren auf ihre Beute.

**Bild Nr. 608
Beginnende
Verpuppung einer
Raupe**

INSEKTENKUNDE
Grundlagen

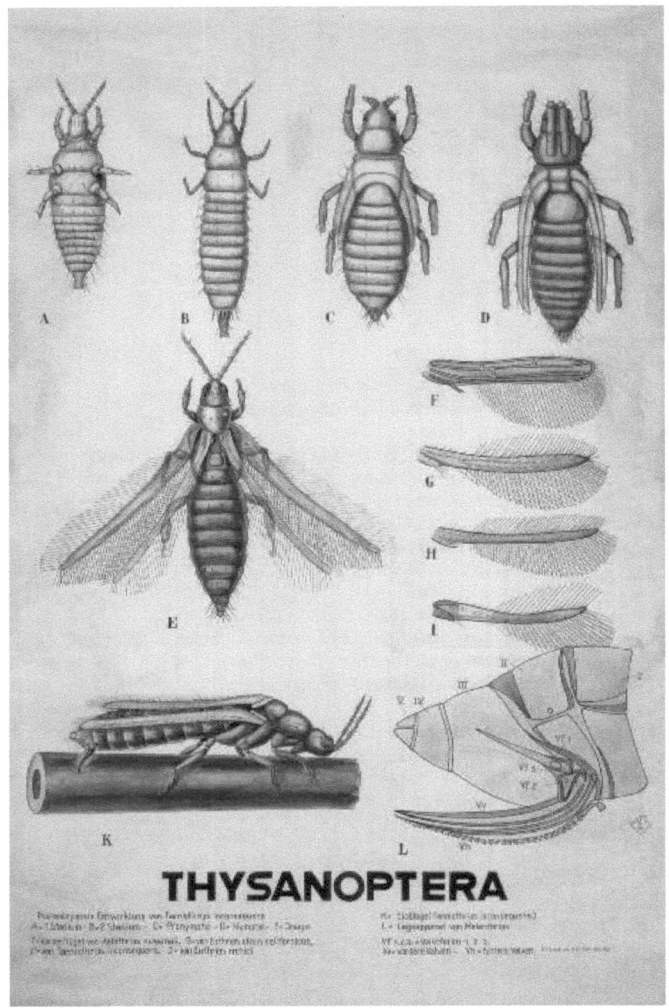

Bild Nr. 609
Larvenstadien von Fransenflügler (*Thysanoptera*)

Fransenflügler (*Thysanoptera*), auch **Thripse** oder **Blasenfüße** sind eine Ordnung in der Klasse der Insekten. Der Name „Blasenfüße" kommt von lappenartig verbreiterten Strukturen an den Endgliedern der Füße (*Arolium*). Diese können durch Druckerhöhung ballonartig ausgestülpt und dann durch eine Drüse mit Flüssigkeit benetzt werden. Sie dienen als Haftapparat an glatten Oberflächen. Viele Fransenflügler-Arten vermehren sich zumindest teilweise mittels Jungfernzeugung, also durch ungeschlechtliche Fortpflanzung.

Bei der Geschlechtsbestimmung ist bei einigen Arten dabei ein Einfluss der Bakteriengattung *Wolbachia* nachgewiesen, die in Eizellen parasitiert und die Entwicklung von Männchen bei vielen Insektenarten unterdrücken kann. *Wolbachia* ist eine Gattung parasitisch lebender Bakterien. Als wichtigste Art dieser Gattung gilt *Wolbachia pipientis*. Das Beeindruckende an allen Wolbachia-Arten ist ihre Überlebensstrategie. Sie leben meistens in den Geschlechtsorganen der Wirtstiere und manipulieren deren Fortpflanzung zu ihrem Vorteil. Das Geschlecht wird bei Fransenflüglern durch Haplodiploidie bestimmt. Da bedeutet, dass das eine Geschlecht nur einen Chromosomensatz trägt (*haploid*) und das andere Geschlecht den doppelten Chromosomensatz (*diploid*). Ähnlich wie im viel besser bekannten Fall der Hautflügler entstehen daher aus unbefruchteten Eiern immer Männchen. Das Geschlechtsverhältnis ist nur bei wenigen Arten näher untersucht worden, es erwies sich in einigen Fällen als sehr variabel und vom Ernährungszustand, der Besiedlungsdichte und Umweltfaktoren abhängig. Die Larven ähneln adulten Fransenflüglern in Gestalt und Lebensweise, sie weisen allerdings weder Flügel noch Flügelscheiden auf. An die zwei Larvenstadien schließt sich ein Vor(Prä)puppenstadium an. Diese Verwandlung findet bei den meisten Arten in ca. 20 Zentimeter Tiefe im Boden statt. Einzelne Arten gehen aber auch bis zu einer Tiefe von einem Meter in den Boden, wiederum andere bleiben auf der Oberfläche. Einige Arten verpuppen sich in einem selbst gesponnenen Kokon. An das Präpuppen-Stadium schließt sich bei der Unterordnung der Fransenflügler (*Terebrantia*) ein weiteres Puppenstadium an, bei den der Unterordnung der Fransenflügler (*Tubulifera*) sogar zwei.

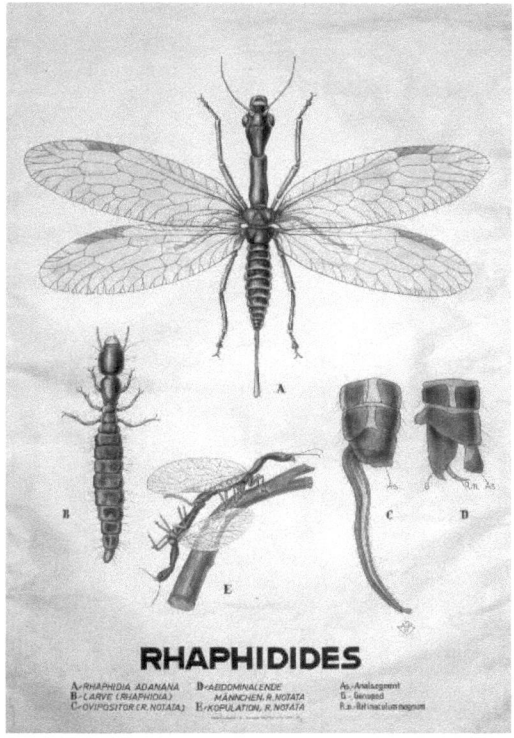

**Bild Nr. 610
Larve und Imago von
Kamelhalsfliegen**
(*Raphidioptera*)

A=*Raphidia adanana*
B=Larve Rhaphdia
C=Ovipositor (*Raphidia notata*)
D=Abdominalende vom
Männchen (*Raphidia notata*)
E=Kopulation (*Raphidia notata*)

Die **Kamelhalsfliegen** (*Raphidioptera*) sind eine Ordnung der Insekten. Gemeinsam mit den Netzflüglern (*Neuroptera*) und den Großflüglern (*Megaloptera*) bilden sie die Gruppe der Netzflüglerartigen (*Neuropterida*). Die langgestreckten Larven leben unter der Rinde oder am Boden und ernähren sich ebenfalls räuberisch. Sie besitzen einen stark chitinisierten Vorderkörper aus Kopf und Prothorax, der restliche Körper ist eher weichhäutig. Sie sind relativ schnelle Läufer, wobei sie auch rückwärts laufen können. Sie haben sich vor allem einen Ruf als Borken- und Bockkäferjäger gemacht sowie als Vertilger der Eier von Nonnen, einer forstschädigenden Schmetterlingsart. Die Larvalentwicklung beansprucht bei den meisten Arten zwei bis drei Jahre. Bei wenigen Arten kann sie auch ein Jahr, bei anderen bis zu sechs Jahre dauern, wobei sich die Tiere 9- bis 13-mal häuten. Nach der Larvenzeit verpuppen sich einige rindenbewohnende Spezies in einer in das weichere Rindensubstrat genagten Puppenhöhle, in der die Puppe bis kurz vor Abschluss der Puppenruhe bewegungslos liegt. Diese sieht dem ausgewachsenen Insekt mit Ausnahme der noch als Anlagen vorhandenen Flügel bereits sehr ähnlich. Kurz vor dem Ende der Puppenruhe beginnt sie jedoch sich innerhalb der Höhle zu bewegen und schlüpft schließlich als fertiges Insekt aus der Puppenhülle (*Exuvie*).

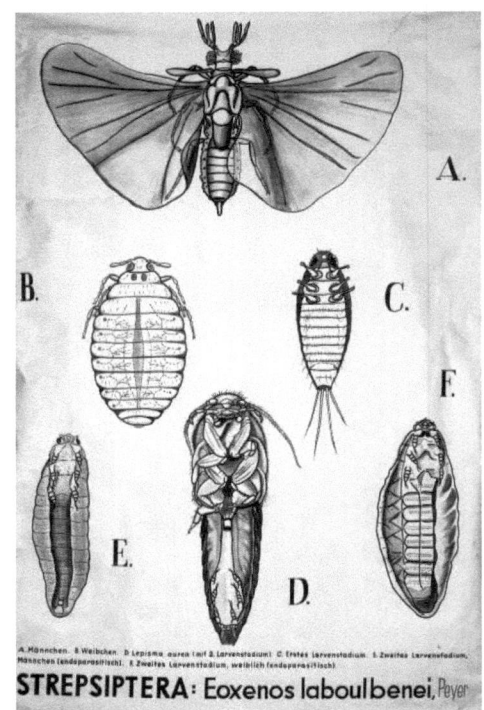

Bild Nr. 611
Fächerflügler (*Strepsiptera*)

A=Männchen
(*Eoxenos laboulbenei*)

B=Weibchen
(*Eoxenos laboulbenei*)

C=erstes Larvenstadium
(*Eoxenos laboulbenei*)

D= zweites Lavenstadium
(*Lepisma aurea*)

E=zweites Larvenstadium
(*Eoxenos laboulbenei*)
Männchen (*endoparasitisch*)

F=zweites Larvenstadium
(*Eoxenos laboulbenei*)
Weibchen (*endoparasitisch*)

Die **Fächerflügler** (*Strepsiptera*) sind eine Insektenordnung innerhalb der Neuflügler (*Neoptera*), die einen Teil ihrer Entwicklung als Innenparasiten (*endoparasitisch*) anderer Insekten durchmachen. Die Fächerflügler weisen einen ausgeprägten Sexualdimorphismus auf.

Die Männchen sind, im Gegensatz zu den immer ungeflügelten Weibchen, stets geflügelt. Jedoch sind die Vorderflügel zu Halteren umgebildet. Die großen Hinterflügel sind vor dem Schlüpfen fächerartig gefaltet (*Fächerflügler*).

Das Weibchen bringt etwa einige hundert bis tausende winzige Larven (*Triungulinoide*) hervor, die frei beweglich sind und mit Beinen, Augen und Sprungborsten ausgestattet sind. Dieses erste Larvenstadium sucht andere Insektenarten als Wirt auf und dringt in diesen ein. Oft wird schon die Larve des Wirtes befallen. Die erste Larve der Fächerflügler wird auch als das Infektionsstadium bezeichnet. Im Wirt häutet sie sich zum zweiten Larvenstadium, dem Fressstadium. Sie lebt in dieser Zeit von den Körpersäften (*Hämolymphe*) des Wirtes und häutet sich noch mehrere Male zu höheren Zweitlarvenstadien. Danach verlässt die weibliche Zweitlarve den Wirt und verpuppt sich (*basale Fächerflügler*) beziehungsweise durchbricht die Außenhülle des Wirtes zwischen den Segmenten, sodass der Kopf und die Brust herausragen und verpuppt sich. Die gehäutete Hülle wird nicht abgelegt, sondern das Tier verbleibt darin und häutet sich weiter. Die entstehende Hülle wird als Puparium bezeichnet. Die männlichen Tiere bleiben im Wirt, bohren sich mit dem Vorderende aus dem Hinterleib des Wirtes und verpuppen sich. Die geschlechtsreifen Männchen schlüpfen dann aus ihrem Puparium, indem sie den Deckel absprengen und machen sich auf die Suche nach paarungsbereiten Weibchen.

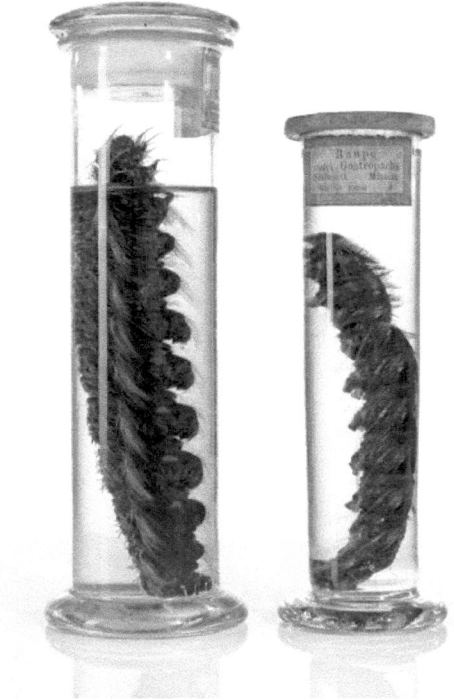

Bild Nr. 612

Larven aus der Alkoholsammlung des Museums für Naturkunde in Berlin

**Rechts
Larve einer
Glucke** (*Gastropacha spec.*)
aus dem südwestlichen Afrika

INSEKTENKUNDE
Grundlagen

Bild Nr. 613
Larven aus der Alkoholsammlung des Museums für Naturkunde in Berlin
Raupennest vom Frühlings-Wollafter (*Eriegaster lanestris*) **Umgebung von Berlin**
Links Larve vom Edelfalter (*Brassolis astyra*) **aus Brasilien**

Bild Nr. 614
Wespenlarven in verschiedenen Wachstumsstadien

INSEKTENKUNDE
Grundlagen

**Bild Nr. 615
„Klassisches" Wespennest**

Die **Echten Wespen** (*Vespinae*) sind eine Unterfamilie der Faltenwespen (*Vespidae*) mit weltweit 61 Arten. In Mitteleuropa kommen elf Arten der Echten Wespen vor, unter anderem die beiden hierzulande bekanntesten Wespenarten *Deutsche Wespe* und *Gemeine Wespe*, sowie die *Hornisse*. Wespennester bestehen aus einer papierartigen Masse. Ausgangsmaterial für den Nestbau ist morsches, trockenes Holz, das zu Kügelchen zerkaut wird. Die Nester sind bei Hornissen nach unten hin geöffnet, bei den übrigen Wespenarten ist die Außenhülle bis auf ein Einflugloch geschlossen. Sie haben anfangs fünf bis zehn Zellen in meist etwas abgerundeter Wabenform. In diesem Stadium werden sie von der Königin allein betreut. Sie sind dann den Nestern der Feldwespen sehr ähnlich, unterscheiden sich aber durch den Ansatz der Nesthülle, die von Anfang an mit angelegt, aber anfangs nicht geschlossen wird. Die Nester bestehen später aus mehreren, übereinander angeordneten Wabenetagen, die stets waagrecht ausgerichtet und nach unten geöffnet sind, und einer isolierenden, mehrschichtigen Außenhülle. Meist verhüllt die Außenhülle die Waben, die nur bei Zerstörung der Hülle sichtbar werden. Beim Nestwachstum bauen die Tiere die Hülle ab, wenn unten neue Waben angefügt werden, und schließen sie sofort wieder.

Je nach Art kann man in „Dunkelhöhlennister" (*Rote Wespe, Deutsche Wespe und Gemeine Wespe*) und solche, die ihre Nester frei in Hecken, Bäumen, auf Dachböden usw. aufhängen, unterscheiden. Auch sind die Nester im Endausbau je nach der erreichbaren Volksstärke unterschiedlich groß. So erreichen in Mitteleuropa nur die beiden Arten Deutsche Wespe und Gemeine Wespe Volksstärken von bis zu 7000 Tieren. Die anderen sechs staatenbildenden Arten kommen dagegen nur auf einige hundert Nestinsassen. Die beiden Gruppen sind leicht am Nestbau zu unterscheiden. Die Nester der Dunkelhöhlennister besitzen eine Außenhülle mit halbkreisförmigen isolierenden Lufttaschen, bei Aufsicht ergibt sich ein Schuppenmuster. Die anderen Arten bauen röhrenförmige Lufttaschen in die Nesthülle; diese sieht dadurch quergestreift aus. Die Nester der Dunkelhöhlennister können gelegentlich in größeren Hohlräumen wie z.B. Dachböden frei hängen. Sie sitzen dann aber immer breit mit einer oder mehreren Seiten an der Unterlage an. Die Nester der übrigen Arten sitzen frei hängend an einem Stielchen.

Eine Unterscheidung der Nester ist auch aufgrund des verwendeten Baumaterials möglich. Alle Echten Wespen bauen Papiernester aus Holzfasern. Die Hornisse und die Gemeine Wespe verwenden dabei morsches, verfallenes Holz (z.B. von verrottenden Baumstämmen und Ästen). Ihr Nest ist hell-beigefarben. Alle anderen Arten verwenden oberflächlich verwittertes Holz, z.B. Totholz an Bäumen sowie von Weidepfählen, Holzzäunen im menschlichen Siedlungsbereich. Ihre Nester sind von grauer Farbe. Die in den einzelnen Waben sich entwickelnden Larven werden mit einem Brei aus zerkauten Insekten gefüttert. Nach der Fütterung geben die Larven einen zuckerhaltigen Tropfen ab, der wiederum zur Ernährung der Königin dient und für die Larven die einzige Möglichkeit darstellt, Flüssigkeit abzugeben. Erst kurz vor der Verpuppung geben die Larven Kot ab. So wird verhindert, dass es im Nest durch Verschmutzung mit Ausscheidungen zu Fäulnis kommt. Durch die von der Königin verströmten Pheromone entwickeln sich aus den Larven keine neuen befruchtungsfähigen Weibchen, sondern unfruchtbare Arbeiterinnen.

**Bild Nr. 616
Wespen in „Alarmbereitschaft"**

INSEKTENKUNDE
Grundlagen

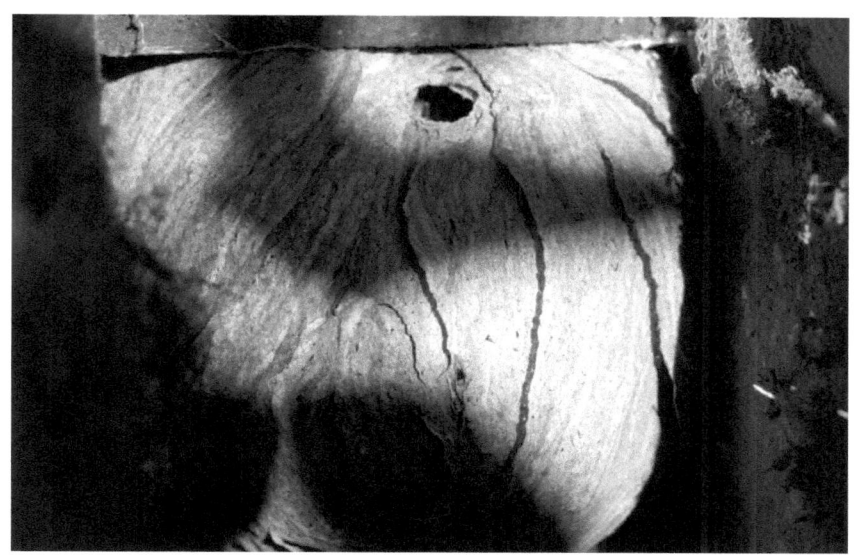

Bild Nr. 617
Wespennest im Meisenkasten

Bild Nr. 618
Wespenlarven in verschiedenen Wachstumsstadien

INSEKTENKUNDE
Grundlagen

Bild Nr. 619
Larve vom Schwalbenschwanz
(*Papilio machaon*)

Bild Nr. 620
Larve vom Abendpfauenauge
(*Smerinthus ocellatus*)

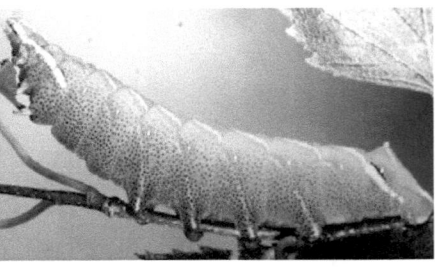

Bild Nr. 620a
Larve vom Birkenspinner
(*Endromis versicolora*)

INSEKTENKUNDE
Grundlagen

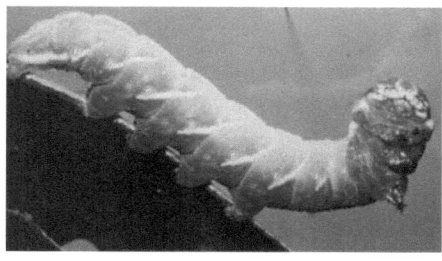

Bild Nr. 621
Larve vom Eichen-Zahnspinner
(*Peridea anceps*)

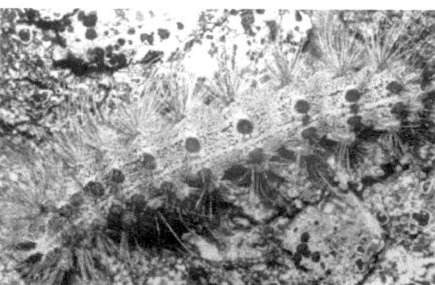

Bild Nr. 622
Larve vom Schwammspinner
(*Lymantria dispar*)

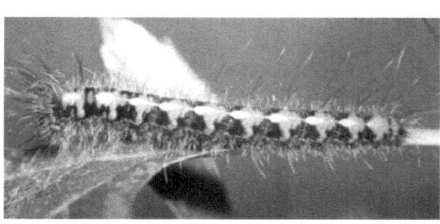

Bild Nr. 623
Larve der Weidenglucke
(*Phyllodesma ilicifolia*)

Bild Nr. 624
Ameisen-Sackkäfer
(*Clytra laeviuscula*)

Der **Ameisen-Sackkäfer** oder **Ameisen-Blattkäfer** (*Clytra laeviuscula*) ist eine Käferart aus der Familie der Blattkäfer (Chrysomelidae) und hat eine ganz besonder Taktik für seine Nachkommen entwickelt. Die Käfer paaren sich in der Nähe von Ameisennestern, die Eier werden mit Schuppen aus Kot beklebt und fallen gelassen. Die Ameisen tragen sie schließlich in ihr Nest. Im Nest ernähren sich die Käferlarven sowohl von der Nahrung der Ameisenbrut, als auch von Abfällen und mitunter auch von der Brut selbst. Sie bauen um sich eine Hülle aus Kot (*Skatoconche*), die sie vor den Ameisen schützt. Die Verpuppung findet im Ameisennest geschützt von der Kothülle statt. Die jungen Imagines schlüpfen daraus erst, wenn ihr Chitinpanzer ausgehärtet ist und verlassen schließlich das Nest. Werden die Tiere angegriffen, stellen sie sich tot (*Thanatose*).

Über das Thema der Insektenlarven könnte schon ein eigenes Buch geschrieben werden. Die Vielfältigkeit in der Farbe und Form der Insektenlarven, die Art ihrer Ernährung und die Bedeutung der Insektenlarven als Nahrung für viele andere Tiere und schließlich der Einfluß auf diese natürliche Nahrungskette durch den Menschen bilden genug Anhaltspunkte für interessante Betrachtungen über die Lebensweise der Insektenlarven.

INSEKTENKUNDE
Grundlagen

2.3 Puppe

Nach dem Larvenstadium beginnt das Puppenstadium. Diese Puppe nimmt keinerlei Nahrung mehr zu sich und ist meist nicht mehr in der Lage sich fort zu bewegen. In diesem Ruhestadium entwickelt sich die Larve durch einen Umwandlungsprozess zum vollständigen Insekt. Die Dauer des Lavenstadiums ist bei den einzelnen Insektenarten ebenfalls sehr unterschiedlich. Einige Arten der **Bockkäfer** benötigen zwei Jahre zur Entwicklung. **Maikäfer** haben eine meist vier Jahre dauernde Entwicklung. Wobei die Entwicklung im Süden manchmal auch nur dreijährig ist und im Osten auch mal fünf Jahre betragen kann (Umgebungstemperatur). Das Wachstum gestaltet sich je nach Körperteil unterschiedlich und auch die Borsten und Färbung sind in den verschiedenen Stadien unterschiedlich. Sind die Larven ausgewachsen kleben sie mit Hilfe eines Sekrets ihren Hinterleib an Blättern, Zweige oder an Rinde fest. Sie häuten sich noch einmal und schieben die Haut bis zum Befestigungspunkt zurück und verpuppen sich. **Marienkäferlarven** verpuppen sich in einer Mumienpuppe, was für Käfer untypisch ist. Das heißt, dass die Gliedmaßen und Fühler nicht frei liegen, sondern an den Körper geklebt sind.

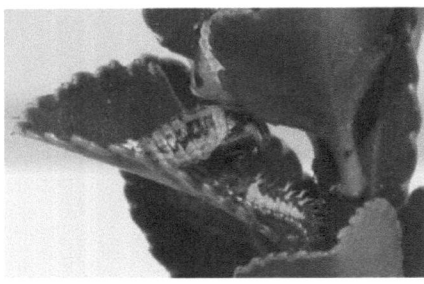

Bild Nr. 625
Hier frisst eine Marienkäferlarve eine Marienkäferpuppe aus

Bild Nr. 626
Es bleibt nur noch die Puppenhülle übrig

Bild Nr. 627
Die Puppe vom Marienkäfer
(*Coccinellidae sp.*)
Die Marienkäferpuppe ist erst gelblich gefärbt.

Bild Nr. 628
Die Puppe vom Marienkäfer
(*Coccinellidae sp.*)
Nach einer Woche ist die Puppe orange gefärbt und die Punkte sind schon vorhanden.

INSEKTENKUNDE
Grundlagen

Bild Nr. 629
Die Puppe vom Marienkäfer
(*Coccinellidae sp.*)
Wieder eine Woche später. Der Marienkäfer ist geschlüpft und hat nur noch seine leere Puppenhülle zurück gelassen.

Bild Nr. 630
Die leeren Puppenhüllen vom Marienkäfer
(*Coccinellidae sp.*)
Hier hängt eine ganze Gruppe verlassener Puppenhüllen des Marienkäfers unter dem Dach eines Meisenkastens.

Bild Nr. 631   **Bild Nr. 632**
Die Puppe vom Marienkäfer   **Endlich geschafft: Das Vollinsekt**
(*Coccinellidae sp.*)   (*Imago*) **des Marienkäfers**

Als meist bewegungsunfähiges Umbildungsstadium ist die Puppe der Insekten mit der vollständigen Umwandlung auf Schutz vor mechanischen Verletzungen angewiesen. Viele verpuppungsreife Larven suchen deshalb Hohlräume auf, andere verpuppungsreife Larven spinnen sich einen Kokon aus schnell erhärtendem Drüsensekret. Häufig werden auch Bodenteilchen, Holzspäne u.a. Materialien in die Spinnsubstanz mit eingearbeitet. Zwei Hauptgruppen von Puppen werden unterschieden. Die Pupa dectica besitzt sklerotisierte Oberkiefer (*Mandibeln*) die bei den Netzflüglern oder Haften (*Neuroptera*), Schnabelfliegen (*Mecoptera*), Köcherfliegen (*Trichoptera*) und primitiven Schmetterlingen (*Lepidoptera*) zum Durchbeißen des Kokons beim Schlüpfen benutzt werden. Die zweite Hauptgruppe ist die Pupa adectica. Bei den Puppen dieser Hauptgruppe fehlen die sklerotisierten Oberkiefer. Zu diesem Puppentyp gehört die Pupa libera mit freiliegenden Körperanhängen. Diese findet man bei den Käfern (*Coleoptera*), Fächerflügler (*Strepsiptera*), Flöhe (*Aphaniptera=Siphonaptera*) und Hautflügler (*Hymenoptera*).

Ebenfalls zur zweiten Hauptgruppe gehört die Pupa coarctata der cyclorrhaphen Zweiflügler (*Dipteren*), deren Puppenhülle (*Puparium*) die verhärtete Kutikula des 3. Larvenstadium darstellt. Dieses Puparium wird als Tönnchenpuppe bezeichnet.

Nach der Art, wie Fliegen aus ihren Puppen schlüpfen, gliedert man sie in die Untergruppen der **Spaltschlüpfer** (*Orthorrhapha*) und **Deckelschlüpfer** (*Cyclorrhapha*). Die Deckelschlüpfer sprengen mit ihrer Stirnblase (*Ptilinum*), in die sie Hämolymphe pressen, den Deckel ihrer Tönnchenpuppe ab. Es handelt sich dabei um die höchstentwickelte Gruppe der Fliegen, zu der die große Masse aller Zweiflüglerarten gehört.

Bild Nr. 633
Tönnchenpuppen der Fliegen

Bild Nr. 634
Tönnchenpuppen der Fliegen

Bei Käfer und Hautflügler kann man bei den Puppen schon deren Gliedmaßen erkennen, da sie am Rumpf frei anliegen. Die Mehrzahl der Schmetterlinge, Mücken und einige Käfergruppen haben eine Pupa obtecta (Mumienpuppe). Sie besitzt fest anliegende, durch die Exuvialflüssigkeit mit dem Rumpf verklebte Körperanhänge. Die **Exuvie** (Exuvia=Häutungshemd) ist die bei der Häutung (*Ecdysis*) abgeworfene Haut. Diese Exuvie besteht meist ausschließlich aus chitinisierter oder verhornter Kutikula und trägt manchmal auch cuticuläre Organe wie Schuppen oder Borsten. Exuvien finden sich vor allem bei den Gliederfüßern (*Arthropoda*) wie den Insekten, Der bei der Häutungsvorbereitung von Gliederfüßern entstehende Spaltraum zwischen alter und sich neu bildender Kutikula wird als Exuvialraum bezeichnet. In diesen gibt das Tier ein vorwiegend aus Chitinasen und Proteinasen bestehendes Sekret (*Exuvialflüssigkeit*) ab, welches die alte Endocuticula von innen her auflöst

Bild Nr. 635
Mumienpuppe (*Pupa obtecta*)

Bei Bienen und Ameisen gibt es noch zusätzliche Arten wie zum Beispiel Arbeiterinnen, die im Puppenstadium eine andere Entwicklung durchlaufen und sich von den Mitgliedern der eigenen Gruppe im Verhalten und Aussehen unterscheiden. Die Puppen der Ameisen nehmen keine Nahrung mehr auf und verharren völlig regungslos.

Da bei den Larven der Ameisen die Verdauungsorgane noch nicht vollständig ausgebildet sind, sammeln sie die unverdaulichen Nahrungsreste im sogenannten Kotsack, der sich am Ende des Mitteldarms befindet. Erst am Ende der Larvenzeit ist die Verbindung zum After vollständig ausgebildet, so dass der Inhalt des Kotsacks bei der Umwandlung zur Puppe als sogenanntes Meconium entsorgt werden kann (siehe auch **Bild Nr. 636**). Bei Ameisen, deren Puppen in Kokons liegen, wird der Larvenkot (Exkret) durch schwarze Punkte an der Puppenhülle sichtbar, sobald zwischen Darm und Magen eine Verbindung entstanden ist.

Die Larven der meisten Schuppen- und Urameisen spinnen sich beim Verpuppen mittels eines aus ihrem Labium austretenden Spinndrüsensekretes in eine trockene Hülle (*Kokon*) ein. Die Larven der Knotenameisen verpuppen sich hingegen ohne Kokon.
Die Puppenruhe dauert bei den Roten Waldameisen rund 14 Tage, bei vielen Arten jedoch bedeutend länger. Die Puppenkokons werden von den Brutpflegerinnen an die günstigsten Standorte transportiert und gepflegt. Auch helfen sie beim Schlüpfen und füttern und reinigen die junge Ameise noch einige Tage lang, bis deren Chitinpanzer gehärtet und nachgedunkelt ist.

INSEKTENKUNDE
Grundlagen

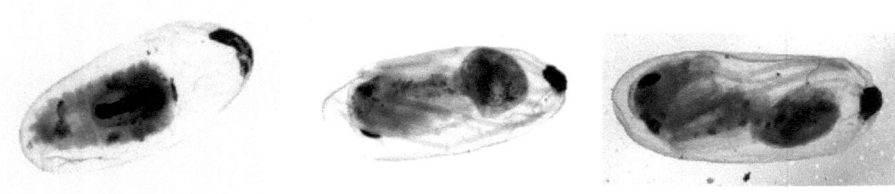

Bild Nr. 636
Ameise in verschiedenen Phasen der Metamorphose
(*Präparate von D. Schmidt 2012*)

Im Puppenstadium findet die Umwandlung der Larve zum Vollinsekt statt. Je nach Dauer der Entwicklung schlüpft aus der Puppe dann das Vollinsekt. Dieses Insekt wächst nicht mehr, ist fortpflanzungsfähig und meist geflügelt. Weibchen und Männchen unterscheiden sich häufig in der Größe, der Färbung, der Fühlerbildung und sind teilweise stark verschieden. Beispiele dafür sind die Hirsch- und Nashornkäfer und Walker.

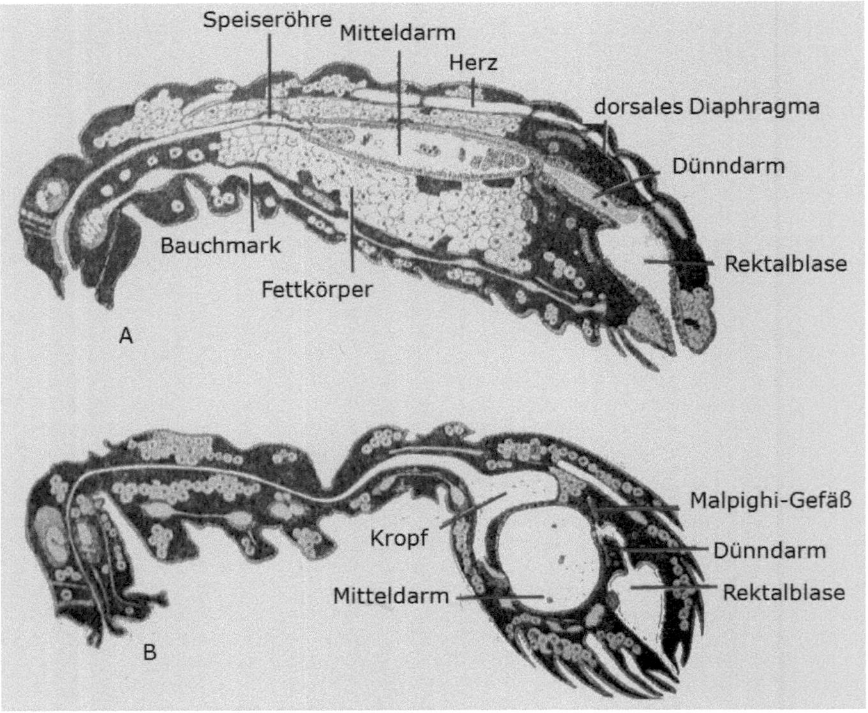

Bild Nr. 637
Metamorphose der Knotenameise (*Myrmica ruginodis*)

Im **Bild Nr. 637** ist die Metamorphose vom Übergang der Larve (A) zur Puppe (B) dargestellt. Die Metamorphose ist mit besonders auffälligen Veränderungen am Darmkanal verbunden. Das larvale Mitteldarmepithel wird in das Lumen des Mitteldarms abgestoßen und durch das pupale-imaginale Mitteldarmepithel ersetzt. Die Speiseröhre wird durch Zellumbildung in der Proliferationszone so verlängert, dass er die Organverlagerung in den Hinterleib ermöglicht (n. NITSCHMANN 1959). Zellproliferation, bezeichnet in der Zellbiologie das Wachstum und die Vermehrung von Zellen.

Im Puppenstadium finden innere Metamorphoseprozesse statt. Besondere Differenzierungsvorgänge zeigen viele Organe des Insektenkörpers im Laufe der Metamorphose. Diese innere Metamorphose steht der äußeren Metamorphose gegenüber und ist bei den Holometabolen=vollständige Umwandlung durch den Aufbau neuer Gewebe=histogenetischer Aufbau und der Auflösung lavarler Gewebe=histolytische Auflösung gekennzeichnet. Die Muskulatur des Imaginalkörpers wird in verschiedener Weise gebildet. Sie kann unverändert von der Larve übernommen oder Umwandlungen unterworfen werden, die nicht einer Histolyse gleichkommen müssen. Auch der Darm wird von Umbildungsprozessen erfasst. Seine ektodermalen Abschnitte, der Vorder- und der Hinterdarm, werden meist übernommen oder in nur wenigen Fällen z.B. bei den Erzwespen (*Chalcidoidea*) eingeschmolzen und neu gebildet. Dagegen wird das Epithel des Mitteldarms bei den Holometabolen größtenteils oder vollkommen ersetzt. Seine Zellen werden ins Lumen abgestoßen und dort verdaut, während sich ein pupales Mitteldarmepithel aus teilungsfähigen verbliebenen embryonalen Zellen des gesamten Darmes oder aus am Mitteldarmende gelegenen Histoblasten bildet. Auch dieses pupale Epithel kann noch einmal abgebaut und ersetzt werden, wie es von der Kleidermotte (*Tineola bisselliella*), Bienengattungen (*Apis*) und einigen Käfern, wie der Schwimmkäfer (*Cybister*) und den Kartoffelkäfern (*Leptinotarsa*) bekannt ist. Die Malphigischen Gefäße bilden sich teilweise oder vollkommen neu aus dem vordersten Abschnitt des Proctodaeums. Das **Proctodaeum** ist ein Darmabschnitt der Gliederfüßer, der den Enddarmabschnitt und den After umfasst. Er ist aufgrund seines ektodermalen Ursprungs mit einer Cuticula mit Chitin ausgekleidet und wird bei der Häutung entsprechend ebenfalls gehäutet. Bei den meisten Gliederfüßern bildet das Proctodaeum nur ein kurzes, muskulöses Darmendstück und den After. Bei den Insekten liegen die stark durchbluteten Rektalpapillen im Proctodaeum, sie dienen der Rückresorption des Wassers aus dem Darminhalt. Häufig werden die larvalen Malphigischen Gefäße übernommen (*Dipteren, manche Lepidopteren, Leptinotarsa*). Es gibt auch zahlreiche Beispiele dafür, dass auch die Zellen des Fettkörpers aufgelöst und ihre Bestandteile durch Phagozysten in Neubildung begriffene Geweben zugeführt werden können.

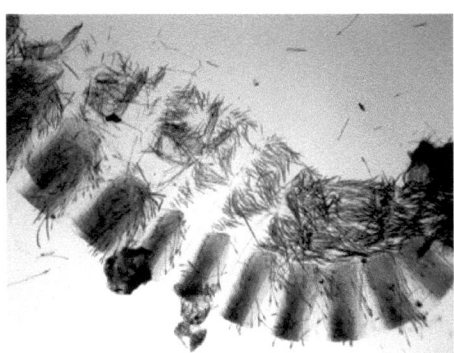

**Bild Nr. 638
Käferpuppenhülle
ca. 40fach vergrößert**
(*Präparat von D. Schmidt 2007*)

Da der Körper aller Insektenstadien von einer Kutikula umgeben ist, sind ihrem Wachstum Grenzen gesetzt. Echtes Wachstum ist nur durch die Bildung einer geräumigeren Kutikulahülle nach vorangegangener Häutung möglich. Als Beispiel für die bei einer Häutung eintretenden Veränderungen am histologischen Aufbau der Kutikula sei die Verpuppung der Mehlmotte (*Ephestia*) gewählt. Bei der es sechs Häutungen gibt. Die Häutung beginnt mit starker Mitosetätigkeit (*Zellteilung*) der Epidermiszellen, die sich in sogenannte Stelzenzellen (*langgestreckte Zellen*) verwandeln, und der Ablösung der Larvenkutikula. In den entstehenden Spaltraum wird von der Epidermis ein fermetartiges Sekret, die Exuvialflüssigkeit abgesondert, das die alte Haut von innen her auflöst und deren Substanzen bis zu ca. 80% dem Darm oder der Leibeshöhle zur Resorption zuführt. Im Gegensatz zu den Larvenhäutungen bei denen alle drei Schichten der Kutikula vorgebildet werden, wird bei der Puppenhäutung die Endokutikula erst nach dem Abstreifen der letzten Larvenhaut (*Exuvie*) abgelagert. Zu diesem Zeitpunkt erfolgt dann auch die Sklerotisierung der Exokutikula (*Puparisierung*).

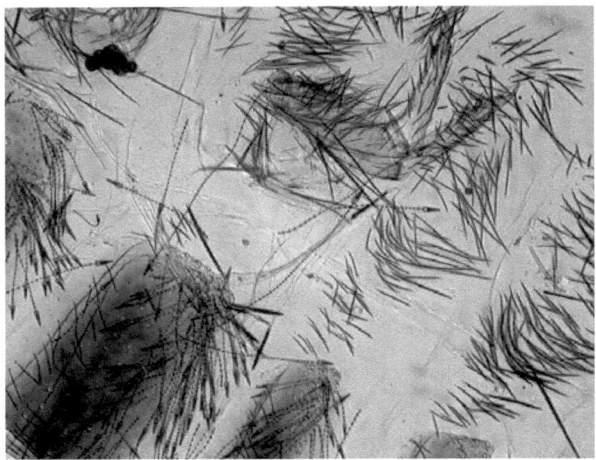

Bild Nr. 639
Käferpuppenhülle ca. 100fach vergrößert
(*Präparat von D. Schmidt 2007*)

Diese Käferpuppenhülle stammt vom **Kabinettkäfer** (*Anthrenus museorum*), auch als **Museumskäfer** bekannt. Es ist ein Käfer aus der Familie der Speckkäfer (Dermestidae).

In die biochemischen Prozesse der Sklerotisierung bei der Verpuppung konnten an der Blauen Schmeißfliege (*Calliphora vicina*) wichtige Einblicke gewonnen werden. Die verpuppungsreifen Larven des 3. Stadiums nehmen eine eiförmige (ovoide) Gestalt an; die Kutikula wird dabei durch einen chemischen Prozess verändert, welcher der Chinongerbung bei der Lederherstellung weitgehend entspricht und mit einer Bräunung einhergeht. Es entstehen sogenannte o-Chinone, welche die Proteine der Kutikula vernetzen. Die gesamte Steuerung der Vorgänge bei der postembryonalen Entwicklung wird durch drei endokrine Organe gesteuert; die neurosekretorischen Zellen des Gehirns, die Prothoraxdrüse und der Corpora allata. Siehe auch **Bild Nr. 582** Funktionsweise von Entwicklungshormonen bei Insekten auf der **Seite 251**.

INSEKTENKUNDE
Grundlagen

Bild Nr. 640
Käferpuppenhülle vom Kabinettkäfer (*Anthrenus museorum*)
mit Pfeilhaare ca.400fach vergrößert
(*Präparat von D. Schmidt 2007*)

Man kann anhand der Pfeilhaare einer leeren Pupenhülle noch herausfinden, um welche Käferpuppe es sich handelt. Siehe Beispiel im unteren Bild.

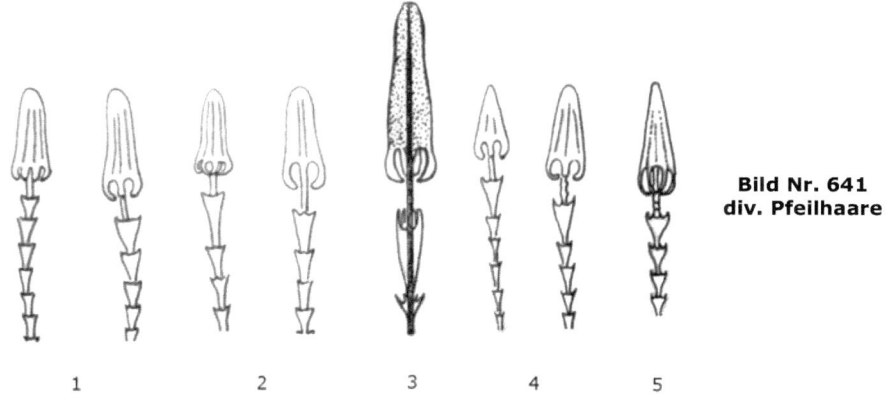

**Bild Nr. 641
div. Pfeilhaare**

1=*Trogoderma glabrum*, **2**=Khaprakäfer (*Trogoderma granarium*),
3=*Trogoderma megatomoides*, **4**=*Trogoderma variabile*, **5**=*Trogoderma versicolor*

Die Käfer der Gattung *Trogoderma* gehören zur der Familie der **Speckkäfer** (*Dermestidae*).

INSEKTENKUNDE
Grundlagen

**Bild Nr. 642
Schmetterlingsfarm auf Costa Rica**

**Bild Nr. 643
Thysania agrippina**

Mit einer Spannweite von über 30 cm ist *Thysania agrippina* der größte Schmetterling der Welt. Der Falter ist in Mexico, Zentral- und Südamerika heimisch, kommt aber im Norden auch bis nach Texas. Auf dem Bild sind das Eigelege, die Raupe, der Puppenkokon, das männliche und das weibliche Tier zu sehen.

INSEKTENKUNDE
Grundlagen

Bild Nr. 644
Puppenhülle des Weidenbohrers (*Cossus cossus exuvia*)

Bild Nr. 645
Larvenhaut der Singzikade (*Lyristes plebejus*)

INSEKTENKUNDE
Grundlagen

Aufgrund der äußeren Form werden drei verschiedene Typen von Puppen unterschieden: **freie Puppen** mit Extremitäten und Flügel frei abstehend. Diese Puppenform kommt vor allem bei Käfern und Hautflüglern vor. Die **Mumienpuppen** sind im Prinzip der freien Puppe ähnlich, nur sind die Körperanhänge mit dem Körper verklebt. Diese Art von Puppen kommen bei Wespen, Schmetterlinge, Marienkäfer, Faltenmücken u.a. vor. In den **Tönnchenpuppen** leben die Puppen der höheren Fliegen. Die der freien Puppe entsprechende eigentliche Puppe liegt verborgen in einem Tönnchen. Bei Schmetterlingen werden zusätzlich nach der Art der Befestigung an der Unterlage noch folgende Arten von Puppen unterschieden. **Gürtelpuppen** werden von einem um ihre Mitte geschlungenen Faden gehalten, während **Stürzpuppen** an ihrem Hinterende hängen.

Bild Nr. 646
Gürtelpuppe vom Baumweißling
(*Aporia crataegi*)

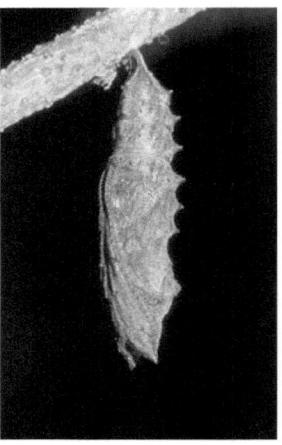

Bild Nr. 647
Stürzpuppe vom Kleinen Fuchs
(*Aglais urticae*)

Bild Nr. 648
Stürzpuppe vom **Zimtbär** oder **Rostflügelbär**
(*Phragmatobia fuliginosa*)

Bild Nr. 649
Kokon vom Seidenspinner
(*Bombyx mori*)

INSEKTENKUNDE
Grundlagen

Seidenfalter

Imago

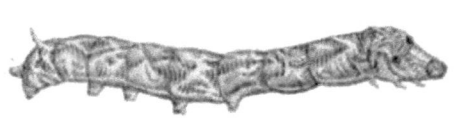
Larve

Kokon mit Puppe

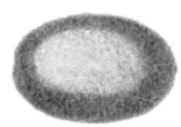  

Spinnfäden des Kokons
(Seidenfaden)

**Bild Nr. 650
Wandtafel vom Seidenspinner**

INSEKTENKUNDE
Grundlagen

Bild Nr. 651
Puppe vom Schwammspinner
(*Lymantria dispar*)

Bild Nr. 652
Puppe der Nonne
(*Lymamona monacha*)

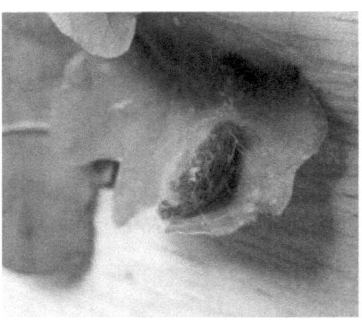

Bild Nr. 653
Puppe vom Dottergelben
Flechtenbärchen (*Eilema sororcula*)

Bild Nr. 654
Puppe vom Weißfleck-Widderchen
(*Amata phegea*)

Bild Nr. 655
Beginn der Verpuppung vom
Sumpfhornklee-Widderchen
(*Zygaena trifolii*)

Bild Nr. 656
Puppe vom Sumpfhornklee
Widderchen
(*Zygaena trifolii*)

Bild Nr. 657
Leere Puppe vom
Sechsfleck-Widderchen
(*Zygaena filipendulae*)

Bild Nr. 658
Frisch geschlüpftes
Sechsfleck-Widderchen
(*Zygaena filipendulae*)

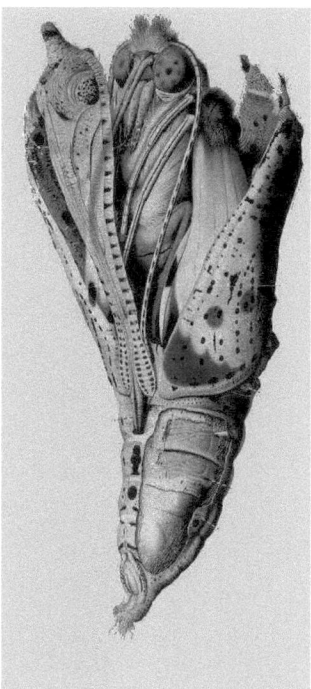

Bild Nr. 659
Dargestellt sind das Ausschlüpfen der
Imago im Detail beim Kohlweißling

Bild Nr. 660
Puppe des Ulmen-Harlekins
(*Calospilos sylvata*)

Nachfolgend ein paar schöne Zeichnungen von verschiedenen Schmetterlingen

INSEKTENKUNDE
Grundlagen

Bild Nr. 661

Bild Nr. 662

Bild Nr. 663

Bild Nr. 664

INSEKTENKUNDE
Grundlagen

Bild Nr. 665
Ameisennest mit verschiedenen Larven-und Puppenstadien, sowie erwachsene und auch frisch geschlüpften Ameisen

Bild Nr. 666
Ansammlung vom Kleinen Kohlweißling
(*Pieris rapae*)

INSEKTENKUNDE
Grundlagen

Bild Nr. 667
Heidelibelle beim Verlassen der Puppe
(*Sympetrum fonscolombii*)

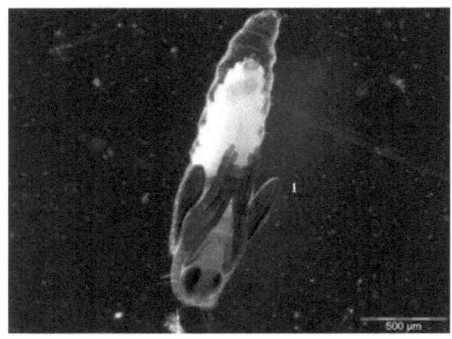

Bild Nr. 668
Puppe der Stelzmücke
(*Limonidae*)

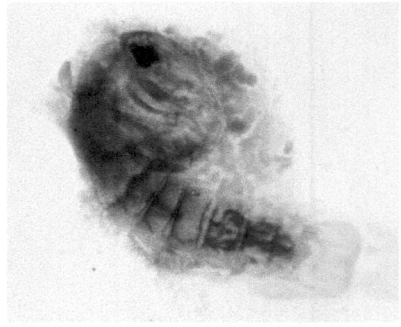

Bild Nr. 669
Mückenpuppe
(*Präparat von D. Schmidt 2013*)

INSEKTENKUNDE
Grundlagen

Bild Nr. 670
Puppe der Sandwespe
(*Ammophila Sabulosa*)

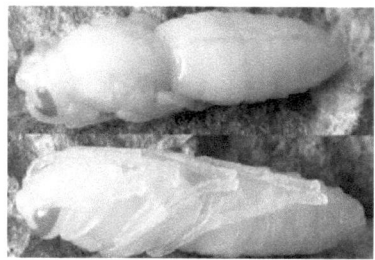

Bild Nr. 671
Wespenpuppe
(*Vespinae*)

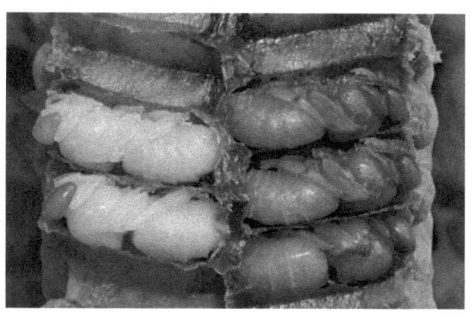

Bild Nr. 672
Drohnenpuppe der Westlichen
Honigbiene (*Apis mellifera*)

Bild Nr. 673
Drohnenpuppe der Westlichen
Honigbiene (*Apis mellifera*)

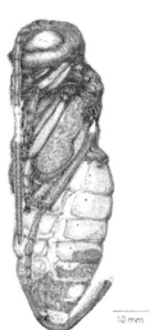

Bild Nr. 674
Puppe einer weiblichen Schlupfwespe
(*Ichnemon*)
mit bereits durchschimmernder Imago

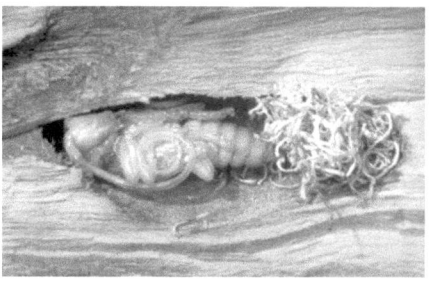

Bild Nr. 675
Puppe vom Asiatischen
Laubholzbockkäfer
(*Anoplophora glabripennis*)

INSEKTENKUNDE
Grundlagen

Unvollkommene Verwandlung bei einer Wanze
(*Abedus signoreti*, Mexikanische Wasserwanze)

Larvenstadien   Erwachsenes Tier   Erwachsenes Tier mit Eier auf dem Rücken

Vollkommene Verwandlung bei einem Schmetterling
(*Bombyx mori*, Seidenspinner)

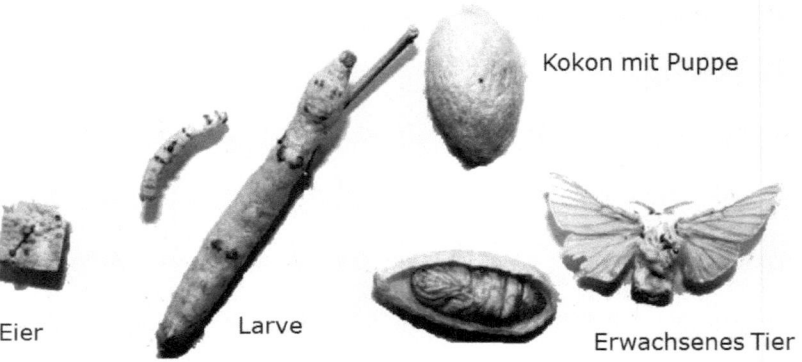

Kokon mit Puppe

Eier   Larve   Erwachsenes Tier

Puppe im Kokon

Bild Nr. 676
Beispiel der Unvollkommende Verwandlung (*Hemimetabolie*) **und der Vollkomenden Verwandlung** (*Holometabolie*)

Bild Nr. 677
Nicht vollständig entwickelter Käfer

Bild Nr. 678
Puppe des Hirschkäfers
(*Lucanus cervus*)

Hirschkäfer (*Lucanus cervus*)

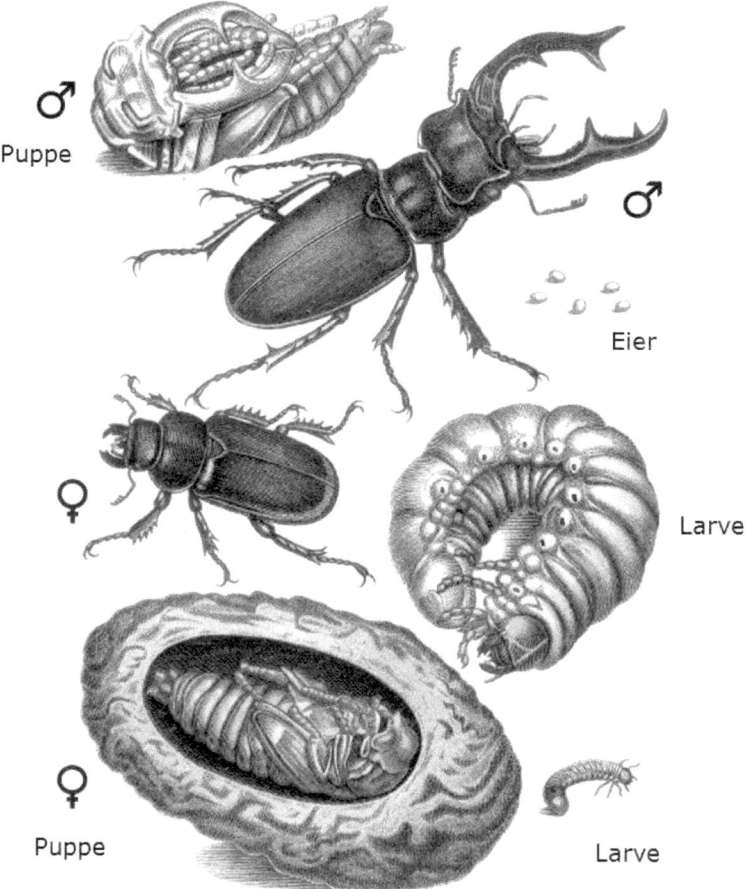

Nach Tafel IV im 2. Band der „Insekten Belustigung"
von Aug. Joh. Rösel von Rosenhof, Nürnberg, 1749

**Bild Nr. 679
Entwicklung des Hirschkäfers**
(*Lucanus cervus*)

INSEKTENKUNDE
Grundlagen

Bild Nr. 680
Mehlkäferpuppe (*Tenebrio molitor*)

Bild Nr. 681
Mehlkäferpuppe (*Tenebrio molitor*)

Bild Nr. 682
Mehlkäferpuppe
(*Tenebrio molitor*)

Bild Nr. 683
Frisch geschlüpfter Mehlkäfer
(*Tenebrio molitor*)

Bild Nr. 684
Entwicklung eines Bockkäfers

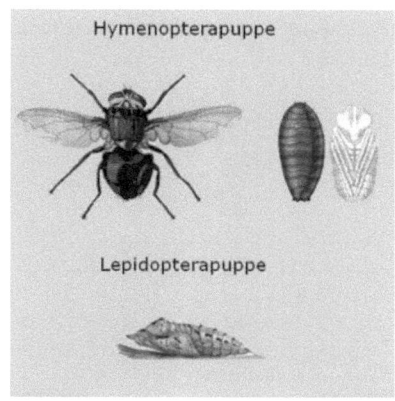

Bild Nr. 685
Unterschied zwischen Fliegenpuppe
(*Hymenoptera*) **und**
Schmetterlingspuppe (*Lepidoptera*)

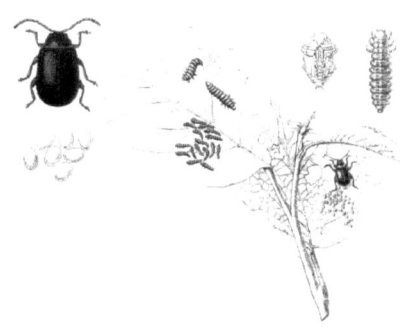

Bild Nr. 686
Blauer Erlenblattkäfer
(*Agelastica alni*)

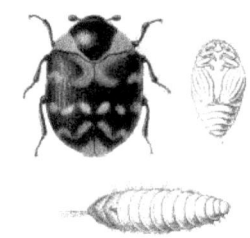

Bild Nr. 687
Wollkrautblütenkäfer
(*Anthrenus verbasci*)

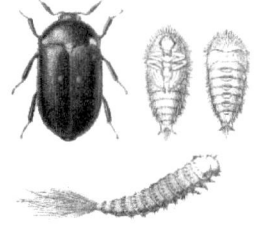

Bild Nr. 688
Gemeiner oder **Gefleckter Pelzkäfer**
(*Attagenus pellio*)

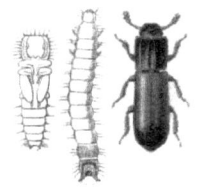

Bild Nr. 689
Schwarzkäfer
(*Corticeus unicolor*)

Bild Nr. 690
Karminroter Kapuzinerkäfer
(*Bostrychus capucinus*)

INSEKTENKUNDE
Grundlagen

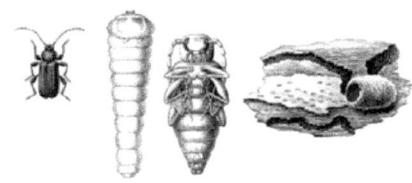

Bild Nr. 691
Blaufarbener Scheibenbock
(*Callidium aeneum*)

Bild Nr. 692
Großer Eichenbock
(*Cerambyx cerdo*)

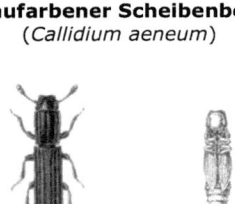

Bild Nr. 693
Schwarzkäfer
(*Colydium elongatum*)

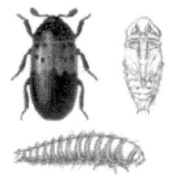

Bild Nr. 694
Gemeiner Speckkäfer
(*Dermestes lardarius*)

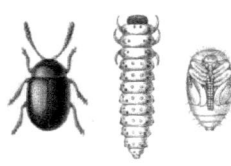

Bild Nr. 695
Ampfer-Blattkäfer
(*Gastrophysa viridula*)

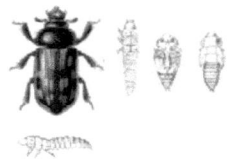

Bild Nr. 696
Heterocerus fenestratus

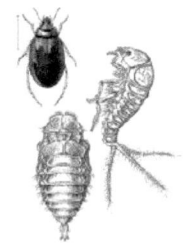

Bild Nr. 697
Hygrobia tarda

Bild Nr. 698
Sägehörniger Werftkäfer
(*Hylecoetus dermestoides*)

Bild Nr. 699
Macroplea appendiculata

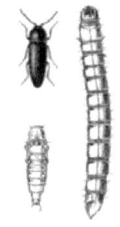

Bild Nr. 700
Melanotus rafipes

Bild Nr. 701
Pappelblattkäfer
(*Melasoma tremulae*)

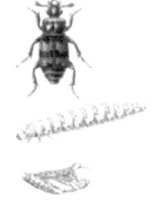

Bild Nr. 702
Totengräber
(*Necrophorus vespillo*)

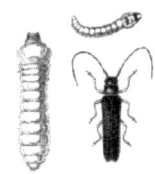

Bild Nr. 703
Geißblatt-Linienbock
(*Oberea pupillata*)

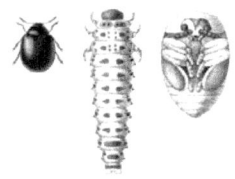

Bild Nr. 704
Breiter Weidenblattkäfer
(*Plagiodera versicolor*)

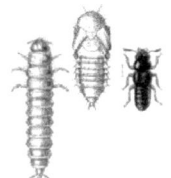

Bild Nr. 705
Bedornter Kurzflügler
(*Platystethus arenarius*)

Bild Nr. 706
Großer Pappelbock
(*Saperda carcharias*)

INSEKTENKUNDE
Grundlagen

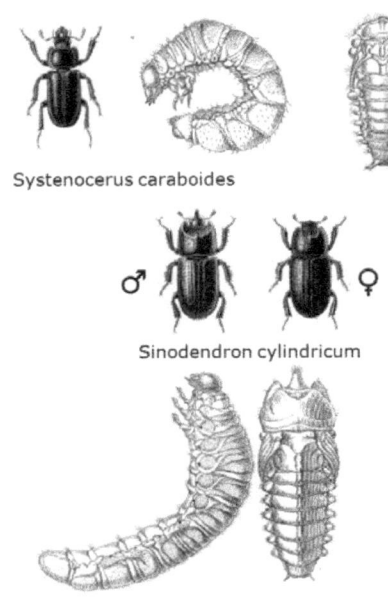

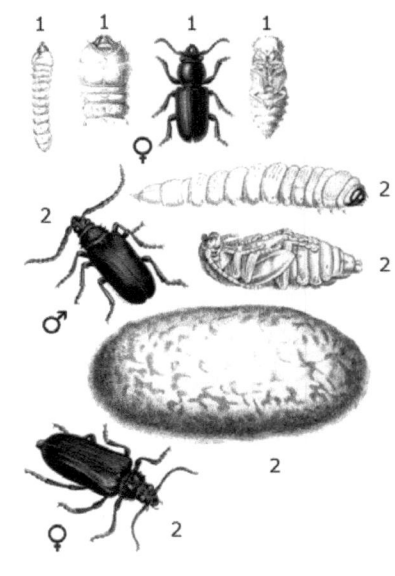

1 *Spondylis buprestoides* 2 *Prionus coriarius*

Bild Nr. 707
Systenocerus caraboides und Kopfhornschröter
(*Sinodendron cylindricum*)

Bild Nr. 708
Waldbock (*Spondylis buprestoides*) **und Sägebock** (*Prionus coriarius*)

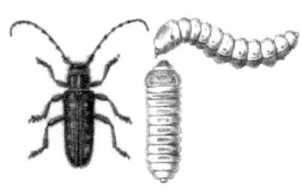

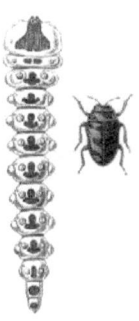

Bild Nr. 709
Kleiner Pappelbock
(*Saperda populnea*)

Bild Nr. 710
Gemeiner Zwergprachtkäfer
(*Trachys minuta*)

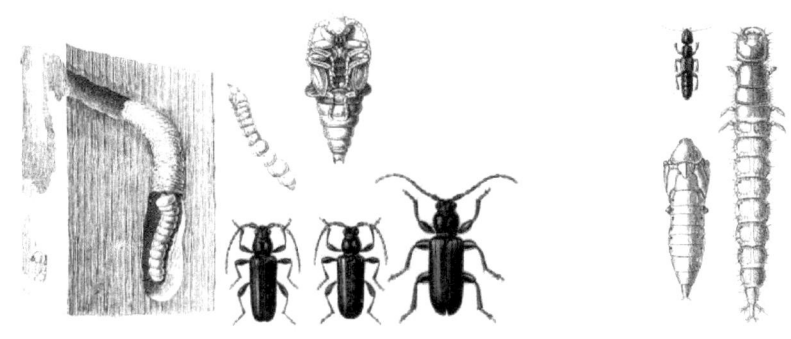

Bild Nr. 711
Tretopium castaneum

Bild Nr. 712
Xantholinus lentus

Zum Abschluss des Kapitels noch zwei eindrucksvolle Bilder von den Puppenhüllen der **Dorngespenstschrecke**. Die **Dorngespenstschrecken** (*Eurycantha calcarata*) sind eine der bekanntesten Arten der Gespenstschrecken.

Bild Nr. 713
Puppenhülle einer weiblichen Dorngespenstschrecke
(*Eurycantha calcarata*)

Die Dorngespenstschrecken kommen in Papua-Neuguinea, Neukaledonien, Neuguinea und auf den Salomonen vor. Sie hält sich tagsüber in Sträuchern nahe dem Boden auf und ist vorwiegend nachtaktiv. Die Männchen können sehr aggressiv werden, wenn man sie reizt. Sie stellen sich auf die Vorder- und Mittelbeine, recken die bedornten Hinterbeine dem Angreifer entgegen und klappen bei Berührung die Schienen zangenartig gegen die Schenkel, um dem Gegner die mächtigen Dornen der Schenkel in die berührenden Körperteile zu schlagen. Die Imagines können 1 bis 1,5 Jahre alt werden.

Bild Nr. 714
Puppenhülle einer männlichen Dorngespenstschrecke
(*Eurycantha calcarata*)

Die Weibchen von *Eurycantha calcarata* sind größer und insbesondere am Hinterleib breiter als die Männchen. Sie haben einen deutlich erkennbaren Legeapparat (Ovipositor) und werden mit etwa 140 bis 150 Millimeter Länge größer als die etwa 120 Millimeter langen Männchen. Einige Wochen nach der Paarung beginnen die Weibchen mit der Eiablage. Dazu bohren sie ihren Hinterleib in den Boden und legen dort die etwa acht Millimeter langen und vier Millimeter breiten, 80 Milligramm schweren, braunen Eier ab. Aus diesen schlüpfen schon nach vier Monaten die 25 Millimeter langen Nymphen. Diese sind während ihrer gesamten Entwicklung wesentlich lebhafter gezeichnet als die Imagines, wobei sie eine meist helle, oft grüne bis beige, flechtenartige Zeichnung zeigen. Bei ihrer Entwicklung durchlaufen die Männchen fünf, die Weibchen sechs Häutungen und sind nach vier bis sechs Monaten ausgewachsene Tiere.

Wie der Leser sicherlich schon bemerkt hat, habe ich in diesem Buch sehr viele Abbildungen von alten Wandtafeln und alten Drucken wieder gegeben. Ich bin immer wieder von der Präzision der Zeichnungen und der Farbgebung fasziniert. Die Mühe und die Arbeit die hinter diesen Werken steht haben meine volle Hochachtung. Ebenso bin ich fasziniert über das Werk von Edmund Reitter über die Fauna Germanica mit ihren vielen Farbtafeln. Meine Hochachtung auch für die Werke von Dr. Kurt Floericke, der mit seinen populärwissenschaftlichen Beiträgen viele Menschen für die Natur begeistern konnte. Mich begeistern diese Beiträge noch heute.

Aus diesem Grund möchte ich zur Entspannung noch einen kleinen Abschnitt aus dem Büchlein *Heuschrecken und Libellen* von Dr. Kurt Floericke wiedergeben. Die Geschichte fiel mir ein, als ich die Puppenhülle der Dorngespenstschrecke fotografierte. Hier ist die Geschichte:

..."*Die Bibel (Erodus X) gibt uns auch Kunde von der ältesten, geschichtlich beglaubigten Heuschreckenplage, denn sie gehörte ja zu den sieben Übeln, die über den störrischen Pharao Ägyptens und sein Land verhängt wurden, damit er die Kinder Israels ziehen lasse: „Und sie kamen über ganz Ägyptenland und ließen sich nieder an allen Orten in Ägypten; so sehr viel, dass zuvor desgleichen nie gewesen ist, noch hinfort sein wird. Denn sie bedeckten das Land und verfinsterten es, und sie fraßen alles Kraut im Lande auf und alle Früchte auf den Bäumen, die vom Hagel überblieben; und ließen nichts Grünes übrig an den Bäumen und am Kraut auf dem Felde in ganz Ägyptenland."*

Man wird leicht geneigt sein, die lebensvollen Schilderungen des Joel und des Moses für dichterische Übertreibung der orientalischen Phantasie zu halten, aber wer einmal selbst inmitten eines wandernden Heuschreckenheeres gestanden hat, weiß genau, dass sie nur lautere Wahrheit reden. Ich selbst ritt einmal vor langen Jahren an der Spitze meiner kleinen Karawane über die Hochsteppe zwischen Marrakesch und Mogador, als mir plötzlich ein großes Kerbtier ins Gesicht flog. Ich haschte es und erkannte die übel berüchtigte marokkanische Wanderheuschrecke. Rasch mehrte sich die Zahl der einzeln so hübschen, im Massenzug so widerwärtigen Tiere. Fortwährend prallte es mir surrend gegen die Brillengläser, kroch in die Rockärmel und in den Halsausschnitt, flog dem Pferde in die Augen und Ohren. Wie eine finstre Wolkenbank stieg es vor unsren geblendeten Blicken empor und kam mit der Unwiderstehlichkeit eines Lavastroms, dabei aber mit unheimlicher Schnelligkeit näher und näher wie eine Walze des Todes. Schon wateten die Lasttiere stampfend und gleitend in einem fettig-klebrigen, ekelhaften Brei zertretener Kerfe, von deren verstümmelten Leibern die eigenen Artgenossen alsbald gierig zu schmausen begannen. Millionen kauender Kinnbacken verursachten ein Geräusch wie Hagelschlag, die Luft knatterte vom Rascheln gespenstischer Flügel, glühende Hitze presste uns den Schweiß aus allen Poren, und doch war die Sonne wie hinter einer finsteren Wolke verschwunden und auf wenige Schritte Entfernung kein Gegenstand mehr zu erkennen. Unmöglich, weiter gegen das brausende, immer mehr sich verdichtende Riesenheer anzureiten. Die braunen Gesichter meiner Araber erbleichten, die Pferde wurden scheu und strauchelten, die Esel waren nicht mehr von der Stelle zu bringen, die Kamele suchten ihre Last abzuwerfen und auszureißen, selbst die sonst so mutigen marokkanischen Windhunde (Slokis) suchten mit eingekniffenen Schwanz Schutz bei ihrem Herr, der doch selbst ratlos dem überwältigenden Naturereignis gegenüberstand. Glücklicherweise befand sich eine umfangreiche Ruine in der Nähe, hinter deren ragenden Mauern Mensch und Tier, eng angeschmiegt, einigermaßen Schutz fanden. Aber die Außenseite des Trümmerwerks war bald so dicht mit Heuschrecken besetzt, dass weder Stein noch Lehmwerk mehr zu erkennen waren, sondern alles aussah, als sei es mit einem unruhig bewegten Moospolster überzogen. Stundenlang mußten wir in dieser Lage aushalten, bis es halbwegs möglich wurde, den Marsch fortzusetzen. Und doch war dies nur ein verhältnismäßig kleiner Heuschreckenzug, der verschwindend erscheinen muss, wenn man bedenkt, dass 1799 ganz Marokko innerhalb drei Tagen durch diese Schädlinge aller grünen Pflanzen beraubt und das 1800 Kleinasien vom gleichen Schicksal betroffen wurde, worauf dann in beiden Ländern eine furchtbare Hungersnot die traurige und unvermeidliche Folge war.

Und welch großartiges, aber auch beängstigendes Naturschauspiel muß es geboten haben, als im August 1747 ein ungeheures Heuschreckenheer, die Luft verfinsternd, viele Stunden lang ununterbrochen durch den Rotenturmpass in Siebenbürgen zog, um in Mitteleuropa einzufallen; als im vorigen Jahrhundert ein anderes Heer in einer Frontbreite von 10 km über den Dnjepr setzte, wobei die Leichen der Vorderen als Brücke für die Nachfolgenden dienen musste; als man vollends in Amerika Schwärme von 20 km Breite und 100 km Länge feststellte, die ihren Verheerungszug 2800 km weit ausdehnten, also etwa die Strecke von Stockholm nach Gibraltar zurücklegten; als man einmal in Südafrika berechnete, dass gleichzeitig 2000 englische Quadratmeilen Landes mit Heuschrecken bedeckt waren; als 1890 das Schiff „Amalie" volle 33 Stunden lang auf dem Roten Meere durch dicht das Wasser bedeckende Heuschrecken fuhr, die der Wind hineingeweht hatte! Das sind unglaubliche Zahlen, und doch bergen sie bitterböse Wahrheit.

Soweit die Ausführungen von Dr. Kurt Floericke aus dem Buch *Heuschrecken und Libellen*. Erschienen 1922, Franck´sche Verlagshandlung Stuttgart.

Bild Nr. 715
Schwarm der Wanderheuschrecke (*Acrididae*)

2.4 Brutfürsorge, Brutpflege, Brutparasitismus

Die Insekten betreiben wenig Brutpflege, die befruchteten Eier werden meist sich selbst überlassen. In der Verhaltensbiologie wird zwischen Brutpflege und Brutfürsorge unterschieden. Als **Brutfürsorge** bezeichnet man alle Verhaltensweisen von Weibchen und/oder Männchen, die vor der Eiablage dazu führen, dass die Nachkommen optimale Überlebenschancen haben (Nahrung). Eine ausgeprägte Brutfürsorge findet sich z.B. beim Haselblattroller (*Apoderus coryli*), beim Kolbenwasserkäfer (*Hydrophilidae*) und bei Mistkäfern (*Geotrupidae*). Der Kolbenwasserkäfer baut zur Eiablage sogar kleine Schiffchen. Bei den Mistkäfern legen die Eltern artspezifische Gangsysteme im Boden an, in die sie auch Futter für die Larven einbringen. Nach der Eiablage verlassen sie aber ihre Brut. Unter Brutpflege versteht man die Fürsorge der Insekten (meistens des Weibchens) für ihre Nachkommen (Brut) aufgrund angeborener Instinkte über die Brutfürsorge hinaus. Darunter fällt u.a. die Pflege der Larven (Fütterung).

Besondere Mühe und Arbeit bei der Aufzucht der Brut machen sich die Bienen, Ameisen, Wespen, Hornissen, Hummeln und Termiten. Diese Insekten gehören auch zu den staatenbildenen Insekten.

Bild Nr. 716   **Bild Nr. 716a**
Wespen beim Versorgen der Brut

Es ist ein stetiges kommen und gehen, um die Brut zu schützen und mit Nahrung zu versorgen. Gut versteckt hinter einer hauchdünnen, wie Pergament sich anfühlender Hülle liegt der eigentliche Wespenstock. Wie abgemessen und architektonisch sehr gut gestaltet, sind die einzelnen Waben gebaut. In jeder Wabe befindet sich eine Larve die gefüttert werden will, damit aus ihr mal eine Wespe wird, die uns dann beim Nachmittagskaffee im Garten auf dem Kuchen sitzt.

INSEKTENKUNDE
Grundlagen

**Bild Nr. 717
Wespennest**

**Bild Nr. 718
Im Wespennest befinden sich verschiedene Entwicklungsstadien der Larven**

INSEKTENKUNDE
Grundlagen

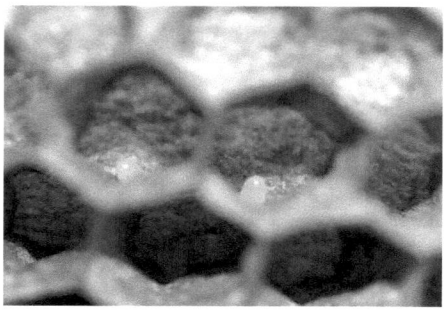

Bild Nr. 719

Pro Wabe wird ein Ei abgelegt. Einige Waben sind noch leer.

Bild Nr. 720
Wespenlarven dicht beieinander

Bild Nr. 721
Großaufnahme einer Wespenlarve

Bild Nr. 722
Ein Einzelgänger?

Bild Nr. 723

Häufig findet man unter dem Scheunendach mehrere kleine Wespennester, deren Brut genauso gehegt und gepflegt wird wie die Brut in Großnestern

**Bild Nr. 724
Wespe bei der Arbeit**

INSEKTENKUNDE
Grundlagen

**Bild Nr. 725
Ameisenhaufen einer Waldameisenart** (*Formica*)

Die Brutfürsorge der Insekten fängt bei der Eiablage an. Die Eiablage erfolgt je nach Insektenart an verschiedenen Orten. Eines haben alle Eiablageplätze gemeinsam. Sie sichern den schlüpfenden Larven eine ausreichende Nahrungsquelle für den Start in das Insektenleben. Häufig findet man Eiablagen von Schmetterlingen und Marienkäfern unter der Blattunterseite der Brennnessel. Dort sind die Eier auch vor Regen und der Austrocknung durch die Sonne geschützt. Häufig kann man durch die charakteristischen Gelege bereits die Art erkennen. Im Wasser finden sich Eischiffchen (Stechmücken), Laichballen und -schnüre. Besonders vielseitig werden die Gelegeformen bei an Land lebenden Arten. Man kann Eipakete (Bremsen), Eiplatten (Prozessionsspinner, Kartoffelkäfer, Wanzen), Eiringel (Ringelspinner), Eizeilen (Forleule, Kiefernspinner) u.a. unterscheiden (siehe auch **Kapitel 2.1 Eiablage**). Grabwespen tragen nach der Eiablage die verschiedensten Insekten und Spinnen nach Lähmung durch Anstich des Nervensystems in ihr Nest, so daß die jungen Grabwespenlarven immer die artgemäße Nahrung vorfinden. Von hier ist der Weg zur eigentlichen **Brutpflege** nicht mehr weit.

Eine besondere Art der Brutpflege betreiben die Hummeln. Die Königin verarbeitet gesammelten Pollen und Nektar zu einer Masse, das Bienenbrot genannt wird. In aus Wachs geformten Zellen wird dieses Bienenbrot verbracht und dort werden die Eier abgelegt. Das Wachs für diese Zellen scheiden die Königin und später auch die Arbeiterinnen aus dem Hinterleib aus. Im Hummelnest finden sich kleine Vorratskammern, die Honigtöpfe genannt werden. Diese Töpfchen befinden sich immer in der Nähe der Eier. Die Königin setzt sich bei Bedarf auf die Eier und versorgt diese Eier bei Bedarf mit Wärme. Es ist also eine Art brüten. Damit die Königin diese Aufgabe erfüllen kann ohne selbst zu verhungern, nimmt sie mit ihrem Rüssel aus den Töpfchen Honig auf. Somit braucht sie zur Nahrungsaufnahme das Nest nicht verlassen. Die Zellen sind, im Gegensatz zu den Wespen und Bienen, urnen- oder krugförmig locker zu einem aufrecht stehenden Haufen gruppiert (siehe **Bild Nr. 726** und **Bild Nr. 727**).

Beim Brüten werden Temperaturen bis zu 38 Celsius erreicht. Die konstante Nesttemperatur beträgt etwa 30–33 Grad Celsius. Während der ersten zehn Tage durchläuft die Brut verschiedene Larvenstadien, in denen sie kleinen Maden ähneln. Die Königin beißt kleine Öffnungen in die Brutzellen und füttert die Larven bis zu zehn Tage lang. Sie verpuppen sich anschließend und schlüpfen nach einer etwa zehntägigen Metamorphose

Bild Nr. 726
Hummelnest

Bild Nr. 727
Haufenförmige Anordnung der Zellen

Einige Insekten geben sich besondere Mühe bei der Brutfürsorge. Zu diesen Insekten gehören u.a. die Käfer der Blattroller. Bei dieser Käferart schneidet das Weibchen Blätter so ein, dass sich diese zusammenrollen. In diese Rolle legt es ihre Eier, damit sich die Larven geschützt entwickeln können.

Als Beispiel dafür ist der **Schwarze Birkenblattroller** (*Deporaus betulae*) zu nennen. Dieser Käfer ist aus der Familie der Blattroller (*Attelabidae*), Unterfamilie Triebstecher (*Rhynchitidae*). Nach der Paarung schneidet das Weibchen eine s-förmige Rille in ein Blatt, die Mittelrippe bleibt dabei unberührt. Dann rollt es das Blatt zusammen, so dass eine Art Tüte entsteht, siehe **Bild Nr. 728** und **Bild 729**. In diese Blatttüte werden ein bis sechs Eier gelegt. Die Larven leben zunächst in dem Blatt, bis es vollkommen verwelkt ist und zu Boden fällt. Dann verlassen die Larven das verwelkte Blatt und verpuppen sich im Boden.

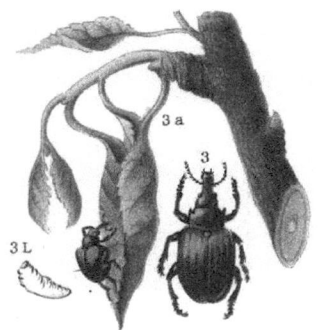

Bild Nr. 728
Schwarzer Birkenblattroller
(*Deporaus betulae*)

Bild Nr. 729
„Tüte" des Schwarzen Birkenblattrollers (*Deporaus betulae*)

Eine ganz andere Art der Brutfürsorge bzw. Brutpflege ist der **Brutparasitismus.**
Der Brutparasitismus ist vor allem ein vogelkundlicher Begriff, jeder kennt den Kuckuck, doch wird der Begriff auch in der Insektenkunde verwendet. Damit verringern diese Insekten ihren Aufwand für Brutfürsorge bzw. Brutpflege und sie ersparen sich dadurch auch den Aufwand der Futtersuche für ihren Nachwuchs, was ihnen ermöglicht, mehr Nahrung für sich selbst zu verbrauchen.

Unter den Insekten ist der Brutparasitismus weit verbreitet. Alle Wespenbienen (*Nomada*) und Blutbienen (*Sphecodes*), die auf Grund ihrer Brutbiologie auch Kuckucksbienen genannt werden, sind Brutschmarotzer. Auch einige Wespenarten (Kuckuckswespen) zählen zu den Brutparasiten. Die Kuckucksbienen parasitieren vor allem an Arten der Sandbienen (*Andrena*), in dem sie ihre Eier in die Nester der Sandbienen legen. Außerdem parasitieren Ölkäfer (*Meloidae*), Wollschweber (*Bombyliidae*) und Fächerflügler (*Strepsiptera*) an Sandbienen. Die meisten Wespenbienen sind stark an den Wirt gebunden (wirtsspezifisch), was zu einer starken Vermehrung der Wespenbienen führen kann. Dies hat zur Folge, dass die Wespenbienen ihren eigenen Wirt ausrotten und damit im Endeffekt sich selbst! Dieser Vorgang ist aber lokal begrenzt und führt nicht dazu, dass die gesamte Art ausstirbt. Auch unter den Schwebfliegen gibt es eine Reihe Brutparasiten, so zum Beispiel die Gemeine Waldschwebfliege (*Volucella pellucens*).

INSEKTENKUNDE
Grundlagen

Parasitäre Brutfürsorge wird auch von verschiedenen Schlupfwespenarten betrieben. Die in Nadelwäldern in ganz Europa heimische Holzwespen-Schlupfwespe (*Rhyssa persuasoria*) erreicht mit ca. 5 Zentimeter plus nochmals ca. 5 Zentimeter für den Legestachel und Fühler eine beachtliche Körperlänge. Die Weibchen dieser Art stechen einen Fichtenstamm an und suchen dort nach den Larven von Holzwespen. In diesen Wirtskörper legen die Weibchen dann ihre Eier ab (siehe **Bild Nr. 730**). Parasitiert werden vor allem holometabole Insekten, am häufigsten Schmetterlinge, Pflanzenwespen, Käfer u.a. Also alle Insekten die raupen- oder madenförmige Larven für ihre Fortpflanzung hervorbringen, denn die Haut dieser Larven ist weich und kann leichter vom Legestachel durchbohrt werden. Aus diesem Grunde werden die Larven der hemimetabolen Insekten von den Schlupfwespen verschont, da diese Larven (Nymphen) schon eine leicht chitinisierte Haut besitzen und das Körperinnere anders aufgebaut ist als bei den raupen- oder madenförmige Larven der holometabolen Insekten. Eine Ausnahme bilden die Erzwespen. Die **Erzwespen** (*Chalcidoidea*) bilden eine Überfamilie der Hautflügler, zu der einige der kleinsten geflügelten Insekten zählen. Sie werden selten größer als 5 Millimeter. Die meisten Arten sind Parasitoide. Die überwiegende Mehrzahl der Erzwespenarten ernährt sich im Larvenstadium parasitisch. Dabei können Eier, Larven und Puppen sowie die Adultstadien der Wirte befallen werden. Der Befall mit Erzwespenlarven endet meist mit dem Tod des Wirtstiers. Wie bei den Schlupfwespen oder den Grabwespen werden von den Weibchen meist schon die Eier in das Wirtstier gelegt. Die ausschlüpfenden Larven der Erzwespen ernähren sich dann bis zu ihrer Verpuppung von dem Tier.

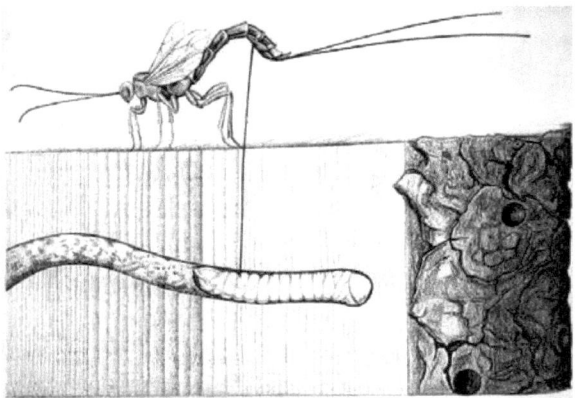

Bild Nr. 730
Darstellung einer weiblichen Holzwespen-Schlupfwespe (*Rhyssa persuasoria*), **die ein Ei in die Larve einer Riesenholzwespe** (*Sirex gigas*) **legt.**

Manche Insektenarten haben aber noch andere Möglichkeiten entwickelt, um sich ihre Brut von anderen Arten verpflegen zu lassen. Einige Insekten ahmen die Pheromone anderer Arten nach. Es gibt Schmetterlingsraupen, welche die Pheromone einer speziellen Ameisenart nachahmen, um sich von dieser als vermeintliche eigene Brut füttern zu lassen.

Im **Bild Nr. 731** sind die Puppen der Kohlweißlings-Schlupfwespe zu sehen. Diese Schlupfwespe legt ihre Eier überwiegend in den Larven des Großen Kohlweißlings (*Pieris brassica*). Die Wirtslarven (Raupen) werden vorzugsweise im ersten Larvenstadium angestochen. In jede Schmetterlingslarve werden zahlreiche Eier abgelegt, sodaß sich synchron ca. 20 bis 30 Wespenlarven entwickeln. Die Wespenlarven ernähren sich von der Hämolymphe der Schmetterlingslarve, ohne deren Organe zu schädigen und entwickeln sich in der Schmetterlinslarve bis diese selbst kurz vor der Verpuppung ist. Zu diesem Zeitpunkt verlassen die Larven der Schlupfwespe die Schmetterlingslarve durch deren Haut. Nach dem Austritt häuten sich die Wespenlarven zum dritten Mal und verpuppen sich neben der verendenden Schmetterlingslarve. Die Schmetterlingslarve kann aber auch noch eine Weile weiterleben, aber ihren eigenen Lebenszyklus nicht mehr vollenden. Oft spinnt diese verendende Schmetterlingslarve noch ein schützendes Gespinst über die Kokons ihres Parasiten. Wie im unteren Bild sehr gut zu erkennen ist.

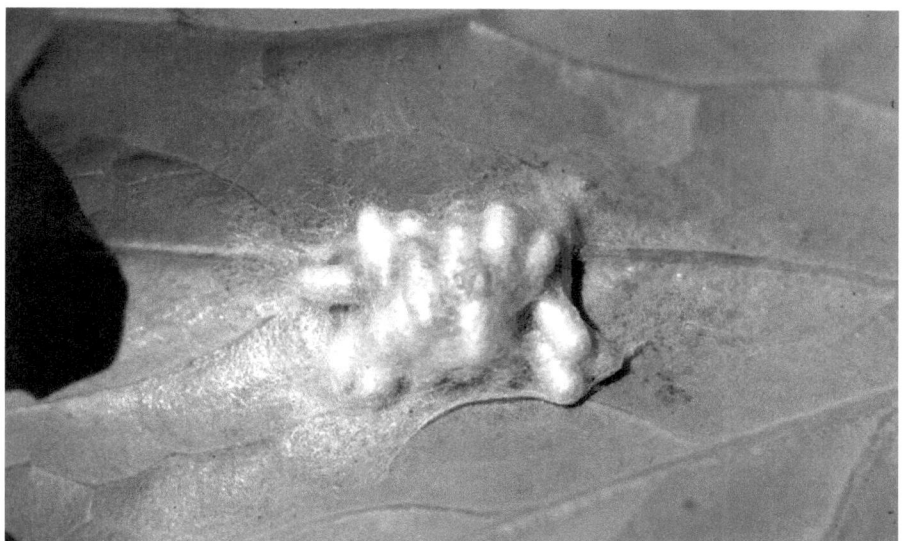

**Bild Nr. 731
Puppen der Kohlweißlings-Schlupfwespe
= Kohlweißlings-Brackwespe**
(*Cotesia glomerata*)

Die in diesem Buch beschriebenen Beispiele über Brutfürsorge, Brutpflege und Brutparasitismus bilden nur einen kleinen Ausschnitt aus diesem sehr komplexen Thema ab. Auch hier hat die Evolution viele verschiedene Varianten bzw. Möglichkeiten hervorgebracht, die nur eines als Ziel haben: Das Überleben der eigenen Art zu sichern!

2.5 Imago

Nachdem nun alle Stadien der Entwicklung durchlaufen sind, ist das fertige Insekt, jetzt wissenschaftlich **Imago** genannt, bereit die Welt zu erobern. Insekten haben aber unterschiedlich viel Zeit diese Welt zu erobern. Den kürzesten Lebenszyklus hat wohl die **Eintagsfliege**, wie der Name schon andeutet. Die erwachsenen Tiere leben meist nur ein bis vier Tage, manchmal nur wenige Minuten, wie etwa *Oligoneuriella rhenana*, selten länger als eine Woche. Diese Zeitspanne wird ausschließlich zur Begattung und Eiablage genutzt, also der Fortpflanzung oder anders formuliert der Arterhaltung.

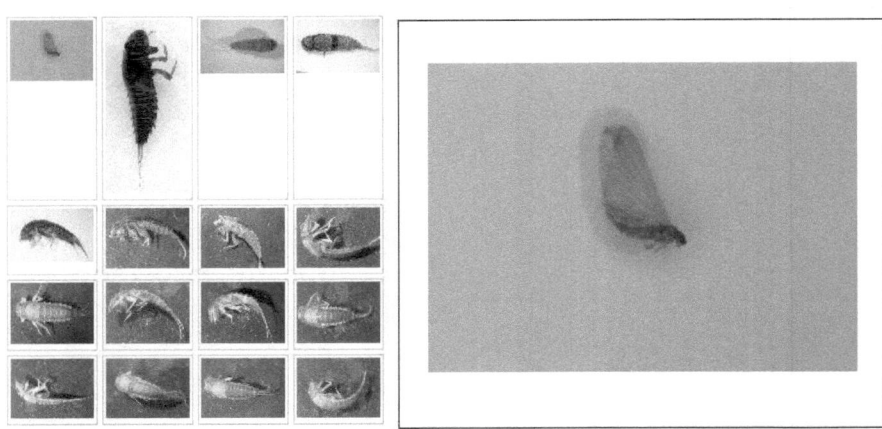

Bild Nr. 732
Eintagsfliege (*Oligoneuriella rhenana*), **Larve und Imago**

Einige Insektenarten verwenden dazu lediglich die zuvor erworbenen Energiereserven und verlieren die Fähigkeit zur Nahrungsaufnahme durch Reduktion der Mundwerkzeuge, wie bei einigen Arten der Eintagsfliegen. Andere nehmen weiterhin Nahrung auf. Häufig stirbt das Insekt nach erfolgter Fortpflanzung (Begattung). Bei den Insekten mit vollständiger Metamorphose (holometabole Insekten) handelt es sich bei dem Imago um das Lebensstadium nach der Larvenzeit und der Puppenruhe. Nach der Puppenruhe wird beispielsweise aus einem Engerling ein fertiger Käfer, aus der Raupe ein Schmetterling. Die Imagines häuten sich nicht mehr und können daher nicht mehr weiter wachsen.

Bei Insekten mit unvollständiger Metamorphose (hemimetabole Insekten) wird unter Imago ebenfalls das letzte Lebensstadium verstanden, in welchem das Insekt nun über vollständig entwickelte Geschlechtsapparate verfügt. Auch finden sich vollständig entwickelte Flügel bei geflügelten Arten erst bei der Imago. Im Allgemeinen erfolgt kein weiteres Wachstum mehr. Lediglich der Hinterleib von eierproduzierenden Weibchen nimmt häufig noch an Umfang und Größe zu.

In diesem Zusammenhang ist auch zu erwähnen, dass die Entwicklungszeit von der Eiablage bis zum fertigen Insekt je nach Art ebenfalls unterschiedlich ist.

Die Weibchen der **Weidenbohrer** (*Cossus cossus*), ein Schmetterling (Nachtfalter) aus der Familie der Holzbohrer (Cossidae), legen ihre Eier einzeln oder in kleinen Gruppen in Rindenspalten ab. Nach dem Schlüpfen fressen und leben die Raupen in der Rinde der Bäume bis sie sich mehrmals gehäutet haben. Später dringen sie dann tiefer ins Holz, das sie von oben nach unten mit ihren Gängen durchziehen. Nach zwei bis vier Jahren ist ihre Entwicklung abgeschlossen und die ca. 8 cm langen Raupen verpuppen sich.

Maikäfer (*Melolontha*) haben eine Zykluszeit von drei bis fünf, meist vier Jahren. Das heißt, die frischgeschlüpften Engerlinge benötigen vier Jahre, bis sie eine vollständige Metamorphose zum geschlechtsreifen Tier durchgemacht haben. Die Käfer leben als Imago noch etwa 4 bis 7 Wochen. Das Männchen stirbt nach der Begattung, das Weibchen nach der Eiablage. Nach vier bis sechs Wochen schlüpfen die Engerlinge.

Bei den Imagos der meisten Arten kann man die Unterschiede zwischen weiblichen und männlichen Tieren sehr gut erkennen. Am auffälligsten ist dieser Unterschied z.B. beim **Kleinen Frostspanner** (*Operophtera brumata*), dessen Weibchen flügellos sind und nur rudimentäre Flügelstummel besitzen. Dieser doch recht große Unterschied zwischen Männchen und Weibchen einer Art wird als ausgeprägter Sexualdimorphismus bezeichnet. Ansonsten zeigen sich die Unterschiede zwischen den Geschlechtern meist in der Farbgebung, der Körpergröße, der Fühlerlänge und den bei den weiblichen Tieren nicht bzw. sehr klein vorhandenen Chitinausstülpungen und Hinterleibsanhängen (Cerci). Mit den Chitinausstülpungen meine ich die z.B. bei den Nashornkäfern vorkommenden Hörner. Diese „Verzierungen" dienen aber nur dem Imponiergehabe der Männchen dem Weibchen gegenüber und den um das Weibchen werbenden Nebenbuhler.

Bild Nr. 733
Kleiner Frostspanner, Männchen
(*Operophtera brumata*)

Bild Nr. 734
Kleiner Frostspanner, Weibchen
(*Operophtera brumata*)

INSEKTENKUNDE
Grundlagen

Bild Nr. 735
Das Gehörn des männlichen Stierkäfers (*Typhaeus typhoeus*)

 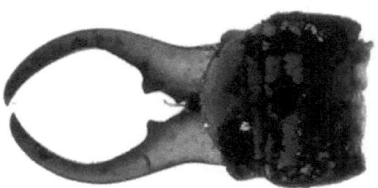

Bild Nr. 736
Gemeiner Ohrwurm (*Forficula auricularia*)
Cerci des Weibchens

Bild Nr. 737
Gemeiner Ohrwurm (*Forficula auricularia*)
Cerci des Männchens

Im **Bild Nr. 738** sind das Weibchen (oben) und das Männchen (unten) vom Eichenspinner oder Quittenvogel (*Lasiocampa quercus*) zu sehen. Der Eichenspinner ist ein Schmetterling aus der Familie der Glucken (Lasiocampidae).

Beide Geschlechter, die sich deutlich voneinander unterscheiden (Sexualdimorphismus), haben sehr variabel gefärbte Flügel. Die Vorderflügel der Männchen haben meist eine kastanienbraune Grundfärbung. Die Weibchen sind deutlich heller gefärbt und auch wesentlich größer als die Männchen. Sie haben ockergelbe oder hellbraune Flügel.

INSEKTENKUNDE
Grundlagen

Bild Nr. 738
Eichenspinner oder Quittenvogel (*Lasiocampa quercus*)

Bild Nr. 739
Käfermännchen (links) **und Käferweibchen** (rechts)
aus der Familie der Blatthornkäfer (*Scarabaeidae*)

INSEKTENKUNDE
Grundlagen

**Bild Nr. 740
Nashornkäfer**
(*Oryctes nasicornis*)
Männchen links, Weibchen rechts

**Bild Nr. 741
Nashornkäfer**
(*Oryctes nasicornis*)
Männchen

**Bild Nr. 742
Nashornkäfer**
(*Oryctes nasicornis*)
Weibchen

Auch beim Nashornkäfer kann man Männchen und Weibchen sehr gut unterscheiden. Aber nicht immer sind die Unterschiede zwischen weiblichen und männlichen Insekten einer Art so deutlich wie in den aufgezeigten Beispielen. Dann müssen andere Erkennungsmerkmale zur Geschlechtsbestimmung herangezogen werden, z.B. Fühler, Beine, Flügel etc.

Erklärung: Ein **Erkennungsmerkmal** oder **Bestimmungsmerkmal** ist in den Wissenschaften die Voraussetzung, um auf die Zugehörigkeit eines Besonderen zu einem Allgemeinen schließen zu können. Das wird dann als Klassifizierung bezeichnet. Ein brauchbares Erkennungsmerkmal ist eine **notwendige** oder **hinreichende** Bedingung für eine Bestimmung. In der biologischen Systematik werden auf diese Weise auch Exemplare zu Arten, Gattungen und Familien zusammengefasst.

3.0 Einordnung der Insekten in das zoologische System

Alles muß seine Ordnung haben, wer kennt diesen Satz nicht? Einer mit der Ersten, der sich überlegte wie man die vielen verschiedenen Insekten in eine Ordnung bringen kann war Carl von Linné. Er veröffentlichte erstmal 1735 ein Werk namens **Systema Naturæ** (meist **Systema Naturae** geschrieben) das bis 1768 insgesamt in zwölf Auflagen erschien. Linné klassifizierte darin die drei Naturreiche der Tiere, Pflanzen und Mineralien durch die fünf aufeinander aufbauenden Rangstufen Klasse, Ordnung, Gattung, Art und Varietät. Es handelte sich dabei um eine binäre Nomenklatur zur Benennung der Arten. Hauptzweck dieser Nomenklatur ist die eindeutige Benennung der Arten unabhängig von ihrer Beschreibung.

Während die Erstausgabe nur aus sieben Doppelfolioblättern bestand, umfasste das Werk nach der Veröffentlichung des dritten Bandes der 12. Auflage mehr als 2300 Oktavseiten. Linné beschrieb auf ihnen etwa 7700 Pflanzen-, 6200 Tier- und 500 Mineralienarten. Er gab in der 12. Auflage für alle Arten aller drei Naturreiche am Seitenrand einen sogenannten „Trivialnamen" an. Diese bilden die Grundlage der zweiteiligen Namen, auf denen die heutige biologische Nomenklatur beruht. Besondere Bedeutung für die Zoologie hat der **1758** veröffentlichte erste Band der 10. Auflage, in dem Linné erstmals durchgängig für die Tiere zweiteilige Artnamen angab. Sein Erscheinen markiert gemeinsam mit Carl Alexander Clercks ein Jahr zuvor herausgegebenem Werk *Svenska Spindlar* den Beginn der modernen zoologischen Nomenklatur. Soweit die geschichtliche Seite.

Neulinge unter den Hobbyentomologen haben sich bestimmt gefragt, warum hinter vielen Artnamen der Name LINNAEUS und die Jahreszahl 1758 geschrieben steht.

Beispiel: Westliche Honigbiene (*Apis mellifera*), LINNAEUS, **1758**, die Erklärung ist im obigen Text zu finden.

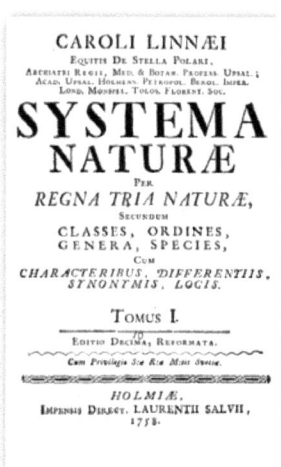

Bild Nr. 743
Systema Naturae
Titelblatt

INSEKTENKUNDE
Grundlagen

Für das bessere Verständnis der Insektensystematik sind ein paar Begriffe von Bedeutung, die nachfolgend erklärt werden.

Die **Ordnung** (lateinisch: *Ordo*) ist eine Rangstufe der biologischen Systematik. Sie dient zur Einteilung und Benennung der Lebewesen (Taxonomie). Bezüglich der Hauptstufen steht die Ordnung zwischen Klasse und Familie. Zusätzlich kann unmittelbar oberhalb der Ordnung eine **Überordnung** (*superordo*) und unmittelbar unterhalb eine **Unterordnung** (*subordo*) sowie **Teilordnung** (*infraordo*) vorhanden sein.

Die **Taxonomie** ist das Teilgebiet der Biologie, das die verwandtschaftlichen Beziehungen von Lebewesen in eine Systematik erfasst und Objekte nach bestimmten Kriterien klassifiziert, das heißt in Kategorien oder Klassen (auch Taxa genannt) einordnet. Naturwissenschaftliche Disziplinen verwenden den Begriff der Taxonomie für eine in der Regel hierarchische Klassifikation (Klassen, Unterklassen usw.).

Ein **Taxon** ist in der Biologie eine Gruppe von Lebewesen, die sich durch gemeinsame Merkmale beschreiben und von anderen Gruppen unterscheiden lässt. Die Aufstellung von Taxa ist das Arbeitsgebiet der Taxonomie, der wissenschaftlichen Gliederung der Organismen nach international festgelegten Nomenklaturregeln.

Systematik (geordnet) oder *Biosystematik* ist ein Fachgebiet der Biologie. Die klassische Systematik beschäftigt sich hauptsächlich mit der Bestimmung und Benennung der Lebewesen (Taxonomie).

Die Hierarchiestufen des **zoologischen Systems** bauen sich wie folgt auf:

Rang	Unterteilung	Endungen im Familiennamen
Reich	Reich (Regnum)	
Abteilung	Abteilung (Divisio)	
	Unterabteilung	
Stamm	Stamm (Phylum)	
	Unterstamm (Subphylum)	
Klasse	Überklasse	
	Klasse (Classis)	
	Unterklasse	
Ordnung	Überordnung (Superordo)	
	Ordnung (Ordo)	
	Unterordnung (Subordo)	
	Teilordnung (Infraordo)	
Familie	Überfamilie (Superfamilia)	**-oidea**
	Familie (Familia)	**-idae**
	Unterfamilie (Subfamilia)	**-inae**
	Tribus	**-ini**
	Subtribus	**-ina**
Gattung	Gattung (Genus)	
	Untergattung (Subgenus)	
Art	Art (Species)	
	Unterart (Subspecies)	

Eine Schlüsselstellung in diesem System hat hierbei die Art (Species). Die biologische Art ist eine Gruppe von Lebewesen, die zur gleichen Zeit am selben Ort leben und sich miteinander fortpflanzen können und von anderen Gruppen reproduktiv isoliert sind. Die reproduktive Isolation ist die Unterbrechung des Genflusses zwischen den Lebewesen der ursprünglich selben Art. Diese können anschließend mit Mitgliedern der anderen Lebewesen keine fruchtbaren Nachkommen mehr zeugen, wie es die biologische Definition einer Art verlangt. Nur die Mitglieder der eigenen Art können sich untereinander fortpflanzen. Diese Isolationsmechanismen zwischen den einzelnen Arten sind biologisch bedingt.

Mit der Veröffentlichung von Systema Naturae durch Carl von Linné hat sich die binäre Nomenklatur durchgesetzt und heute wird die Namensgebung durch die Internationalen Regeln für die Zoologische Nomenklatur (ICZN Code) geregelt. Das heisst, dass der erste Namensteil die Gattung (Genus) und der zweite Namensteil das Beiwort für die Art (Species) ist. Dieser Artname darf in der Zoologie nur eine bestimmte Tierart bezeichnen. Innerhalb einer Gattung müssen Arten verschiedene Namen tragen. Den gleichen Artnamen in verschiedenen Gattungen zu verwenden ist zulässig.

Als Beispiel für das oben Beschriebene nehme ich einmal die Familie der Kurzflügler.

Die Familie der Kurzflügler, lateinisch Staphyl**inidae**, sind Käfer mit derzeit ca. **3200 Gattungen** und über **47.000** beschriebenen **Arten**. Sie sind eine der größten Familien überhaupt. Gruppiert werden sie in bis zu **31 Unterfamilien** (Namensendung=**inae**).

Hier die **Systematik**:

Klassse	Insekten (lat. Insecta)
Ordnung	Käfer (lat. Coleoptera)
Unterordnung	Polyphaga
Teilordnung	Staphyliniformia
Überfamilie	Staphyl**oidea**
Familie	Kurzflügler (Staphyl**inidae**)

Somit ist der wissenschaftliche Name Staphyl**inidae** (LATREILLE, 1802). In Klammern steht immer der Name der Person, der diese Familie/Art zuerst beschrieben hat. **Pierre André Latreille** (* 20. November 1762 in Brive-la-Gaillarde; † 6. Februar 1833 in Paris) war ein französischer Insektenkundler. Von 1796 bis 1833 veröffentlichte Latreille eine Vielzahl von Schriften, die ihn zu einem der Begründer der modernen Entomologie machten. Er beschrieb nicht nur eine große Anzahl neuer Arten, sondern gruppierte sie auch in neu eingeführte Gattungen und Familien und leistete damit einen wichtigen Beitrag zur biologischen Systematik.

Hier eine kleine Auswahl von Gattungen und Arten aus der Familie der Kurzflügler:

- **Gattung:** *Anotylus* Thomson, 1859
    - **Art:** *Anotylus tetracarinatus* (Block, 1799)
- **Gattung:** *Anthophagus* Gravenhorst, 1802
    - **Art:** *Anthophagus caraboides* (Laufkäferartiger Blütenräuber)
- **Gattung:** *Bledius* Samouelle, 1819
    - **Art:** *Bledius spectabilis* (Prächtiger Salzkäfer)
- **Gattung:** *Carpelimus* Kirby & Spence, 1828
    - **Art:** *Carpelimus elongatulus*
- **Gattung:** *Lathrobium* Gravenhorst, 1802
    - **Art:** *Leptacinus* Erichson, 1839
- **Gattung:** *Manda* Blackwelder, 1952
    - **Art:** *Manda mandibularis* (Hellbrauner Kurzflügler)
- **Gattung:** *Ocypus* Montrouzier, 1861
    - **Art:** *Ocypus olens* (Schwarzer Moderkäfer)
    - **Art:** *Ocypus aeneocephalus*
- **Gattung:** *Ontholestes* Ganglbauer, 1895

- - **Art:** *Ontholestes cingulatus*
  - **Art:** *Ontholestes murinus*
  - **Art:** *Ontholestes tessellatus* (Gewürfelter Raubkäfer)
- **Gattung:** *Oxyporus* Fabricius, 1775
  - **Art:** *Oxyporus rufus* (Roter Bunträuber oder Roter Pilzraubkäfer)
- **Gattung:** *Oxytelus* Gravenhorst, 1802
  - **Art:** *Oxytelus sculptus*
- **Gattung:** *Paederus* Fabricius, 1775
  - **Art:** *Paederus littoralis* (Uferkurzflügler oder Gemeiner Uferräuber)
- **Gattung:** *Phloeonomus* Heer, 1839
  - **Art:** *Phloeonomus pusillus* (Kleiner Rindenräuber)
- **Gattung:** *Platydracus*
  - **Art:** *Platydracus stercorarius*
- **Gattung:** *Quedius*
  - **Art:** *Quedius lateralis*
- **Gattung:** *Staphylinus* Linnaeus, 1758
  - **Art:** *Staphylinus caesareus* (Kaiserlicher Kurzflügler)
- **Gattung:** *Tachyporus* Gravenhorst, 1802
  - **Art:** *Tachyporus hypnorum* (Moos-Schnellräuber)
  - **Art:** *Tachyporus obtusus* (Stumpfer Schnellräuber)
- **Gattung:** *Velleius* Samouelle, 1819
  - **Art:** *Velleius dilatatus* (Hornissenkäfer oder Hornissenkurzflügelkäfer)

Wie oben beschrieben kann der gleiche Artname in verschiedenen Gattungen verwendet werden. Bei der Familie der Kurzflügler (Staphyl**idae**) gibt es die **Gattung**: *Anthophagus* mit der **Art:** *Anthophagus caraboides* (Laufkäferartiger Blütenräuber). Der Artname *caraboides* ist, wie man sieht auch bei anderen Gattungen vorhanden.

- Gewöhnlicher Schaufelläufer (Cychrus caraboides)
- Kleiner Rehschröter (Platycerus caraboides)
- Kleiner Kolbenwasserkäfer (Hydrochara caraboides)

Noch ein Beispiel aus der Familie der Kurzflügler (Staphyl**idae**). Die **Gattung:** *Manda* mit der **Art:** *Manda mandibularis* (Hellbrauner Kurzflügler).

- Schaufelkäfer (Prostomis mandibularis)

Namen der Gattungs- und Artgruppe werden oftmals aus einem besonderen Merkmal, z.B. Farbe, Größe, Verhalten oder aus dem Ort der Entdeckung hergeleitet. Einige Artnamen bestehen aus dem Namen der bevorzugten Futterpflanze. Betrachtet ein Entomologe mehrere Namen als Synonyme ein und derselben Art, so hat der älteste verfügbare Name den Vorrang. Es gilt das Prioritätsprinzip.

Die Wissenschaft versucht einen einzigen „Baum des Lebens" zu beschreiben, der die evolutionären Verbindungen zwischen den Lebewesen aufzeigt. Allerdings unterliegen diese evolutionären Verbindungen andauernd neu gewonnenen Erkenntnissen. Zudem sind unterschiedliche Auffassungen dazu vorhanden, wie Lebewesen gruppiert und benannt werden sollten. Es gibt unterschiedliche wissenschaftliche Klassifikationen. Auch wurden einige Arten mehr als einmal benannt. Derartige Namensduplikate werden als Synonyme geführt. Es gibt zudem Trivialnamen, die nicht nur von Sprache zu Sprache, sondern auch von Region zu Region unterschiedlich sein können. Wer sich näher mit der Insektenkunde beschäftigt stellt das leider sehr häufig fest und wird bemerken, dass es für den Hobbyentomologen nicht einfach ist Gattung und Art eines Insekts genau zu bestimmen. Aus diesen genannten Gründen herraus sammeln und bestimmen viele Hobbyentomologie nur eine bestimmete Art von Insekten. Also nur Laufkäfer oder nur Wasserkäfer und bei den Schmetterlingen nur die Tagfalter oder nur die Nachtfalter.

Eine exakte Bestimmung in welche Familie, Gattung und Art ein Insekt einzuordnen ist bietet die DNA-Analyse. Die **Desoxyribonukleinsäure** (kurz **DNS**; englisch **DNA**) ist ein in allen Lebewesen und in bestimmten Virentypen vorkommendes Biomolekül und Träger der Erbinformation, also der Gene. Chemisch gesehen handelt es sich um Nukleinsäuren, lange Kettenmoleküle die aus vier verschiedenen Bausteinen, den Nukleotiden aufgebaut sind. Jedes Nukleotid besteht aus einem Phosphat-Rest, dem Zucker Desoxyribose und einer von vier organischen Basen (**A**denin, **T**hymin, **G**uanin und **C**ytosin, abgekürzt mit A, T, G und C).

Die Gene in der DNA enthalten die Information für die Herstellung der Ribonukleinsäuren (RNA, im Deutschen auch RNS). Eine wichtige Gruppe von RNAs enthält wiederum die Information für den Bau der Proteine (Eiweiße), welche für die biologische Entwicklung eines Lebewesens und den Stoffwechsel in der Zelle notwendig sind. Innerhalb der Protein-codierenden Gene legt die Abfolge der Basen (**A**, **T**, **G**, **C**) die Abfolge der Aminosäuren des jeweiligen Proteins fest: Im genetischen Code stehen jeweils drei Basen für eine bestimmte Aminosäure.

In den Zellen von Mehrzellern (Eukaryoten), zu denen auch Pflanzen, Tiere und Pilze gehören, ist der Großteil der DNA im Zellkern als Chromosomen organisiert, ein kleiner Teil befindet sich in den Mitochondrien („Energiekraftwerken" der Zelle). Viele der hier beschriebenen Begriffe sind bestimmt schon einmal gehört oder gelesen worden. Ich möchte an dieser Stelle das Thema auch nicht allzu sehr vertiefen, halte es aber dennoch für wichtig das Thema zu erwähnen.

Aus den Mitochondrien isolieren die Wissenschafter den Teil der als cytochrome Oxidase bezeichnet wird. Dieses Material dient dann zur DNA-Analyse und letztentlich zum DNA-Vergleich zwischen den Lebewesen, in meinem Beispiel sind es logischerweise die Insekten. Die hier gelisteten Daten entstammen der Datenbank des **NCBI**.

Das **National Center for Biotechnology Information** (deutsch *Nationales Zentrum für Biotechnologieinformation*) in Bethesda, Maryland wurde 1988 als zentrales Institut für Datenverarbeitung und Datenspeicherung in der Molekularbiologie gegründet. Über Webschnittstellen stellt das NCBI einen Zugang zu wichtigen DNA-, RNA- und Protein-Datenbanken (wie z.B. RefSeq) zu Verfügung, des Weiteren eine Taxonomie-Suchfunktion zur Suche nach Daten zu bestimmten Spezies, eine Datenbank mit Inhaltsangaben wissenschaftlicher Literatur (PubMed) sowie diverse Standardsoftware der Bioinformatik.

Ich habe bei meinem Vergleich bewußt die DNA eines Käfers mit der DNA eines anderen Käfers und einer Hummelfliege gewählt. In mühevoller Kleinarbeit habe ich die übereinstimmenden Sequenzen markiert. Das **bp** steht für Basenpaare.

DNA Vergleich *round fungus beetle* **Leiodidae sp. AIC-109** gegen *round fungus beetle* **Leiodidae sp. AIC-110**.

DNA Vergleich *round fungus beetle* **Leiodidae sp. AIC-109** gegen *round fungus beetle* **Nemadus colonoides voucher BMNH 673279**.

DNA Vergleich *round fungus beetle* **Leiodidae sp. AIC-109** gegen *bee flies* **Bombyliidae sp. DS-Test-003**.

Leiodidae sp. AIC-109 cytochrome oxidase I (COI) gene, partial cds; mitochondrial

GenBank: DQ313370.1
LOCUS   DQ313370   735 bp   DNA   linear   INV 11-MAR-2008
DEFINITION Leiodidae sp. AIC-109 cytochrome oxidase I (COI) gene, partial cds; mitochondrial.
ACCESSION   DQ313370
VERSION   DQ313370.1 GI:83616330
KEYWORDS   .
SOURCE   mitochondrion Leiodidae sp. AIC-109
ORGANISM Leiodidae sp. AIC-109
Eukaryota; Metazoa; Arthropoda; Hexapoda; Insecta; Pterygota; Neoptera; Endopterygota; Coleoptera; Polyphaga; Staphyliniformia; Leiodidae.
REFERENCE   1 (bases 1 to 735)
AUTHORS   Caesar,R.M., Sorensson,M. and Cognato,A.I.
TITLE   Integrating DNA data and traditional taxonomy to streamline biodiversity assessment: an example from edaphic beetles in the Klamath ecoregion, California, USA
JOURNAL   Divers. Distrib. 12 (5), 483-489 (2006)
REFERENCE   2 (bases 1 to 735)
AUTHORS   Cognato,A.I., Caesar,R.M. and Sorensson,M.
TITLE   Direct Submission
JOURNAL   Submitted (03-DEC-2005) Department of Entomology, Texas A&M, University, Heep Center, College Station, TX 77845, USA
FEATURES   Location/Qualifiers
source   1..735
/**organism**="Leiodidae sp. AIC-109"
/**organelle**="mitochondrion"
/**mol_type**="genomic DNA"
/**isolate**="109"
/**db_xref**="taxon:361587"
/**country**="USA: Klamath ecoregion, California"
gene   <1..>735
/**gene**="COI"
CDS   <1..>735
/**gene**="COI"
/**codon_start**=3
/**transl_table**=5
/**product**="cytochrome oxidase I"
/**protein_id**="ABC25670.1"
/**db_xref**="GI:83616331"

/**Translation**=

INSEKTENKUNDE
Grundlagen

„IISQESGKKETFGSLGMIYAMMAIGLLGFVVWAHHMFTVGMDVDTRAYFTSATMIIA
VPTGIKIFSWLATLHGTQINFSPSMLWALGFVFLFTVGGLTGIILANSSIDIVLHDTYYV
VAHFHYVLSMGAVFAIMAGLVQWYSLFTGLTLNNKFLKTQFLIMFMGVNLTFFPQHFL
GLSGMPRRYSDYPDIYTTWNMLSSIGSMISLIAIFILLFIIWESMVSNRKSISSLNMAS
SIEWLQDMPP"

ORIGIN

1	atattattag	acaagaaaga	ggaaaaaagg	aaacttttgg	gtctttaggg	ataatttatg
61	caataatagc	aattgtcta	cttggttttg	tagtatgggc	tcaccatata	ttcacagttg
121	gaatagatgt	agatactcgt	gcttattta	cttctgcaac	aataattatt	gctgttccaa
181	ctggaattaa	aatttttagt	tgattagcta	ctcttcatgg	tactcaaatt	aattttcac
241	cttcaatatt	atgagctta	ggtttcgtat	ttcttttac	tgttggggt	ttaactggaa
301	ttattttagc	taattcctca	attgatattg	ttttacatga	tacttattat	gttgttgctc
361	attttcatta	tgttttatct	ataggtgcag	tatttgcaat	tatagcaggt	ttagttcaat
421	gatattcttt	attcactgga	ctaacttaa	acaacaaatt	cttaaaaact	caatttttaa
481	ttatatttat	aggtgtaaat	ttaacttttt	ttcctcaaca	ttttttagga	ttaaggggga
541	tacctcgtcg	atactcagat	tatcctgata	tttacactac	ttgaaatata	ttatcctcta
601	ttggttcaat	aatttcacta	attgcaattt	ttatttact	gtttattatt	tgagagagca
661	tggtatctaa	ccggaaaaga	atttcatcat	taaatatggc	ttcctctatt	gaatggcttc
721	aggatatacc	tccttt				

//

Translation = Übersetzung in die Aminosäure
ORIGIN = Nukleobasensequenz (Tripletts oder Codons) z.B. **ata**

Aminosäure	Dreibuchstabencode	Einbuchstabencode
Alanin	Ala	**A**
Arginin	Arg	**R**
Cystein	Cys	**C**
Glutamin	Gln	**Q**
Glycin	Gly	**G**
Lysin	Lys	**K**
Methionin	Met	**M**
Tyrosin	Tyr	**Y**
Serin	Ser	**S**
Threonin	Thr	**T**

Die kleinsten Proteine werden als Peptide bezeichnet. Dipeptide sind z.B. aus nur zwei Aminosäuren aufgebaut. Das größte bekannte Protein ist das Muskelprotein Titin und besteht aus über 30.000 Aminosäuren.

Leiodidae sp. AIC-110 cytochrome oxidase I (COI) gene, partial cds; mitochondrial

GenBank: DQ313371.1

LOCUS   DQ313371   740 bp   DNA   linear   INV 11-MAR-2008
DEFINITION Leiodidae sp. AIC-110 cytochrome oxidase I (COI) gene, partial cds; mitochondrial.
ACCESSION DQ313371
VERSION   DQ313371.1 GI:83616332
KEYWORDS   .
SOURCE   mitochondrion Leiodidae sp. AIC-110
ORGANISM Leiodidae sp. AIC-110
Eukaryota; Metazoa; Arthropoda; Hexapoda; Insecta; Pterygota; Neoptera; Endopterygota; Coleoptera; Polyphaga; Staphyliniformia; Leiodidae.
REFERENCE   1 (bases 1 to 740)
AUTHORS   Caesar,R.M., Sorensson,M. and Cognato,A.I.
TITLE   Integrating DNA data and traditional taxonomy to streamline biodiversity assessment: an example from edaphic beetles in the Klamath ecoregion, California, USA
JOURNAL   Divers. Distrib. 12 (5), 483-489 (2006)
REFERENCE   2 (bases 1 to 740)
AUTHORS   Cognato,A.I., Caesar,R.M. and Sorensson,M.
TITLE   Direct Submission
JOURNAL   Submitted (03-DEC-2005) Department of Entomology, Texas A&M University, Heep Center, College Station, TX 77845, USA
FEATURES   Location/Qualifiers
  source   1..740
                  /**organism**="Leiodidae sp. AIC-110"
                  /**organelle**="mitochondrion"
                  /**mol_type**="genomic DNA"
                  /**isolate**="110"
                  /**db_xref**="taxon:361588"
                  /**country**="USA: Klamath ecoregion, California"
  /**gene**   <1..>740
                  /**gene**="COI"
  /**CDS**   <1..>740
                  /**gene**="COI"
                  /**codon_start**=3
                  /**transl_table**=5
                  /**product**="cytochrome oxidase I"
                  /**protein_id**="ABC25671.1"
                  /**db_xref**="GI:83616333"

  /**translation**=

INSEKTENKUNDE
Grundlagen

„II**X**QESGKKETFGSLGMIYAMMAIGLLGFVVWAHHMFTVGM**NVN**TRAYFTSATMIIAVPT
GIKIFSWLATLHGTQINFSPSMLWALGFVFLFTVGGLTGIILANSSIDIVLHDTYYVVAHFHY
VLSMGAVFAIMAGLVQWYSLFTGLTLNNKFLKTQFLIMFMGVNLTFFPQHFLGLSGMPRRY
SDYPDIYTTWNMLSSIGSMISLIAIFILLFIIWESMVSNRKSISSLNMASSIEWLQDMPP**SE**"

ORIGIN

```
  1 atatta**ttn**c   acaagaaaga   ggaaaaaagg   aaacttttgg   gtctttaggg   ataatttatg
 61 caataatagc   aattggtcta   cttggttttg   tagtatgggc   tcaccatata   ttcacagttg
121 gaa**taaatgt**  **aa**atactcgt   gcttatttta   cttctgcaac   aataattatt   gctgttccaa
181 ctggaattaa   aattttaga    tgattagcta   ctcttcatgg   tactcaaatt   aatttttcac
241 cttcaatatt   atgagcttta   ggtttcgtat   ttcttttac    tgttgggggt   ttaactggaa
301 ttattttagc   taattcctca   attgatattg   ttttacatga   tacttattat   gttgttgctc
361 attttcatta   tgttttatct   ataggtgcag   tatttgcaat   tatagcaggt   ttagttcaat
421 gatattcttt   attcactgga   ctaacttaa    acaacaaatt   cttaaaaact   caatttttaa
481 ttatatttat   aggtgtaaat   ttaacttttt   ttcctcaaca   tttttagga    ttaaggggaa
541 tacctcgtcg   atactcagat   tatcctgata   tttacactac   ttgaaatata   ttatcctcta
601 ttggttcaat   aatttcacta   attgcaattt   ttattttact   gtttattatt   tgagagagca
661 tggtatctaa   ccggaaaaga   atttcatcat   taaatatggc   ttcctctatt   gaatggcttc
721 aggatatacc   tcct**tccgaa**
```
//

Keine Übereinstimmung = no matches

Verglichen wurden **735 bp** von *round fungus beetle* **Leiodidae sp. AIC-109** mit **740 bp** von *round fungus beetle* **Leiodidae sp. AIC-110**.

Translation= Übersetzung in die Aminosäure

ORIGIN=Nukleobasensequenz (Tripletts oder Codons) z.B. **ata**

Nemadus colonoides voucher BMNH 673279 cytochrome oxidase subunit I (COI) gene, partial cds; mitochondrial

GenBank: DQ155722.1

LOCUS   DQ155722   819 bp   DNA   linear   INV 12-DEC-2011
DEFINITION Nemadus colonoides voucher BMNH 673279 cytochrome oxidase subunit I (COI) gene, partial cds; mitochondrial.
ACCESSION DQ155722
VERSION   DQ155722.1 GI:76885008
KEYWORDS .
SOURCE   mitochondrion Nemadus colonoides
ORGANISM Nemadus colonoides, Eukaryota; Metazoa; Arthropoda; Hexapoda; Insecta; Pterygota; Neoptera; Endopterygota; Coleoptera; Polyphaga; Staphyliniformia; Leiodidae; Cholevinae; Nemadus.
REFERENCE 1 (bases 1 to 819)
AUTHORS   Hunt,T.J., Papadopoulou,A. and Vogler,A.P.
TITLE   Barcoding British Beetles
JOURNAL   Unpublished
REFERENCE 2 (bases 1 to 819)
AUTHORS   Hunt,T.J., Papadopoulou,A. and Vogler,A.P.
TITLE   Direct Submission
JOURNAL   Submitted (04-AUG-2005) Department of Entomology, The Natural History Museum, Cromwell Road, London SW7 5BD, UK
FEATURES   Location/Qualifiers
     source   1..819
                /**organism**="Nemadus colonoides"
                /**organelle**="mitochondrion"
                /**mol_type**="genomic DNA"
                /**specimen_voucher**="BMNH 673279"
                /**db_xref**="taxon:347405"
     /**gene**   <1..>819
                /**gene**="COI"
     /**CDS**   <1..>819
                /**gene**="COI"
                /**codon_start**=1
                /**transl_table**=5
                /**product**="cytochrome oxidase subunit I"
                /**protein_id**="ABA59594.1"
                /**db_xref**="GI:76885009"

                /**translation**="

INSEKTENKUNDE
Grundlagen

HPEVYILILPGFGMISHIVS]QESGKKETFG**A**LGMIYAMMAIGLLGFVVWAHHMFTVGM**DVD**TRA
YFTSATMIIAVPTGIKIFSWLATLHGTQIN**Y**SPSMLWALGF**I**FLFT**I**GGLTG**V**ILANSSIDIVLHDTY
YVVAHFHYVLSMGAVFAIMAGL**I**QW**FPL**FTGN**T**LNN**YLLKIQFFI**MF**I**GVNM**T**FFPQHFLGLSG
MPRRYSDYPD**A**YTTWN**II**SSIGS**L**IS**F**IAI**MFFL**FIIWES**FSSQ**RKSI**FA**LNM**N**SSIEWLQ**SM**PP
SE**HSFSELPTLV**"

ORIGIN

1 cacccagagg	tttatattct	cattttacca	ggatttggga	taatctcaca	tatgttagc	
Q E S	G K K E	T F G	A L G	M I Y A	M M A	
61 caagaaagag	gaaaaaaaga	aacattgga	gctttaggaa	taatctatgc	tataatagca	
I G L	L G F V	V W A	H H M F	T V G	M D V	
121 attggattat	taggattgt	tgtatgggct	catcacatat	ttaccgttgg	aatggatgtt	
D T R	A Y F T	S A T	M I I	A V P T	G I K	
181 gatactcgtg	catattttac	atccgctaca	ataattattg	cagttccaac	aggaattaaa	
I F S	W L A T	L H G	T Q I	N Y S P	S M L	
241 atttttaggt	ggttagcaac	acttcatgga	acccaaatta	attattctcc	ttcaatgtta	
W A L	G F I F	L F T	I G G	L T G V	I L A	
301 tgagctttag	ggtttatttt	cttatttaca	attggggggt	taactggagt	aatttagct	
N S S	I D I V	L H D	T Y Y	V V A H	F H Y	
361 aattcttcta	ttgatattgt	gctacatgat	acatactatg	tagttgctca	tttcattat	
V L S	M G A V	F A V	F A I	M A G L	I Q W	
421 gtgctctcta	taggagcagt	atttgctatt	atagcaggat	taatccaatg	atttccatta	
F P L	F T G N	T L N	N Y L	L K I Q	F F I	
481 tttacgggga	atactttaaa	taactaccta	ttaaaaatcc	aatttttcat	tatatttatt	
M F I	G V N M	T F F	P Q H	F L G L	S G M	
541 ggggtaaata	taacattttt	tcctcaacat	tttctgggtt	taagagggat	acctcgacga	
P R R	Y S D Y	P D A	Y T T	W N I I	S S I	
601 tactcagact	accctgatgc	ttataccacg	tgaaatatta	tttcttcaat	tgggagatta	
G S L	I S F I	A I M	F F L	F I I W	E S F	
661 atttccttta	ttgccattat	atttttttta	tttattattt	gagaaagatt	ttcttctcaa	
S S Q	R K S I	F A L	N M N	S S I E	W L Q	
721 cgaaaaagaa	tttttgccct	taatataaat	tcatccattg	aatgactaca	atcaataccc	
S I E	W L Q S	M P P	S E H	S F S E	L P T	
781 ccttctgaac	acagattctc	tgaactccca	acattagtt			
L V						

//

Keine Übereinstimmung = no matches

Verglichen wurden **735 bp** von *round fungus beetle* **Leiodidae sp. AIC-109** mit **819 bp** von *round fungus beetle* **Nemadus colonoides voucher BMNH 673279**.

Translation= Übersetzung in die Aminosäure
ORIGIN=Nukleobasensequenz (Tripletts oder Codons) z.B. **ata**
Bombyliidae sp. DS-Test-003 cytochrome oxidase subunit 1 (COI) gene, partial cds; mitochondrial

GenBank: GU013573.1

LOCUS   GU013573   658 bp   DNA   linear   INV 04-NOV-2011
DEFINITION Bombyliidae sp. DS-Test-003 cytochrome oxidase subunit 1 (COI)
      gene, partial cds; mitochondrial.
ACCESSION   GU013573
VERSION   GU013573.1 GI:262073299
DBLINK   Project: 37833
KEYWORDS   BARCODE.
SOURCE   mitochondrion Bombyliidae sp. DIMC003-09
ORGANISM Bombyliidae sp. DIMC003-09
Eukaryota; Metazoa; Arthropoda; Hexapoda; Insecta; Pterygota;
Neoptera; Endopterygota; Diptera; Brachycera; Muscomorpha;
Asiloidea; Bombyliidae; unclassified Bombyliidae.
REFERENCE   1 (bases 1 to 658)
AUTHORS   Park,D.S., Suh,S.J., Oh,H.W. and Hebert,P.D.
TITLE   Recovery of the mitochondrial COI barcode region in diverse
Hexapoda through tRNA-based primers
JOURNAL   BMC Genomics 11, 423 (2010)
PUBMED   20615258
REMARK   Publication Status: Online-Only
REFERENCE   2 (bases 1 to 658)
AUTHORS   Park,D.-S. and Hebert,P.D.N.
TITLE   Direct Submission
JOURNAL   Submitted (29-SEP-2009) Biological Resource Center, KRIBB, 111
Gwahangno, Yuseong-gu, Daejeon 305-806, South Korea
COMMENT   ##International Barcode of Life (iBOL) Data-START##
Order Assignment   :: Diptera
iBOL Working Group :: iBOL:WG1.6
iBOL Release Status :: Phase 2
##International Barcode of Life (iBOL) Data-END##
FEATURES   Location/Qualifiers
source   1..658
/**organism**="Bombyliidae sp. DIMC003-09"
/**organelle**="mitochondrion"
/**mol_type**="genomic DNA"
/**specimen_voucher**="DS-Test-003"
/**db_xref**="BOLD:DIMC003-09.COI-5P"
/**db_xref**="taxon:683902"
/**country**="Canada: Saskatchewan, Grasslands, Grasslands, East Block badlands, grass sage scrubland"
/**lat_lon**="49.054 N 106.546 W"
/**collection_date**="16-Jul-2008"
/**collected_by**="N.Jeffery"
/**PCR_primers**="fwd_seq: tgtaaaacgacggccagtaaactaatarccttcaaag,
rev_seq: taaacttctggatgtccaaaaaatca"

/**note**="PCR_primers=fwd_seq: tgtaaaacgacggccagtaaactaataatyttcaaaatta"
/**gene**<1..>658
/**gene**="COI"
/**CDS**<1..>658
/**gene**="COI"
/**codon_start**=1
/**transl_table**=5
/**product**="cytochrome oxidase subunit 1"
/**protein_id**="ACY09495.1"
/**db_xref**="GI:262073300"
/**translation**=
"SRQWLFSTNHKDIGTLYFIFGAWAGMVGTSLSILVRAELGHPGSLIGDDQIYNVIVTAHAFIMIFFMVMPIM
IGGFGNWLVPLMLGAPDMAFPRMNNMSFWMLPPSLSLLLTSSMVENGAGTGWTVYPPLSASIAHGGASVD
LAIFSLHLAGISSILGAVNFITTVINMRSTGITFDRMPLFVWSVVITALLLLLSLPVLAGAITMLLTDRNLNTSFF
D"

ORIGIN

1	tcgcgacaat	ggttattttc	aacaaatcat	aaagatattg	gaactttata	ttttatttt
61	ggagcatggg	ccggaatagt	cggaacctca	ctaagaattt	tagtccgagc	tgaattggga
121	cacccgggct	cattaattgg	ggatgatcaa	atttataatg	taattgttac	tgctcacgcc
181	tttattataa	ttttctttat	agtaatacct	attataattg	ggggattcgg	aaattgacta
241	gtacccctta	tattaggagc	cccagatata	gctttccctc	gaataaataa	tataagtttt
301	tgaatactcc	cccttctttt	atccctctta	ttaactagtt	caatagttga	aaatggggca
361	ggaacaggat	gaacagtata	ccccctctt	tctgcaagca	ttgcccatgg	aggagcttct
421	gttgatttag	ccattttttc	tctacactta	gctggaattt	cttctatttt	aggtgcagtt
481	aattttatta	caacagtaat	taatatacga	tcaacaggta	tcacttttga	tcgtatgcct
541	ttatttgtct	gatctgtagt	aattactgca	ttattattac	ttctatccct	gccagtatta
601	gcaggagcta	ttaccatact	attaactgac	cgaaacttaa	atacatcttt	ctttgacc

//

Keine Übereinstimmung = no matches

Verglichen wurden **735 bp** von *round fungus beetle* **Leiodidae sp. AIC-109** mit **658 bp** von *bee flies* **Bombyliidae sp. DS-Test-003**.

Das Ergebnis zeigt, es gibt keine Übereinstimmung zwischen den Käfersequenzen und der Sequenz der Wollschweber.

Translation= Übersetzung in die Aminosäure
ORIGIN=Nukleobasensequenz (Tripletts oder Codons) z.B. **ata**

Die Datenbank ist über den Link **ncbi.nlm.nih.gov/** für jedermann erreichbar.

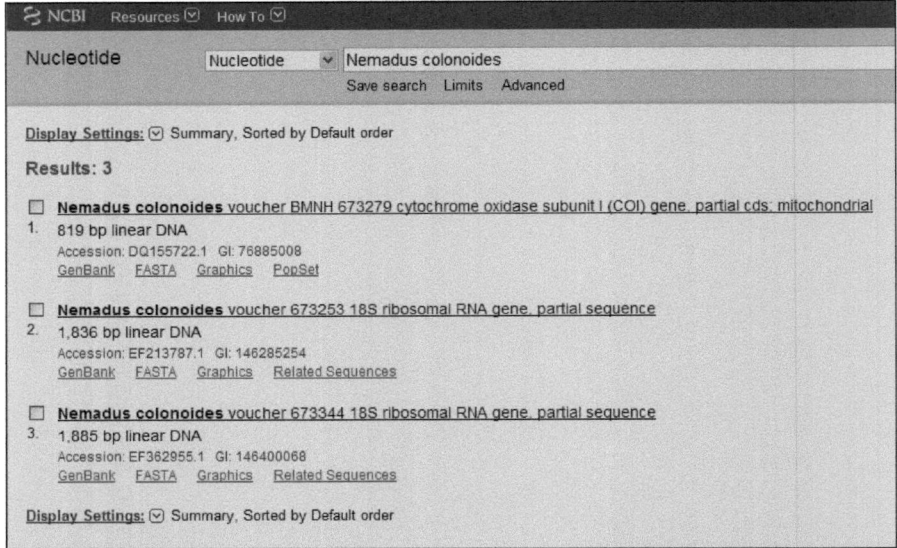

Bild Nr. 744
Ansicht der Hompage von NCBI: Rechere nach Nemadus colonoides

Im Nachtrag noch einige Informationen über meine Testkandidaten. Round Fungus Beetles = die Leiod**idae** sind eine Familie der Käfer innerhalb der Überfamilie der Staphylin**oidea**. Sie umfasste ursprünglich nur die Schwammkugelkäfer, die heute in der Unterfamilie Leiod**inae** zusammengefasst sind. Andere Käferfamilien wie die Nestkäfer, die Kolonistenkäfer und die Pelzflohkäfer wurden im Lauf der Zeit in die Familie Leiod**idae** als Unterfamilien eingegliedert.

Die **Wollschweber** (Bombyliidae), auch **Hummelfliegen** oder **Trauerschweber** sind eine Familie der Zweiflügler (Diptera) und werden den Fliegen (Brachycera) zugeordnet.

Sicherlich gibt es noch vieles über die Einordnung der Insekten in das zoologische System anzumerken und einige Informationen gibt es noch in den nachfolgenden Kapiteln über die Ordnung, die Familie, die Gattung und die Art der Insekten. Ich möchte in meinem Buch nur die Grundzüge darlegen und bei den Leserinnen und Lesern die Neugier zur eigenen Recherche wecken.

3.1 Ordnung

Eine Übersicht über die Ordnung der Insekten beginnt mit der Frage welche Insektenordnung ich betrachten will. Ich habe mich für die Ordnung der Käfer (*Coleoptera*) entschieden und werde diese Ordnung in diesem Buch näher beschreiben.

Kingdom Animalia	**Kingdom=Reich** (Tierreich)
Subkingdom Eumetazoa	**Subkingdom=Unterreich** **Eumetazoa=Gewebetiere** (echte Vielzeller)
Phylum Acanthocephala	
Phylum Annelida	
Phylum Arthropoda	**Phylum=Stamm** (Gliederfüßer)
Subphylum Chelicerata	
Subphylum Crustacea	
Subphylum Hexapoda	**Subphylum=Unterstamm** (Sechsfüßer)
Class Entognatha	
Class Insecta	**Class=Klasse**
Order	**Order=Ordnung**
Order Coleoptera	Ordnung: Käfer
Order Dermaptera	Ordnung: Ohrwürmer
Order Dictyoptera	Ordnung: Schaben u. Fangschrecken
Order Diptera	Ordnung: Zweiflügler
Order Embioptera	Ordnung: Tarsenspinner
Order Ephemeroptera	Ordnung: Eintagsfliegen
Order Hemiptera	Ordnung: Schnabelkerfe
Order Hymenoptera	Ordnung: Hautflügler
Order Lepidoptera	Ordnung: Schmetterlinge
Order Mecoptera	Ordnung: Schnabelfliegen
Order Megaloptera	Ordnung: Grossflügler
Order Microcoryphia	Ordnung: Felsenspringer
Order Neuroptera	Ordnung: Netzflügler oder Hafte
Order Odonata	Ordnung: Libellen
Order Orthoptera	Ordnung: Springschrecken
Order Phasmatodea	Ordnung: Gespensterschrecken
Order Phthiraptera	Ordnung: Tierläuse
Order Plecoptera	Ordnung: Steinfliegen
Order Psocoptera	Ordnung: Staubläuse
Order Raphidioptera	Ordnung: Kamelhalsfliegen
Order Siphonaptera	Ordnung: Flöhe
Order Strepsiptera	Ordnung: Fächerflügler
Order Thysanoptera	Ordnung: Fransenflügler
Order Trichoptera	Ordnung: Köcherfliegen
Order Zygentoma	Ordnung: Fischchen

Die Daten der Tabelle der Insektenordnung auf der vorigen Seite basieren auf die Angaben der Datenbank **Fauna Europaea** (faunaeur.org/). Das letzte Update erfolgte

INSEKTENKUNDE
Grundlagen

am 29. August 2013 in der Version 2.6.2 und bildet daher den aktuellen Stand der **Ordnung der Insekten** ab. Abgerufen am 07.01.2014.

Die nachfolgende Tabelle der Insektenordnung basiert auf die Angaben der Datenbank von **E**ncyclopedia **o**f **L**ife (eol.org/pages/344/overview). Abgerufen 07.01.2014

Class recognized by Species 2000 & ITIS Catalogue of Life: April 2013

ITIS=Integrated Taxonomic Information System

- Animalia +
  - Arthropoda ±
    - Insecta
      - Archaeognatha ±
      - Blattodea ±
      - Coleoptera ±
      - Dermaptera ±
      - Diptera ±
      - Embioptera ±
      - Ephemeroptera ±
      - Grylloblattodea ±
      - Hemiptera ±
      - Hymenoptera ±
      - Isoptera ±
      - Lepidoptera ±
      - Mantodea ±
      - Mantophasmatodea ±
      - Mecoptera ±
      - Megaloptera ±
      - Neuroptera ±
      - Odonata ±
      - Orthoptera ±
      - Phasmida ±
      - Phthiraptera ±
      - Plecoptera ±
      - Psocodea ±
      - Raphidioptera ±
      - Siphonaptera ±
      - Strepsiptera ±
      - Thysanoptera ±
      - Trichoptera ±
      - Zoraptera ±
      - Zygentoma ±

= nicht in Fauna Europaea gelistet

Die **Felsenspringer** (Archaeognatha) sind eine Ordnung der Insekten. 15 Arten der Gruppe sind auch in Mitteleuropa verbreitet. In **Fauna Europaea** werden die Felsenspringer der Ordnung Microcoryphia zugeordnet.

Die **Schaben** (Blattodea) sind eine Ordnung der Insekten. Die bekanntesten Arten in Mitteleuropa sind die Gemeine Küchenschabe (*Blatta orientalis*), die Deutsche Schabe (*Blattella germanica*) und die Gemeine Waldschabe (*Ectobius lapponicus*). In **Fauna Europaea** werden die Schaben zusammen mit den Fangschrecken der Ordnung Dictyoptera zugeordnet.

Termiten (Isoptera) sind eine Ordnung der Insekten, die besonders zahlreich in Afrika und Amerika vertreten sind. Heimisch sind Termiten in allen wärmeren Erdregionen. In Frankreich beispielsweise bis La Rochelle. In **Fauna Europaea** werden die Termiten nicht als Ordnung gelistet.

Die **Staubläuse** werden in **Fauna Europaea** als Ordnung Psocoptera und in **EoL** als Ordnung Psocodea geführt.

Die **Bücherläuse** (Gattung *Liposcelis*) sind Insekten der Ordnung der Staubläuse (Psocodea oder Psocoptera); dort der Unterordnung Troctomorpha.

Überordnung:	Neuflügler (Neoptera)
Ordnung:	Staubläuse (Psocoptera)
Unterordnung:	Troctomorpha
Familie:	Liposcelididae
Gattung:	Bücherlaus
Wiss. Name	*Liposcelis,* MOTSCHULSKY, 1852

Die Familie Liposcelid**idae** ist nach neueren Erkenntnissen näher mit den Läusen als mit den Staubläusen verwandt. Die genauen Verwandtschaftsverhältnisse sind aber noch umstritten. Die Erforschung wird dadurch erschwert, dass die zu Vergleichszwecken verwendete Mitochondriale DNA bei dieser Gruppe stark abgewandelt ist. Bei *Liposcelis bostrychophila* ist das einfache Chromosom des Mitochondriums in zwei getrennte Chromosomen aufgespalten.

Die **Bodenläuse** (Ordnung Zoraptera) sind eine der kleinsten Ordnungen der Insekten. Die etwa 30 Arten werden in der Systematik der Familie Zorotyp**idae** zugeordnet. Die systematische Position innerhalb der Insekten ist ebenfalls nicht geklärt. In **Fauna Europaea** werden die Bodenläuse nicht als Ordnung gelistet.

Anhand dieser wenigen Beispiele läßt sich erkennen, dass die Einteilung der Insekten in das zoologische System noch lange nicht abgeschlossen ist und sich somit immer wieder Änderungen ergeben werden. In den nachfolgenden Kapiteln über die Familie, Gattung und Art werde ich aus diesem Grunde „nur" die Ordnung der Coleoptera (Käfer) näher beschreiben.

3.2 Familie

Die Ordnung der Käfer wird noch in vier Unterordnungen eingeteilt. Die vier Unterordnungen sind:

Adephaga Schellenberg, 1806
Archostemata Kolbe, 1908
Myxophaga Crowson, 1955
Polyphaga Emery, 1886

Diesen Unterordnungen sind dann die entsprechenen Käferfamilien, deren Gattungen und Arten zugeordnet.

Die **Adephaga** stellen die zweitgrößte Unterordnung der Käfer dar. Die Gruppe umfasst etwa 34.000 Arten. Die **Archostemata** sind mit nur fünf Familien und derzeit 40 bekannten Arten vertreten. Die Unterordnung **Myxophaga** ist mit vier Familien die kleinste Unterordnung der Käfer. Die **Polyphaga** mit mehr als 320.000 Arten in 151 Familien bilden den überwiegenden Teil aller Käfer ab.

Die Systematik der Käfer = Die Ordnung der Coleoptera (abgerufen 28.07.2013)

Diese **Ordnung** wurde von Integrated Taxonomic Information System (ITIS) anerkannt.

- Animalia (Tierreich)
    - Arthropoda (Stamm Gliederfüßer)
        - Hexapoda (Unterstamm Sechsfüßer)
            - Insecta (Klasse Insekten)
                - Pterygota (Unterklasse Fluginsekten)
                    - Neoptera (Überordnung Neuflügler)
                        - **Coleoptera** (Ordnung Käfer)
                            - Adephaga (Unterordnung)
                            - Archostemata (Unterordnung)
                            - Myxophaga (Unterordnung)
                            - Polyphaga (Unterordnung)

INSEKTENKUNDE
Grundlagen

Die Unterordnung der **Adephaga** (Schellenberg, 1806) wurde von Integrated Taxonomic Information System (ITIS) anerkannt.

Die Unterordnung der Adephaga setzt sich aus folgenden Familien zusammen:

Amphizo**idae** LeConte, 1853	Forellenbachkäfer
Aspidyt**idae** Ribera, Beutel, Balke and Vogler, 2002	cliff water beetles
Carab**idae** Latreille, 1802	Laufkäfer
Dytisc**idae** Leach, 1815	Schwimmkäfer
Gyrin**idae** Latreille, 1810	Taumelkäfer
Halipl**idae** Aubé, 1836	Wassertreter
Hygrobi**idae** Régimbart, 1878	Feuchtkäfer
Noter**idae** C. G. Thomson, 1860	Uferfeuchtkäfer
Rhysod**idae** Laporte, 1840	Runzelkäfer
Trachypach**idae** C. G. Thomson, 1857	false ground beetle
Meru**idae** Spangler Steiner, 2005	-

Die Unterordnung der **Archostemata** (Kolbe, 1908) wurde von Integrated Taxonomic Information System (ITIS) anerkannt.

Die Unterordnung der Archostemata setzt sich aus folgenden Familien zusammen:

Crowsoniell**idae** Iablokoff-Khnzorian, 1983	-
Cuped**idae** Laporte, 1836	reticulated beetles
Jurod**idae** Ponomarenko, 1985	jurodids
Micromalth**idae** Barber, 1913	telephone-pole beetles
Ommat**idae** Sharp & Muir, 1912	-

Die Unterordnung der **Myxophaga** (Crowson, 1955) wurde von NCBI Taxonomy anerkannt.

Die Unterordnung der Myxophaga setzt sich aus folgenden Familien zusammen:

Hydroscaph**idae**	water scavenger beetles
Lepicer**idae**	-
Sphaerius**idae**	Kugelkäfer
Torridincol**idae**	-

Die Unterordnung der **Polyphaga** (Emery, 1886) wurde von Integrated Taxonomic Information System (ITIS) anerkannt.

ACHTUNG:
Die Polyphaga werden in **5 Teilordnungen** mit 16 Überfamilien (**–oidea**) unterteilt.

1. Teilordnung	Überfamilien	Familien
Bostrichiformia Forbes, 1926	Bostrich**oidea**	Bostrich**idae** (Bohrkäfer)
		Endecatom**idae**
		Dermest**idae** (Speckkäfer)
		Ptin**idae** (Nagekäfer)
	Derodont**oidea**	Derodont**idae** (Knopfkäfer)

2. Teilordnung	Überfamilien	Familien
Cucujiformia Lameere, 1938	Lymexyl**oidea**	Lymexyl**idae** (Werftkäfer)
	Cler**oidea**	Cler**idae** (Buntkäfer) Acanthocnem**idae** Dasyt**idae** (Wollhaarkäfer) Gietell**idae** Malachi**idae** (Zipfelkäfer oder Warzenkäfer) Melyr**idae** (Bleischwarzer Wollhaarkäfer) Phloiophil**idae** Prionocer**idae** Thanerocler**idae** Trogosit**idae** (bark-gnawing beetles)
	Cucuj**oidea**	Cucuj**idae** (Plattkäfer) Alexi**idae** Biphyll**idae** (Pilzplattkäfer) Bothrider**idae** (dry bark beetles) Bytur**idae** (Blütenfresser) Cerylon**idae** (Glattrindenkäfer) Coccinell**idae** (Marienkäfer) Corylophi**dae** (Faulholzkäfer) Cryptophag**idae** (Schimmelkäfer) Cybocephal**idae** Endomych**idae** (Stäublingskäfer) Erotyl**idae** (Pilzkäfer) Kateret**idae** (short-wingedflower beetles) Laemophloe**idae** (lined flat bark beetles) Languri**idae** (lizard beetles) Latridi**idae** (Moderkäfer) Monotom**idae** (Detrituskäfer) Nitidul**idae** (Glanzkäfer) Passandr**idae** (parasitic flat bark beetles) Phalacr**idae** (shining flower beetles) Phloeostich**idae** Silvan**idae** (Raubplattkäfer) Sphind**idae** (Staubpilzkäfer)
	Tenebrion**oidea**	Tenebrion**idae** (Schwarzkäfer) Ader**idae** (Baummulmkäfer) Anthic**idae** (Blütenmulmkäfer) Bor**idae** Ci**idae** (Schwammkäfer) Melandry**idae** (Düsterkäfer)

		Meloidae (Ölkäfer) Mordellidae (Stachelkäfer) Mycetophagidae (Baumschwammkäfer) Mycteridae (Haarscheinrüssler) Oedemeridae (Scheinbockkäfer) Prostomidae (jugular-horned beetles) Pyrochroidae (Feuerkäfer) Pythidae (Drachenkäfer) Ripiphoridae (Fächerkäfer) Salpingidae (Scheinrüssler) Scraptiidae (Seidenkäfer) Stenotrachelidae Tetratomidae (polypore fungus beetles) Zopheridae (monommid beetles)
	Chrysomeloidea	Chrysomelidae (Blattkäfer) Cerambycidae (Bockkäfer)
	Curculionoidea	Curculionidae (Rüsselkäfer) Anthribidae (Breitrüssler) Apionidae (apionid weevils) Attelabidae (Blattroller) Brachyceridae (brachycerids) Brentidae (Langkäfer) Dryophthoridae (palm weevils) Erirhinidae (erirhinids) Nanophyidae Nemonychidae (pine-flower snout beetles) Oxycorynidae (oxycorynid weevils) Raymondionymidae (raymondionymids) Rhynchitidae (tooth-nosed snout beetles)
3. Teilordnung Elateriformia Crowson, 1960	**Überfamilien** Scirtoidea	Scirtidae (marsh beetles) Clambidae (Punktkäfer) Eucinetidae (Purzelkäfer)
	Dascilloidea	Dascillidae (Moorweichkäfer) Rhipiceridae (cicada parasite beetles)
	Buprestoidea	Buprestidae (Prachtkäfer)
	Byrrhoidea	Byrrhidae (Pillenkäfer) Dryopidae (long-toed water beetles) Elmidae (Hakenkäfer oder

		Klauenkäfer) Heteroc**eridae** (Sägekäfer) Limnich**idae** (minute marsh-loving beetles) Psephen**idae** (water-penny beetles)
	Elater**oidea**	Elater**idae** (Schnellkäfer) Artematopod**idae** Canthar**idae** (Weichkäfer) Cerophyt**idae** (Mulmkäfer) Dril**idae** Eucnem**idae** (Schienenkäfer) Lampyr**idae** (Leuchtkäfer) Lyc**idae** (Rotdeckenkäfer) Omalis**idae** Throsc**idae** (Hüpfkäfer)
4. Teilordnung Scarabeiformia Crowson, 1960	**Überfamilie** Scarabae**oidea**	Scarabae**idae** (Blatthornkäfer) Aegiali**idae** Aphodi**idae** (aphodiine dung beetles) Cetoni**idae** (rose chafers) Dynast**idae** Euchir**idae** Geotrup**idae** (Mistkäfer) Glaphyr**idae** (bumble bee scarab beetles) Glares**idae** (enigmatic scarab beetle) Hybosor**idae** (scavenger scarab beetle) Lucan**idae** (Schröter) Melolonth**idae** (chafers) Ochodae**idae** (sand-loving scarab beetle) Orphn**idae** Pachypod**idae** Rutel**idae** Trog**idae** (Erdkäfer)
5. Teilordnung Staphyliniformia Lameere, 1900	**Überfamilien** Hydrophil**oidea**	Hydrophil**idae** (Wasserkäfer oder Kolbenwasserkäfer) Hister**idae** (Stutzkäfer) Sphaerit**idae** (Scheinstutzkäfer)
	Staphylin**oidea**	Staphylin**idae** (Kurzflügler) Agyrt**idae** (Scheinaaskäfer) Hydraen**idae** (Langtasterwasserkäfer) Leiod**idae** (round fungus beetles) Ptili**idae** (Zwergkäfer oder Federflügler)

INSEKTENKUNDE
Grundlagen

Scydmaen**idae**
(Ameisenkäfer)
Silph**idae** (Aaskäfer)

Quelle: faunaeur.org, abgerufen 10.05.2014, eol.org/, abgerufen 11.05.2014

Bei dieser Aufstellung habe ich bewußt auf die Angaben zu Gattungen und zu Arten der einzelnen Familien verzichtet, da diese Vielzahl von Angaben zur Unübersichtlichkeit führt. Wie hier anhand der Ordnung der Käfer die Systematik dargestellt wurde, gilt dies auch für die anderen Ordnungen der Klasse der Insekten. Auf der Internetadresse von faunaeur.org wird die Systematik dargestellt. Dort werden auch die Fundorte der Arten als Tabelle gelistet.

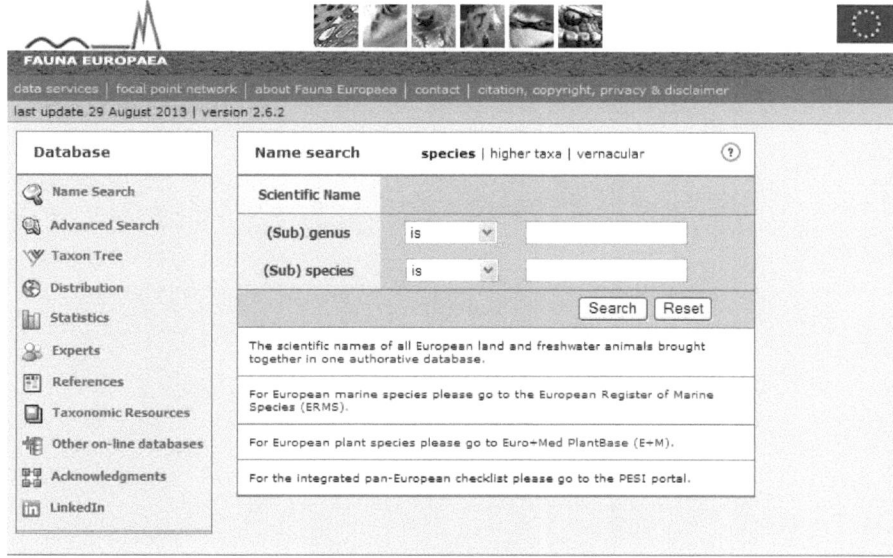

Bild Nr. 745
Startseite von **Fauna Europaea**

INSEKTENKUNDE
Grundlagen

Bild Nr. 746
Startseite von **Encyclopedia of Life**

Auf den Internetseiten von **EoL** findet man ebenfalls die Systematik und auch Landkarten (Maps) die zeigen, wo die verschiedenen Insektenarten vorkommen. Zahlreiche Fotos von den Insekten und Links auf andere Seiten ergänzen das wunderbare Angebot an Wissen.

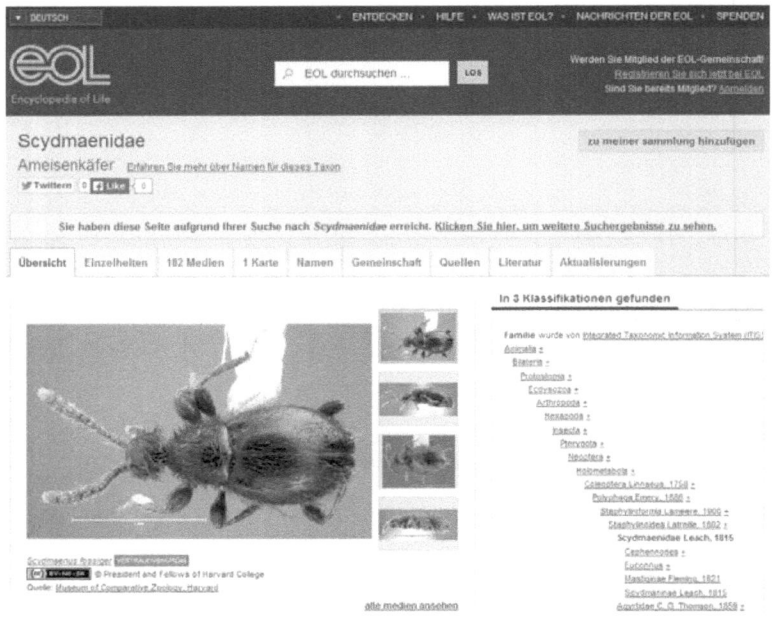

Bild Nr. 747
Homepage von EoL: **Recherche nach** Scydmaen**idae** (Ameisenkäfer)

3.3 Gattung

Eine genaue Anzahl der Käfergattungen anzugeben ist fast unmöglich, da es in den Käfergattungen ca. 350.000 beschriebene Käferarten gibt. Als Beispiel einer Gattung habe ich mir die Familie der Kurzflügler (Staphyl**inidae**) und da die Unterfamilie Aleochar**inae** ausgesucht. Hier nochmal die Systematik der Kurzflügler (Staphyl**inidae**):

Unterordnung der **Polyphaga** (Emery, 1886)

5. Teilordnung	Überfamilien	Familie
Staphyliniformia Lameere, 1900	Staphylin**oidea**	Staphylin**idae** (Kurzflügler)

Familie	Staphylin**idae**
Unterfamilie	Aleochar**inae**
Unterfamilie	Dasycerinae
Unterfamilie	Euaesthetinae
Unterfamilie	Habrocerinae
Unterfamilie	Leptotyphlinae
Unterfamilie	Micropeplinae
Unterfamilie	Olisthaerinae
Unterfamilie	Omaliinae
Unterfamilie	Osoriinae
Unterfamilie	Oxyporinae
Unterfamilie	Oxytelinae
Unterfamilie	Paederinae
Unterfamilie	Phloeocharinae
Unterfamilie	Piestinae
Unterfamilie	Proteininae
Unterfamilie	Pselaphinae
Unterfamilie	Pseudopsinae
Unterfamilie	Scaphidiinae
Unterfamilie	Staphylininae
Unterfamilie	Steninae
Unterfamilie	Tachyporinae
Unterfamilie	Trichophyinae
Unterfamilie	Trigonurinae

Die Unterfamilie der Aleochar**inae** besteht aus 29 Gattungen. Ich habe hier die Gattung *Autalia* ausgewählt. Die ich auch näher beschreiben werde. Dieser Gattung gehören (nur) 5 anerkannte Arten an (siehe untere Tabelle auf der Seite 344).

INSEKTENKUNDE
Grundlagen

Unterfamilie	Aleocharinae
1. Gattung	Actocharis
2. Gattung	Amarochara
3. Gattung	Autalia
4. Gattung	Borboropora
5. Gattung	Callicerus
6. Gattung	Calodera
7. Gattung	Cantaberella
8. Gattung	Cordalia
9. Gattung	Dinusa
10. Gattung	Euphorbagria
11. Gattung	Euryalea
12. Gattung	Geostiba
13. Gattung	Holobus
14. Gattung	Hygropetrophila
15. Gattung	Ilyobates
16. Gattung	Leptusa
17. Gattung	Madeirostiba
18. Gattung	Myrmecopora
19. Gattung	Oligota
20. Gattung	Ousipalia
21. Gattung	Paraleptusa
22. Gattung	Piochardia
23. Gattung	Poromniusa
24. Gattung	Pseudocalea
25. Gattung	Pseudosemiris
26. Gattung	Pyroglossa
27. Gattung	Tropimenelytron
28. Gattung	Xenomma
29. Gattung	Zoosetha

Gattung	Autalia
Art	impressa
Art	kabyliana
Art	longicornis
Art	puncticollis
Art	rivularis

INSEKTENKUNDE
Grundlagen

Experten

Name	Fauna Europaea status
Alonso-Zarazaga, Dr Miguel A.	group coordinator
Assing, Mr Volker	taxonomic specialist

Referenzen

Accepted name:

Autalia Leach in Samouelle 1819

no references present in the database for this name

Check Zoological Record / Index to Organism Names (ION)
Check Biodiversity Heritage Library (BHL)
Check Pensoft Taxon Profile
Check AnimalBase

Andere Datenbanken

Accepted name:

Autalia **Leach** in **Samouelle** 1819
Check Pan-European Species directories Infrastructure (PESI)
Check Integrated Taxonomic Information System (ITIS)
Check Encyclopedia of Life (EoL)
Check Catalogue of Life (CoL)
Check GenBank/NCBI
Check Europeana
Check other relevant on-line species databases

Version

Datum der Modifizierung	Version — release date
26 October 2004	Version 1.1 — 16 December 2004

Quelle: faunaeur.org/full_results.php?id=266101, abgerufen 12.01.2014

Zur Information: William Elford **Leach** (* 2. Februar 1790 in Plymouth; † 26. August 1836 im Palazzo San Sebastiano bei Tortona) war ein britischer Zoologe und Meeresbiologe.

George Samouelle (ca. 1790-1846) war Kustos im britischen Museum für Naturgeschichte (Museum of National History) und gestaltete Ausstellungen und betreute Sammlungen. Ursprünglich war er als Buchhändler bei Longman & HG beschäftigt. Leach und Samouelle verband die gemeinsame Arbeit am Museum. Leach förderte Samouelle. Samouelle interessierte sich hauptsächlich für Lepidoptera, schrieb aber auch eine Nomenklatur über die britische Entomologie mit über 4000 Spezies der Klassen Crustacea, Myriapoda, Spinnen, Milben und Insekten.

INSEKTENKUNDE
Grundlagen

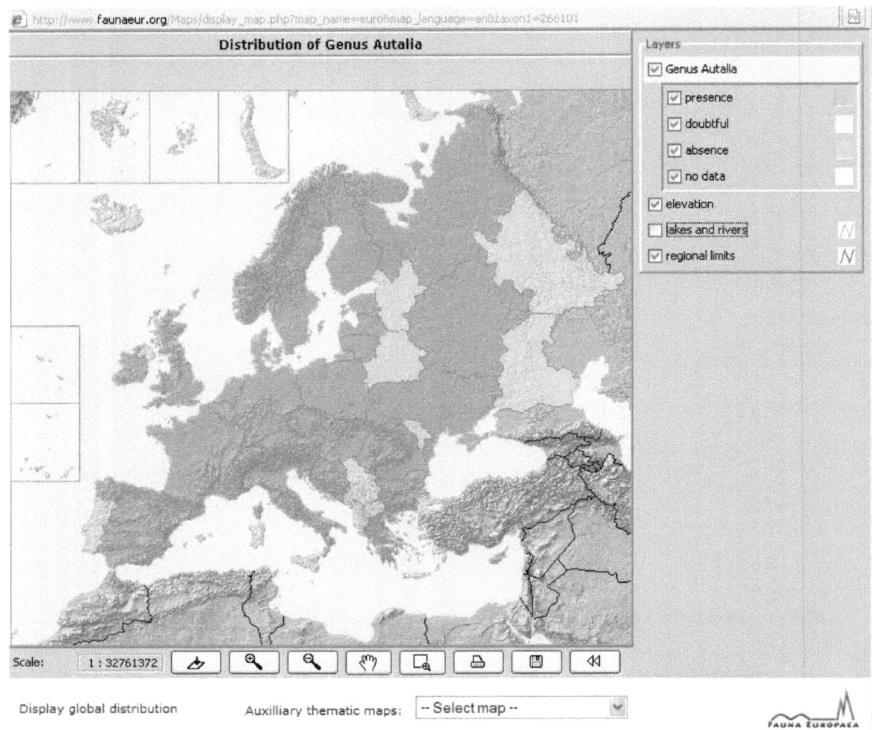

Bild Nr. 748
Zeigt die Verteilung der Gattung Autalia

Legende:
presence=vorhanden
absence=nicht vorhanden
elevation=Anzeige der Bodenerhebungen (Berge)

doubtful=unsicher/zweifelhaft
no date=keine Daten vorhanden
regional limits=Anzeige der regionale Grenzen

Die Familie der Kurzflügler (Staphyl**idae**) bildet mit derzeit über 47.000 beschriebenen Arten in ca. 3200 Gattungen eine der größten Familien der Käfer überhaupt. Gruppiert werden sie in bis zu 31 Unterfamilien. In Mitteleuropa gibt es ca. 2000 Arten, davon in Deutschland ca. 1554 Arten.

Die Gattung Autalia ist mit 5 Arten in Mitteleuropa vertreten. Mit Autalia impressa, Autalia kabyliana, Autalia longicornis, Autalia puncticollis und Autalia rivularis.

Die Gattung Autalia wurde wie schon erwähnt 1819 von William Elford Leach beschrieben. Das wissenschaftliche Synonym für die Art *Autalia impressa* lautet *Autalia brevicornis* (Blair, 1944 nec Casey 1911). Beide Arten wurden früher als zwei verschiedene Arten geführt, bis festgestellt wurde, dass es sich um eine Art handelt. Die Art *Autalia kabyliana* wurde 1959 von Fagel beschrieben. Scheerpeltz beschrieb 1947 die Art *Autalia longicornis*. Sharp beschrieb 1864 die Art *Autalia puncticollis* und Gravenhorst beschrieb 1802 die Art *Autalia rivularis*.

In den Werken MANUEL ENTOMOLOGIQUE, GENERA DES COLÉOPTÉRES D`EUROPE, Tome Deuxiéme, 1857-1859 ab Seite 53 von den Verfassern Jacquelin Du Val, Pierre

Nicolas Camille, 1828-1862 sind noch die Arten *Autalia aterrima* STEPH. und *Autalia augusticollis* STEPH. beschrieben. Diese beiden Arten sind entweder nicht mehr vorhanden oder sie sind später unter einem anderen Namen beschrieben worden.

Die insgesamt 4 Bände MANUEL ENTOMOLOGIQUE, GENERA DES COLÉOPTÉRES D`EUROPE von Jacquelin Du Val und Pierre Nicolas Camille befinden sich im Original u.a. in digitaler Form in der **Biodiversity Heritage Library** unter der Internetadresse

https://archive.org/details/generadescolop2185759jacq

Man kann die Werke als PDF-Dokument herunterladen. Sie sind frei vom Copyright. Die Sprache ist allerdings französisch. Da es sich aber fast ausschließlich um Tabellen mit Gattungs- und Artnamen handelt, kommt man damit ganz gut zu recht.

Hier zur Anschauung der Eintrag in einer Datenbank, der zeigt wo man sich einen erstbeschriebenen Käfer anschauen kann.

Type for **Autalia brevicornis Casey, 1911**
Catalog Number: USNM 39519
Collection: Smithsonian Institution, National Museum of Natural History, Department of Entomology
Sex/Stage: Male; Adult (männlich, erwachsen)
Preparation: Pinned (genadelt)
Collector(s): Keen
Locality: Metlakatla; B. Col., British Columbia, Canada

Quelle: eol.org/data_objects/22417311

Nachfolgend eine Aufnahme von einer Erstbeschreibung im Museum für Naturkunde in Berlin.

Bild Nr. 749
Typusexemplar von *Pentodon idiota idiota*, **HERBST 1789**

Auch für *Pentodon idiota idiota* gibt es ein wissenschaftliches **Synonym** *Pentodon reitteri* Jakovlev, 1904.

Es gibt sehr viele Informationen für eine Gattung. Wenn man über alle Insektenordnungen so ausführlich schreibt wie über die Gattung Autalia, so ist es kein Wunder, dass alte Beschreibungen über die Insekten aus mehreren Bänden bestanden und jeder Band zwischen 700 und bis über 1000 Seiten stark waren.

Häufig ist man als Hobbyentomologe schon glücklich, wenn man bei einem gefundenen oder gefangenen Insekt schon die genaue Ordnung findet. Ich dachte in meinen Anfängen, dass der Ohrwurm auch zu den Kurzflüglern gehört. Aber die Ordnung der Ohrwürmer (Dermaptera) gehört zu den Fluginsekten (Pterygota). Im letzen Sommer fing ich ein mottenähnliches Insekt. Die Flügel sahen aus wie Vogelfedern. Es dauerte schon eine Weile und viel blättern in Büchern, bis ich herausfand, dass es sich um eine Federmotte handelte. Die Federmotten (Pterophoridae) sind eine Familie der Ordnung der Schmetterlinge und kommen weltweit mit über 1.130 Arten in 90 Gattungen vor. Ich war froh, dass ich wenigsten schon die Familie gefunden hatte zu der diese Motte gehört. Denn von Federmotten hatte ich vorher noch nie gehört.

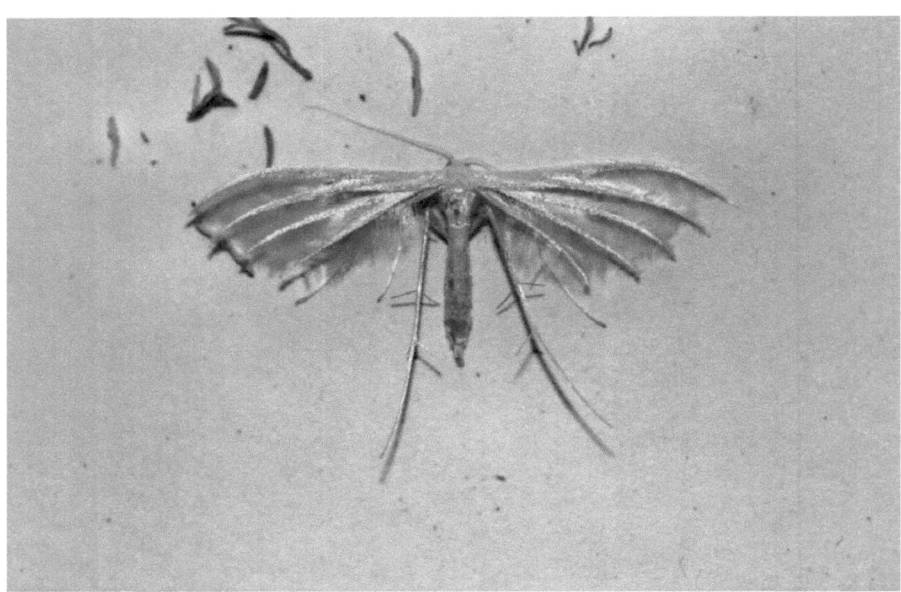

Bild Nr. 750
Federmotte (*Pterophoridae*)

Aber das ist gerade das schöne an der Insektenkunde, ich erfahre auf der Suche nach dem entsprechenden Insektennamen sehr viele interessante Dinge über diese Tierart und finde sehr schöne alte detailierte Bilder und sehr schöne Fotografien von Insekten.

3.4 Art

Die große Anzahl der zu bestimmenden Arten stellt ein großes Problem da. Die meisten Wissenschaftler (Taxonome) befinden sich in den Industrieländer deren Artenpopulation nicht so reich ist, wie die Population der Biotope von Entwicklungsländer. Häufig stimmen die gemachten Untersuchungen der einzelnen Taxonomen nicht 100%ig überein. Viele Wissenschaftler sind nicht vernetzt und es gibt meiner Meinung nach zu viele einzelne Datenbanken, die nicht untereinander abgeglichen sind. Eine inkonsequente Handhabung der Nomenklatur der Systematik erschwert ebenfalls eine genaue Taxonomie. Für den Hobbyentomologen sind daher Bücher mit Bildtafeln und Buntabbildungen für den ersten Grobabgleich wichtige Hilfsmittel zur Bestimmung von Insekten. Eine Liste solcher Bücher befindet sich am Ende dieses Buches.

Die Gattung Autalia ist wie schon erwähnt mit 5 Arten in Mitteleuropa vertreten. Mit *Autalia impressa*, *Autalia kabyliana*, *Autalia longicornis*, *Autalia puncticollis* und *Autalia rivularis*.

Edmund Reitter beschreibt in FAUNA GERMANICA, Die Käfer des Deutschen Reiches, Band II, die Arten *Autalia impressa* (OLIVIER, 1795) und *Autalia rivularis* (GRAVENHORST, 1802).

Paul Kuhnt beschreibt in seinem Buch DIE ILLUSTRIERTE BESTIMMUNGTABELLEN DER KÄFER DEUTSCHLANDS (1911-1913) ab Seite 266 die beiden Arten *Autalia impressa* und *Autalia rivularis*.

Im Katalog von Lucht/Böhme DIE KÄFER MITTELEUROPAS 2. Auflage 2005 auf der Seite 148 werden folgende fünf Arten aufgeführt.

	Vorkommen in Mitteleuropa
Autalia impressa (OLIVIER)	Häufig, aber gebietsweise selten oder ganz fehlend
Autalia rivularis (GRAVENHORST)	Gemein, überall sehr häufig
Autalia brevicornis (BLAIR)	Überall sehr selten
Autalia longicornis (SCHEERPELTZ)	Häufig, aber gebietsweise selten oder ganz fehlend
Autalia puncticollis (SHARP)	Überall selten

Auf der Internetseite Invertebrate Irleand Online werden die Arten *Autalia impressa* (OLIVIER, 1795) und *Autalia rivularis* (GRAVENHORST, 1802) beschrieben. Hier werden nur die in Irland lebenden Arten gelistet!

INSEKTENKUNDE
Grundlagen

Beschreibung der Art **Autalia impressa** durch Edmund Reitter in Fauna Germanica Die Käfer des Deutschen Reiches, Band II, 1909 Seite 44

Basis der Flügeldecken ohne Basalgruben, Halsschild höchstens mit einem Grübchen oder feiner Längsrinne. Kopf vorgestreckt, gerundet, hinten stark abgeschnürt, der Hals nur $1/3$ so breit als der Kopf oder schmäler, Halsschild vorne etwas gerundet zugespitzt, oder seitlich stark abgeschrägt; Flügeldecken gedrängt, narbig punktiert, viel breiter als der Halsschild.

Beschreibung der Art **Autalia impressa** in Illustrierte Bestimmungstabellen der Käfer Deutschlands Paul Kuhnt 1911-1913 Seite 266, Fig. 588

Oberseite fast glatt, gelbrot bis rot; Kopf, Hinterbrust und die 2 vorletzten Hinterleibstergite schwarz bis dunkelbraun; Fühler exclusive Spitze, und Beine gelbrot, 2,2-2,5 mm. In Pilzen, die Art kommt in der Mark Brandenburg vor und in Schlesien.

Bild Nr. 751
Autalia impressa
aus Edmund Reitter´s Fauna Germanica

Beschreibung der Arten **Autalia rivularis** und **Autalia impressa** aus Calwers Käferbuch, Naturgeschichte der Käfer Europas. Zum Handgebrauche für Sammler, 5. Auflage 1893, Seite 120-121.

Fühler nach der Spitze zu etwas dicker, das zweite Glied wenig länger als das dritte. Lefze halbkreisförmig, etwas gross. Oberkiefer klein, einfach. Lippe vornen etwas schmäler, an der Spitze tief eingeschnitten, mit abgerundeten Lappen und langer und schmaler, an der Spitze in vier Zipfel geteilter Zunge. Nebenzungen sehr klein. Zweites und drittes Glied der Kiefertaster von gleicher Länge, das vierte ist kleiner und ahlförmig. Lippentaster 2 gliedrig; das erste Glied gross, walzenförmig, vornen abgeschnitten. Beine einfach, mit behaarten Schienen; die Vorderbeine 4, die Hinterbeine 5 Tarsenglieder.
rivularis Schwarz, glänzend. Fühler und Füsse braun. Halsschild mit einer tiefen Mittelrinne und mit 4 Gruben an der Basis. Länge 2 mm. Europa unter Steinen und Kuhdünger, schwärmt an Frühlingsabenden.
impressa Rötlich, gelbbraun, glänzend, fein behaart, der Kopf und die Mitte des Hinterleibs schwärzlich, Halsschild vornen mit einer kurzen Mittelrinne, am Grunde beiderseits mit 2 Eindrücken, der äussere rund, der innere länglich, Länge 2 mm In Pilzen. Europa.

Da die Natur kein starres System ist, sondern in stetiger Veränderung begriffen ist und sich unter dem Einfluss verschiedener Faktoren die Populationen von Generation zu Generation verändern, was auch gelegentlich sprunghaft passieren kann, ist es nicht einfach eine Art so zu beschreiben, das diese Beschreibung auf Dauer gilt.

Auf den nächsten Seiten gebe ich die Beschreibung der Gattung Autalia und deren Arten von Wilhelm Ferdinand Erichson aus dem Jahre 1837 wieder. Erschienen unter dem Titel: Die Käfer der Mark Brandenburg. Ich habe bewußt die Titelseiten mit abgebildet, weil ich deren Aufmachung sehr interessant finde. Anschließend gibt es ein kurzes Portrait von Wilhelm Ferdinand Erichson.

Die Käfer der Mark Brandenburg,

beschrieben

von

Wilh. Ferd. Erichson,

Doct. d. Med. u. d. Philosoph., approbirtem Arzte, Ehrenmitgliede der Gesellsch. Naturf. Freunde zu Berlin, Mitgliede der Kais. Königl. Leopold. Acad. d. Naturf., der Kais. Soc. d. Naturf. zu Moskau u. d. Entomolog. Gesellschaft zu London.

Erster Band.
Erste Abtheilung.

BERLIN,
F. H. MORIN.

1837.

Dem

Herrn

Dr. Friedrich Klug,

Königl. Preuss. Geheimen Ober-Medicinal- u. vortragendem Rathe u. Director der Königl. wissenschaftl. Deputation f. d. Medicinal-Wesen im Ministerium der Geistl. Unterr.- u. Medicinal-Angelegenheiten, Director der Medicin. Ober-Examinations-Commission, Professor, Mitdirector d. Königl. Zoolog. Sammlung d. Universität, Ritter d. rothen Adler-Ordens dritter Classe m. d. Schleife, ordentl. Mitgliede der Königl. Academie der Wissenschaften zu Berlin, Correspond. Mitgliede der Kaiserl. Academie der Wissenschaften zu St. Petersburg, etc.

mit

der innigsten Verehrung

zugeeignet

vom

Verfasser.

glänzend schwarz, einzeln punctirt, die Stirn fast glatt. Das Halsschild ist wenig breiter als lang, an den Seiten sanft gerundet, nicht viel breiter als der Kopf, ziemlich flach, dünn behaart, mit einzelnen zerstreuten Puncten und einem Grübchen über dem Schildchen, glänzend gelbroth. Die Flügeldecken sind schwarz, dünn behaart, nicht dicht aber ziemlich tief punctirt. Der Hinterleib gelbroth, auf dem Rücken fast ohne Puncte: die beiden letzten Ringe sind schwarz. Die Brust schwarz, die Beine hellgelb.

Im Frühlinge unter Steinen und abgefallenem Laube, nicht häufig.

Autalia Leach.

Maxillae mala interiore mutica, intus spinulis ciliata.
Ligula elongata, bifida, laciniis bifidis, lobulo interiore perbrevi, exteriore lineari: paraglossae parvae, angustae, acuminatae.
Palpi labiales bi-articulati.
Tarsi antici 4-, posteriores 5-articulati, postici articulis 4 primis aequalibus.

Kleine Käfer von zierlicher Körperform. Der Kopf ist kreisrund, hinten stark eingeschnürt, so dass er nur mit einem dünnen kurzen Stiel mit dem Halsschilde in Verbindung steht. Die Augen sind rund, mässig gross und wenig vorspringend. Die Fühler sind kaum von der Länge des Kopfes und Halsschildes, nach der Spitze zu etwas verdickt: das zweite Glied etwas länger als das dritte. Die Lefze ist halbkreisförmig, ziemlich gross. Die Mandibeln sind klein und einfach. An den Maxillen besteht die äussere Lade aus einem grösseren dünnhornigen und einem kleineren, die Spitze einnehmenden, dünnhäutigen, fein behaarten Theile. Die innere Lade ist der äusseren an Länge gleich, innen häutig, am Aussenrande hornig, an der Spitze nach innen schräg abgeschnitten, und an diesem Rande mit kurzen Dörnchen besetzt. An den Maxillartastern ist das zweite und dritte Glied von gleicher Grösse, letzteres gegen die Spitze hin nur mässig verdickt: das vierte nadelförmige Glied ist fast halb so lang als das dritte. Das Kinn ist etwa so lang als an der Basis breit, nach vorn etwas verengt, vorn tief eingeschnitten. Die Zunge ist von sehr auffallender Bildung: sie ist nämlich schmal und lang, so dass sie das erste Glied der Lippentaster überragt, an der Spitze dichotomisch zweimal getheilt, von den durch die zweite

Theilung entstehenden Zipfeln ist der innere sehr kurz, gerade vorwärts gerichtet, der äussere lang, seitwärts abgebogen, beide zugespitzt. Die Nebenzungen sind schmal, zugespitzt, innen gewimpert, etwas kürzer als das erste Tasterglied. Die Lippentaster sind zweigliedrig, das erste Glied ist gross, cylindrisch: das zweite cylindrisch, am Ende abgeschnitten, etwas dünner, aber nicht viel kürzer als das erste. — Das Halsschild ist an der Spitze sehr verengt, an der Wurzel gerade abgeschnitten, und hier beträchtlich schmäler als die der Flügeldecken. Diese sind an der Spitze neben dem Aussenrande leicht ausgebuchtet, und erscheinen dadurch, dass sie mit dem Hinterrande den schmälern Hinterleib genau umfassen, etwas bauchig. Der Hinterleib ist gleich-breit, oder selbst gegen die Spitze hin etwas breiter, oben flach, breit gerandet, unten gewölbt. Die Beine sind einfach, die Schienen fein behaart: die Vorderfüsse sind vier-, die hinteren Füsse fünfgliedrig: die ersten Glieder sind alle kurz und unter sich gleich: das Klauenglied lang, länger als diese zusammengenommen. Es sind überhaupt nur folgende zwei Arten bekannt:

1. *A. impressa*: *Rufo-testacea, capite abdominisque postico nigris, thorace sulculo antico foveisque quatuor posticis longitudinalibus impresso.* — Long. 1 lin.

Boisd. et Lacord. Faun. Ent. Paris. I. 558.
Staph. impressus Ol. Ent. III. 42. 23. 28. t. 5. f. 41.
Aleoch. impressa Grav. Micr. 72. 7. Mon. 150. 4. — Gyll. Ins. Suec. II. 381. 4.

Dunkel gelblich-roth, die Flügeldecken fast bräunlich, der Kopf und die hintere Hälfte des Hinterleibes schwärzlich, glänzend, fein und dünn behaart. Der Kopf ist äusserst fein punctirt. Das Halsschild ist von der Basis an bis über die Mitte hinweg ziemlich gleich-breit, dann bis zur Spitze hin stark verengt, auf der vorderen Hälfte hat es eine feine mittlere Längsfurche, und am Hinterrande vier Eindrücke, von denen die beiden inneren strichförmigen den Hinterrand nicht ganz erreichen, die beiden äusseren grübchenartigen aber unmittelbar am Hinterrande liegen. Die Flügeldecken sind äusserst fein punctirt: jede hat an der Basis zwei rundliche Grübchen. Die Beine und die äusserste Spitze des Hinterleibes sind mehr gelblich.

Sehr selten.

> 293
>
> 2. *A. rivularis*: *Nigra, nitida, antennis pedibusque piceis, thorace sulculo medio foveisque quatuor posticis impresso.* — Long. ¼ lin.
>
> *Aleoch. rivularis* Grav. Micr. 73. 8. Mon. 150. 5. — *Gyll. Ins. Suec.* II. 382. 5.
>
> Nur halb so gross als die erste Art, und ausser der Färbung noch besonders durch die stärker ausgedrückten Gruben des Halsschildes unterschieden. Die Fühler und Beine sind röthlich-pechbraun, der Körper ist rein schwarz, glänzend, dünn und fein behaart. Das Halsschild hat fast dieselbe Form wie beim vorigen: die mittlere Längsfurche aber, die nur eben angedeutet war, ist hier ziemlich tief, und reicht bis zur Basis hinab: die Gruben am Hinterrande haben dieselbe Gestalt, und sind nur etwas tiefer eingedrückt. Die Flügeldecken sind wie bei der vorigen Art äusserst fein punctirt, und an der Basis mit denselben, nur etwas längeren Grübchen versehen.
>
> Sehr selten.

Wilhelm Ferdinand Erichson

(* 26. November 1809 in Stralsund; † 18. Dezember 1848 in Berlin) war ein deutscher Entomologe. Erichson hatte Medizin und Chirurgie studiert und 1832 abgeschlossen, 1837 wurde er Doktor der Philosophie. Seine eigentliche Leidenschaft war aber die Insektenkunde und schrieb eine Menge Abhandlungen und Bücher, die Einfluss auf die Entwicklung dieses Faches hatten. Von 1834 bis 1848 war er Kurator der Käfersammlung im Museum für Naturkunde in Berlin.

In lateinischen Tiernamen lautet seine Abkürzung *Er.* Wilhelm Ferdinand Erichson starb am 18. Dezember 1848 in Berlin.

Werke
- *Genera Dyticorum*. Berlin (1832)
- *Die Käfer der Mark Brandenburg*. Bd. 1 Berlin (1837–1839)
- *Genera et species Staphylinorum insectorum* 2 Tle. Berlin 1839–1840)
- *Entomographien*. Heft 1. Berlin (1840)
- *Bericht über die wissenschaftlichen Leistungen auf dem Gebiete der Entomologie*. Berlin 1838 ff.)
- *Naturgeschichte der Insekten*. Berlin (1845–1848)
- als Herausgeber: *Archiv für Naturgeschichte*. Berlin 1835 ff.)

Bild Nr. 752
Wilhelm Ferdinand Erichson

Die längste Beschreibung der Gattung Autalia mit den Arten **impressa**, **puncticollis** und **rivularis** fand ich bei Ludwig Ganglbauer.

INSEKTENKUNDE
Grundlagen

Ganglbauer, Ludwig
Die Käfer von Mitteleuropa : Käfer der österreichisch-ungarischen Monarchie, Deutschlands, der Schweiz, sowie des französischen und italienischen Alpengebietes, Zweiter Band.
Familienreihe Staphylinoidea. 1. Theil: Staphylinidae, Pselaphidae. Mit 38 **Holzschnittfiguren** im Text, aus dem Jahr 1805.

S. 259-260
44. Gatt. Autalia.
Mannerh. Brach. 1830, 14, Steph. 111. Brit. Ins. V, 1832, 101, [4.] **Erichs. Kf. Mk. Brandbg. I, 291,** Gen. Spec. Staph. 46, **Kraatz Naturg. Ins. Deutschl. II, 29, Jacqu. Duval Gen. Col. d'Eur. II, 4**, Thoms. Skand. Col. II, 261, Muls. et Key Eist. Nat. Col. Fr. Brevip. Aleoch., Paris 1871, 310.

Durch das Vorhandensein von zwei tiefen, durch ein Längsfältchen getrennten Grübchen an der Basis der Flügeldecken unter allen Staphylinideugattungen ausgezeichnet und dadurch an Pselaphiden erinnernd. Körper schlank, mit dünn halsförmiger Kopfwurzel und im Verhältnisse zu den Flügeldecken schmalem Halsschilde. Der Kopf so breit oder breiter als der Halsschild, hinter den rundlichen, massig grossen, wenig vorspringenden Augen bogenförmig gerundet oder fast halbkreisförmig, an der Wurzel sehr stark halsförmig eingeschnürt; der Hals kaum ein Fünftel der Kopfbreite erreichend. Die Schläfen lang, unten ungerandet. Die Fühler ziemlich kurz oder nur massig lang, gegen die Spitze schwach oder massig verdickt, ihr zweites Glied kaum kürzer als das erste, das dritte kürzer als das zweite, das vierte bis zehnte Glied fast gleichlang, an Breite wenig oder massig zunehmend, das Endglied viel kürzer als die zwei vorhergehenden Glieder zusammengenommen, kurz zugespitzt. Die Oberlippe quer mit abgerundeten Vorderecken. Die Mandibeln ziemlich kurz, kaum vorragend, die eine in der Mitte des Innenrandes mit einem sehr kleinen Zahne. Die Innenlade der Maxillen am Innenrande gegen die einwärts gekrümmte Spitze mit massig langen, leicht gekrümmten Zähnen kammförmig besetzt, auf dem häutigen Theile fein behaart und mit einzelnen, sehr feinen, gekrümmten Dornen besetzt. Die Aussenlade der Maxillen mit sehr langem, die Innenlade weit überragendem , innen fein behaartem, häutigem Apicaltheile. Die Kiefertaster nur massig lang, ihr drittes Glied länger als das zweite, gegen die Spitze massig verdickt, das dünn pfriemenförmige Endglied etwa halb so lang als das vierte. Das Kinn an der Basis wenig breiter als lang, nach vorn sehr stark, fast dreieckig verengt, an der Spitze tief und schmal eingeschnitten und in zwei an der Spitze abgerundete Lappen getheilt. Die Zunge sehr lang und sehr schmal, bis zur Mitte des Endgliedes der Lippentaster reichend, an der Spitze in zwei selbst wieder dichotomisch getheilte, sehr dünne Aeste gespalten. Die Paraglossen weit vorragend, sehr dünn, nach innen gekrümmt, am Innenrande mit sehr zarten und langen Wimpern weitläufig besetzt. Die zwei ersten Glieder der Lippentaster ohne erkennbare Grenze mit einander verwachsen, die Lippentaster daher scheinbar nur zweigliedrig. Das Endglied derselben etwa um ein Drittel kürzer als die zwei verwachsenen ersten Glieder zusammengenommen und an der Wurzel viel dünner als dieselben, an der Spitze aber merklich erweitert. Der Halsschild viel schmäler als die Flügeldecken, nicht oder kaum breiter als lang, vorn gegen die dünne, halsförmige Kopfwurzel plötzlich und stark, nach hinten nur schwach verengt, ziemlich gewölbt, vor der Basis mit zwei tiefen, etwa bis zur Mitte reichenden, hinten durch eine Querfurche verbundenen, nach vorn leicht divergirenden Längsfurchen, ausserhalb derselben mit drei Grübchen, in der Mittellinie wenigstens vorn gefurcht, am Seitenrande mit zwei Wimperhaaren. Der Seitenrand des Halsschildes vorn abwärts geschwungen, die Epipleuren wenig umgeschlagen, bei seitlicher Ansicht sichtbar. Die Flügeldecken mit kräftig vortretender Schulterbeule, an den Seiten mehr oder weniger bauchig gerundet, in den Hinterecken gerundet eingezogen, am Hinterrande innerhalb der Hinterecken deutlich oder nur sehr schwach oder kaum ausgeschnitten, leicht gewölbt, an der Basis mit zwei tiefen, durch ein Fältchen getrennten Längsgrübchen, längs der Naht mit vertieftem Streifen, wodurch die Naht leistenförmig gerandet erscheint. Abdomen an der Wurzel mehr oder weniger verengt, die drei ersten freiliegenden Dorsalsegmente an der Basis tief quer gefurcht, in der Querfurche mit fünf feinen Längsfältchen, die drei ersten Ventralsegmente an der

Wurzel quer eingeschnürt. Prosternum vor den Vorderhüften wenigstens halb so lang als breit, zwischen den Vorderhüften in einen kurzen, gekielten Fortsatz ausgezogen. Das Mesosternum kurz, zwischen den Mittelhüften unter einem sehr stumpfen Winkel vorspringend, in der Mittellinie gekielt. Die Hinterbrust lang, gewölbt. Der Seitenrand der Flügeldecken mit dem Innenrande der schmalen Episternen der Hinterbrust nach hinten wenig divergirend. Die Epimeren der Hinterbrust schmal dreieckig. Die Beine schlank. Die Vorder- und Mitteltarsen viergliedrig, ihre drei ersten Glieder fast gleichlang, zusammen so lang oder etwas kürzer als das Endglied. Die Hintertarsen fünfgliedrig, ihre vier ersten Glieder ziemlich gleichlang, das Endglied etwas länger als das zweite bis vierte Glied zusammengenommen. Die artenarme Gattung ist in der palaearctischen (durch fünf europäische und eine japanische Art) und nearctischen Region (durch eine californische Art) vertreten. Die Arten leben in Pilzen, unter faulenden Vegetabilien, im Dünger etc.
1 Halsschild mit seichter, nach hinten erloschener Mittelfurche.

1 impressa, 2 puncticollis.
— Halsschild mit tiefer, bis zur basalen Querfurche reichender Mittelfurche.
3 rivularis.
1. Autalia impressa Oliv. Entom. III. 42, 23, pl. 5, f. 41, **Erichs. Kf. Mk. Brandbg. I, 292, Gen. Spec. Staph. 47,** Kraatz 31, **Jacqu. Duval Gen. Col. d'Eur. II, pl. 1, f. 3,** Thoms. Skand. Col. II, 261, Muls. et Eey 1871, 313; plicata Steph. 111. Brit. Ins. V, 101; **ruficornis** Steph. 1. c. 102. — Glänzend, sehr fein und dünn behaart, der Kopf, die Hinterbrust und die vorletzten Abdominalsegmente schwarz, der Halsschild und die Flügeldecken gelbroth oder rothbraun, die drei ersten freiliegenden Abdominalsegmente roth, die Spitze des Abdomens bräunlichgelb, die Wurzel der Fühler^ die Taster und Beine gelbroth. Der Kopf kaum erkennbar punktirt. Die Fühler gegen die Spitze leicht verdickt. Halsschild so lang als breit, kaum erkennbar punktirt, mit seichter, nach hinten erloschener Mittelfurche, auf der hinteren Hälfte mit zwei tiefen, etwa bis zur Mitte reichenden, nach vorn massig divergirenden, vor der Basis durcheine Querfurche verbundenen Längsfurchen, ausserhalb derselben vor der Basis mit drei punktförmigen Grübchen. Das sehr kleine mittlere Grübchen ist dem inneren genähert oder mit demselben verschmolzen; das äussere basale Punktgrübchen ist durch ein Fältchen von den beiden inneren getrennt. Flügeldecken um ein Drittel länger als der Halsschild, an den Seiten leicht bauchig gerundet, an der Basis mit zwei tiefen Längsgrübchen, sehr fein und weitläufig punktirt. Abdomen an der Wurzel ziemlich stark eingeschnürt, sehr fein und weitläufig, hinten deutlicher punktirt. Long. 2,2 bis 2,5 mm. Nord- und Mitteleuropa, Nordafrika. In Pilzen nicht selten.
2. Autalia puncticollis Sharp Transact. Ent. Soc. Lond. 3. ser. Vol II, Journ. of Proceed. Oct. 1864, 45, Thoms. Skand. Col. IX, 204, Muls. et Rey 1871, 320, Eppelsheim Deutsch. Entom. Zeitschr. 1878, 385; **rivularis** Sahlbg. Ins. Penn. I, 347; alia Gredl. Harold Coleopt. Hefte XV, 105. — Schwarz, die Beine bräunlichgelb mit braunen Schenkeln, bisweilen auch die Fühler und Taster braunroth. Die Oberseite mit ziemlich langer, weisslicher, etwas wolliger Behaarung massig dicht bekleidet. Der Kopf sehr fein, der Halsschild sehr deutlich und ziemlich dicht punktirt, der letztere im Uebrigen fast wie bei **impressa** sculptirt. Flügeldecken und Abdomen viel dichter und deutlicher als bei **impressa** punktirt. In der Färbung mit **rivularis** übereinstimmend, von dieser durch grössere, breitere Körperform, viel dichtere, etwas wollige Behaarung, namentlich aber durch die sehr deutliche und dichte Punktirung und die verkürzte Mittelfurche des Halsschildes verschieden. Long. 2,2—2,5 mm. Im Norden von Europa und in den Tiroler und Schweizer Alpen. Von Dr. Eppelsheim im Suldenthale in Tirol in trockenem Kindermist gefunden.

3. Autalia rivularis Gravh. Micropt. 73, **Erichs. Kf. Mk. Brandbg. I, 293, Gen. Spec. Staph. 47,** Kraatz 32, Thoms. Skand. Col. II, 261, Muls. et Key 1871, 316; **aterrima** Steph. 111. Brit. Ins. V, 102; **angusticollis** Steph. ibid. — Kleiner und gedrungener als **impressa**, glänzend schwarz, die Fühler und die Taster pechbraun, die Beine bräunlichroth. Kopf und Halsschild kaum erkennbar punktirt, der letztere mit tief eingeschnittener, bis zur basalen Querfurche reichender Mittelfurche. Die basale Hälfte des Halsschildes ähnlich sculptirt wie bei **impressa**, doch divergiren die zwei schrägen Längsfurchen etwas stärker nach vorn und sind die Aussengrübchen furchenartig in die Länge gezogen. Das Abdomen ist an der Wurzel weniger eingeschnürt als bei **impressa**. Long. 1,5—2 mm. Nord- und Mitteleuropa. In trockenem Kuhdünger, unter abgefallenem Laube und Moos. Nicht häufig.

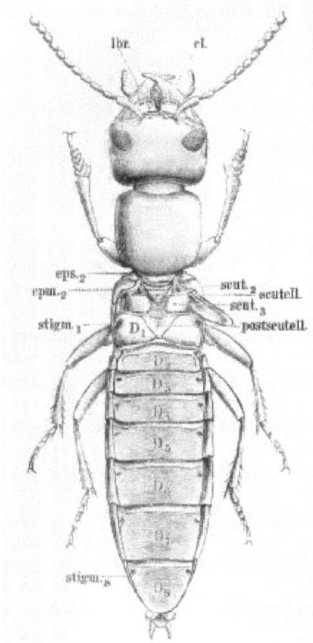

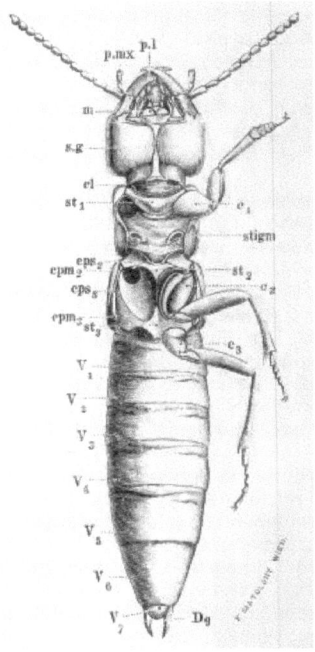

Bild Nr. 753
Staphylinus tenebricosus, von oben.

Bild Nr. 754
Staphylinus tenebricosus, von unten.

lbr. Oberlippe, *cl.* Clypeus, *scut.$_2$* Mesonotum, *scutell*. Schildchen des Mesothorax, *eps$_2$* Episternen, *epm$_2$* Epimeren des Mesothorax, *scut.$_3$* Metanotum, *postscutell.* Schildchen des Metathorax, D_1—D_8 erstes bis achtes Dorsalsegment des Abdomens, *stigm$_1$* erstes Abdominalstigma, *stigm$_8$* letztes Abdominalstigma. — Die Flügeldecken und links der rudimentäre Unterflügel entfernt.

p.mx. Maxillartaster, *p.l.* Lippentaster, *m* Kinn, *s.g.* Kehlnähte, *cl* Clavicula, *st$_1$* Prosternum, *stigm.* freiliegendes Stigma der Vorderbrust, *st$_2$* Mesosternum, *eps$_2$*, *epm$_2$* Episternen und Epimeren des Mesothorax, *st$_3$* Metasternum, *eps$_3$*, *epm$_3$* Episternen und Epimeren des Metathorax, c_1, c_2, c_3 Vorder-, Mittel- und Hinterhüften, V_1—V_7, erstes bis siebentes Ventralsegment, D_9 Analgriffel, Seitenstücke des vollkommen getheilten neunten Dorsalsegments.

INSEKTENKUNDE
Grundlagen

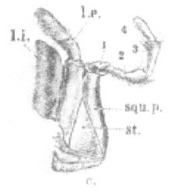

Bild Nr. 755	**Bild Nr. 756**
Maxille von *Staphylinus olens*	Unterlippe von *Staphylinus olens*

c. Angelglied, *st.* Stipes, *squ. p.* tastertragendes Stück, *l. i.* Innenlade, *l. e.* Aussenlade, 1, 2, 3, 4 die vier Glieder des Kiefertasters.

g. Kehle, *m.* Kinn, *squ. p.* Tasterträger, *l. i.* Zunge, *par.* Paraglossen, 1, 2, 3 die drei Glieder des Lippentasters.

Im **Bild Nr. 753** und **Bild Nr. 754** sieht man die sehr feinen Zeichnungen der Art *Staphylinus tenebricosus* aus dem oben beschriebenen Buch von Ludwig Ganglbauer. Ich will nochmal darauf hinweisen, dass es sich um Holzschnitte handelt! Bild Nr. 754 und Bild Nr. 755 zeigen die Mundwerkzeuge von *Staphylinus olens*.

Aktueller Name von *Staphylinus olens* = *Ocypus olens* (O. Müller, 1764), der **Schwarze Moderkäfer**.

Scientific synonyms=
Goerius macrocephalus Stephens, 1832
Ocypus fulvopilosus Fiori, 1894
Ocypus meridionalis Fiori, 1894
Staphylinus major De Geer, 1774
Staphylinus olens O. F. Müller, 1764
Staphylinus unicolor Herbst, 1784

Nachfolgend ein sehr schönes Vorwort zu Ludwig Redtenbacher: **Die Gattungen der deutschen Käfer-Fauna nach der analytischen Methode** aus dem Jahr 1845.

Seiner Wohlgeboren
dem
Herrn
Stephan L Endlicher,
Doctor der Medicin , k. k. Professor der Botanik an der
Universität in Wien.

als schwaches Zeichen seiner
Hochachtung
in tiefster Ehrfurcht
gewidmet
vom Verfasser

Indem ich diese Arbeit dem entomologischen Publikum übergebe, halte ich es für meine Pflicht. einige Worte über den Zweck und die Veranlassung zur Herausgabe derselben vorauszuschicken. Als ich vor fünfzehn Jahren anfing, mich mit dem Studium der Botanik zu beschäftigen, stand nur durch einige Zeit kein anderes literarisches Hülfsmittel zu Gebothe ausser Schulte's — Oesterreichs Flora, — ein Buch, das trotz seines grossen naturhistorischen Werthes doch dem Anfänger dieses Studium eben nicht sehr erleichtert. — Bald aber kam mir Curie's Anleitung (Anleitung, die im mittleren und nördlichen Deutschland wachsenden Pflanzen auf eine leichte und sichere Weise durch eigene

INSEKTENKUNDE
Grundlagen

Untersuchung zu bestimmen.) in die Hände und ich lernte aus eigener Erfahrung, wie nützlich die analytische Methode vorzüglich für einen Anfänger sei, der weder die Mittel besitzt, sich grössere Werke anzuschaffen , noch die nothwendige Kenntniss und Zeit hat, um dickleibigere, beschreibende Werke zu benutzen. — Curie führt in seiner Anleitung kaum die Hälfte der Pflanzen auf, welche in Oesterreich vorkommen, dennoch lernte ich mit Hülfe dieses Buches in wenigen Wochen mehr Pflanzen kennen, als mir mit Schulte´s Hülfe kaum in einem Jahre möglich war.

Welche Theilnahme C u r i e s Arbeit bei dem botanischen Publikum fand, bezeiget die dreimal wiederholte Auflage dieses Buches, trotz dem, dass dem Botaniker eine grosse Menge der besten Handbücher der deutschen Flora zu Gebothe stehen, — eine Theilnahme, die wohl noch wenige naturhistorische Bücher erfuhren. Ich lernte den Werth dieses Buches besonders schätzen, als ich später mich mit Entomologiezu beschäftigen anfing und mir durch einige Jahre kein anderes Mittel der Belehrung zu Gebothe stand, als nach schlecht bestimmten Sammlungen schlecht zu bestimmen, Ein allgemein gefühltes Bedürfniss für Jeden , der anfangt sich mit einem Zweige der Entomologie zu beschäftigen, ist gewiss eine Anleitung zu diesem Studium, wodurch er sowohl eine nähere Einsicht in die Formen der einzelnen Organe der Insecten, die bei der Characteristik gebraucht werden, bekommt, als auch mit den in diesem Zweige der Naturwissenschaft gebrauchten Kunstausdrücken näher bekannt gemacht wird. — K i r b y's und S p e n c e s Einleitung in die Entomologie, — Burmeister's Handbuch der Entomologie, — Illiger's und Knoch's Arbeiten entsprechen zwar den strengsten Anforderungen, allein es sind Werke, welche sich nur in den Händen Weniger befinden, und welche sich der unbemittelte Entomolog wohl nicht leicht anschaffen kann, da er wenig Lust hat sich Bücher zukaufen, die nicht den Zweig , mit dem er sich beschäftiget, allein behandeln. - Es ist daher auch nicht zu wundern, wenn man bei so vielen, sonst eifrigen Entomologen , die einfachsten terminologischen Kenntnisse vermisst — wenn man Entomologen findet , die sich auf ihr Wissen etwas einbilden , und doch kaum wissen, dass Schenkel , Schiene und Fuss von einander verschiedene Theile eines Beines sind , — die stolz sind, zu wissen , die vorragenden Zangen bei einem Hirschkäfer seien nicht zwei Hörner, sondern die Oberkiefer des Käfers. — Es darf uns nicht wundern, dass ihnen die meisten entomologischen

Schriften unverständlich und unbrauchbar erscheinen, und dass sie wenig Lust fühlen, sich Bücher anzuschaffen, die ihnen ihrer Meinung nach nichts nützen können. Ein zweites Bedürfniss für den Anfänger, der jede Hülfe und den Rath eines erfahrenen Entomologen entbehrt , ist eine Anleitung zum Sammeln überhaupt und eine Anweisung , sich auf eine bequeme, zweckmässige Weise eine Sammlung anzulegen. Das am wenigsten zu befriedigende Bedürfnis endlich sind wohl Bücher, mit deren Hülfe der Entomolog auch seine Insecten bestimmen könnte. — Es gibt nicht leicht einen Zweig der Naturgeschichte, in welchem mehr des Gediegenen geleistet wurde, als in der Entomologie, allein unter der grossen Menge der trefflichsten Werke gibt es nur wenige , welche sich der selbst nicht unbemittelte Entomolog anzuschaffen im Stande wäre. — Was nun insbesondere die Käfer anbelangt, so sind wohl die Werke eines Fabricius, Gyllenhal's in den jetzigen Tagen zu alt , als dass sich der angehende Entomolog mit Vortheil derselben bedienen könnte, — die Gattungen sind zu schwierig , ihr Umfang zu gross , als dass er sich bei der grossen Anzahl der seit dem Erscheinen jener Werke in Deutschland entdeckten Arten so leicht zu Recht finden könnte. —Und doch sind diese beiden Werke die einzigen, welche die ganze

Ordnung der Käfer umfassen und welche sich der Entomolog am leichtesten verschaffen kann. — Die übrigen trefflichen Werke, welche seit einer Reihe von Jahren über Käfer erschienen sind , behandeln nur einzelne Familien , oder sind angefangene Faunen und der Coleopterolog müsste eine grosse Summe Geldes verwenden, wollte er sich nur die wichtigsten Bücher anschaffen. Diese Beweggründe veranlassten mich, nach C u r i e s Muster eine analytische Bearbeitung der Käfer des Erzherzogthums Oesterreichs zu unternehmen, als mir die Ehre zu Theil wurde, mich unter die Mitglieder des kais. königl. Hofnaturalienkabinetes zählen zu dürfen, und mir eine reiche Sammlung, eine grosse Bibliothek, vor Allem aber die über jedes Lob erhabene herzliche Freundschaft und Theilnahme des Herrn Custos Vincenz K o l l a r, alle möglichen Mittel und Aneiferung zur

INSEKTENKUNDE
Grundlagen

unternommenen Arbeit gaben. Eine Sammlung, welche ich von Käfern des Erzherzogthums Oesterreich mit meinem vielgeliebten Bruder W i l h e l m zusammenbrachte und welche sich durch die Güte des eifrigsten Entomologen, Herrn Grafen Angelo Ferrari, den ich unter meine Freunde zu zählen, die Ehre habe, bereits auf 3500 Arten vermehrte, gab mir Stoff meiner Arbeit eine Ausdehnung zu geben, die gewiss jedem Entomologen von Interesse sein dürfte, um so mehr, da sich wohl nur wenige Arten in dem übrigen grossen Deutschland finden möchten, welche in diesem zwar kleinen, aber an Naturproducten so reichen, schönen Lande nicht vorkämen. Belebt von dem Wunsche, neben den vielen Vergnügungen, welche ich dem Studium der Entomologie zu verdanken habe, auch auf irgend eine Weise den Freunden der Entomologie mit meinen geringen Kräften nützlich zu werden, begann ich diese Arbeit, und ich hätte sie bereits dem prüfenden entomologischen Publicum übergeben, hätten nicht einige Umstände die Herausgabe der zwanzig Bogen starken Tabelle zur Bestimmung der Arten vielleicht um ein Jahr verschoben. — Um diese Zeit nicht unnütz verstreichen

zu lassen, übergebe ich gegenwärtigen Versuch, der die, mit einigen in Oesterreich nicht vorkommenden Gattungen vermehrten ersten zwei Tabellen enthält, dem Publikum , — einen Versuch, der, wie ich gerne gestehe , noch viele Unvollkommenheiten, vorzüglich in der Tabelle zur Bestimmung der Familie, die auch die schwierigste und mühsamste Arbeit war, enthält, damit ich dann bei Veröffentlichung

meiner — K ä f e r des Erzherzogthumes Oesterreich — die belehrenden, freundlichen Zurechtweisungen, deren mich aufgeklärte Entomologen würdigen mögen und die ich stets mit grösstem Danke annehmen werde, — zur Berichtigung und Vervollkommnung meines Buches benützen kann. Dem Freunde der Entomologie, der sich mit dem Studium der deutschen Käfer-Fauna näher zu beschäftigen Willens ist, eine Anleitung zu geben, grössere entomologische Werke gehörig zu benützen, —auf bequeme, zweckmässige Weise zu sammeln, —und aufschnelle Art sich die Gattung, in die eine gesammelte Art gehört, selbst zu bestimmen, — nicht kritische Beleuchtung des grösseren oder geringeren Werthes einer von irgend einem Autor aufgestellten Gattung, ist der Zweck dieses kleinen Werkchens.

Gelingt es mir, vielleicht Manchen, der längere Zeit sich schon mit dem Studium der Käfer beschäftigte, dessen Eifer aber aus Mangel an Anleitung und literarischen Hülfsmitteln erkaltete, neue Lust und Liebe dafür einzuflössen, so manchen Laien für dieses schöne Studium zu gewinnen , so wäre mein Wunsch erreicht, meine Mühe zur Genüge belohnt Indem ich mein Werkchen nochmals der nachsichtigen Beurtheilung der geneigten Leser empfehle, fühle ich mich angenehm verpflichtet beizufügen, dass, sollte es mir gelungen sein, den dem Anfänger so schwierigen Weg in diesem Zweige der Naturgeschichte wenigstens etwas gangbarer zu machen, ein grosser Theil des Verdienstes wohl meinem hochverehrten Freunde, Herrn Grafen Angelo Ferrari zufalle, der die Freundschaft für mich hatte, auf seine Kosten dieses Werkchen zu veröffentlichen.

    Wien im Juli 1845.

Das nachfolgende **Bild Nr. 756** ist aus dem Buch: DEUTSCHLANDS INSECTENFAUNE oder ENTOMOLOGISCHES TASCHENBUCH FÜR DAS JAHR **1795** VON GEORG WOLFGANG FRANZ PANZER, TAFEL 12, SEITE 63.

INSEKTENKUNDE
Grundlagen

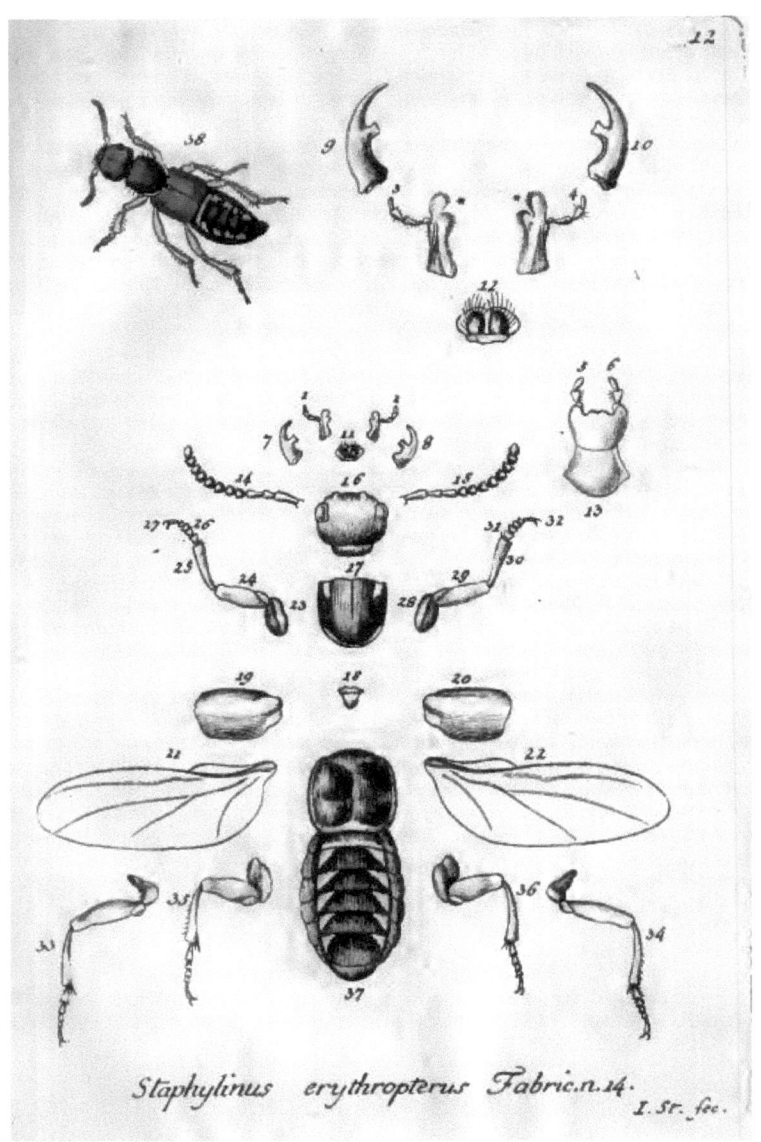

Bild Nr. 756
Staphylinus erythropterus (*Linnaeus,* 1758)

Wissenschaftlicher Name: Staphylinus erythropterus springeri (*J. Müller*, 1923)

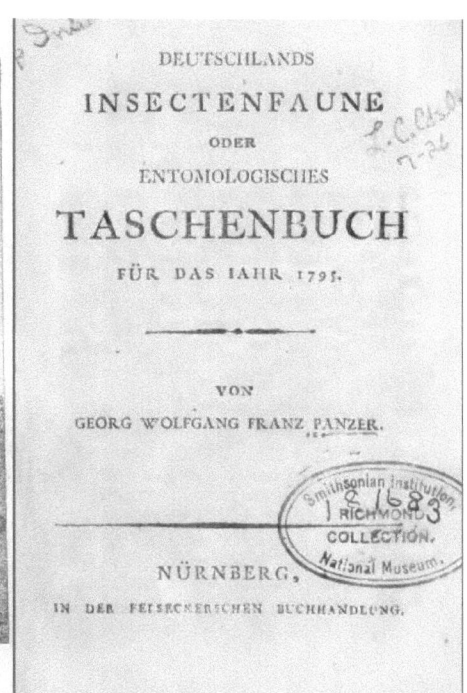

Bild Nr. 757
Originaleinband von:
DEUTSCHLANDS INSECTENFAUNE oder ENTOMOLOGISCHES TASCHENBUCH FÜR DAS JAHR 1795 VON GEORG WOLFGANG FRANZ PANZER, TAFEL 12, SEITE 63.

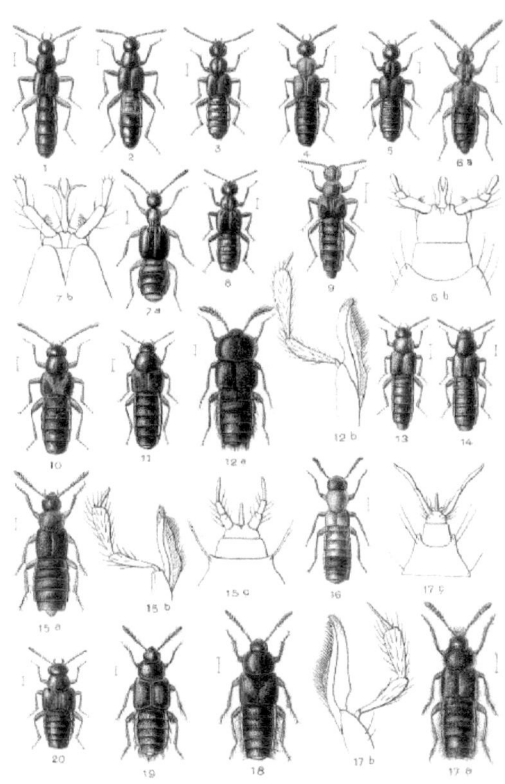

Bild Nr. 758
Käfer aus der Familie *Staphyl**inidae***, Unterfamilie *Aleochar**inae***

Quelle: Edmund Reitter, Fauna Germanica Band II Tafeln, 1909

Auch der Schweizer Insektenkundler Johann Caspar Füssli (1743–1786) befasste sich in dem von ihm geschriebenen Buch *Archiv der Insectengeschichte* mit der Einteilung der Insekten in Familien, Gattungen und Arten. Auch in diesem Buch, was er von 1781-1786 geschrieben hat, finden sich sehr schöne Zeichnungen. Eine Zeichnung aus diesem Buch ist auf der nachfolgeden Seite zu sehen. Mit Abbildung dieser Zeichnung ist der, wie ich meine, interessante Ausflug in die Geschichte zur Bestimmung von Insektenarten beendet.

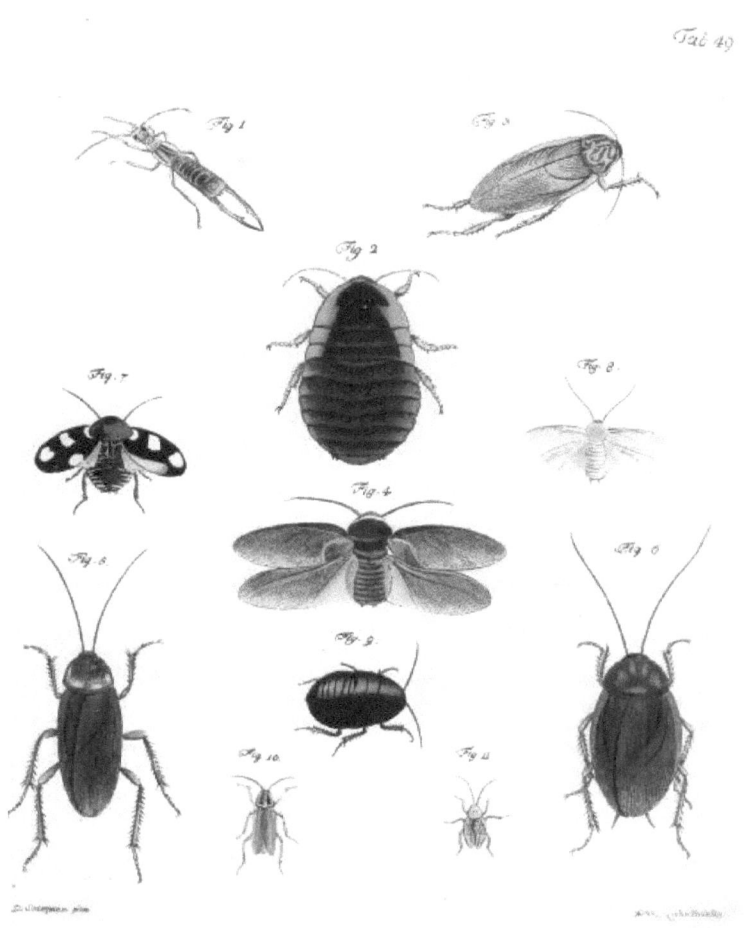

Bild Nr. 759
Abbildung von Blatta (Schaben = Blattodea), aus **Johann Caspar Füssli´s** *Archiv der Insectengeschichte* Seite 429

INSEKTENKUNDE
Grundlagen

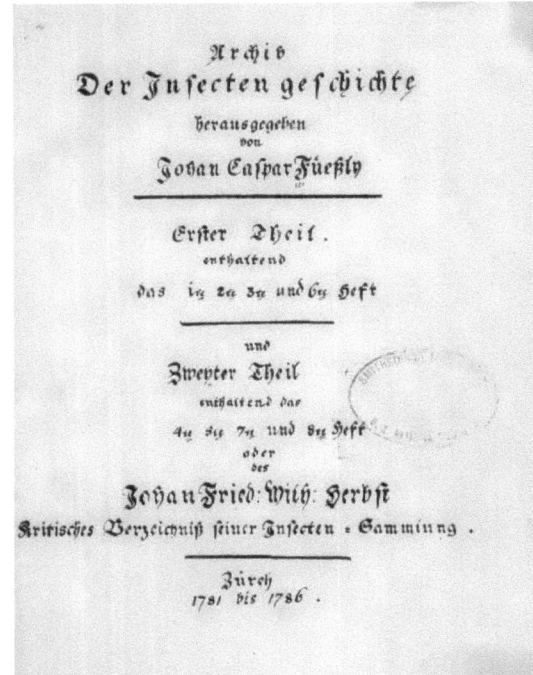

Bild Nr. 760
Titelseite
Archiv der Insectengeschichte

Bisher habe ich ja überwiegenderweise über die Einteilung der Käfer geschrieben und die Schwierigkeit den exakten Artnamen zu finden. Die „Unordnung" in der Namensgebung gilt auch bei den Schmetterlingen. Leider!

Gerade bei den Schmetterlingen wird es offensichtlich, dass es in der Vergangenheit zahlreichen *Systematikern* oder *Taxonomen* wichtiger war, sich selbst einen Namen zu machen als sich für eine unzweideutige Nomenklatur der Organismen einzusetzen. Die Nomenklatur vieler Schmetterlinge gleicht einem Chaos, da ein einziger Schmetterling im Laufe der Jahre oftmals zwei, drei oder gar vier verschiedenen Gattungen zugeordnet worden ist und mit zwei oder mehr verschiedenen Artnamen beschrieben wurde (z.B. *Trichoplusia orichalcea*). Selbst in der jüngsten Literatur lässt sich keine reproduzierbare Verwendung von Art und Gattungsnamen feststellen.

Im Volksmund werden die Schmetterlinge meist in TAGFALTER und NACHTFALTER unterteilt. Diese Begriffe gibt es in der offiziellen Systematik jedoch nicht, da das Fliegen bei Nacht oder bei Tag meist keine Eigenschaft ist, die den Schmetterlingen einer Familie als typisches Kennzeichen zugeordnet werden kann. Es gibt nämlich Schmetterlingsfamilien [z.B. die Schwärmer (*Sphingidae*), Spanner (*Geometridae*) oder Bärenspinner (*Arctiidae*], die sowohl nachtaktive als auch tagaktive Arten enthalten. Es gibt aber auch Schmetterlingsfamilien [z.B. Bläulinge (*Lycaenidae*), Edelfalter (*Nymphalidae*) oder Ritterfalter (*Papilionidae*)], deren Vertreter ausschließlich tagsüber fliegen. Daher lassen sich die Begriffe TAGFALTER und NACHTFALTER nicht klar festlegen. Typischerweise sind die Körper von sogenannten NACHTFALTERN gedrungener als die von TAGFALTERN. D.h., in Ruhestellung werden die Flügel der NACHTFALTER nicht nach oben zusammengeklappt, sondern eher dachförmig über den Körper gebreitet.
Die nachtaktiven Schmetterlingsarten zeichnen sich außerdem häufig durch eine wenig auffällige Färbung aus, was Sinn macht, da sie bei Dunkelheit ja ohnehin kaum zu sehen

sind und da sie sich so tagsüber besser tarnen können.

Eine sichere Methode zur Unterscheidung erlauben die Fühler. Während die TAGFALTER stets Fühler mit keulig verdickten Enden besitzen, können die **Fühler der NACHTFALTER** sehr unterschiedlich aussehen. Sie können fädig, feder- oder kammartig sein, aber **niemals** mit keulig verdickten Enden. Zur Unterscheidung zwischen männlichen und weiblichen Faltern dient ebenfalls das Aussehen der Fühler.

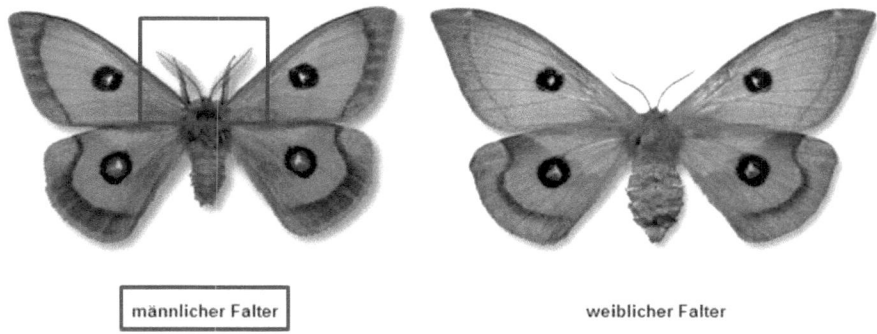

männlicher Falter   weiblicher Falter

Bild Nr. 761
Aus der Familie der Pfauen- oder Augenspinner der **Nagelfleck** (*Aglia tau*)

männlicher Falter   weiblicher Falter

Bild Nr. 762
Isabellaspinner Graellsia isabella, (GRAELLS, 1849)

Der Isabellaspinner kommt nur in einzelnen Gebieten des südlicheren Europas vor (Spanien, Frankreich), ist aber auch dort selten. Er lebt fast nur in Pinien- und Kieferwäldern. Benannt ist die Art nach der Königin von Spanien, Isabella II.

Viele Artnamen beinhalten den Namen der Futterpflanze der Raupen. Hier ein paar Beispiele.

INSEKTENKUNDE
Grundlagen

Bild Nr. 763
Der **Totenkopf** *Acherontia atropis*, (LINNEAEUS, 1758)

Der Totenkopf (*Acherontia atropis*, LINNEAEUS, 1758) ein Schwärmer lebt gerne in warmen Kulturlandschaften, besonders im Süden Deutschlands. Die Falter überleben den Winter in der Regel nicht und wandern aus dem Süden wieder ein. Die Raupen fressen an Kartoffelkraut (früher oft schwerer Schädling), an Bocksdorn, Tollkirsche, Stechapfel und anderen Nachtschattengewächsen. Die **Tollkirschen** (*Atropa*) sind eine Gattung aus der Familie der Nachtschattengewächse (Solanaceae). Die einzige in Mitteleuropa heimische Art ist die Schwarze Tollkirsche (*Atropa belladonna*). Diese Futterpflanze der Raupen gab dem Schmetterling den Artnamen atropis.

Bild Nr. 764
Holunderspanner oder **Nachtschwalbenschwanz**
Urapteryx sambucaria, (LINNEAEUS, 1781)

Falter relativ häufig; an buschigen Waldrändern, Heckengebieten und Auen, in Gärten und Parklandschaften. Raupen fressen an Holunder (*Sambucus nigra*), Efeu, Waldrebe (*Clematis vitalba*), Espe, Johannis- und Stachelbeere, an Flieder oder Schlehe.

Bild Nr. 765
Lygris populata, (LINNEAEUS, 1758)

Der aus der Familie der Spanner stammende Falter ist sehr häufig; in Wäldern, auf Blößen und Waldwiesen, in Heidegebieten und an Waldmooren zu finden. Die Raupen fressen an Heidelbeere, Espe (*Populus tremula*) und Weide.

vergrößerte Darstellung

Bild Nr. 766
Eupithecia linariata, (DENIS & SCHIFFERMÜLLER, 1775)

Ebenfalls aus der Familie der Spanner ist der Falter **Eupithecia linariata**. Dieser Falter ist auf Ödland, an Böschungen oder Schuttplätzen, aber auch in Gärten zu finden. Die Raupen fressen am Leinkraut (*Linaria vulgaris*).

Es gibt natürlich noch mehr Falterarten, deren Artnamen sich aus dem Namen der Futterpflanze ihrer Raupen bildet. Aber diese paar Beispiele sollten ausreichen.

Zwischen dem männlichen und dem weiblichen Faltern bestehen auch häufig Farbunterschiede oder Größenunterschiede.

Farbunterschiede gibt es u.a. bei dem Wolfsmilchspinner (*Malacosoma castrensis*) Die Falter leben in trockenen Heidegebieten, an warmen, steinigen Hängen und Lehen sowie über sonnigen Sandgebieten. Die Raupen fressen an der Zypressenwolfsmilch (*Euphorbia cyparissias*), an der Flockenblume (*Centaurea*), am Beifuß (*Artemisia campestris*), am Kleinen Wiesenknopf (*Sanguisorba minor*) u.a.

Auch der Größenunterschied zwischen den männlichen und den weiblichen Faltern spielt bei der Bestimmung der Art eine Rolle.

männlicher Falter   weiblicher Falter

Bild Nr. 767
Wolfsmilchspinner, (*Malacosoma castrensis*) aus der Familie der Glucken

männlicher Falter   weiblicher Falter

Bild Nr. 768

Kupferglucke (*Gastropacha quercifolia*)

Die Falter leben in Heidegebieten, in Au- und Parklandschaften, in Obstanlagen und Gärten. Die Raupen fressen an Weide, Schlehe, Eberesche, Kirsche, Apfel, Pflaume, Hasel, Birne, Salweide oder Faulbaum (*Rhamnus frangula*).

Viele Falter legen auch ihre Eier an die Unterseite der Blätter der Universalfutterpflanze Brennnessel. Auch an Kohlpflanzen findet man sehr häufig die Eier bzw. Raupen des Kohlweisslings. Ich selbst habe in unserem Garten erlebt, wie ca. 20 Weißkohlpflanzen innerhalb kurzer Zeit bis auf die Blattrippen von Raupen abgefressen wurden. Es ist schon faszinierend, was die kleinen Tierchen für einen großen Appetit entwickeln.

Auf den ersten Blick sind einige Arten der Eulenfalter schwer zu unterscheiden. Hier am Beispiel von Abrostola Arten sehr gut zu erkennen.

A. triplasia   A. asclepiadis   A. trigemina

Bild Nr. 769
Abrostola Falter (*Goldeulen*)

Die Falter sind auf Lichtungen und Blößen, an den Rändern von Laub-, Misch- und Nadelwäldern, an buschigen Hängen, in Auwäldern und Ufergebieten, in Gärten und Parklandschaften zu finden. Die Raupen fressen an der großen Brennnessel (*Urtica dioica*).

Für die Bestimmung von Insektenarten helfen sogenannte Bestimmungsschlüssel. Bei diesen Bestimmungsschlüsseln handelt es sich um eine Abfolge von Fragen der Merkmale, zu denen immer mindestens zwei mögliche Antworten angeboten werden. Solange weiterhin mehrere Bestimmungsergebnisse möglich sind, wird nach dem gleichen Verfahren weiter verzweigt. Die Fragen beziehen sich dabei ausgehend von den allgemeinsten Unterscheidungsmerkmalen auf immer detailliertere Eigenarten, bis zum Schluss keine Auswahl mehr möglich ist und ein Insekt in der Regel bis auf seine Art genau bestimmt ist. Die Verzweigungsstruktur der Fragen ähnelt einem Baum (*Entscheidungsbaum*).

Ab der nächsten Seite zeige ich anhand von Bilder, wie das gemeint ist. Die Abfrage ist ähnlich zu verstehen wie beim Programmieren von Software, wo es ja auch solche JA/Nein Abfragen mit entsprechenden Verzweigungen gibt.

INSEKTENKUNDE
Grundlagen

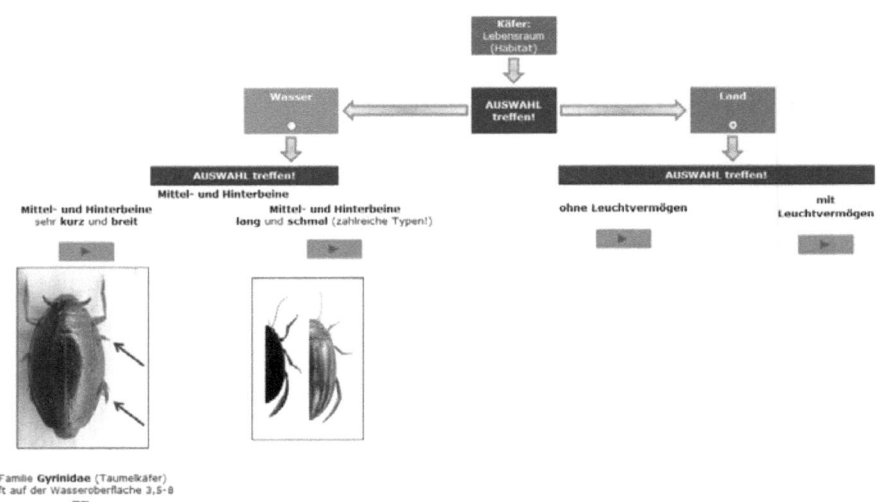

Bild Nr. 770
Abfrage: **Beispiel 1**

Hier wird die erste die Auswahl zwischen Wasser- und Landleben getroffen. Meine Auswahl fällt auf **Land**leben, weil ich den Käfer z.B. im Blumenbeet entdeckt habe. Dann treffe ich die Auswahl **ohne Leuchtvermögen**, da der Käfer im Dunkeln nicht leuchtet. Durch diese Auswahl gelange ich zur nächsten Abfrage.

Hier muss ich mir die Flügeldecken anschauen. Sind die Flügeldecken **ohne Stacheln** oder sind sie **dicht mit Stacheln** besetzt. Hier im Beispiel habe ich mich auf die Entscheidung **ohne Stacheln** festgelegt, da der Käfer glatte Flügeldecken besitzt. Durch diese Entscheidung gelange ich zur Abfrage über den Kopf. Ist der Kopf mit einem **langen Rüssel** oder **mit einem breiten Rüssel** ausgestattet oder besitzt der Kopf **keinen Rüssel**. Da der Käfer keinen Rüssel besitzt, entscheide ich die Frage mit **ohne Rüssel**.

Die nächste Abfrage beschäftigt sich mit dem Aussehen der Fühler. Dort ist die erste Auswahl zwischen folgenden Merkmalen zu treffen.

nicht gekniet, **mit** oder
ohne Keule (zahlreiche Typen**!**)

und

gekniet, **immer** mit Keule! Schaftglied verlängert**!**

Diese Auswahlfragen gehen immer weiter, bis ich zu den Kriterien komme, die auf eine entsprechende Käferart hinweisen. Solche Abfragebäume lassen sich für alle Insektenarten erstellen.

INSEKTENKUNDE
Grundlagen

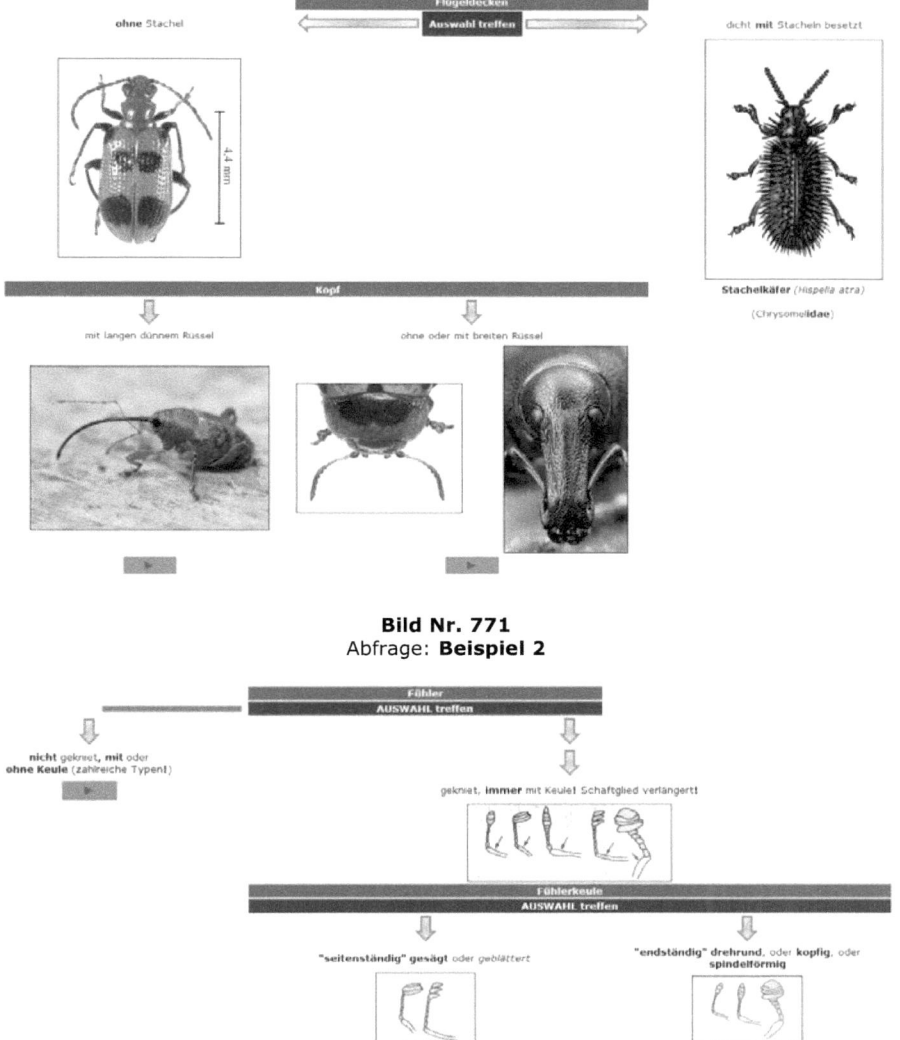

Bild Nr. 771
Abfrage: **Beispiel 2**

Bild Nr. 772
Abfrage: **Beispiel 3**

INSEKTENKUNDE
Grundlagen

Zur Information: Solche Abfragebäume wie ich sie auf den Seiten 372-373 beschrieben habe, werden auch bei der sogenannten Künstlichen Intelligenz (KI auf Deutsch und Englisch AI für Artifical Intelligence) angewandt. Die KI ist ein Teilgebiet der Informatik, welches sich mit der Automatisierung intelligenten Verhaltens befasst.

Diese Art von Abfragebäumen kann man z.B. auch für Diagnosezwecke in der Medizin oder auch bei der Reparatur von Elektrogeräten anwenden. Auch hier ein kleines Beispiel:

Fehler: Das Gerät funktioniert nicht

Ist der Strom eingeschaltet?

JA   NEIN

Brennt die Kontroll-LED

JA   NEIN

Weitere Abfragen   Weitere Abfragen

Wie man erkennen kann, erfolgt auf die Abfrage immer eine JA/NEIN Antwort. Ein ODER ist ausgeschlossen. Auf diese Art kann man sich eigene Fragen zu „Welches Insekt ist das" erstellen und über das oben beschrieben System beantworten. Viel Erfolg!

Zum Schluß der Kapitel ab. 3.0 Einordnung der Insekten in das zoologische System hier noch einige Buchtipps.

Buchtipp: Bestimmung wirbelloser Tiere im Gelände. Herausgegeben von H.J. Müller, Jena, 2. Auflage, VEB Gustav Fischer Verlag 1986. Dieses Buch gibt es als Neuauflage in Taschenbuchform.

Buchtipp: Die Käfer Mitteleuropas, Freude/Harde/Lohse/Klausnitzer, Spektrum Akademischer Verlag. Mit sehr vielen Detailzeichnungen. Sehr umfangreich, besteht aus mehreren Bänden. Leider sehr teuer, aber auch sehr gut. Findet man zum Ausleihen in guten Bibliotheken.

Buchtipp: Illustrierte Bestimmungtabellen DER KÄFER DEUTSCHLAND von Paul Kuhnt (Ausgabe von 1911-1913). Leider nur noch im Antiquariat ab 100 EURO erhältlich. Aber wie ich finde ein Buch, was sich sehr für Hobbyentomologen lohnt, die sich ausschließlich für Käfer interessieren (1138 Seiten stark). Auf jeder Seite befindet sich ab der Seitenmitte bis Seitenende eine Bildleiste mit Darstellungen über Aussehen und Körperbau der Käfer Deutschland.

Buchtipp: Wir bestimmen Schmetterlinge. In 4 Bänden von Manfred Koch (1954-1961) oder als Einzelband (Ausgabe 1988). Der Einzelband enthält alles über Tagfalter, Eulen, Schwärmer, Spinner und Spanner. Sehr schöne Farbbilder. Erhältlich im Antiquariat als gebrauchtes Buch.

Buchtipp: Sauers Naturführer, Die schönsten Raupen nach Farbfoto erkannt, Tagfalter Europas nach Farbfoto erkannt, Wasserinsekten nach Farbfoto erkannt, Fliegen und Mücken nach Farbfoto erkannt. Erhältlich gebraucht oder neu als Reprint.

4.0 Bildnachweis

Bilder: Wenn nicht anders aufgeführt von **Detlef Schmidt** und **Dennis Schmidt**

Quelle: Bild Nr. 9 Tracheensystem-Wandtafel, Seite 11, Humboldt-Universität zu Berlin, Mathematisch-Naturwissenschaftliche Fakultät I, Institut für Biologie, Vergleichende Zoologie

Quelle: Bild Nr. 16 *Berosus* sp., Seite 13, aufgerufen unter mdfrc.org.au/bugguide/

Quelle: Bild Nr. 17 Wasserkäfer (*Berosus spinosus*), Seite 13, FAUNA GERMANICA (1908), Seite 79

Quelle: Bild Nr. 21 Strickleiternervensystem-Wandtafel, Seite 15, Humboldt-Universität zu Berlin, Mathematisch-Naturwissenschaftliche Fakultät I, Institut für Biologie, Vergleichende Zoologie

Quelle: Bild Nr. 46 Mundwerkzeuge-Wandtafel, Seite 22, Humboldt-Universität zu Berlin, Mathematisch-Naturwissenschaftliche Fakultät I, Institut für Biologie, Vergleichende Zoologie

Quelle: Bild Nr. 60 Küchenschabe (*Blatta orientalis*) Kopfquerschnitt, Ausschnitt Seite 27, Histologie der Tiere, Farbatlas, Heinz Streble, Annegret Bäuerle, Elsevier GmbH, München, Seite 115, ISBN 978-3-8274-1668-1

Quelle: Bild Nr. 78 Pheidole desertorum, Seite 34, California Academy of Sciences 2000-2010, aufgerufen unter eol.org/pages/485415/overview

Quelle: Bild Nr. 108, 109, 110, Seite 44, **Bild Nr. 111** Seite 45, **Bild Nr. 112** und **Bild Nr. 113** Seite 46, Schmetterling auf Costa Rica, Bernd Rothbart

Quelle: Bild Nr. 118 Seite 49, Lederwanze (*Coreus marginatus*), Lizenznr. #24623826, fancyfocus - Fotolia.com

Quelle: Bild Nr. 130 Seite 53, Schildkäfer (*Cassidinae*) auf Costa Rica, Bernd Rothbart

Quelle: Bild Nr. 131 Seite 54, Mitteleuropäische Insekten, 1957 Kronen Verlag Erich Cramer, Hamburg

Quelle: Bild Nr. 136 Seite 57, Kopf und Rüssel der Bettwanze, Dr. Kurt Floericke, Plagegeister, Kosmos, Gesellschaft der Naturfreunde, Frankh´sche Verlagshandlung Stuttgart, 1917

Quelle: Bild Nr. 137 Seite 58, Bettwanzen (*Cimex lectularis*), Museum für Naturkunde Berlin, Ausstellung Ausstellung: Parasiten „ LIVE UNDERCOVERY" 2010, eigene Aufnahme

Quelle: Bild Nr. 138 und **Bild Nr. 139** Seite 58, Raubwanzen (*Rhodnius prolixus*) und (*Triatoma infestanz*), Museum für Naturkunde, Ausstellung: Parasiten „ LIVE UNDERCOVERY" 2010, eigene Aufnahme

INSEKTENKUNDE
Grundlagen

Quelle: Bild Nr. 140 Seite 59, Aufbau von Wanzen, Wandtafel, Humboldt-Universität zu Berlin, Mathematisch-Naturwissenschaftliche Fakultät I, Institut für Biologie, Vergleichende Zoologie

Quelle: Bild Nr. 159, Seite 68 REM Foto des Saugrüssels einer Wanze, bio.uni-frankfurt.de/44440179/, abgerufen 16.02.2014

Quelle: Bild Nr. 159a, Seite 68 REM Foto einer Laus, bio.uni-frankfurt.de/44440179/, abgerufen 16.02.2014

Quelle: Bild Nr. 160 Seite 69, Filzlaus (*Pthirus pubis*), Dr. Kurt Floericke, Plagegeister, Kosmos, Gesellschaft der Naturfreunde, Frankh´sche Verlagshandlung Stuttgart, 1917

Quelle: Bild Nr. 161 Seite 69, Kopflaus, , Mitteleuropäische Insekten, 1957 Kronen Verlag Erich Cramer, Hamburg

Quelle: Bild Nr. 163 Seite 70, Menschenfloh, Dr. Kurt Floericke, Plagegeister, Kosmos, Gesellschaft der Naturfreunde, Frankh´sche Verlagshandlung Stuttgart, 1917

Quelle: Bild Nr. 164 Seite 71, Floharten, Wandtafel, Humboldt-Universität zu Berlin, Mathematisch-Naturwissenschaftliche Fakultät I, Institut für Biologie, Vergleichende Zoologie

Quelle: Bild Nr. 178 Seite 76, Kopf einer Stechmücke, Urheber: Kampen, 2012, aufgerufen auf mueckenatlas.de/Content/Gallery.aspx

Quelle: Bild Nr. 179 Seite 77, Kopf eines Mückenmännchens, Urheber: Kampen, 2012, aufgerufen auf mueckenatlas.de/Content/Gallery.aspx

Quelle: Bild Nr. 181 Seite 77, Mundwerkzeuge des Mückenweibchens, Wandtafel, Humboldt-Universität zu Berlin, Mathematisch-Naturwissenschaftliche Fakultät I, Institut für Biologie, Vergleichende Zoologie

Quelle: Bild Nr. 182 auf Seite 78, Entwicklungsstadien der gemeinen Stechmücke, Wandtafel, Humboldt-Universität zu Berlin, Mathematisch-Naturwissenschaftliche Fakultät I, Institut für Biologie, Vergleichende Zoologie

Quelle: Bild Nr. 194 Seite 83, Goldfliege (*Lucilia sericata*), Museum für Naturkunde Berlin, eigene Aufnahme

Quelle: Bild Nr. 222 Seite 94, Doppelaugen des Taumelkäfers (*Gyrinidae*), tolweb.org/tree/ToLimages/gyrinus.side.gif

Quelle: Bild Nr. 223 Seite 94, Stielaugenfliege (*Cyrtodiopsis*), Museum für Naturkunde Berlin, eigene Aufnahme

Quelle: Bild Nr. 224 auf Seite 95, Wandtafel Einzelaugen (*Ommatidien*), Ommatiden-Wandtafel, Humboldt-Universität zu Berlin, Mathematisch-Naturwissenschaftliche Fakultät I, Institut für Biologie, Vergleichende Zoologie

Quelle: Bild Nr. 266 Seite 109, Seitenansicht eines Borkenkäfers, Angewandte Entomologie, R. Fritsche, H. Geiler, U. Sedlag, Gustav Fischer Verlag, Stuttgart 1968

Quelle: Bild Nr. 267 Seite 109, Seitenansicht des Bergkiefernkäfers, Dendroctonus_ponderosae, This image is a work of the Forest Service of the United States Department of Agriculture. As a work of the U.S. federal government, the image is in the public domain.

Quelle: Bild Nr. 268 Seite 110, Seitenansicht eines Rüsselkäfers, Angewandete Entomologie, R. Fritsche, H. Geiler, U. Sedlag, Gustav Fischer Verlag, Stuttgart 1968

Quelle: Bild Nr. 269 Seite 110, Weißschildige Braunwurzschaber (*Cionus scrophulariae*), Edmud Reiter, FAUNA GERMANICA (1916), Tafel 165

Quelle: Bild Nr. 293 Seite 120, Muskelverteilung im Thorax beim geflügelten Insekt, Angewandete Entomologie, R. Fritsche, H. Geiler, U. Sedlag, Gustav Fischer Verlag, Stuttgart 1968

Quelle: Bild Nr. 294 Seite 120, Muskelverteilung im Thorax beim ungeflügelten Insekt, Angewandete Entomologie, R. Fritsche, H. Geiler, U. Sedlag, Gustav Fischer Verlag, Stuttgart 1968

Quelle: Bild Nr. 303 Seite 123, Männchen der Feuerlibelle (*Crocothemis erythraea*) auf Teneriffa, Christoph Possin

Quelle: Bild Nr. 310 Seite 127, Kleiner Fuchs (*Vanessa urticae*), Martin Jung, Siegen/Westfalen

Quelle: Bild Nr. 311 Seite 127, Hauhechel-Bläulings (*Polyommatus icarus*), Martin Jung, Siegen/Westfalen

Quelle: Bild Nr. 312 Seite 127, Flügeloberfläche am rechten Hinterflügel des Dukatenfalters (*Heodes virgaureae*), biologie.uni-erlangen.de/mpp/Schmetterlinge/

Quelle: Bild Nr. 313 Seite 127, Flügelschuppen vom Hinterflügel des Zahnflügel Bläulings (*Meleageria daphnis*), biologie.uni-erlangen.de/mpp/Schmetterlinge/

Quelle: Bild Nr. 328 Seite 132, Männchen von *Eoxenos laboulbenei*, Peyerimhoff, 1919, Wandtafel mit Darstellung von Imago und Larve beider Geschlechter von Eoxenos laboulbenei, Wandtafel, Humboldt-Universität zu Berlin, Mathematisch-Naturwissenschaftliche Fakultät I, Institut für Biologie, Vergleichende Zoologie

Quelle: Bild Nr. 329 Seite 132, Männchen von *Eoxenos laboulbenei*, Peyerimhoff, 1919, Wandtafel mit Darstellung von Imago und Larve beider Geschlechter von Eoxenos laboulbenei, Wandtafel, Humboldt-Universität zu Berlin, Mathematisch-Naturwissenschaftliche Fakultät I, Institut für Biologie, Vergleichende Zoologie

Quelle: Bild Nr. 330 Seite 133, Bau des Insektenflügels, Angewandete Entomologie, R. Fritsche, H. Geiler, U. Sedlag, Gustav Fischer Verlag, Stuttgart 1968

Quelle: Bild Nr. 331 Seite 134, Flügeltypen, Angewandete Entomologie, R. Fritsche, H. Geiler, U. Sedlag, Gustav Fischer Verlag, Stuttgart 1968

Quelle: Bild Nr. 332 Seite 135, Arten der Flügelverhängung (n. WEBER 1933) (*Vorderflügel jeweils oben*), Angewandte Entomologie, R. Fritsche, H. Geiler, U. Sedlag, Gustav Fischer Verlag, Stuttgart 1968

Quelle: Bild Nr. 333 Seite 135, Flügelreduktionen, Angewandte Entomologie, R. Fritsche, H. Geiler, U. Sedlag, Gustav Fischer Verlag, Stuttgart 1968

Quelle: Bild Nr. 367 Seite 149, REM Aufnahme Insektenbein, bio.uni-frankfurt.de/44440179/, abgerufen 16.02.2014

Quelle: Bild Nr. 368 Seite 149, Tarsus Marienkäfer, remf.dartmouth.edu/images/insectPart2SEM/source/13.html
Urheber: Louisa Howard (uploaded by gian_d)

Quelle: Bild Nr. 369 Seite 150, Tarsus Echte Wespe, remf.dartmouth.edu/images/insectPart2SEM/source/13.html
Urheber: Louisa Howard (uploaded by gian_d)

Quelle: Bild Nr. 398 Seite 158, Typen der Insektenextremitäten, Angewandte Entomologie, R. Fritsche, H. Geiler, U. Sedlag, Gustav Fischer Verlag, Stuttgart 1968

Quelle: Bild Nr. 404 Widderchen (*Zygaena sp.*) auf Seite 162, Martin Jung, Siegen/Westfalen

Quelle: Bild Nr. 405 Seite 162, Raupe von Zygaena filiendulae, Urheber: Marieke van Dijk,vlindernet.nl/fotoalbum.php?soort=rups&vlinderid=19

Quelle: Bild Nr. 406 Seite 163, Raupe der Ahorn-Rindeneule (*Acronicta aceris*), Martin Jung, Siegen/Westfalen

Quelle: Bild Nr. 407 Seite 163, Raupe des Buchenzahnspinner (*Stauropus fagi*), Martin Jung, Siegen/Westfalen

Quelle: Bild Nr. 408 Seite 163, Raupe der Erlen-Rindeneule (*Acronicta alni*), Martin Jung, Siegen/Westfalen

Quelle: Bild Nr. 409 Seite 163, Raupe des Schlehen-Bürstenspinner (*Orgyia antiqua*), Martin Jung, Siegen/Westfalen

Quelle: Bild Nr. 410 Seite 163, Raupe des Königskerzen-Mönch (*Cucullia verbasci*), Martin Jung, Siegen/Westfalen

Quelle: Bild Nr. 411 Seite 163, Raupe des Schwalbenschwanz (*Papilio machaon*), Martin Jung, Siegen/Westfalen

Quelle: Bild Nr. 419 Seite167, Grubenlaufkäfer (*Carabus variolosus*), Edmund Reitter (1845–1920): *Fauna Germanica. Die Käfer des Deutschen Reiches*.

Quelle: Bild Nr. 451, 452, 453 Seite 183 und **Bild Nr. 454, Bild Nr. 454a** Seite 184, Schmetterlinge auf Costa Rica, Bernd Rothbart

Quelle: Bild Nr. 490 Seite 195, Stachelbeerspanner (*Abraxas grossulariata*), Martin Jung, Siegen/Westfalen

INSEKTENKUNDE
Grundlagen

Quelle: Bild Nr. 491 Seite 195, Hornissen-Glasflügler (*Aegeria apiformis*), Syn. (*Sesia apiformis*), Martin Jung, Siegen/Westfalen

Quelle: Bild Nr. 492 Seite 195, Raupe des Birkenspanner (*Biston betularia*), Mirriam Arts Tungelerwallen – 18 september 2010, vlindernet.nl/images/orig/Bistbetu_37492_.jpg

Quelle: Bild Nr. 493 Seite 196, Großes Jungfernkind (*Archiearis parthenias*), Martin Jung, Siegen/Westfalen

Quelle: Bild Nr. 494 Seite 196, Wellenspanner (*Calocalpe undulata*), Martin Jung, Siegen/Westfalen

Quelle: Bild Nr. 495 Seite 196, Große Gabelschwanz (*Cerura vinula*), Martin Jung, Siegen/Westfalen

Quelle: Bild Nr. 496 Seite 196, Zweibindiger Nadelwald-Spanner (*Hylaea* fasciaria f. *Prasinaria*), Martin Jung, Siegen/Westfalen

Quelle: Bild Nr. 497 Seite 196, Das Grüne Blatt (*Geometra papilionaria*), Martin Jung, Siegen/Westfalen

Quelle: Bild Nr. 498 Seite 196, Weißer Zahnspinner (*Leucodonta bicoloria*), Martin Jung, Siegen/Westfalen

Quelle: Bild Nr. 499 Seite 197, Violettbraune Mondfleckspanner (*Selenia tetralunaria*), Martin Jung, Siegen/Westfalen

Quelle: Bild Nr. 500 Seite 197, Ampfer-Wurzelbohrer (*Triodia sylvina*), Martin Jung, Siegen/Westfalen

Quelle: Bild Nr. 501 Seite 197, Puppe des großen Schillerfalters (*Apatura iris*), Jacques Sentjens, vlindernet.nl/fotoalbum.php?soort=pop&vlinderid=1081

Quelle: Bild Nr. 502 Seite 198, Mimikry, Wandtafel, Humboldt-Universität zu Berlin, Mathematisch-Naturwissenschaftliche Fakultät I, Institut für Biologie, Vergleichende Zoologie

Quelle: Bild Nr. 503 Seite 199, Mimese, Wandtafel, Humboldt-Universität zu Berlin, Mathematisch-Naturwissenschaftliche Fakultät I, Institut für Biologie, Vergleichende Zoologie

Quelle: Bild Nr. 505 Seite 201, Detaillierte Darstellung der Anatomie der Imago von ventral, sowie der Larve, Wandtafel, Humboldt-Universität zu Berlin, Mathematisch-Naturwissenschaftliche Fakultät I, Institut für Biologie, Vergleichende Zoologie

Quelle: Bild Nr. 506 Seite 202, Stark schematische Darstellung der Organisation eines pterygoten Insekts, Wandtafel, Humboldt-Universität zu Berlin, Mathematisch-Naturwissenschaftliche Fakultät I, Institut für Biologie, Vergleichende Zoologie

Quelle: Bild Nr. 507 Seite 203, Bau der Larven von Taufliegen (*Drosophila spec.*) mit Detaildarstellung eines Malpighischen Gefäßes, Wandtafel, Humboldt-Universität zu Berlin, Mathematisch-Naturwissenschaftliche Fakultät I, Institut für Biologie, Vergleichende Zoologie

Quelle: Bild Nr. 508 Seite 204, Termitenfliege (*Apocephalus borealis*), commons.wikimedia.org/wiki/File:Apocephalus_borealis.jpg, Brian V. Brown

Quelle: Bild Nr. 509 Seite 205, Männlicher Geschlechtsapparat vom Maikäfer (*Melolontha*), zeno.org/Meyers-1905. 1905–1909 Körperteile der Insekten

Quelle: Bild Nr. 510 Seite 205, Weiblicher Geschlechtsapparat vom Braunfüßigen Wasserkäfer (*Hydrobius fuscipes*), zeno.org/Meyers-1905. 1905–1909 Körperteile der Insekten

Quelle: Bild Nr. 511 Seite 205, Männlicher Geschlechtsapparat der Stelzmücke (*Limoniidae*), mikroskopie-forum.de/index.php?topic=349.0, Jürgen Harst

Quelle: Bild Nr. 512 Seite 206, Weiblicher Geschlechtsapparat der Kriebelmücke (*Simulium ornatum*), mikroskopie-forum.de/index.php?topic=349.0, Jürgen Harst

Quelle: Bild Nr. 513 Seite 206, Aedeagus des Käfers *Scybalocanthon korasakiae*, Fernando Augusto Barbosa Silva (2011): *A New Species of the Gattung Scybalocanthon (Coleoptera: Scarabaeinae) from Southeast Brazil.* PloS ONE 6(11): e27790. {{doi:10.1371/journal.pone.0027790}}, Fernando Augusto Barbosa Silva

Quelle: Bild Nr. 514 Seite 207, Männchen *Ophonus puncticeps* Stephens, 1828, thewcg.org.uk/carabidae/0525.htm

Quelle: Bild Nr. 515 Seite 207, Weibchen *Ophonus puncticeps* Stephens, 1828, thewcg.org.uk/carabidae/0525.htm

Quelle: Bild Nr. 516 Seite 208, Foto von Aedeagus, The treehopper Gattung *Tolania* Stål (Hemiptera: Membracidae: Nicomiinae: Nicomiini), scielo.br/img/revistas/rbzool/v23n4/02f401.jpg, Jesse L. Albertson; Christopher H. Dietrich

Quelle: Bild Nr. 518 Seite 210, Habichtskrautspinner (*Lemonia dumi*), biologie.uni-erlangen.de/mpp/Schmetterlinge/

Quelle: Bild Nr. 519 und **Bild Nr. 520** Seite 210, biologie.uni-erlangen.de/mpp/Schmetterlinge/

Quelle: Bild Nr. 522 und **Bild Nr. 523** Seite 212, Darstellung von Bombykol, pubchem.ncbi.nlm.nih.gov/summary/summary.cgi?sid=49975848&viewopt=PubChem

Quelle: Bild Nr. 524 Seite 214, Stridulationsorgan der Zwitscherschrecke (*Mecostethus gracilis*), This image or file is a work of a United States Department of Agriculture employee, taken or made during the course of an employee's official duties. As a work of the U.S. federal government, the image is in the public domain.

INSEKTENKUNDE
Grundlagen

Quelle: Bild Nr. 525 Seite 215, Grünes Heupferd, Männchen: Mikroskopische Aufnahme des Lautorgans am Grund der Vorderflügel, Geyersberg, Professor emeritus Hans Schneider

Quelle: Bild Nr. 526 Seite 215, Lauterzeugung Bunter Grashüpfer (*Omocestus ciridulus*), nwg.glia.mdc-berlin.de/de/picturedb/index.php?searchType=ID&ID=16c4fb1c2fbe7bba1b4e6ad201de5eb6, Autor: Hedwig, Berthold

Quelle: Bild Nr. 527 Seite 216, Stridulationsorgane der Feldgrille, wissenschaft-online.de/lexika/showpopup.php?lexikon_id=11&art_id=11393&nummer=912

Quelle: Bild Nr. 532 Seite 220, Subgenualorgan der Taillenwespen (*Stephanidae*), www4.cchn.ufes.br/dbio/labs/lapis/Figs17to22.jpg

Quelle: Bild Nr. 533 Seite 220, Weibchen von Orussus coronatus, Autor: John Curtis (gestorben 1867), This image is in the public domain because its copyright has expired.

Quelle: Bild Nr. 537 Seite 224, Schematische Darstellung der Funktion der Nasonov Drüse, Autor: Adam Tofilski auf honeybee.drawwing.org/book/nasonov-gland#ref1, Jacobs W. (1924) Das Duftorgan von Apis mellifica und ähnliche Hautdrüsenorgane sozialer und solitärer Apiden. Zeitschrift für Morphologie und Ökologie der Tiere 3:1-80.

Quelle: Bild Nr. 538 Seite 224, Typische Haltung der Arbeiterbiene beim Verteilen des Duftstoffes, *nasinov gland of honeybee* Autor: Pollinator 2003-11-20, en.wikipedia.org/wiki/File:Nasonov_9024.JPG

Quelle: Bild Nr. 540 Seite 225, Schematische Darstellung der Giftdrüse und des Stachelapparats einer Arbeiterin, Meyers Großes Konversations-Lexikon, Band 2. Leipzig 1905, S. 834-838.

Quelle: Bild Nr. 541 Seite 226, Widerhaken am Stachel einer Arbeiterin, webmuseum.ch/Natur/Bienen/bi_stachel.cfm, Bruno Erb, Erlinsbach, Dr. Rainer Foelix, Naturama und Neue Kantonsschule Aarau

Quelle: Bild Nr. 542 Seite 226, Stechapparat einer Arbeiterin, webmuseum.ch/Natur/Bienen/bi_stachel.cfm, Bruno Erb, Erlinsbach, Dr. Rainer Foelix, Naturama und Neue Kantonsschule Aarau

Quelle: Bild Nr. 543 Seite 227, Schematische Darstellung eines Mischapparats, cgg-online.de/wissenschaft/Evolution/KomplexeBiologie.htm

Quelle: Bild Nr. 544 Seite 227,
4. Der Große Bombardierkäfer (*Brachinus crepitans*), 5. Brachinus psophia,
6. Der Kleine Bombardierkäfer (*Brachinus explodens*),
7. Der Schwarze Bombardierkäfer (*Aptinus bombarda*), FAUNA GERMANICA (1908) Die Käfer des Deutschen Reiches. Band I. Edmund Reitter, Tafel 31

Quelle: Bild Nr. 547 Seite 230, Modell der Seidenraupe (*Bombyx mori*), Modell von Bombyx mori (*Seidenraupe*)-Anatomische Lehrmittel Sonneberg, David Ludwig

INSEKTENKUNDE
Grundlagen

Quelle: Bild Nr. 548 Seite 230, Himbeerkäfer (*Byturus tomentosus*), This image was first published in the 1st (1876–1899), 2nd (1904–1926) or 3rd (1923–1937) edition of Nordisk familjebok. The copyrights for that book have expired and this image is in the public domain

Quelle: Bild Nr. 549 Seite 232, Weibchen des Großen Leuchtkäfers (*Lampyris noctiluca*) commons.wikimedia.org/wiki/File:Lampyris_noctiluca.jpg, User: Wofl

Quelle: Bild Nr. 550 Seite 233, Wasserwanze (*Buenoa spec.*), eol.org/data_objects/15254397 BIO Photography Group, Biodiversity Institute of Ontario

Quelle: Bild Nr. 551 Seite 234, Beispiel einer Palisadendrüsenzelle, Handbuch der Zoologie, IV. Band: Arthropoda – 2. Hälfte: Insecta, Seite 48, Walter de Gruyter, Berlin New York 1982, ISBN 3 11 007782 5

Quelle: Bild Nr. 552 Seite 234, Beispiel einer Kanaldrüsenzelle, Handbuch der Zoologie, IV. Band: Arthropoda – 2. Hälfte: Insecta, Seite 51, Walter de Gruyter, Berlin New York 1982, ISBN 3 11 007782 5

Quelle: Bild Nr. 560 Seite 237, Schematische Darstellung von 1. und 2. Meiotischer Reifeteilung, Wandtafel, Humboldt-Universität zu Berlin, Mathematisch-Naturwissenschaftliche Fakultät I, Institut für Biologie, Vergleichende Zoologie

Quelle: Bild Nr. 561 Seite 238, Erzwespe (*Chalcidoidea*), Wandtafel, Humboldt-Universität zu Berlin, Mathematisch-Naturwissenschaftliche Fakultät I, Institut für Biologie, Vergleichende Zoologie

Quelle: Bild Nr. 562 Seite 239, Entwicklungszyklus der Reblaus (*Dactylosphaera vitifolii*), Wandtafel, Humboldt-Universität zu Berlin, Mathematisch-Naturwissenschaftliche Fakultät I, Institut für Biologie, Vergleichende Zoologie

Quelle: Bild Nr. 563 Seite 240, Reblausbekämpfung mit dem Schwefelkohlenstoff-Injektor (*1904*), Autor: Ölgemälde von Hans Pühringer (1904), Weinbauschule Klosterneuburg

Quelle: Bild Nr. 564 Seite 241, Habitusdarstellungen verschiedener Pflanzenläuse, Wandtafel, Humboldt-Universität zu Berlin, Mathematisch-Naturwissenschaftliche Fakultät I, Institut für Biologie, Vergleichende Zoologie

Quelle: Bild Nr. 565 Seite 242, Larven verschiedener Eintagsfliegenarten (*Ephemeroptera*), Wandtafel, Humboldt-Universität zu Berlin, Mathematisch-Naturwissenschaftliche Fakultät I, Institut für Biologie, Vergleichende Zoologie

Quelle: Bild Nr. 567 Seite 243, Längsschnitt durch den trächtigen Uterus der Tsetsefliege Glossina palpalis**, ROBINEAU-DESVOIDY mit erwachsener Larve (n. KEILIN, aus EIDMANN 1941), Angewandte Entomologie, R. Fritsche, H. Geiler, U. Sedlag, Gustav Fischer Verlag, Stuttgart 1968, Seite 129

Quelle: Bild Nr. 568 Seite 244, Paedogenetische Cecidomyidenlarve mit fünf Tochterlarven (n. PAGENSTECHER, aus WEBER 1954), Angewandte Entomologie, R. Fritsche, H. Geiler, U. Sedlag, Gustav Fischer Verlag, Stuttgart 1968, Seite 129

Quelle: Bild Nr. 569 Seite 245, Verschiedene Eiformen und Anheftungsweisen bei Insekteneiern (n. verschiedenen Autoren aus EIDMANN 1941 und ESCHERICH 1942), Angewandte Entomologie, R. Fritsche, H. Geiler, U. Sedlag, Gustav Fischer Verlag, Stuttgart 1968, Seite 132

Quelle: Bild Nr. 572 Seite 247, Eigelege vom Birkenspinner (*Endromis versicolora*), ukmoths.org.uk/show.php?id=1188, Photo: Gianpiero Ferrari

Quelle: Bild Nr. 576 Seite 248, Larve und Imago von Steinfliegen sowie Eier verschiedener Steinfliegenarten, Wandtafel, Humboldt-Universität zu Berlin, Mathematisch-Naturwissenschaftliche Fakultät I, Institut für Biologie, Vergleichende Zoologie

Quelle: Bild Nr. 578 Seite 248, Ei vom Postillon (*Colias croceus*) vlindernet.nl/fotoalbum.php?soort=ei&vlinderid=1034, Photo: Kampina

Quelle: Bild Nr. 579 Seite 248, Ei vom Nagelfleck (*Aglia tau*) vlindernet.nl/fotoalbum.php?soort=ei&vlinderid=54, Photo: Jeroen Voogd

Quelle: Bild Nr. 580 Seite 249, Frühentwicklung eines Insektenembryos, Wandtafel, Humboldt-Universität zu Berlin, Mathematisch-Naturwissenschaftliche Fakultät I, Institut für Biologie, Vergleichende Zoologie

Quelle: Bild Nr. 581 Seite 250, Darstellung zur Embryogenese bei Insekten, Wandtafel, Humboldt-Universität zu Berlin, Mathematisch-Naturwissenschaftliche Fakultät I, Institut für Biologie, Vergleichende Zoologie

Quelle: Bild Nr. 582 Seite 251, Funktionsweise von Entwicklungshormonen bei Insekten, Wandtafel, Humboldt-Universität zu Berlin, Mathematisch-Naturwissenschaftliche Fakultät I, Institut für Biologie, Vergleichende Zoologie

Quelle: Bild Nr. 584 Seite 253, Metamorphosetypen, Angewandete Entomologie, R. Fritsche, H. Geiler, U. Sedlag, Gustav Fischer Verlag, Stuttgart 1968, Seite 152

Quelle: Bild Nr. 585 Seite 254, Larvenformen bei Holometabolen (n. WEBER 1954 und WURMBACH 1957 u. 1962 ergänzt), Angewandete Entomologie, R. Fritsche, H. Geiler, U. Sedlag, Gustav Fischer Verlag, Stuttgart 1968, Seite 153

Quelle: Bild Nr. 601 Seite 261, Hypermetamorphose am Beispiel des Ölkäfers (*Meloidae*), Wandtafel, Humboldt-Universität zu Berlin, Mathematisch-Naturwissenschaftliche Fakultät I, Institut für Biologie, Vergleichende Zoologie

Quelle: Bild Nr. 602 Seite 262, Verschiedene Dipterenlarven, Wandtafel, Humboldt-Universität zu Berlin, Mathematisch-Naturwissenschaftliche Fakultät I, Institut für Biologie, Vergleichende Zoologie

Quelle: Bild Nr. 603 Seite 263, Verschiedene Dipterenlarven, Wandtafel, Humboldt-Universität zu Berlin, Mathematisch-Naturwissenschaftliche Fakultät I, Institut für Biologie, Vergleichende Zoologie

Quelle: Bild Nr. 604 Seite 264, Entwicklungsstufen des Haselnussbohrers (*Curculio nucum*), Fauna Germanica, Edmund Reitter, Tafel 163

Quelle: Bild Nr. 609 Seite 266, Larvenstadien von Fransenflügler (*Thysanoptera*), Humboldt-Universität zu Berlin, Mathematisch-Naturwissenschaftliche Fakultät I, Institut für Biologie, Vergleichende Zoologie

Quelle: Bild Nr. 610 Seite 267, Larve und Imago von Kamelhalsfliegen (*Raphidioptera*), Humboldt-Universität zu Berlin, Mathematisch-Naturwissenschaftliche Fakultät I, Institut für Biologie, Vergleichende Zoologie

Quelle: Bild Nr. 611 Seite 268, Fächerflügler (*Strepsiptera*), Humboldt-Universität zu Berlin, Mathematisch-Naturwissenschaftliche Fakultät I, Institut für Biologie, Vergleichende Zoologie

Quelle: Bild Nr. 612 Seite 269, Larven aus der Alkoholsammlung des Museums für Naturkunde in Berlin, Foto: Museum für Naturkunde in Berlin

Quelle: Bild Nr. 613 Seite 270, Larven aus der Alkoholsammlung des Museums für Naturkunde in Berlin, Foto: Museum für Naturkunde in Berlin

Quelle: Bild Nr. 620 Seite 274, Larve vom Abendpfauenauge (*Smerinthus ocellatus*), Martin Jung, Siegen/Westfalen

Quelle: Bild Nr. 620a Seite 274, Larve vom Birkenspinner (*Endromis versicolora*), Martin Jung, Siegen/Westfalen

Quelle: Bild Nr. 621 Seite 275, Larve vom Eichen-Zahnspinner (*Peridea anceps*), Martin Jung, Siegen/Westfalen

Quelle: Bild Nr. 622 Seite 275, Larve vom Schwammspinner (*Lymantria dispar*), Martin Jung, Siegen/Westfalen

Quelle: Bild Nr. 623 Seite 275, Larve der Weidenglucke (*Phyllodesma ilicifolia*), Martin Jung, Siegen/Westfalen

Quelle: Bild Nr. 637 Seite 280, Metamorphose der Knotenameise (*Myrmica ruginodis*), Angewandete Entomologie, R. Fritsche, H. Geiler, U. Sedlag, Gustav Fischer Verlag, Stuttgart 1968, Seite 158

Quelle: Bild Nr. 641 Seite 283 div. Pfeilhaare, Die Käfer Mitteleuropas, Larven 6, Prof. Dr. Bernhard Klausnitzer,Spektrum Akademischer Verlag Heidelberg Berlin, 6. Band, Seite 29, 2001, ISBN 3-8274-0929-2

Quelle: Bild Nr. 642 Seite 284, Schmetterlingsfarm auf Costa Rica, Uhrheber: Bernd Rothbart

Quelle: Bild Nr. 643 Seite 284, Thysania agrippina, Maria Sibylla MERIAN (1705) *Metamorphosis insectorum Surinamensium*

Quelle: Bild Nr. 644 Seite 285, Puppenhülle des Weidenbohrers (*Cossus cossus exuvia*), Autor: Siga, commons.wikimedia.org/wiki/File:Cossus_cossus_exuvia.JPG

Quelle: Bild Nr. 645 Seite 285, Larvenhaut der Singzikade (*Lyristes plebejus*), Autor: Friedrich Böhringer, commons.wikimedia.org/wiki/File:Zikadenhaut_01.JPG

Quelle: Bild Nr. 646 Seite 286, Gürtelpuppe vom Baumweißling (*Aporia crataegi*), Puppe des Baumweißlings ('`Aporia crataegi`"), Autor: user:olei (Olaf Leillinger), commons.wikimedia.org/wiki/File:Aporia.crataegi.puppe.2268.jpg

Quelle: Bild Nr. 647 Seite 286, Stürzpuppe vom Kleinen Fuchs (*Aglais urticae*), Kleiner Fuchs, kurz vor dem Schlüpfen, Urheber: Jehl commons.wikimedia.org/wiki/File:Hallo,_bald_bin_ich_da_(Aglais_urticae).jpg

Quelle: Bild Nr. 648 Seite 286, Stürzpuppe vom Zimtbär oder Rostflügelbär (*Phragmatobia fuliginosa*), https://club-sonus.sony.de/gallery/details/Insekten-Natur-Puppe-im-Wind.htm?galleryItem=781366&pageContext=newitems Autor: Feuerfisch

Quelle: Bild Nr. 649 Seite 286, Kokon vom Seidenspinner (*Bombyx mori*), commons.wikimedia.org/wiki/File:Bombyx_mori_Cocon_02.jpg Autor: WeFt Fotograf: Gerd A.T. Müller, Kokon des Seidenspinners

Quelle: Bild Nr. 650 Seite 287, Wandtafel vom Seidenspinner, Humboldt-Universität zu Berlin, Mathematisch-Naturwissenschaftliche Fakultät I, Institut für Biologie, Vergleichende Zoologie

Quelle: Bild Nr. 651 Seite 288, Puppe vom Schwammspinner (*Lymantria dispar*), Foto: Annemieke Hoozemans, Boskamp – 28 juli 2011, vlindernet.nl/fotoalbum.php?soort=pop&vlinderid=466

Quelle: Bild Nr. 652 Seite 288, Puppe der Nonne (*Lymamona monacha*), Foto: Kees en Stella Boele, Appelscha – 20 juni 2010, vlindernet.nl/fotoalbum.php?soort=pop&vlinderid=460

Quelle: Bild Nr. 653 Seite 288, Puppe vom Dottergelben Flechtenbärchen, (*Eilema sororcula*), Foto: Kees Smit, Schipborg – 25 juli 2008, vlindernet.nl/fotoalbum.php?soort=pop&vlinderid=483

Quelle: Bild Nr. 654 Seite 288, Puppe vom Weißfleck-Widderchen (*Amata phegea*), Foto: Jacques Sentjens, vlindernet.nl/fotoalbum.php?soort=pop&vlinderid=505

Quelle: Bild Nr. 655 Seite 288, Beginn der Verpuppung vom Sumpfhornklee-Widderchen (*Zygaena trifolii*), Foto: Hans van Kuijk, vlindernet.nl/fotoalbum.php?soort=pop&vlinderid=20

Quelle: Bild Nr. 656 Seite 288, Puppe vom Sumpfhornklee Widderchen (*Zygaena trifolii*), Foto: Hans van Kuijk, vlindernet.nl/fotoalbum.php?soort=pop&vlinderid=20

Quelle: Bild Nr. 657 Seite 289, Leere Puppe vom Sechsfleck-Widderchen (*Zygaena filipendulae*), Foto: Roelof Jan Koops, Oostvoorne – 4 juli 2009, vlindernet.nl/fotoalbum.php?soort=pop&vlinderid=19

Quelle: Bild Nr. 658 Seite 289, Frisch geschlüpftes Sechsfleck-Widderchen (*Zygaena filipendulae*), Foto: Roelof Jan Koops, Oostvoorne – 4 juli 2009, vlindernet.nl/fotoalbum.php?soort=pop&vlinderid=19

INSEKTENKUNDE
Grundlagen

Quelle: Bild Nr. 659 Seite 289, Dargestellt sind das Ausschlüpfen der Imago im Detail beim Kohlweißling, Humboldt-Universität zu Berlin, Mathematisch-Naturwissenschaftliche Fakultät I, Institut für Biologie, Vergleichende Zoologie

Quelle: Bild Nr. 660 Seite 289, Puppe des Ulmen-Harlekins (*Calospilos sylvata*), Puppe des Ulmen-Harlekins Urheber: DocTaxon
commons.wikimedia.org/wiki/File:Calospilos_sylvata_pupa.jpg

Quelle: Bild Nr. 667 Seite 292, Heidelibelle beim Verlassen der Puppe (*Sympetrum fonscolombii*), rutkies.de/libellen-heide/Sympetrum%20fonscolombii%20-%20Fruehe%20Heidelibelle%2002.jpg Urheber: Wolfgang-R aus Osnabrück

Quelle: Bild Nr. 668 Seite 292, Puppe der Stelzmücke (*Limonidae*), Ochsenhausen – (PFEIFFER 2003),
fva-bw.de/forschung/bu/bodenschluessel/artb_insektenpuppen.html

Quelle: Bild Nr. 670 Seite 293, Puppe der Sandwespe (*Ammophila Sabulosa*), arthropods.de/insecta/hymenoptera/sphecidae/ammophilaSabulosa13.htm,
Fotos: José Verkest,

Quelle: Bild Nr. 671 Seite 293, Wespenpuppe (*Vespinae*), Puppe einer Wespe
Uhrheber: Soebe, CC-by-sa
de.wikipedia.org/w/index.php?title=Datei:Puppe_einer_Wespe.JPG&filetimestamp=20040812225618

Quelle: Bild Nr. 672 Seite 293, Drohnenpuppe der Westlichen Honigbiene (*Apis mellifera*), Drohnenpuppen der Westlichen Honigbiene Urheber: Waugsberg
commons.wikimedia.org/wiki/File:Drohnenpuppen_79d.jpg

Quelle: Bild Nr. 673 Seite 293, Drohnenpuppe der Westlichen Honigbiene (*Apis mellifera*), Drohnenpuppen in verschiedenen Entwicklungsstadien, Urheber:Waugsberg
commons.wikimedia.org/wiki/File:Drohnenpuppen_81a.jpg

Quelle: Bild Nr. 674 Seite 293, Puppe einer weiblichen Schlupfwespe (*Ichnemon*) mit bereits durchschimmernder Imago, Urheber: An-Ly Yao-Kluge (Ph.D.), User: CommonsHelper2 Bot, commons.wikimedia.org/wiki/File:Ichnemon_pupa.png

Quelle: Bild Nr. 675 Seite 293, Puppe vom Asiatischen Laubholzbockkäfer (*Anoplophora glabripennis*), „freie Puppe" des Asiatischen Laubholzbockkäfers
Urheber: www.aphis.usda.gov/ppq/ep/alb/gallery/36.html
commons.wikimedia.org/wiki/File:Anoplophora_glabripennis_-_pupa_inside_log.jpg

Quelle: Bild Nr. 676 Seite 294, Beispiel der Unvollkommende Verwandlung (*Hemimetabolie*) und der Vollkomenden Verwandlung (*Holometabolie*), Museum für Naturkunde Berlin, eigene Aufnahme

Quelle: Bild Nr. 677 Seite 294, Nicht vollständig entwickelter Käfer, Museum für Naturkunde Berlin, eigene Aufnahme

Quelle: Bild Nr. 678 Seite 294, Puppe des Hirschkäfers (*Lucanus cervus*),
h-r.gmxhome.de/L_cervus/cervus.html , Photos 2002-2004: Heinz Rothacher, Aigle

Quelle: Bild Nr. 679 Seite 295, Entwicklung des Hirschkäfers (*Lucanus cervus*), Nach Tafel IV im 2. Band der „Insekten Belustigung" von Aug. Joh. Rösel von Rosenhof, Nürnberg, 1749

Quelle: Bild Nr. 684 Seite 296, Entwicklung eines Bockkäfers, Museum für Naturkunde Berlin, eigene Aufnahme

Quelle: Bild Nr. 685 Seite 297, Unterschied zwischen Fliegenpuppe (*Hymenoptera*) und Schmetterlingspuppe (*Lepidoptera*), Wandtafel, Humboldt-Universität zu Berlin, Mathematisch-Naturwissenschaftliche Fakultät I, Institut für Biologie, Vergleichende Zoologie

Quelle: Bild Nr. 686 bis **Bild 690** Seite 297, Edmund Reitter Fauna Germanica, I Band Tafeln bis V Band, K. G. Lutz Verlag, Stuttgart 1908-1916

Quelle: Bild Nr. 691 bis **Bild 698** Seite 298, Edmund Reitter Fauna Germanica, I Band Tafeln bis V Band, K. G. Lutz Verlag, Stuttgart 1908-1916

Quelle: Bild Nr. 699 bis **Bild 706** Seite 299, Edmund Reitter Fauna Germanica, I Band Tafeln bis V Band, K. G. Lutz Verlag, Stuttgart 1908-1916

Quelle: Bild Nr. 707 bis **Bild 710** Seite 300, Edmund Reitter Fauna Germanica, I Band Tafeln bis V Band, K. G. Lutz Verlag, Stuttgart 1908-1916

Quelle: Bild Nr. 711 bis **Bild 712** Seite 301, Edmund Reitter Fauna Germanica, I Band Tafeln bis V Band, K. G. Lutz Verlag, Stuttgart 1908-1916

Quelle: Bild Nr. 715 Seite 304, Schwarm der Wanderheuschrecke (*Acrididae*), Brehms Thierleben. Allgemeine Kunde des Thierreichs, Neunter Band, Vierte Abteilung: Wirbellose Thiere, Zweiter Band: Die Niederen Thiere. Leipzig: Verlag des Bibliographischen Instituts, 1887. zeno.org/Naturwissenschaften/I/bt09550a.jpg, abgerufen 03.01.2014

Quelle: Bild Nr. 728 Seite 310, Schwarzer Birkenblattroller, This image was first published in the 1st (1876–1899), 2nd (1904–1926) or 3rd (1923–1937) edition of Nordisk familjebok. The copyrights for that book have expired and this image is in the public domain.

Quelle: Bild Nr. 730 Seite 312, Darstellung einer weiblichen Holzwespen-Schlupfwespe (*Rhyssa persuasoria*), die ein Ei in die Larve einer Riesenholzwespe (*Sirex gigas*) legt, nach Hesse-Doflein Tierbau und Tierleben 2. Band

Quelle: Bild Nr. 731 Seite 313, Puppen der Kohlweißlings-Schlupfwespe, Autor: Whitney Cranshaw, Colorado State University, Bugwood.org, commons.wikimedia.org/wiki/File:Cotesia glomerat.jpg, abgerufen 25.05.2013

Quelle: Bild Nr. 732 Seite 314, Eintagsfliege (*Oligoneuriella rhenana*), Larve und Imago, boldsystems.org/index.php/Taxbrowser_Taxonpage?taxid=309883, abgerufen 27.05.2013, License Holder: Zoologische Staatssammlung München

Quelle: Bild Nr. 733 Seite 315, Kleiner Frostspanner, Männchen
(*Operophtera brumata*), Foto: Marian Schut, Apeldoorn – 2 november 2009
vlindernet.nl/fotoalbum.php?vlinderid=222&soort=vlinder, abgerufen 27.05.2013

Quelle: Bild Nr. 734 Seite 315, Kleiner Frostspanner, Weibchen
(*Operophtera brumata*), Foto: Marian Schut, Apeldoorn – 26 november 2009,
vlindernet.nl/fotoalbum.php?vlinderid=222&soort=vlinder, abgerufen 27.05.2013

Quelle: Bild Nr. 743 Seite 319, Systema Naturae Titelblatt, abgerufen am 16.02.2014
auf raptorresearchfoundation.org/wp-content/uploads/2011/01/Systema_Naturae.jpg,
This image is in the public domain because its copyright has expired.

Quelle: Bild Nr.752 Seite 355, Portrait von Wilhelm Ferdinand Erichson,
hbs.bishopmuseum.org/dipterists/dipt-e.html

Quelle: Bild Nr. 761 Seite 367, Aglia tau
biologie.uni-erlangen.de/mpp/Schmetterlinge/

Quelle: Bild Nr. 762 Seite 367, Isabellaspinner,
biologie.uni-erlangen.de/mpp/Schmetterlinge/

Quelle: Bild Nr. 763 Seite 368, Totenkopf,
biologie.uni-erlangen.de/mpp/Schmetterlinge/

Quelle: Bild Nr. 764 Seite 368, Holunderspanner
biologie.uni-erlangen.de/mpp/Schmetterlinge/

Quelle: Bild Nr. 765 Seite 369, Lygris populata
biologie.uni-erlangen.de/mpp/Schmetterlinge/

Quelle: Bild Nr. 766 Seite 369, Eupithecia linariata
biologie.uni-erlangen.de/mpp/Schmetterlinge/

Quelle: Bild Nr. 767 Seite 370, Wolfsmilchspinner
biologie.uni-erlangen.de/mpp/Schmetterlinge/

Quelle: Bild Nr. 768 Seite 370, Kupferglucke
biologie.uni-erlangen.de/mpp/Schmetterlinge/

Quelle: Bild Nr. 769 Seite 371, Abrostola Falter
biologie.uni-erlangen.de/mpp/Schmetterlinge/

INSEKTENKUNDE
Grundlagen

Anmerkung: Alle Bilder die in der Quellenangabe den Text *commons.wikimedia.org/wiki/* beinhalten unterliegen folgenden Bedingungen:

Permission is granted to copy, distribute and/or modify this document under the terms of the GNU Free Documentation License, Version 1.2 or any later version published by the Free Software Foundation; with no Invariant Sections, no Front-Cover Texts, and no Back-Cover Texts. A copy of the license is included in the section entitled GNU Free Documentation License.

This file is licensed under the Creative Commons Attribution-Share Alike 3.0 Unported license.

You are free:
- **to share** – to copy, distribute and transmit the work
- **to remix** – to adapt the work

Under the following conditions:
- **attribution** – You must attribute the work in the manner specified by the author or licensor (but not in any way that suggests that they endorse you or your use of the work).
- **share alike** – If you alter, transform, or build upon this work, you may distribute the resulting work only under the same or similar license to this one.

This licensing tag was added to this file as part of the GFDL licensing update.

This file is licensed under the Creative Commons Attribution-Share Alike 2.5 Generic, 2.0 Generic and 1.0 Generic license.

You are free:
- **to share** – to copy, distribute and transmit the work
- **to remix** – to adapt the work

Under the following conditions:
- **attribution** – You must attribute the work in the manner specified by the author or licensor (but not in any way that suggests that they endorse you or your use of the work).
- **share alike** – If you alter, transform, or build upon this work, you may distribute the resulting work only under the same or similar license to this one.

Alle Bilder die nicht mit Quellenangaben auf der Seite 432 (*12.0 Bildnachweis*) gelistet sind, wurden von Dennis Schmidt und Detlef Schmidt fotografiert. Diese Bilder können in eigenen Werken privat oder kommerziell genutzt und auch verändert werden. Einzige Bedingung ist bei der Bildquelle folgenden Hinweis unter Angabe der **ISBN-Nr.** anzugeben:

**Foto(s) von Detlef Schmidt und Dennis Schmidt
aus dem Buch: Faszination Insektenwelt**

DANKE

INSEKTENKUNDE
Grundlagen

5.0 Textquellen

Quelle: Mundwerkzeuge, Heinz Freude, Karl Wilhelm Harde (Hrsg.), Gustav Adolf Lohse (Hrsg.): *Die Käfer Mitteleuropas*. Band 1. Einführung in die Käferkunde, Elsevier, Spektrum, Akad. Verl., München 1965, ISBN 3-8274-0675-7.

Quelle: Kurt Floericke, Ulrich Franke: *Dr. Curt Floericke - Naturforscher, Ornithologe, Schriftsteller.* Mit der ersten umfassenden Bibliographie seiner Schriften. Norderstedt 2009. ISBN 3-8370-8545-7

Quelle: Edmund Reitter, Christa Riedl-Dorn: *Reitter, Edmund.* In: *Neue Deutsche Biographie* (NDB). Band 21, Duncker & Humblot, Berlin 2003, ISBN 3-428-11202-4

Quelle: Palmrüssler, welt.de Artikel: Gefährlicher Käfer frisst Palmen von innen auf, erschienen 18.01.2008 auf welt-online

Quelle: Handbuch der Zoologie, IV. Band: Arthropoda – 2. Hälfte: Insecta, Seite 114, Walter de Gruyter, Berlin New York 1982, ISBN 3 11 007782 5

Quelle: Saugende Mundwerkzeuge, Handbuch der Zoologie, IV. Band: Arthropoda – 2. Hälfte: Insecta, Seite 135, Walter de Gruyter, Berlin New York 1982, ISBN 3 11 007782 5

Quelle: Die Wunderwelt der Schmetterlinge, Robert Godden, 1977, Albatros Verlag AG, Zollikon Schweiz

Quelle: Mimes, Adolf Remane, Volker Storch, Ulrich Welsch: *Kurzes Lehrbuch der Zoologie*. 6. Auflage, Gustav Fischer Verlag, Stuttgart 1989, ISBN 3-437-20436-X, S. 352.

Quelle: Mimes, Matthias Schaefer: *Wörterbuch der Ökologie*. 4. Auflage, Spektrum Akademischer Verlag, Heidelberg, Berlin 2003. ISBN 3-8274-0167-4.

Quelle: Mimikry, Helge Zabka: *Tarnung und Täuschung bei Pflanzen und Tieren*. Urania, Leipzig 1989, ISBN 3-332-00274-0.

Quelle: Zwitter, Angewandete Entomologie, R. Fritsche, H. Geiler, U. Sedlag, Gustav Fischer Verlag, Stuttgart 1968, Seite 125

Quelle: Pheromone, Hans Jürgen Bestmann, Otto Vostrowsky (1993): *Chemische Informationssysteme der Natur*

Quelle: Heuschrecke (*Copiphora gorgonensis*), Artikel: Heuschrecke mit Ohr im Knie ähnelt dem Menschen, Welt online 17.11.2012, Autorin: Nadja Podbregar

Quelle: Putzvorrichtungen, Stridulationsorgane auf Seite 233, 234, Handbuch der Zoologie, IV. Band: Arthropoda – 2. Hälfte: Insecta, Seite 46, Walter de Gruyter, Berlin New York 1982, ISBN 3 11 007782 5

Quelle: Tüten der Bienenkönigin, bienenschade.de/Tueten/Tueten.htm

Quelle: Parthenogenese, Angewandete Entomologie, R. Fritsche, H. Geiler, U. Sedlag, Gustav Fischer Verlag, Stuttgart 1968, Seite 125-126

Quelle: Familie Liposcelididae, Dan-Dan Wie, Renfu Shao, Ming-Long Yuan, Wie Dou, Stephen C. Barker, Jin-Jun Wang The Multipartite Mitochondrial Genome of Liposcelis bostrychophila: Insights into the Evolution of Mitochondrial Genomes in Bilateral Animals. PloS ONE 7(3): e33973. Doi:10.1371/journal.pone.0033973 (open access)

Quelle: Reblauskatastrophe in der Lößnitz, Frank Andert (Red.), Große Kreisstadt Radebeul. Stadtarchiv Radebeul (Hrsg.): *Stadtlexikon Radebeul. Historisches Handbuch für die Lößnitz*. 2. Auflage. Stadtarchiv, Radebeul 2006, ISBN 3-938460-05-9.

Quelle: Beschreibung der Schmetterlinge, biologie.uni-erlangen.de/mpp/Schmetterlinge/

Quelle: Die Präparation von Schmetterlinge, Seite 385-391, Schmetterlingskunde für Anfänger, Dr. Adolph Speyer, 4. Auflage, 1887, Alfred Oehmigke´s Verlag, Leipzig

Quelle: Die Präparation von Schmetterlinge, Die Schmetterlingssammlung, C. Schenkling, 1919, Verlag Hachmeister & Thal, Leipzig

Quelle: Die Präparation von Schmetterlinge, Die Schmetterlinge, Dr. Gustav Bernhardt, 5. Auflage, 1871, Druck und Verlag von Otto Henbel

Quelle: Einsatz von Bienen zur Minensuche, welt.de/wissenschaft/umwelt/article124475132/Zombie-Bienen-breiten-sich-in-Nordamerika-aus.html, abgerufen 3.2.2014, Autorin: Pia Heinemann

Quelle: Nützlinge/Schädlinge, Tierische Schädlinge, Dr. Herbert Weidner, 2. Ergänzte Auflage, 1949, H. H. Nölke Verlag, Hamburg Seite 5-6

Quelle: Nützlinge/Schädlinge, Concern over excessive DDT use in Jiribam fields. 5. Mai 2008.

Quelle: Nützlinge/Schädlinge, Henk van den Berg, Sekretariat der Stockholmer Konvention: Global status of DDT and its alternatives for use in vector control to prevent disease, Stockholmer Konvention/United Nations Environment Programme. 23. Oktober 2008.

Quelle: Nützlinge/Schädlinge, Beratergremium für Altstoffe der Gesellschaft Deutscher Chemiker: DDT und Derivate – Modellstoffe zur Beschreibung endokriner Wirkungen mit Relevanz für die Reproduktion. BUA-Stoffbericht 216, S. Hirzel Verlag, August 1998, ISBN 3-7776-0961-7.

Quelle: Nützlinge/Schädlinge, United Nations Environment Programme: Report of the expert group on the assessment of the production and use of DDT and its alternatives for disease vector control. Third Meeting, Dakar, 30. April bis 4. Mai 2007.

Quelle: Betrachtungen zum Klimawandel, Noah Diffenbaugh, C.B. Field: Changes in Ecologically Critical Terrestrial Climate Conditions. In: *Science*. 341, Nr. 6145, August 2013, S. 486 -492. doi:10.1126/science.1237123. Abgerufen am 3. August 2013.

Quelle: Betrachtungen zum Klimawandel, Fünfter Sachstandsbericht des IPCC Teilbericht 1 (Wissenschaftliche Grundlagen)
Quelle: Betrachtungen zum Klimawandel, Zombie-Bienen breiten sich aus, welt.de/wissenschaft/umwelt/article124475132/Zombie-Bienen-breiten-sich-in-Nordamerika-aus.html, abgerufen 3.2.2014, Autorin: Pia Heinemann

Quelle: Betrachtungen zum Klimawandel, Huang, Wei-Fone u. a.: *Complete rRNA Sequence of the Nosema ceranae from honeybee (Apis mellifera)*. National Taiwan University, Taipeh 2005.

Quelle: Betrachtungen zum Klimawandel, Higes, Mariano u. a.: *El Síndrome de Despoblamiento de las Colmenas en España* (Das Phänomen des Bienensterbens in Spanien). In: *Vida Apícola* 133 (September/Oktober 2005), 15-21 (Montagud Editores, Barcelona, Spanien).

Quelle: Betrachtungen zum Klimawandel, Higes, Mariano u. a.: *Nosema ceranae, a new microsporidian parasite in honeybees in Europe*. In: *Journal of Invertebrate Pathology* 91 (2006) (Elsevier).

Quelle: Betrachtungen zum Klimawandel, Higes, Mariano et al.: *Honeybee colony collapse due to Nosema ceranae in professional apiaries*. Environmental Microbiology Reports 1 (2009) 110-113.

Quelle: Zickzack-Blattwespe (*Aproceros leucopoda*), Blank, S.M., Hara, H., Mikulás, J., Csóka, G., Ciornei, C., Constantineanu, R., Constantineanu, I., Roller, L., Altenhofer, E., Huflejt, T. & Vétek, G. 2010: *Aproceros leucopoda* (Hymenoptera: Argidae): An East Asian pest of elms (*Ulmus* spp.) invading Europe. European Journal of Entomology 107: 357–367

Quelle: Zickzack-Blattwespe (*Aproceros leucopoda*), Zandigiacomo, P., Cargnus, E. & Villani, A. 2011: First record of the invasive sawfly *Aproceros leucopoda* infesting elms in Italy. Bulletin of Insectology 64: 145-149

Quelle: Zickzack-Blattwespe (*Aproceros leucopoda*), Kraus, M., Liston, A.D. & Taeger, A. 2012: Die invasive Zick-Zack-Ulmenblattwespe *Aproceros leucopoda* Takeuchi, 1939 (Hym. Argidae) in Deutschland. DGaaE Nachrichten 25[2011](3): 117-119

Quelle: Zickzack-Blattwespe (*Aproceros leucopoda*), Bartel, R. 2013: Eingeschleppt: Zickzack-Blattwespe bei Berlin entdeckt. Pressemitteilung der Senckenberg Gesellschaft für Naturforschung vom 31. Mai 2013

Quelle: West-Nil-Virus, Wiener Zeitung: West-Nil-Virus in Österreich, 13. Februar 2009 (Zugriff am 25. November 2013)

Quelle: West-Nil-Virus, K. Danis, A. Papa, G. Theocharopoulos et al.: *Outbreak of West Nile virus infection in Greece, 2010*. In: *Emerg Infect Dis.* 2011, Vol. 17, Iss. 10, S. 1868-72, PMID 22000357.

Quelle: West-Nil-Virus, K. Danis, A. Papa, E. Papanikolaou, G. Dougas et al.: *Ongoing outbreak of West Nile virus infection in humans, Greece, July to August 2011*. In: *Euro Surveill.* 2011, Vol. 16, Iss. 34, pii: 19951, PMID 21903037.

Quelle: West-Nil-Virus, West-Nil-Fieber in Griechenland (Ärzte Zeitung online)

Quelle: West-Nil-Virus, AM. Neghina, R. Neghina: *Reemergence of human infections with West Nile virus in Romania, 2010: an epidemiological study and brief review of the past situation.* In: *Vector Borne Zoonotic Dis.* 2011, Vol. 11, Iss. 9, S. 1289-92, PMID 21395408.

Quelle: Mückenatlas, Homepage Mückenatlas: *Aktuelles*

Quelle: Mückenatlas, Homepage Mückenatlas: *Background*

Quelle: Mückenatlas, Friedrich-Loeffler-Institut: *Asiatische Buschmücke erobert Deutschland*

Quelle: Sandmücken (*Phlebotominae*), Torsten J. Naucke, Susanne Lorentz, Friedrich Rauchenwald, Horst Aspöck (2011): Phlebotomus (Transphlebotomus) mascittii Grassi, 1908, in Carinthia: first record of the occurrence of sandflies in Austria (Diptera: Psychodidae: Phlebotominae). Parasitology Research 109(4): 1161-1164. doi:10.1007/s00436-011-2361-0

Quelle: Sandmücken (*Phlebotominae*), Walter A. Meier (Hauptautor) (2001): Mögliche Auswirkungen von Klimaveränderungen auf die Ausbreitung von primär humanmedizinisch relevanten Krankheitserregern über tierische Vektoren sowie auf die wichtigen Humanparasiten in Deutschland. Umweltforschungsplan des Bundesministeriums für Umwelt, Naturschutz und Reaktorsicherheit. Förderkennzeichen (UFOPLAN) 200 61 218/11.

Quelle: Artenschutz und Rote Liste, Callistus - Gemeinschaft für Zoologische & Ökologische Untersuchungen M.-A. Fritze (Bayreuth), abgerufen 2007

Quelle: Artenschutz und Rote Liste, Der Kosmos-Käferführer Harde/Severa ISBN 3-440-06959-1, abgerufen 2007

Quelle: Artenschutz und Rote Liste, Bundesgesetzblatt Jahrgang 2005 Teil I Nr. 11, ausgegeben zu Bonn am 24. Februar 2005, Seite 274-276, abgerufen 2007

Quelle: Artenschutz und Rote Liste, koleopterologie.de/arbeitsgemeinschaft/index.html, abgerufen 2007

Quelle: Artenschutz und Rote Liste, hlasek.com/, abgerufen 2007

Quelle: Nolte, H. W. (1938): *Calosoma sycophanta* als Feind der Nonne. Anzeiger für Schädlingskunde, 14

Quelle: Schwenke, W. (1966): *Calosoma sycophanta* L. (Col. Carab.) und *Nabis apterus* F. (Hem., Nabidae) als Kiefernschädlingsfeinde in Bayern. Anzeiger für Schädlingskunde, 39

Quelle: Prof. Dr. Amann, G. (1990): Kerfe des Waldes, Naturverlag Augsburg, Weltbild Verlag, ISBN: 3-89440-599-6

Quelle: Dr. Floericke, Kurt, (1924): Käfervolk, Kosmos, Gesellschaft der Naturfreunde, Stuttgart

Quelle: Bellman, Heiko, (2005): Kosmos Naturführer, Stuttgart, Welches Insekt ist das?, ISBN: 3-440-09874-5

Quelle: Brohmer, Paul, (1932): Fauna von Deutschland, Verlag von Quelle & Meyer in Leipzig

Quelle: Zahradnik, Jiri, (2002): Der Kosmos Insektenführer, Franckh-Kosmos Verlags-GmbH & Co., Stuttgart, ISBN: 3-440-09388-3

Quelle: Harde/Severa, (2000): Der Kosmos Käferführer, Franckh-Kosmos Verlags-GmbH & Co., Stuttgart, ISBN: 3-440-06959-1

Quelle: Bellmann, Heiko, (1999): Der neue Kosmos-Insektenführer, Franckh-Kosmos Verlags-GmbH & Co., Stuttgart, ISBN: 3-440-07682-2

Quelle: GEOkompakt, (2007), Heft Nr. 11, Verlag Gruner + Jahr, Hamburg

Quelle: ADAC, (1977): Der große ADAC-Führer durch Wald, Feld und Flur, Verlag DAS BESTE GmbH, Suttgart, ISBN: 3 87070 105 6

Quelle: Ilka Seer, (05.04.2001): Duftgeflüster: Die chemische Sprache der Insekten Kommunikations- und Informationsstelle, Freie Universität Berlin

Quelle: Meyers-Konversations-Lexikon 1905-1909 (Körperteile der Insekten 1 und 2)

Quelle: Histologie der Tiere, (2007) Heinz Streble, Annegret Bäuerle, Seite 107 Abb. 204, ISBN 978-3-8274-1668-1, ELSEVIER GmbH, München

Quelle: Schmetterlinge-Nachtfalter, (1985) I. Novak, B. Vacura, Lingen Verlag Köln

Quelle: Kellers Modelle, naturkundemuseum-berlin.de/ausstellungen/kellers-modelle/

Eigene Notizen

INSEKTENKUNDE
Grundlagen

INSEKTENKUNDE
Grundlagen

INSEKTENKUNDE
Grundlagen

INSEKTENKUNDE
Grundlagen

INSEKTENKUNDE
Grundlagen

Impressum

Detlef Schmidt und Dennis Schmidt
Vogelgesang 86
14913 Niedergörsdorf OT Blönsdorf

Die Insektenkunde (*Entomologie*) ist der Zweig der Zoologie, de[r] mit den Insekten (*Insecta*), der artenreichsten Gruppe [der] Lebewesen, befasst.

Eine Ausbildung als Entomologe gibt es heute leider nicht mehr u[nd im] Studium der Biologie, Zoologie und Forstwissenschaft wird [die] Entomologie, wenn überhaupt, nur nebensächlich behandelt. E[inzig] und allein in der Forensik wird die Entomologie als Forens[ische] Entomologie gelehrt. Die Entomologie stellt aber für zahlreiche a[ndere] Teildisziplinen der Biologie bedeutsame Informationen zur Verfüg[ung]. Das betrifft vor allem die Teildisziplinen **Ökologie**, **System**[atik], **Taxonomie**, **Genetik**, **Physiologie**, **Phylogenie** etc. Daher werden nur der hohen **Artenvielfalt** wegen Entomologen in fast [allen] Disziplinen eingesetzt.

Dieses Buch eignet sich sehr gut als Ergänzung [zum] naturwissenschaftlichen Studium und als Begleitbuch für Pädag[ogen] im Unterrichtsfach Biologie.